站在巨人的肩上
Standing on Shoulders of Giants

TURING
图灵教育

iTuring.cn

站在巨人的肩上
Standing on Shoulders of Giants

iTuring.cn

TURING 图灵程序设计丛书

Pro Design Patterns in Swift
精通Swift设计模式

[美] Adam Freeman 著

丘远乐 译

人民邮电出版社

北　京

图书在版编目（CIP）数据

精通Swift设计模式 / （美）亚当·弗里曼
(Adam Freeman) 著；丘远乐 译. -- 北京：人民邮电
出版社，2016.9
　（图灵程序设计丛书）
　ISBN 978-7-115-43348-0

　Ⅰ．①精… Ⅱ．①亚… ②丘… Ⅲ．①程序语言—程
序设计 Ⅳ．①TP312

　中国版本图书馆CIP数据核字(2016)第191214号

内　容　提　要

　　本书是系统学习 Swift 设计模式和 Cocoa 框架知识的权威参考图书。书中内容分为五部分：第一部分介绍学习本书的预备知识，包括使用 Xcode 创建的 Playgroud 文件和名为 SportsStore 的 iOS 应用；第二部分讲解创建型模式，并辅以大量代码示例和图示；第三部分阐述结构型模式，并重点区分了容易混淆的模式；第四部分介绍行为型模式，总结了一些知名度较小的模式；第五部分讨论 MVC 模式，剖析了 MVC 模式的重要性。

　　本书适合有一定经验的移动开发人员。

　◆ 著　　　　　　 [美] Adam Freeman
　　 译　　　　　　 丘远乐
　　 责任编辑　　　 朱　巍
　　 执行编辑　　　 韩梦齐　张　憬
　　 责任印制　　　 彭志环
　◆ 人民邮电出版社出版发行　　 北京市丰台区成寿寺路11号
　　 邮编　100164　 电子邮件　315@ptpress.com.cn
　　 网址　http://www.ptpress.com.cn
　　 北京昌平百善印刷厂印刷
　◆ 开本：800×1000　1/16
　　 印张：28.5
　　 字数：673千字　　　　　　　 2016年9月第1版
　　 印数：1-3 000册　　　　　　 2016年9月北京第1次印刷
　　 著作权合同登记号　图字：01-2015-5417号

定价：89.00元
读者服务热线：(010)51095186转600　印装质量热线：(010)81055316
反盗版热线：(010)81055315
广告经营许可证：京东工商广字第 8052 号

版 权 声 明

目　　录

第四部分　行为型模式

第五部分　MVC 模式

Part 1

准备工作

本部分内容

第1章

设计模式

设计模式相当于软件开发中的保险单。保险的运作原理就是现在支付小额保费，以避免日后可能出现的巨大损失。例如，给汽车购买盗抢险时，你所需要支付的保险费只相当于汽车价值的百分之几，可一旦汽车被盗了，你的整体损失会降到最低。虽然仍会有汽车被盗带来的不便，但至少不必再承受经济损失了。

在软件开发当中，设计模式就是对解决问题耗时的投保。保险费就是你当下为提升代码灵活性而付出的努力，其回报则是避免了以后痛苦而又漫长的重写程序的过程。你预计的问题可能永远也不会发生，因此即使你支付了保险费也不一定能够从中受益，这点与现实中的保险类似。不同的是，开发软件的过程很少一帆风顺，问题倒是时常出现，因此提升软件灵活性通常是一项不错的投资。

本书是针对有实际工作经验的专业程序员而编写的，重点讲解设计模式的实际应用和代码实例，而不是一味地对其进行抽象描述。在本书中，我会讲解最重要的设计模式，并使用Swift语言演示如何将这些设计模式应用到iOS开发中去。本书介绍的部分设计模式已经在Cocoa框架类中得到实现，我也会进一步演示如何利用这些模式开发稳定性和适应性更强的应用。

读完本书，你将了解现代软件开发中一些最重要的设计模式，了解这些模式所能解决的问题以及如何将它们应用到Swift项目中去。

1.1 将设计模式置于上下文中

每位有经验的程序员都有一系列塑造了自己编码风格的非正式策略。这些策略从某种意义上说也相当于保险单，旨在避免先前项目中的问题反复出现。举个例子，如果你之前花了一个星期去解决临到上线前最后一刻修改数据库模式导致的问题，那么就算不能确定这个数据库模式以后是否会发生变化，你也会在日后的项目中再费点心思，以便确保整个应用中依赖该模式的部分没有硬编码。现在支付保险费是为了避免以后可能出现的更大损失。尽管以后你可能仍然需要对应用程序做一些改变，但是这个过程会更愉快一点。这就像保险公司对被盗汽车支付了赔偿之后，你再去购买一辆新车的过程一样。

这些非正式的策略存在两个问题。第一个问题是不一致。即使是经验相似的程序员，他们对于同一个问题的本质也可能会有不同的观点，且对该问题的最佳解决方案也可能会有不同的见解。

第二个问题是，非正式的策略是基于个人经历形成的，因而可能带有强烈的感情色彩。对问题解决难度的描述不足以把整个过程中所经历的痛苦纠结准确地传达出来，因而也很难说服其他人在预防措施上加大投入。同时，对于问题的重要程度，非正式的策略也很难保持客观。痛苦的经历难免留下阴影，在这种情况下，当你为避免重蹈覆辙而对项目做一些改进，却得不到充分支持时，你可能会觉得难以接受。

1.1.1 设计模式简介

与之前提到的非正式策略类似，设计模式能够识别软件开发中常见的问题并提供相应的解决策略。但是，设计模式在表达方式上更客观一致，并且不受感情影响。

设计模式描述的策略是经证实的、切实可行的，也就是说，你可以将自己的方法与之进行比对。此外，由于它们覆盖了大部分常见问题，你会发现有些你个人不曾遇过的问题，也有相应的设计模式。

本书中的大部分设计模式源自《设计模式：可复用面向对象软件的基础》一书，它是由Erich Gamma、Richard Helm、Ralph Johnson和John Vlissides合著的经典著作。这本书的作者被称为GoF（Gang of Four，四人组），他们在书中阐述了现代软件开发中部分最重要和最基本的模式。

GoF的书值得一读，但是多少有些学术理论化。他们对设计模式进行了抽象解释，却并没有涉及某个特定的编程语言或者平台。这种抽象性增加了使用难度，很难让人弄清楚某个模式是否涵盖了你所关注的某个问题，因此也无法确定是否正确地实现了解决方案。

本书的目的就是将设计模式置于上下文中，并为读者提供轻松识别和应用所需的模式的所有信息。同时，本书还提供了可以直接应用到项目之中的Swift实现。

1.1.2 设计模式的结构

大部分设计模式适用于应用程序中的一小组对象，并且解决以下情况中出现的问题：一个对象（通常被称为调用组件，calling component）需要在应用程序中对一个或者多个其他对象进行操作。

对于本书中提到的每个设计模式，我都会阐述其解决的问题和原理，以及如何使用Swift实现。我也会讲解一些模式的常见变体，以及与模式最密切相关的缺陷。

UML哪去了

统一建模语言（Unified Modeling Language，UML）通常用来描述设计模式，但是我在本书中不会使用。我个人不是很喜欢UML，原因如下：首先，大多数开发人员并不完全理解UML，他们能从UML图中获得的信息少之又少。当然也有例外，大公司的工作人员就愿意用UML，因为大公司在开始开发之前会有一个详细的分析和设计阶段。但对于其他人而言，UML就是一种定义不清、让人误解的条条框框。

其次，我发现UML适合用于表示一些关系，但在其他方面基本毫无用处。很大程度上，理解模式意味着理解其中的逻辑，即了解其他组件的存在，而这个很难用UML来传达。

最后一点，有些不客观，UML代表了许多我个人不喜欢的软件开发方式。由于UML已经成为一个不变的参照点，并且常常被当作强化静态与僵化设计的武器，导致开发过程无法满足用户不断演进的需求。

基于这些原因（尽管比较主观），我不会在本书中使用UML。相反，我将使用一些形式比较自由的图解来说明想要强调的重点。

1.1.3   量化设计模式

设计模式是个好东西，这个观点很容易让人接受。每个人都能认识到成熟方案的吸引力，因为它们确实能够帮助人们解决无数的项目难题。不过，要想说服团队中的其他程序员在项目中使用某个具体的模式却很困难。

通过一些问题，你可以评估某项保险是否具有投保价值。

□ 该保险是否涵盖了可能会发生在我身上的不好的事情？

□ 这些不好的事情发生的频率如何？

□ 所需的保费是否只占处理该问题原需成本的小部分比例？

这些简单的问题能够让你很容易理解，如果你没有汽车或者你所在城市没有偷车贼的话，购买汽车保险是毫无意义的。这些问题还能让你意识到，如果你每年都为价值11 000美元的汽车支付10 000美元的保险费，其回报微乎其微。除非你觉得自己会遭遇多次盗窃，否则这是没有什么价值的。（如果真是这样的话，也许你应该考虑搬家了。）

尽管这个例子将保险概念简单化了，但是其中的道理还是很明晰的：除非能够带来回报，否则不要购买保险。同样的道理也适用于设计模式：除非某种模式提供了相应价值，并且还可以通过量化向他人说明，否则就不要采用该模式。用来评估设计模式的问题与评估保险价值的问题类似。

□ 这个模式是否涵盖了我可能会遇到的问题？

□ 这个问题发生的频率如何？

□ 我对解决未来某个问题的在意程度，是否足以让我现在花费精力去实现这个设计模式？

这些问题很难回答。软件开发领域并没有保险中那样的精算表，因此要评估解决日后某个问题（尤其是可能不会出现的问题）所需的成本总值并不容易。

相反，人们往往容易被那些能够带来眼前利益的设计模式所吸引。例如，有些模式可以提升应用程序的模块化程度故经常被使用，因为它们可以让未来变化的影响最小化。此外，模块化程度高的应用程序中紧耦合的组件较少，这意味着非常容易隔离单元代码。隔离单元代码对高效单元测试而言非常重要，因此采用一个针对变化提供保障的模式有一项即时利益，那就是提升代码的可测试性。

同样，设计模式可以提升应用程序中的抽象程度，让开发人员能够在少花精力和少写重复代码的情况下给应用增加新功能。尽管不是每个人都认同避免设计模式所防范的问题的必要性，但几乎所有人都认同更快速、更简单地开发是件好事。

然而，对于应该采用哪个模式并没有简单直接的答案。最终采用哪个模式，将会是由开发团队的经验、其对规格完整性的信心及个体开发人员的能力共同作用的结果。

1.1.4   问题出现之后使用设计模式

如果你是团队中唯一倡导使用设计模式的人，且团队成员又没有使用设计模式的经验，更没什么时间去考虑是否要采用设计模式的话，你会发现很难说服团队成员采用设计模式。一般说来，十有八九是没有说服其他人的可能性的，不过你倒也不用沮丧。

对此，我的建议是别逼得太急。如果强行要求团队采用新的做法，你就要为该做法导致的所有问题和延期负责。如果设计模式所防范的问题从未发生的话，那你就更加难堪了。可悲的是，对设计模式的倡导往往逃不过失败的劫数。

1

你不必感到绝望，姑且将本书放置一旁，等待时机的到来吧。如果担心的问题没有发生，比如数据库模式没有变，那你应该庆幸该项目躲过了一劫，然后接着完成下一个任务。

如果你担心的问题确实发生了，那也不必焦虑，因为你仍然能够因使用设计模式而受益。虽然现在项目陷入了你当初想要避免的困境，但是你可以把设计模式当作助你摆脱窘境的脚手架。你需要做的是选择最合适的设计模式，并以此为框架围绕问题构建整洁的代码。通过这种方式，你可以利用困境，适时地向团队介绍一个行之有效的解决方案。这种方式虽然不如在最初就避免问题发生，但至少能够形成一个长期性的解决方案，并借此机会坚定你对设计模式的热情。

1.1.5　设计模式的局限

设计模式的优点很多，但是它也有自己的局限性。从本质上讲，设计模式就是别人在他们的项目中遇到问题时想出来的解决方案。设计模式是避免或解决问题的起点，而不是为了某个问题量身定制的解决方案。这并不意味着它们没有用，只是确实需要花一些精力对它们进行修正改造，以使其适合你的项目。

我们可以把设计模式看作配方，通过对其进行修正、改造和调整，我们就能获得有用的东西。一开始你也许需要对你的实现进行多次改进，但在多个项目中使用某个设计模式之后，你对它的理解就可能会更深入。最终，你会得到一些与最初的实现相比起来更加完善的方案，而这些方案会有助于将常见问题的影响最小化。

有些程序员将设计模式奉作不可变的法则。这些人是模式狂热者，他们把模式当作"最佳实践"来推广，认为必须对其始终遵循、不可更改。这种做法很不妥。使用不必要的模式或者抵制为了适应项目而对模式做出的修改，都是完全没有抓住问题关键的行为。

与模式狂热者争论这些问题毫无意义。他们很享受引用一些来源不明的言论带来的快乐，但事实上他们根本无法有效地证明自己的观点。我的建议是，无视他们，把精力放在构建优秀的软件上，使其稳定、可扩展、灵活地应对变化，而本书中探讨的设计模式正好可以帮助你实现此目标。

1.2　关于本书

我将在本书中使用Swift语言和Cocoa框架讲解如何使用一些最重要的设计模式。Swift已经吸引了许多开发新手加入苹果平台，我写这本书则是想为各位提供关于Swift和Cocoa框架的知识。如果以前没接触过Swift开发，你可能会觉得Xcode是个令人费解的工具，但是我会在书中演示如何使用Xcode创建示例项目。如果不想自己敲代码，可以到Apress.com下载本书中的所有示例代码。

1.2.1　读者需要哪些知识背景

要理解书中的概念，你需要一定的开发经验。虽然无需Swift开发经验，但是至少要了解面向对象编程的一些基础概念，并且使用过一门现代编程语言，比如Objective-C、C#、Java或者JavaScript。

1.2.2　读者需要哪些软件

你需要有一台搭载了OS X 10.10（Yosemite）的Mac，同时还要下载并安装Xcode 6.1。如需下载

Xcode，你可以到https://developer.apple.com注册一个开发者账号。如果没用过Xcode也不用担心，本书会在第2章介绍编写示例代码所需的知识。

1.2.3   本书的结构

本书一共分为五部分，每个部分讲解一系列相关的主题。第一部分包含本章以及编写书中的示例代码需要用到的Xcode技巧。在这部分，我还开发了一款名为SportsStore的示例应用，以为演示设计模式的应用提供上下文。

剩下的每个部分都会重点讲解某一具体类型的模式。第二部分讲解创建型设计模式，这类模式是关于如何在应用中创建对象。第三部分探讨结构型设计模式，这类模式是关于定义和管理应用中各对象之间的关系的。第四部分重点研究描述各对象之间如何通信的设计模式。第五部分，我会解析模型/视图/控制器（Model/View/Controller，MVC）模式，该模式涉及整个应用结构，广泛用于Mac OS和iOS平台上的UI应用。

1.2.4   获取示例代码

你可以到www.apress.com免费下载本书所有章节的示例代码。下载文件包含创建示例程序需要的所有代码，因此你无需自己动手输入代码。你不一定非要下载代码，但下载下来不仅方便你做实验，也便于你将代码剪切、粘贴到你自己的项目中。

如果确实想动手从头开始编写示例代码，正文部分已经详细列出了创建和修改的代码清单。我决不会让你去参考外部文件，或者挥挥手随便讲讲，把剩下的示例代码作为练习留给你去完成。本书每个例子的所有实现细节都可以在书中找到。

1.3   总结

本章介绍了全书的内容和基本结构，并说明了阅读本书所需的经验和软件。在第2章中，我将简单地介绍本书涉及的Xocde知识。

第2章 熟悉Xcode的使用

本章将使用Xcode演示示例代码的呈现方式。Playground是Xcode 6最实用的功能之一，这个功能让我们可以在不创建应用工程的情况下编写和运行实验性的代码。我将使用Playground辅助说明设计模式试图解决的问题，并用它演示一些简单的实现。

本书的许多设计模式依赖于对类、方法和属性的访问权限限制。虽然Swift支持使用访问控制关键字来实现此目的，但是这种机制是以文件为基础的。这对Playground来说就有问题了，因为Playground中所有的代码都在一个单独的文件里面，无法保证访问权限得到控制。此外，本书讲解的设计模式还有不少要求支持并发访问，而Playground根本无法处理这类需求。

基于这些原因，我也会使用较为简单且支持多个文件的OS X命令行工具项目进行演示。命令行工具项目没有窗口化用户界面，而且只能通过控制台读取和输出内容。使用这种简单项目的好处是可以避免创建用户界面带来的麻烦，从而让我能够专注于讲解设计模式及其实现代码。

当然，很少有真实的项目是如此简单的。因此，在第3章，我会创建一款名为SportsStore的iOS应用，一款有图形用户界面的应用。在本书的后续内容中，我将频繁使用这一应用，为演示设计模式的应用提供合适的场景。

2.1 使用 Xcode Playground

Xcode Playground非常适合用来创建原型代码和验证想法，它不需要创建iOS应用项目。Playground是Xcode 6的一项新功能，许多开发者对它还不太了解，尤其是那些受到Swift的吸引开始从事iOS和Mac开发，以前没有使用过Objective-C在Xcode早期版本中进行开发的开发者。

2.1.1 创建 Playground

在你启动Xcode之后，将会看到一个欢迎界面。该界面有三个选项，分别是Creating a new playground、Creating a new project 和Checking out an existing project，如图2-1所示。

提示　如果Xcode没有显示欢迎界面，可以在菜单栏中选择"文件"→"新建"→Playground来新建Playground。

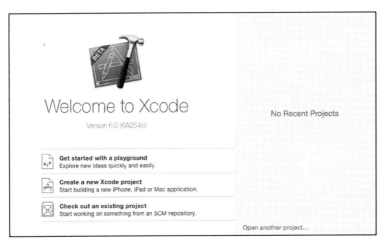

图2-1   Xcode 6的欢迎界面

点击Get started with a playground，Xcode会弹出一个界面，提示你为Playground文件命名并指定保存目录。将名字改为MyFirstPlayground，并确保在Platform选项框中选中iOS，如图2-2所示。

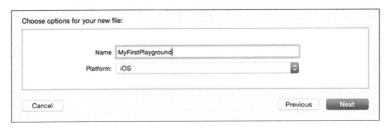

图2-2   给Playground命名并选择平台

点击Next按钮，然后选择一个方便以后查找的目录，保存Playground文件，如图2-3所示。

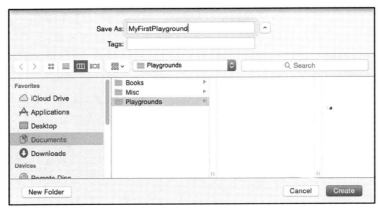

图2-3   修改Playground的文件名并选择保存目录

Xcode会在你选择的目录下创建一个名为MyFirstPlayground.playground的文件，此文件的内容如代码清单2-1所示。如果这是你第一次使用Xcode，它会请求你开启开发者模式。

代码清单2-1　MyFirstPlayground.playground文件的内容

```
import UIKit

var str = "Hello, playground"
```

提示　我没有展示代码清单里由Xcode自动生成的注释，也不会在代码中加入我自己的注释。在真实项目中，我通常会给代码写注释，但在本书中我将在与代码相关的文段中对语句的效果进行解释。

我们可以直接在Playground中查看编辑器里的代码的运行结果。目前，上述Playground文件中有一行注释和两行代码。编译器会直接忽略注释，而那条import语句使得我们可以使用Cocoa UIKit框架中的类。第二条语句则可以让我们一窥Playground的能力。

```
...
var str = "Hello, playground"
...
```

这条语句创建了一个名为str的变量，并给它赋值了一个字符串。如果看一下Playground中该语句的右侧，你会发现那里显示了该变量的值，如图2-4所示。

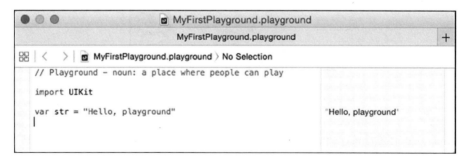

图2-4　一个简单的Playground示例

上述代码是一个有趣的开始，但并不是非常实用。后续的内容，将对本书需要用到的Playground的几个功能进行详细地演示。

2.1.2　查看变量取值的历史记录

在将Playground中的代码修改成与代码清单2-2一致之后，你就能体会到Playground的强大之处。

代码清单2-2　在MyFirstPlayground.playground文件中编写一个循环

```
import UIKit

var str = "Hello, playground"
```

```
var counter = 0;
for (var i = 0; i < 10; i++) {
    counter += i;
    println("Counter: \(counter)");
}
```

提示　你不需要编译，甚至都不用保存，就能看到Playground中修改后产生的效果。代码语句的运行
结果在你完成编辑的那一刻会自动计算出来。

在代码清单2-2中，我们定义了一个counter变量，其初始值为0。然后，我们写了一个每次迭代都
会将counter的值加1的for循环，并使用println函数把counter当前的值输出到控制台。Playground右
侧的面板也会随之更新，现在修改counter变量值的语句右侧显示的是10 times。在10 times信息的右
侧有一个小小的圆形加号按钮，如图2-5所示。

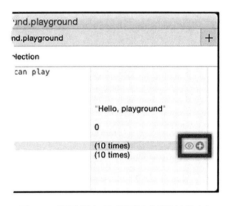

图2-5　显示语句取值历史记录的按钮

提示　确保你点击的是修改counter变量值语句右侧的按钮，而不是println函数调用语句右边的
那个。

这个按钮的标签是取值历史记录，点击该按钮会打开一个面板，展示counter变量的值随代码执行
而发生的变化；此外，该面板还展示了println函数在控制台输出的内容，如图2-6所示。

这个图表展示了for循环每次迭代counter变量取值的变化情况。你可以查看Playground中定义的所
有变量的取值历史记录，但其呈现的数值才是最有用的。

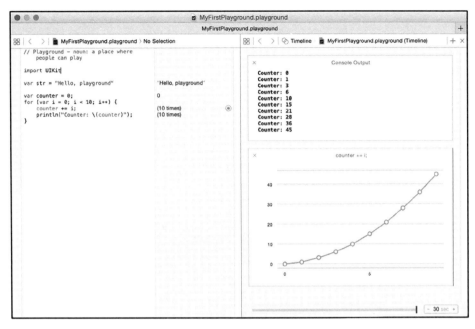

图2-6 在Playground中查看取值历史记录

编码风格说明

除非需要将处于同一行的多条语句分隔开，否则Swift并不会要求你使用分号来结束语句。尽管如此，我还是在本书的示例代码中加上了分号。

尽管这不是Swift的要求，但是我已经用那些要求使用分号的编程语言写了几十年的代码了，而且我也尽力尝试过改掉这个习惯，最终还是失败。看到没有以分号结束的语句，我总感觉哪里不对，于是就下意识地敲了一下分号键。我也考虑过一章一章地删除分号，但是这个过程可能会导致一些示例代码变得凌乱，而这正是我竭力避免的。因此，我决定带着歉意遵循个人的偏好，在代码中使用分号。不过，你不必追随我的风格。对各种编码风格的宽容也是Swift的优秀特质之一，你可以自由地表达自己的偏好和习惯（包括使用非必须的分号，如果你想的话）。

2.1.3 使用取值时间轴

在取值历史纪录面板的底部，有一个滑动条，你可以用它来查看变量值在代码执行过程中的变化情况。当需要查看多个变量的值时，使用该滑动条会比较方便。代码清单2-3列出了加入几条新语句之后的Playground文件。

代码清单2-3 在MyFirstPlayground.playground文件中新增语句

```
import UIKit
```

```
var str = "Hello, playground"

var counter = 0;
var secondCounter = 0;

for (var i = 0; i < 10; i++) {
    counter += i;
    println("Counter: \(counter)");
    for j in 1...10 {
        secondCounter += j;
    }
}
```

点击循环语句右侧的圆形按钮即可查看变量counter和secondCounter的取值历史记录。你将会看到两个独立的图表，通过左右拖动回放头（面板底部的红色竖条），还可以查看代码执行时不同阶段的变量与值之间的关系，如图2-7所示。

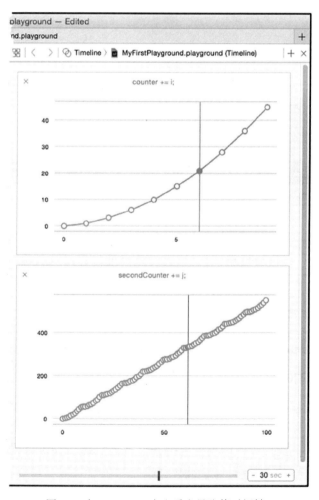

图2-7   在Playground中查看变量取值时间轴

2.1.4   在 Playground 中使用 UI 组件

Playground中还可以使用UI组件，在演示Cocoa是如何实现一些模式的时候会用到这一功能。代码清单2-4演示了如何在Playground中使用文本输入框。

代码清单2-4   在MyFirstPlayground.playground中使用UI组件

```
import UIKit

var str = "Hello, playground"

var counter = 0;
var secondCounter = 0;

for (var i = 0; i < 10; i++) {
    counter += i;
    println("Counter: \(counter)");
    for j in 1...10 {
        secondCounter += j;
    }
}


let textField = UITextField(frame: CGRectMake(0, 0, 200, 50));
textField.text = "Hello";
textField.borderStyle = UITextBorderStyle.Bezel;

textField;
```

在Playground中与在常规Xcode项目中使用UI组件有两个重要区别。第一个区别是你必须使用带frame参数的初始化器，并使用CGRectMake函数生成一个用于容纳组件的frame，代码如下：

```
...
let textField = UITextField(frame: CGRectMake(0, 0, 200, 50));
...
```

GCRectMake函数的参数表示容纳该组件的frame的bound，其中第三个和第四个参数定义的是组件的宽和高。这里指定了一个宽为200，高为50的frame，对于文本输入框而言已经足够了。

第二个区别体现在Playground中的最后一条语句，整条语句只有存储UI组件的变量的名称。

```
...
textField;
...
```

这行代码是必须的，有了它，Xcode才能在该语句的右侧提供圆形加号按钮。点击该按钮将会在辅助编辑器界面展示该组件，如图2-8所示。辅助编辑器界面显示的是该语句的运行结果，因此必须加上返回该UI组件对象的语句。

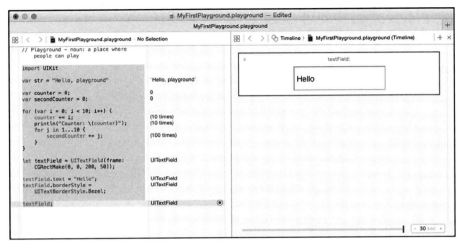

图2-8   在Playground中使用UI组件

2.2   使用 OS X 命令行工具项目

OS X命令行工具项目非常适合用于演示Swift编写的设计模式。这种项目支持多文件和并发，因而有可能演示访问控制和多线程操作效果。

2.2.1   创建命令行工具项目

在Xcode欢迎界面点击Create a new Xcode project，也可以在Xcode菜单选择File→New→ Project，然后，选择OS X应用类目下的Application→Command Line Tool模板 ，如图2-9所示。

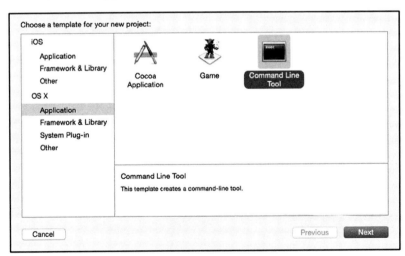

图2-9   选择命令行工具工程模板

点击Next按钮，Xcode会弹出一个界面，用于配置项目的详细信息。将项目的名称设为MyCommandLine，确保Language选项中选中Swift，如图2-10所示。我在Organization Name一栏填写了Apress，这个跟本书的内容无关，你可以填写自己的组织名称。

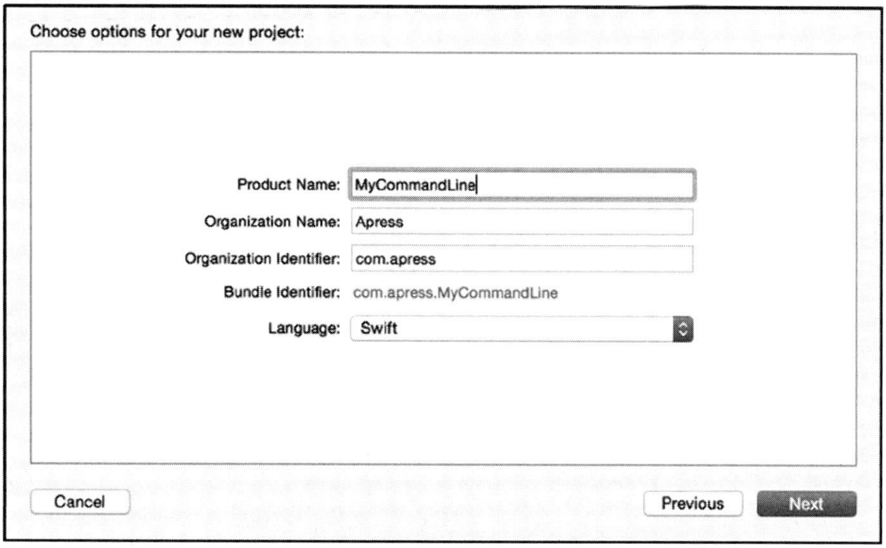

图2-10　配置项目的详细信息

点击Next按钮，Xcode会弹出另一个界面，用于选择项目的保存目录。选择一个便于自己查找的目录，然后点击Create按钮，Xcode会创建相关项目文件并打开项目配置主界面。

2.2.2　Xcode 的布局

Xcode显示项目配置主界面时，你会看到一个与图2-11类似的布局。你看到的布局可能会有些许不同，不过我会告诉你如何打开每个面板。

图2-11 命令行工具项目下的Xcode布局

我给Xcode呈现的主要面板标了号，并在表2-1中为新手进行了讲解。一些面板的内容会根据Xcode当前处理的任务发生变化，因此讲解时我会说明如何选中相应的内容。

表2-1 Xcode的默认面板

标 号	描 述
1	这是导航面板，用于呈现不同视图下的项目内容。你可以通过顶部的按钮切换视图。当前使用的是Project Navigator视图，选中按钮中的第一个按钮即可打开此视图。导航面板可通过菜单中的View→Navigators来打开或关闭
2	这个区域是主编辑器窗口，该区域会根据当前编辑的文件发生变化。除此之外，还有好几个编辑器，包括一个项目配置器（项目刚创建时显示的那个窗口），一个.swift代码文件编辑器和一个名为UI Builder用于编辑.storyboard文件的拖放编辑器。（我会在第3章使用.storyboard文件。）在菜单中选择View→Standard Editor→Show Standard Editor即可打开代码编辑器
3	此区域为检查器面板，用于显示应用中组件的信息，对应用UI进行布局时会用到此面板。我将会在第3章详细介绍此面板
4	这个是工具面板。点击该面板顶部的四个按钮可以切换其呈现的内容，图中显示的是Object Library选项。该选项包括用于创建应用布局的UI控件（我将在第3章使用此选项）。你可以通过菜单选择View→Utilities→Show Object Library打开Object Library
5	这块区域是调试面板。我们可以在此处与程序调试器进行交互，以及显示Swift的println函数输出的内容。此外，命令行工具应用输出的内容也将显示在此。在菜单中选择View→Debug Area即可打开此面板

2.2.3 新建一个 Swift 文件

我之所以使用命令行工具项目，是因为它支持多个代码文件，并且支持使用诸如private这样的关键字对访问权限进行控制。在项目中添加新建文件只需在导航面板选中Project Navigator视图，然后右击MyCommandLine文件夹选择New File即可。目前，该文件夹下有一个名为main.swift的文件，如图2-12所示。

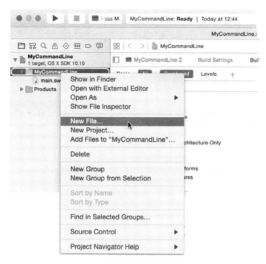

图2-12   向示例项目添加新文件

Xcode会弹出一个界面并列出一系列适用于新建文件的模板。这里选择Swift File模板，如图2-13所示。

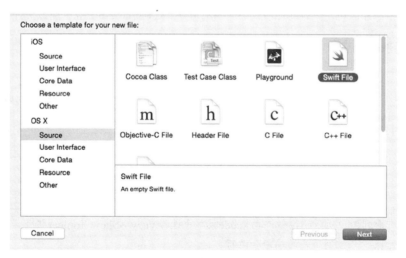

图2-13   选择Swift文件模板

点击Next按钮，并将新文件命名为MyCode.swift，如图2-14所示。

图2-14   配置代码文件的名称

点击Create按钮，Xcode会创建该文件并将其打开用于编辑。将文件中的默认内容替换成代码清单2-5中的内容。

代码清单2-5   MyCode.swift文件的内容

```swift
class MyClass {

    func writeHello() {
        println("Hello!");
    }

    private func writePassword() {
        println("secret");
    }
}
```

上述代码中定义了一个名为MyClass的类，并添加了两个方法。writeHello方法前面没有访问控制关键字，因而可以在同一个模块或项目中调用。writePassword方法的名字则被private关键字修饰，这意味着该方法只能被MyCode.swift中的代码访问。

文件main.swift含有一些语句，在应用运行时会被执行。在本书的大多数例子中，我会直接在main.swift文件中添加语句，作为设计模式中的调用组件。代码清单2-6呈现了向该文件添加的语句。

代码清单2-6   main.swift文件的内容

```swift
let myObject = MyClass();
myObject.writeHello();
```

这里使用MyClass类创建了一个对象，并调用其writeHello方法。点击Xcode窗口顶部的播放图标，即可编译和运行该应用，如图2-15所示。

图2-15   编译和运行应用的Xcode按钮

提示   如果没有看到图中所示的按钮，在Xcode菜单中选择View→Show Toolbar即可。我们也可以通过Product菜单来控制项目的编译和运行。

Xcode编译完代码并运行该应用之后，调试区域的控制台面板将会显示以下输出内容：

```
Hello!
Program ended with exit code: 0
```

输出内容的第一行为调用println函数的结果。第二行标志着程序运行结束。一般我不会把第二行展示出来，而且我创建的一些示例应用并不会自行终止运行。

2.3 总结

本章详细演示了如何使用Xcode创建Playground文件和命令行工具项目。Playground文件和命令行工具项目是我讲解设计模式的主要载体。在第3章中，我会创建一款名为SportsStore的iOS应用。为了提供尽可能多的例子和把设计模式置于更加真实的环境中，本书的每个模式都会涉及该应用。

开发SportsStore应用 3

第2章演示了如何使用Xcode创建Playground和命令行工具。我将使用这两个工具来介绍后续内容中的每一种设计模式。

我希望提供尽可能多的代码示例，所以我在本章开发了一款名为SportsStore的iOS应用。这款应用根本没有结构可言，也就是说，它只是把代码和UI简单直接地拼凑在了一起，并没有考虑后期可能会出现的后果。显然，这是违背设计模式的，但却是常见的开发风格。在后面的内容中，我会把各种设计模式应用到这款有点混乱的应用程序中，为演示设计模式提供附加的上下文。

3.1 创建一个简单的 iOS 应用项目

在本节，我将开发一款简单的iOS应用，用户可以使用它购买一家名为SportsStore的零售商的产品。为了让这个例子简单易懂，这里只会实现购物流程的一部分。这样我们就不用去构建复杂的视觉布局，从而可以更加专注于代码的结构。

这也是一件好事，因为我是世界上最烂的界面设计师之一。看到我开发的iOS应用的界面布局，你就能体会到我是多么缺乏审美能力。权当是简约别致，继续做其他的事吧。（在我自己的项目中，我一般会与专业设计师合作，如果你也不擅长设计，我建议你也这么做。）

本节采用的开发风格为单类应用（single-class application），这种应用没有结构或者设计可言，但很常见，尤其对于那些在面向对象语言方面实践经验比较少的程序员而言。

这是在我主张设计模式价值"之前"的状态，每当我介绍一种设计模式，就会将它往"之后"的状态转变。因此，现在使用这种风格开发应用是为了着重体现设计模式带来的影响。不过，这种开发风格相当常见，几乎可以在任何一个项目中找到类似的代码，尤其是那些刚开始使用面向对象编程语言的开发者，他们很容易写出这样的代码。只要你稍微想一想那些认识的程序员，就会发现至少有一位编写的代码与此类似。

提示　不少读者可能不熟悉Xcode和Swift，所以我会一步一步地演示创建应用的过程。但如果你是Xcode老用户，可以直接跳到第4章，并到Apress.com下载相关项目的文件。

下面我要创建的应用，是为一家名为SportsStore的虚构体育器材零售商开发的一款简单的库存管理工具。在我写的大部分书中，我都以这样或者那样的形式用到了SportsStore这个例子，它强调使用

不同编程语言、平台和模式来解决常见问题的方式。图3-1展示了即将创建的SportsStore应用的主界面
原型。

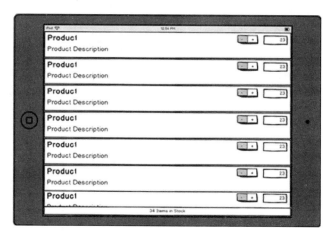

图3-1　SportsStore应用的主界面原型

此界面会向用户呈现一个表格形式的产品列表。列表项的内容包括产品的名称、描述和当前的库
存数量。用户可以直接使用文本输入框或者步进器（stepper）编辑库存数量。

示例应用的价值

我绝对不会假装这款应用本身具有怎样的实用价值，实用性也不是这个例子的重点。我的目的
是在更广泛的上下文中给出一个演示各种设计模式的框架，而不仅仅是Playground或者命令行工具
项目中的代码片段。

SportsStore这个例子的复杂度刚好足够用来演示各类设计模式的应用，并且无需处理一些难题，
例如数据持久化、安全和数据验证等真实项目中必须考虑的事情。

创建一个比较真实的应用，需要列出大量与当前所探讨的主题没有直接联系的代码。我不愿意
写这样的书，但愿你也不喜欢这样的书。

3.1.1　新建项目

在Xcode的菜单中选择File→New→Project即可创建一个新项目。Xcode会列出它支持的所有项目
类型，这里我们选择iOS→Application类目下的Single View Application，如图3-2所示。

接着点击Next按钮，Xcode会要求你配置新项目的信息。在Product Name处填入SportsStore，然后
在Organization Name和Identifier处分别填入Apress和com.apress。确保在Language选项中选择Swift，
Devices处选择的是iPad，并且Use Core Data选项是没有勾选的，如图3-3所示。

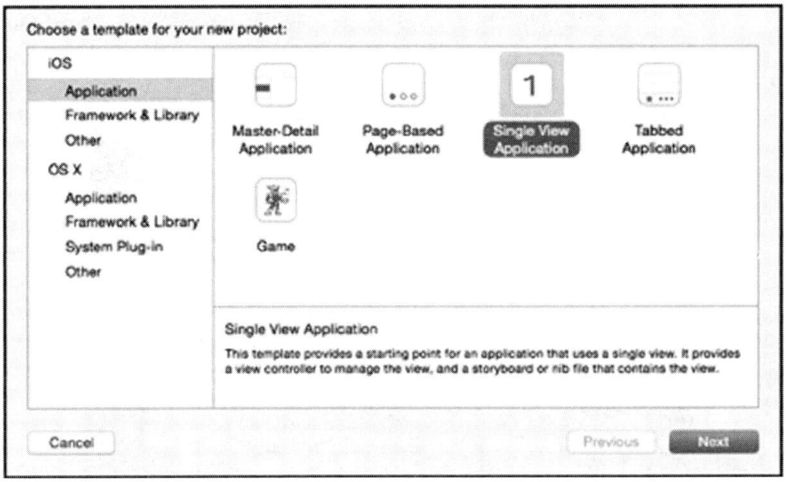

图3-2 选择Xcode项目类型

图3-3 配置Xcode新项目

点击Next按钮，Xcode会弹出一个界面让你选择项目文件的保存位置。选择一个便于以后查找的目录，然后点击Create按钮，Xcode就会自动生成项目文件的初始内容。

3.1.2 熟悉 Xcode 的布局

Xcode会在创建完该项目之后显示项目的默认视图，如图3-4所示。此视图的布局及包含的面板与第2章中介绍的一样。

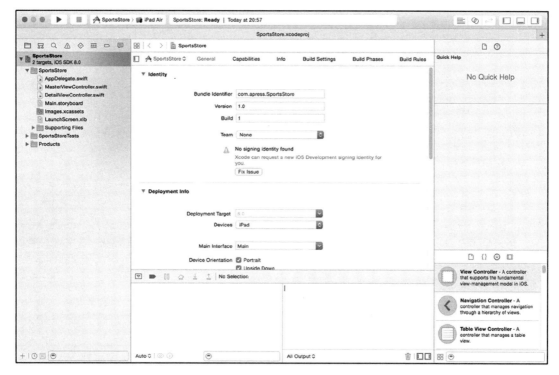

图3-4　Xcode项目布局

3.1.3　定义数据

为了让示例应用保持简单，这里将把产品数据定义成静态的。静态数据在真实应用中没有什么用处，因为它无法将用户的修改持久化，但是对于专注于设计模式而非如何构建数据服务的本书而言，静态数据已经够用了。

这里将把所有代码写到ViewController.swift文件中，该文件在创建项目时由Xcode自动生成。在导航面板找到该文件之后，选中它，Xcode便会切换到代码编辑器视图。代码清单3-1是ViewController.swift文件的内容，粗体部分是为定义数据而添加的代码。

代码清单3-1　在ViewController.swift文件中添加数据

```swift
import UIKit

class ViewController: UIViewController {

    var products = [
        ("Kayak", "A boat for one person", "Watersports", 275.0, 10),
        ("Lifejacket", "Protective and fashionable", "Watersports", 48.95, 14),
        ("Soccer Ball", "FIFA-approved size and weight", "Soccer", 19.5, 32),
        ("Corner Flags", "Give your playing field a professional touch",
            "Soccer", 34.95, 1),
        ("Stadium", "Flat-packed 35,000-seat stadium", "Soccer", 79500.0, 4),
```

```
    ("Thinking Cap", "Improve your brain efficiency by 75%", "Chess", 16.0, 8),
    ("Unsteady Chair", "Secretly give your opponent a disadvantage",
        "Chess", 29.95, 3),
    ("Human Chess Board", "A fun game for the family", "Chess", 75.0, 2),
    ("Bling-Bling King", "Gold-plated, diamond-studded King",
        "Chess", 1200.0, 4)];

override func viewDidLoad() {
    super.viewDidLoad()
}

override func didReceiveMemoryWarning() {
    super.didReceiveMemoryWarning()
}
}
```

提示   术语视图控制器（view controller）指的是Swift/Cocoa开发中最重要的设计模式之一——MVC
       （模型/视图/控制器）模式的组成部分之一。MVC模式贯穿于整个iOS开发过程，本书将在第五
       部分深入解析这个模式。就本章而言，我会忽略MVC模式，把需要的所有代码都写到一个类。

　　上述代码创建了一个名为products的变量，并将一组代表产品的元组元素赋值给该变量。使用元
组（tuple）可以方便地将多个值组织在一起。下文中的附注对如何定义和使用元组做了简单介绍。

提示   将诸如19.5这样的字面量浮点数值接赋值给变量时，虽然可以使用占用更少内存的Float类型
       （单精度浮点型）来存储，但Swift还是会将其存储为Double类型（双精度浮点型）。如果要明
       确指明数值的类型，可以使用Float类型，即使用Float(19.5)来赋值。不过，为了保持示例程
       序的简单，这里将使用默认的Double类型。

使用元组

　　为了演示元组的用法，这里创建了一个名为Tuples.playground的文件。在本书附赠的免费源码
下载包中就有此文件，其代码如下：

```
import Foundation;

var myProduct = ("Kayak", "A boat for one person", "Watersports", 275.0, 10);

func writeProductDetails(product: (String, String, String, Double, Int)) {
    println("Name: \(product.0)");
    println("Description: \(product.1)");
    println("Category: \(product.2)");
    let formattedPrice = NSString(format: "$%.2lf", product.3);
    println("Price: \(formattedPrice)");
}

writeProductDetails(myProduct);
```

　　上述代码定义了一个元组和一个将元组元素的值输出到控制台的函数。值得注意的是，为了让

函数接受元组类型的参数，上述代码在定义函数时用了一个以逗号分隔的列表来声明各个参数的类型，这与创建一个元组的方式类似，如下所示：

```
...
func writeProductDetails(product: (String, String, String, Double, Int)) {
...
```

在元组中使用数值字面量时一定要谨慎，因为Swift会自动确定那些数值的类型。这也是把产品价格写成275.0的原因。如果把小数部分略去，Swift创建的元组就会是(String, String, String, Int, Int)，而这个参数类型列表与writeProductDetails函数的参数列表不符，所以不会被接受。

在函数体中，我们可以通过元素在元组中的索引来访问它的值，如下所示：

```
...
println("Description: \(product.1)");
...
```

表达式product.1指向元组中索引为1的元素值，该元组作为参数传给了writeProductDetails函数。元组的索引是从0开始的，也就是说，这个表达式的运算结果为A boat for one person。

在上述Playground文件中，我使用了NSString类对产品的价格进行格式化。Swift让各类Cocoa框架变得简单易用，其中就包括提供了诸如字符串格式化等核心功能的Foundation框架。

在Xcode的菜单栏选择View→Assistant Editor→Show Assistant Editor即可在Playground中查看代码的运行结果。控制台的输出内容如下：

```
Name: Kayak
Description: A boat for one person
Category: Watersports
Price: $275.00
```

使用元组定义数据类型相当方便，但它也有自身的局限性。第4章将对此进行详细讲解。

3.2 构建简单的布局

接下来，我们要做的是修改示例项目，以构建简单的布局。此布局由一个每行展示一款产品的UITableView（表视图）和一个显示产品库存总量的Label（文本标签）组成。

这里会用到Xcode Interface Builder（IB），它是一款通过拖放控件来完成界面布局的工具。熟悉IB的工作机制，需要一点时间，因此我会对每个操作逐步进行说明。如果你是Xcode老用户，可以跳过本节。

第一步是在导航面板选中并打开Main.storyboard文件。点击该文件会打开一个IB窗口，窗口中显示的就是应用最终呈现给用户的样子，如图3-5所示。

当前界面中显示的主要视图，就是应用将会呈现给用户的模样。该应用只有一个视图，因为在创建项目时我们选择了Single View Application模板（单视图应用模板）。目前，该视图显示一片空白，这是因为暂时还没有放置任何用户界面组件。

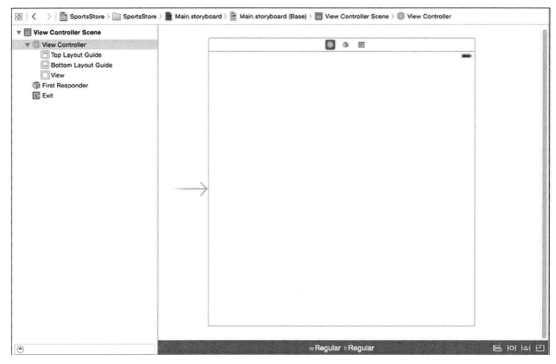

图3-5 使用Interface Builder编辑Storyboard

视图左侧是控件的层级结构,其中View Controller Scene位于该结构的最顶端。当前该结构中并没有太多东西,但之后我会把SportsStore应用需要的控件添加进去。控件层级结构是IB编辑器中非常有用的一个部分,因为它让选中控件和建立控件之间的关系变得简单。后面布局视图的时候,你就能看出这一点。

3.2.1 添加基本组件

从Xcode窗口右下角的Object Library拖出所需的控件,放到视图上并释放,就可以将组件添加到视图中。然后就能调整该组件在布局中的位置了。

首先添加一个Label组件,用于显示产品的库存数量。你可以在Object Library中滚动列表,或者在该面板底部的搜索框中输入组件名称来找到Label组件。找到后,将Label拖放到视图中,此时可以不用理会它的位置。

将Label添加上去之后,可以使用Xcode窗口右上角的检查器面板中的检查器对其进行配置。在该面板的顶部有一排用于切换检查器的按钮,如图3-6所示。

图3-6 检查器面板上的切换按钮

这里我们选择属性检查器（Attributes Inspector），然后对照表3-1修改各项属性的值。

表3-1　Label控件需要修改的配置信息

属　　性	修　　改
Color（颜色）	・此属性控制Label文本的颜色。此处设为白色
Alignment（对齐方式）	此属性控制Label文本的水平对齐方式。这里选择居中
Background（背景）	此属性用于设置Label的背景颜色。此处设为黑色
Font（字体）	此属性用于设置Label文本的字体，此处设置为System Bold 30

完成这些属性的配置之后，需要调整一下Label的位置和尺寸，让Lable左右两边顶着视图的左右边缘，并让其与视图的底部对齐，如图3-7所示。你可以使用尺寸检查器（Size Inspector）或通过拖曳调整视图中的Label的尺寸和位置。示例中，我将Label放在坐标为(0, 550)的位置，并将其宽高分别设置为600和50。

图3-7　添加基本布局组件

下一步是添加Table View。在Object Library中找到Table View组件，并将其拖至视图然后释放。调整Table View的尺寸，让其占据所有没有被Label占据的空间。如果将Table View向上拖，你会发现它会自动对齐到电池图标底下的布局向导（layout guide）。这个就是顶部布局向导（top layout guide），其作用是让应用界面适应设备屏幕，同时又不至于模糊状态栏，如图3-7所示。

注意　这里用的是Table View组件而不是Table View Controller。

3.2.2　配置 Auto Layout

下一步要指定各个组件在设备屏幕上的位置。当前的布局在Storyboard编辑器中看起来没问题，但是iOS设备的分辨率多种多样，应用可能竖屏显示，也可能横屏显示。Auto Layout的特点是计算出一个组件相对于其容器或者其他组件的尺寸和位置，本节将演示如何给Table View配置约束。

Auto Layout是基于约束（constraint）的布局机制，通过约束我们可以计算出一个组件相对于其容器或者其他组件的位置和尺寸。你可以使用代码来设置约束，但是使用IB提供的拖放功能会更加简单。

设置约束最可靠的方式是在控件的层级结构中进行，因为这样比较容易确定约束是否加到了正确的组件上。下面我来创建第一个约束，按住Control键，然后在层级结构中选中Table View并拖至同一层级结构中的View上。释放鼠标按键之后，你会在Storyboard视图左侧看到一个弹出菜单（如图3-8所示）。

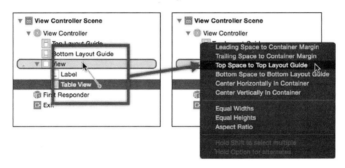

图3-8　在组件层级结构中配置约束

按住Shift键并选中以下几项。

❑ Leading Space to Container Margin
❑ Trailing Space to Container Margin
❑ Top Space to Top Layout Guide

选中上述三项之后，在弹出菜单之外的地方点击鼠标即可让菜单消失。此时，层级结构中会出现一个名为Constraints的项，用于容纳约束。前面设置的约束让Table View的顶部、左右两边始终与容器边缘对齐，不受屏幕大小的影响。

表3-2列出了还需要配置的约束，所有约束都可以用上述方法进行设置。

表3-2　简单布局需要的约束

选　　中	拖　　至	约　　束
Label	View	Leading Space to Container Margin
		Trailing Space to Container Margin
		Bottom Space to Bottom Layout Guide
Table View	Label	Vertical Spacing
Label	Label	Height

提示　设置表中的最后一个约束时，可以按住Control键，选中层级结构中的Label项，然后拖动鼠标并在Label项自身范围内释放。

3.2.3　测试布局效果

进一步开发之前，我想确保当前布局及其约束的正确性。在Xcode顶部的工具栏中点击播放按钮（此按钮的标签其实是Build and then run the current scheme，但这个太过复杂，我们姑且称其为播放按钮），即可构建和测试这个应用，如图3-9所示。

图3-9　Xcode中用于构建和运行应用的按钮

提示　如果没有看到工具栏，在Xcode菜单栏选择View→Show Toolbar即可。

Xcode自带iOS模拟器，点击播放按钮，Xcode会编译代码并将其发送到模拟器上。你可以通过播放按钮旁边的选项更换模拟器的设备类型。如图3-9所示，我选择的是iPad 2。当然，你可以选择任何设备，但iPad 2的截图比较紧凑，方便本书的页面排版。

点击播放按钮，Xcode会编译项目并启动模拟器，如图3-10所示。

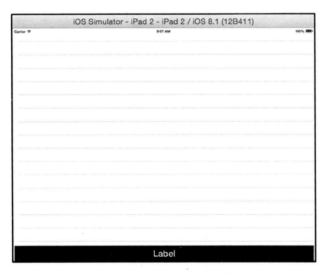

图3-10　在iOS模拟器上运行示例应用

注意　上面展示的是模拟器的横屏模式，你也可以在模拟器的Hardware菜单选择Rotate Left和Rotate Right进行模式切换。通常，本书会使用横屏模式的截图，因为这种图更加适合图书布局，并能将页面的空白减到最小。

3.3　实现与显示库存总量的 Label 相关的代码

下面开始实现与这些UI组件相关联的代码。在本节，我会把Label和代码关联起来，这样才能展示产品库存总量。之后的内容将一步一步地演示如何关联代码与布局。

3.3.1　创建引用

使用Interface Builder编辑的Storyboard文件其实是XML文件。这个文件定义了布局和用户界面组件的配置，但要在代码中访问应用运行时创建的组件实例，比如Label，则还需要多完成一步。

提示　你可以右击或者按住Control键选中导航面板中的Storyboard文件，并在弹出的菜单中选择Open As→Source Code即可查看XML文件的内容。

Xcode有一个功能区域叫作辅助编辑器（assistant editor），该区域显示的是与主编辑器区域打开的文件具有逻辑关联的文件。在Xcode的菜单栏选择View→Assistant Editor→Show Assistant Editor打开此功能区，Xcode就会在其布局中添加一个新面板，用来显示ViewController.swift文件的内容。

提示　Xcode会选择在Assistant Editor中自动显示的文件，但它显示的文件有时并不是你想要的。你可以按住Option键，在导航面板选中感兴趣的文件，Assistant Editor便会显示该文件的内容。

按住Control键并点击View Controller Scene组件层级结构中的Label，然后拖动鼠标至Assistant Editor区域。将鼠标指针置于类定义之下和产品变量之上再松开，这时会弹出一个配置Outlet的界面，Outlet是用来关联应用界面上的Label实例和UIViewController类的，如图3-11所示。

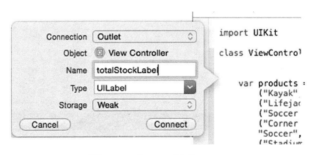

图3-11　为Label创建Outlet

在Name处填入totalStockLabel，然后点击Connect按钮。Xcode便会在ViewController类中新增一个变量，如代码清单3-2所示。（你不能手动添加这行代码，因为在关联时Xcode还自动对项目做了一些别的改变。）

代码清单3-2　在ViewController.swift文件中添加Outlet

```
import UIKit
```

```swift
class ViewController: UIViewController {

    @IBOutlet weak var totalStockLabel: UILabel!

    var products = [
        ("Kayak", "A boat for one person", "Watersports", 275.0, 10),
        ("Lifejacket", "Protective and fashionable", "Watersports", 48.95, 14),
        ("Soccer Ball", "FIFA-approved size and weight", "Soccer", 19.5, 32),
        ("Corner Flags", "Give your playing field a professional touch","Soccer", 34.95, 1),
        ("Stadium", "Flat-packed 35,000-seat stadium", "Soccer", 79500.0, 4),
        ("Thinking Cap", "Improve your brain efficiency by 75%", "Chess", 16.0, 8),
        ("Unsteady Chair", "Secretly give your opponent a disadvantage","Chess", 29.95, 3),
        ("Human Chess Board", "A fun game for the family", "Chess", 75.0, 2),
        ("Bling-Bling King", "Gold-plated, diamond-studded King","Chess", 1200.0, 4)];

    override func viewDidLoad() {
        super.viewDidLoad()
    }

    override func didReceiveMemoryWarning() {
        super.didReceiveMemoryWarning()
    }
}
```

代码中变量的类型为UILabel，它是UIKit框架中实现Label功能的类的名称。@IBOutlet标识符表示这个新增变量是一个Outlet。

3.3.2 更新界面显示

代码清单3-3演示了如何使用Outlet来更新Label显示的文本，以展示产品的库存数量。

代码清单3-3 在ViewController.swift文件中添加展示库存数量的代码

```swift
import UIKit

class ViewController: UIViewController {
    @IBOutlet weak var totalStockLabel: UILabel!
    var products = [
        ("Kayak", "A boat for one person", "Watersports", 275.0, 10),
        ("Lifejacket", "Protective and fashionable", "Watersports", 48.95, 14),
        ("Soccer Ball", "FIFA-approved size and weight", "Soccer", 19.5, 32),
        ("Corner Flags", "Give your playing field a professional touch","Soccer", 34.95, 1),
        ("Stadium", "Flat-packed 35,000-seat stadium", "Soccer", 79500.0, 4),
        ("Thinking Cap", "Improve your brain efficiency by 75%", "Chess", 16.0, 8),
        ("Unsteady Chair", "Secretly give your opponent a disadvantage","Chess", 29.95, 3),
        ("Human Chess Board", "A fun game for the family", "Chess", 75.0, 2),
        ("Bling-Bling King", "Gold-plated, diamond-studded King", "Chess",1200.0, 4)];

    override func viewDidLoad() {
        super.viewDidLoad();
        displayStockTotal();
    }

    override func didReceiveMemoryWarning() {
        super.didReceiveMemoryWarning()
    }
```

```
func displayStockTotal() {
    let stockTotal = products.reduce(0,
        {(total, product) -> Int in return total + product.4});
    totalStockLabel.text = "\(stockTotal) Products in Stock";
}
}
```

上述代码定义了一个名为displayStockTotal的新方法，此方法使用了Swift标准库中的reduce扩展。reduce方法会使用数组中的每一个元素去调用指定的函数。这里我指定了一个闭包，该闭包的功能是计算每个数据元组中索引为4的数值的和。

当总量计算完成之后，将最后的值赋给Label的text属性，这将改变应用界面上UILabel所显示的字符串。

我在viewDidLoad中调用了displayStockTotal方法，该方法将在应用初始化和View加载完成之后被调用。点击Xcode工具栏的播放按钮，即可测试修改的效果，如图3-12所示。

图3-12   展示产品库存总量

3.4   实现 table cell

本节将完成Table View的配置，为用户提供查看和修改产品库存水平的功能。我会创建一个自定义的Table View Cell，并在其中添加其他控件，然后将它们与ViewController类关联起来，以继续实现之前假定的单类应用。（不过，你等下就会发现，其实只用一个类是不行的。最后我还是得创建另一个包含几个IBOutlet属性的简单类。）

3.4.1   配置自定义 table cell 和布局

在导航面板选中Main.storyboard文件，以打开Interface Builder编辑器。确保层级结构是展开的，这样才能查看布局中的组件。在Object Library中找到Table View Cell组件，并将其拖到层级结构中的Table View组件中，然后松开鼠标按键。

此时，层级结构中会出现一个名为Content View的新组件，它对应IB主视图中的Prototype Cells对象。Table View将基于这个模板生成所需的cell。

在Object Library找到Text Field，并将其拖至层级结构中的Content View上。Text Field组件呈现的是一个可编辑的文本输入框。修改文本输入框的位置和大小，让其占据table cell的右侧，如图3-13所示。图中的蓝色虚线是Xcode用来定位组件的布局导向。

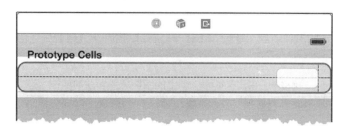

图3-13　改变第一个控件在自定义table cell中的位置

提示　你可以直接将控件拖到编辑器的主界面，但是这容易将组件放错位置。我发现层级结构更可靠，尤其是对于复杂布局而言。

确保选中了Text Field，在编辑器主界面或者组件层级结构选中都可以，然后使用Attributes Inspector对属性进行配置，如表3-3所示。

表3-3　文本输入框需要修改的配置

属　　　性	修　　　改
Font（字体）	此属性设为System 20.0
Alignment（对齐方式）	此属性设为文本与组件右侧对齐

然后，从Object Library拖一个Label和Stepper到层级结构中的Content View，以创建如图3-14所示的界面。

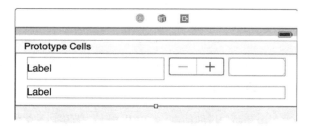

图3-14　将所需的组件添加到自定义的table cell布局中

提示　布局时无需做到像素级别的精确度，大概就行。我在图中开启了蓝线提示，以便查看每个组件的边界。你可以在Xcode的菜单栏选择Editor→Canvas→Show Bounds Rectangles开启此功能。

你必须在层级结构中选中Table View Cell，然后拖动其边框以增加cell的高度，这样才能容下所有的组件。

为了更方便地区分两个Label组件，点击层级结构中最上面的Label并将其名称修改为Name Label。接着选中另一个Label，将其名称改为Description Label。最后，选中Text Field组件并将其名称改为Text Field（默认名称包含文本输入框的样式信息）。

最后一步是配置这些组件。表3-4列出了组件的新名称和属性，这些属性的值可以通过Attributes Inspector进行修改。

表3-4　自定义table cell上的组件需要修改的属性

组　　件	属　　性	值
Name Label	Font（字体）	System Bold 30
Description Label	Font（字体）	System 25
Text Field	Font（字体）	System 30

3.4.2　配置 table cell 的布局约束

按照表3-5的要求，使用组件层级结构配置布局约束。这些约束可保证table cell上的内容始终可见，即不受运行应用的设备类型和屏幕显示方向的影响。

表3-5　自定义table cell上组件需要的约束

选　　中	拖　　至	约　　束
Text Field	Content View	Trailing Space to Container Margin
		Top Space to Container Margin
Text Field	Text Field	Width
Stepper	Content View	Top Space to Container Margin
Stepper	Text Field	Horizontal Spacing
Name Label	Content View	Leading Space to Container Margin
		Top Space to Container Margin
Name Label	Stepper	Horizontal Spacing
Name Label	Name Label	Height
Description Label	Content View	Leading Space to Container Margin
		Trailing Space to Container Margin
		Bottom Space to Container Margin

3.4.3　创建 table cell 类和 Outlet

为了在table cell中展示每个产品的详细信息，需要引用上一节添加的组件。为了实现这一点，我创建了一些由IBOutlet属性修饰的变量，正如我配置UILabel组件，展示库存总量一样。不过，这里需要定义一个类来存放Outlet，以用于实例化Table View中的每一个table cell。ViewController类并不能处理这些事情，因为自定义table cell对应的类必须继承UITableViewCell类，而Swift不支持多继承。代码清单3-4列出了ViewController.swift文件中新增类所需要的代码。

```
import UIKit

class ProductTableCell : UITableViewCell {

}

class ViewController: UIViewController {

    //...statements omitted for brevity...
}
```

这里新定义了一个名为ProductTableCell的类，用于实例化Table View中的cell。为了使用这个类，需要在组件层级结构中选中Table View Cell，并在Identity Inspector中将Class属性改成ProductTableCell，把Module属性设为SportsStore。

接着，切换到Attributes Inspector，将Identifier属性设为ProductCell。

提示 修改Class属性是为了告诉iOS，在需要cell的时候使用ProductTableCell类去创建。设置Identifier让我们能够在需要ProductTableCell对象时，实现自动创建。

按住Control键，添加上一节新增的组件——两个Label、一个Text Field和一个stepper，拖至代码编辑器中ProductTableCell类所在的文件中，以创建对应的Outlet属性。你可以从组件层级结构拖，也可以从Storyboard拖。表3-6列出了组件名称与其Outlet名称的对应关系。

表3-6 组件名称与其Outlet在ProductTableCell类中的对应关系

名　　称	描　　述
Name Label	nameLabel
Description Label	descriptionLabel
Stepper	stockStepper
Text Field	stockField

提示 创建Outlet时，如果Xcode提示无法找到ProductTableCell类，重启Xcode即可。

完成所有Outlet的创建之后，ProductTableCell类的内容应该与代码清单3-5相匹配。

```
...
class ProductTableCell : UITableViewCell {
    @IBOutlet weak var nameLabel: UILabel!
    @IBOutlet weak var descriptionLabel: UILabel!
    @IBOutlet weak var stockStepper: UIStepper!
```

```
@IBOutlet weak var stockField: UITextField!
}
...
```

这些属性的顺序并不重要，只要你创建了这四个Outlet，并且与它们相对应的组件匹配即可。

3.4.4　实现数据源协议

为了给Table View提供数据，必须实现UITableViewDataSource协议中的两个方法，通过这两个方法我们可以告诉Table View有多少行数据，以及如何配置每个cell。在此之前，需要创建一个指向Table View的Outlet属性，这样才能在ViewController类中引用Table View。

按住Control键选中组件层级结构中的Table View，拖动至ViewController类中并松开，让Xcode在totalStockOutlet下面创建对应的属性。将该属性的名称设为tableView。操作完成之后，结果应与代码清单3-6一致。

代码清单3-6　在ViewController.swift文件中添加Table View的Outlet属性

```
import UIKit

class ProductTableCell : UITableViewCell {
    // ...statements omitted for brevity...
}

class ViewController: UIViewController {

    @IBOutlet weak var totalStockLabel: UILabel!
    @IBOutlet weak var tableView: UITableView!
    // ...statements omitted for brevity...
}
```

现在可以给UIViewController类添加相应的协议，并实现UITableViewDataSource协议中的两个方法，如代码清单3-7所示。

代码清单3-7　在ViewController.swift中实现数据源协议的方法

```
import UIKit

class ProductTableCell: UITableViewCell {
    @IBOutlet weak var nameLabel: UILabel!
    @IBOutlet weak var descriptionLabel: UILabel!
    @IBOutlet weak var stockStepper: UIStepper!
    @IBOutlet weak var stockField: UITextField!
}

class ViewController: UIViewController, UITableViewDataSource {

    @IBOutlet weak var totalStockLabel: UILabel!
    @IBOutlet weak var tableView: UITableView!

    var products = [
        ("Kayak", "A boat for one person", "Watersports", 275.0, 10),
        ("Lifejacket", "Protective and fashionable", "Watersports", 48.95, 14),
        ("Soccer Ball", "FIFA-approved size and weight", "Soccer", 19.5, 32),
        ("Corner Flags", "Give your playing field a professional touch","Soccer", 34.95, 1),
        ("Stadium", "Flat-packed 35,000-seat stadium", "Soccer", 79500.0, 4),
```

```
                ("Thinking Cap", "Improve your brain efficiency by 75%", "Chess", 16.0, 8),
                ("Unsteady Chair", "Secretly give your opponent a disadvantage","Chess", 29.95, 3),
                ("Human Chess Board", "A fun game for the family", "Chess", 75.0, 2),
                ("Bling-Bling King", "Gold-plated, diamond-studded King","Chess", 1200.0, 4)];

    override func viewDidLoad() {
        super.viewDidLoad();
        displayStockTotal();
    }

    override func didReceiveMemoryWarning() {
        super.didReceiveMemoryWarning();
    }

    func tableView(tableView: UITableView,
        numberOfRowsInSection section: Int) -> Int {
        return products.count;
    }

    func tableView(tableView: UITableView,
        cellForRowAtIndexPath indexPath: NSIndexPath) -> UITableViewCell {
        let product = products[indexPath.row];
        let cell = tableView.dequeueReusableCellWithIdentifier("ProductCell")
        as ProductTableCell;
        cell.nameLabel.text = product.0;
        cell.descriptionLabel.text = product.1;
        cell.stockStepper.value = Double(product.4);
        cell.stockField.text = String(product.4);
        return cell;
    }

    func displayStockTotal() {
        let stockTotal = products.reduce(0,
        {(total, product) -> Int in return total + product.4});
        totalStockLabel.text = "\(stockTotal) Products in Stock";
    }
}
```

UITableDataViewDataSource协议中的方法名都是tableView，我们通过它们定义的参数来区分它们。含有numberOfRowsInSection参数的tableView方法，将用于计算Table View中的数据的行数，这里我直接返回了产品数组中的元组的个数。

另一个tableView方法用于创建UITableViewCell类的实例，每个实例代表Table View中的一行。与某一行相关的信息可以通过indexPath参数的row属性获得。我之所以给Table View创建Outlet属性，是因为这样才能够调用dequeueReusableCellWithIdentifier方法，以复用已经创建但内容不可见的cell。dequeueReusableCellWithIdentifier方法所需的参数，就是自定义table cell的Identifier属性，这也是Table View知道应该创建ProductTableCell类实例的原理。

3.4.5 注册数据源

为了展示数据还需要完成最后一步，即将View Controller类注册为Table View的数据源。在组件层级结构中，按住Control键同时选中Table View拖至View Controller。松开鼠标按键时，会弹出一个菜单，选中dataSource，将Table View与ViewController关联起来，如图3-15所示。

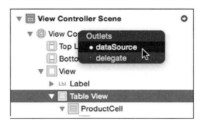

图3-15   设置Table View的数据源

3.4.6   测试数据源

为了测试ViewController类提供的数据，点击Xcode工具栏中的播放按钮，以构建应用并在iOS模拟器上运行，如图3-16所示。

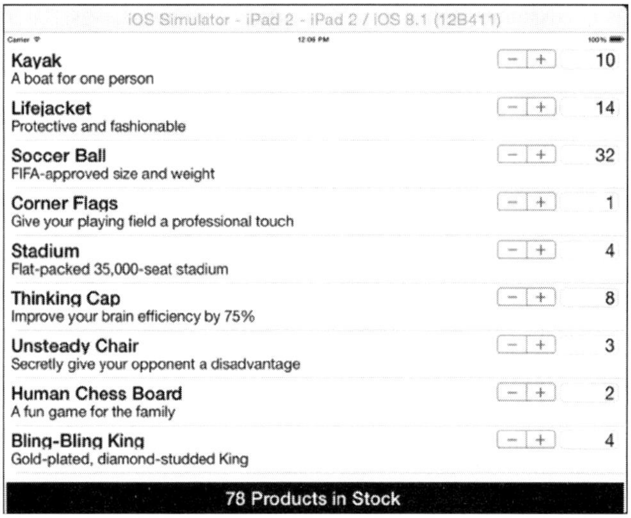

iOS Simulator - iPad 2 - iPad 2 / iOS 8.1 (12B411)		
Kayak A boat for one person	− +	10
Lifejacket Protective and fashionable	− +	14
Soccer Ball FIFA-approved size and weight	− +	32
Corner Flags Give your playing field a professional touch	− +	1
Stadium Flat-packed 35,000-seat stadium	− +	4
Thinking Cap Improve your brain efficiency by 75%	− +	8
Unsteady Chair Secretly give your opponent a disadvantage	− +	3
Human Chess Board A fun game for the family	− +	2
Bling-Bling King Gold-plated, diamond-studded King	− +	4
78 Products in Stock		

图3-16   测试SportsStore应用

3.5   处理编辑操作

这一节将完成SportsStore应用的开发。现在还需要对Stepper和Text Field进行连线，这样用户才可以修改产品的库存水平。为了给修改提供视觉反馈，修改完成之后将更新屏幕底部Label组件展示的文本。

切换到连接检查器（Connections Inspector），然后在组件层级结构中选中Text Field。此时检查器会列出该组件支持的事件。选中Editing Changed事件右边的圆圈，拖至Assistant Editor中的ViewController类，并将鼠标指针停在displayStockTotal方法定义的上方。然后，松开鼠标，这时会弹出一个菜单，如图3-17所示。

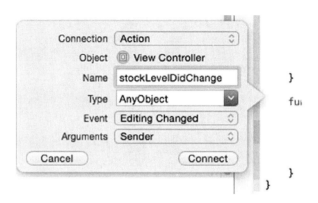

图3-17 创建Action方法

在Name处填入stockLevelDidChange并点击Connect按钮。Xcode会在ViewController类中添加代码清单3-8所示的方法。

代码清单3-8   在ViewController.swift中添加Action方法

```
...
@IBAction func stockLevelDidChange(sender: AnyObject) {
}
...
```

IBAction属性表明，在界面组件发生变化时，此方法将会被调用以响应变化。这个例子中，变化指的是用户开始在文本输入框编辑内容。

我还要在stepper的值发生变化时，调用同一个方法，所以我在层级结构中选中Stepper，然后在Connections Inspector中选择Value Changed。

将鼠标指针移动到stockLevelDidChange，这时该方法的名称会高亮显示，提示文字也从Insert Action变成Connection Action，松开鼠标即可完成连线。

提示　在连接已存在的事件时，Xcode会偶尔出现问题。如果发现所要关联的方法名没有高亮显示，直接创建一个新的action并将名字设为stockLevelDidChange。这会导致源码文件中出现两个名字相同的方法，删除其中一个方法即可，随便哪一个都行。组件与方法的关系是通过方法名建立起来的，因此这种方法可以弥补Xcode的限制。

处理事件

当用户与Stepper或者Text Field交互时，stockLevelDidChange方法将会被调用，从而让我们能够对库存水平做出相应的修改。代码清单3-9列出了ViewController类中新增的用于处理事件的代码。

代码清单3-9   在ViewController.swift中处理事件

```
import UIKit
```

```swift
class ProductTableCell : UITableViewCell {

    @IBOutlet weak var nameLabel: UILabel!
    @IBOutlet weak var descriptionLabel: UILabel!
    @IBOutlet weak var stockStepper: UIStepper!
    @IBOutlet weak var stockField: UITextField!

    var productId:Int?;
}

class ViewController: UIViewController, UITableViewDataSource {

    @IBOutlet weak var totalStockLabel: UILabel!
    @IBOutlet weak var tableView: UITableView!

    var products = [
        ("Kayak", "A boat for one person", "Watersports", 275.0, 10),
        ("Lifejacket", "Protective and fashionable", "Watersports", 48.95, 14),
        ("Soccer Ball", "FIFA-approved size and weight", "Soccer", 19.5, 32),
        ("Corner Flags", "Give your playing field a professional touch","Soccer", 34.95, 1),
        ("Stadium", "Flat-packed 35,000-seat stadium", "Soccer", 79500.0, 4),
        ("Thinking Cap", "Improve your brain efficiency by 75%", "Chess", 16.0, 8),
        ("Unsteady Chair", "Secretly give your opponent a disadvantage","Chess", 29.95, 3),
        ("Human Chess Board", "A fun game for the family", "Chess", 75.0, 2),
        ("Bling-Bling King", "Gold-plated, diamond-studded King","Chess", 1200.0, 4)];

    override func viewDidLoad() {
        super.viewDidLoad()
        displayStockTotal();
    }

    override func didReceiveMemoryWarning() {
        super.didReceiveMemoryWarning()
    }

    func tableView(tableView: UITableView,
        numberOfRowsInSection section: Int) -> Int {
        return products.count;
    }

    func tableView(tableView: UITableView,
        cellForRowAtIndexPath indexPath: NSIndexPath) -> UITableViewCell {
        let product = products[indexPath.row];
        let cell = tableView.dequeueReusableCellWithIdentifier("ProductCell")
        as ProductTableCell;
        cell.productId = indexPath.row;
        cell.nameLabel.text = product.0;
        cell.descriptionLabel.text = product.1;
        cell.stockStepper.value = Double(product.4);
        cell.stockField.text = String(product.4);
        return cell;
    }

    @IBAction func stockLevelDidChange(sender: AnyObject) {
        if var currentCell = sender as? UIView {
            while (true) {
                currentCell = currentCell.superview!;
                if let cell = currentCell as? ProductTableCell {
                    if let id = cell.productId? {
```

```
                            var newStockLevel:Int?;

                            if let stepper = sender as? UIStepper {
                                newStockLevel = Int(stepper.value);
                            } else if let textfield = sender as? UITextField {
                                if let newValue = textfield.text.toInt()? {
                                    newStockLevel = newValue;
                                }
                            }

                            if let level = newStockLevel {
                                products[id].4 = level;
                                cell.stockStepper.value = Double(level);
                                cell.stockField.text = String(level);
                            }
                        }
                        break;
                    }
                }
                displayStockTotal();
            }
        }

    func displayStockTotal() {
        let stockTotal = products.reduce(0,
        {(total, product) -> Int in return total + product.4});
        totalStockLabel.text = "\(stockTotal) Products in Stock";
    }
}
```

我做的第一个改变就是在ProductTableCell类中添加了一个名为productId的属性，并在用来创建cell的tableView方法中对其进行赋值。我在stockLevelDidChange方法中利用这个属性来映射调用此方法的组件和需要修改库存水平的产品。stockLevelDidChange方法的参数是触发事件组件，通过它我可以获得更新之后的库存水平并展示给用户。在stockLevelDidChange方法的最后，我调用了displayStockTotal方法以增强变化的视觉反馈。

3.6 测试 SportsStore 应用

简单的SportsStore应用现在已经开发完成。点击Xcode工具栏的播放按钮即可查看最终的效果。图3-18是该应用在横屏模式下的运行效果。

用户可以看到一个产品代码清单，并且可以使用Stepper和Text Field组件对各个产品的库存水平进行修改。屏幕底部显示的是产品库存总量。

这款应用很简单，这点无可争论，不过它给了我演示Xcode使用技巧的机会。同时，它也给我演示设计模式的应用提供了一个代码片段之外的举例环境。

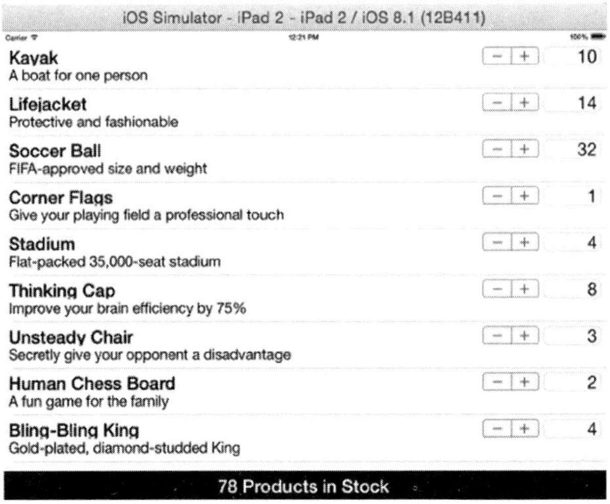

图3-18   简单的SportsStore的运行效果

3.7   总结

Xcode是一款独特的开发工具,新手用起来可能不是很顺手,但它提供了一些不错的用于创建应用的工具。在这一章中,我开发了一款基本没有优化过的iOS应用。后续章节中演示设计模式的时候,会使用这个示例应用,为演示设计模式提供更加完整和真实的场景。

Part 2

第二部分

创建型模式

第 4 章

对象模板模式

　　本章将讲解一个对于面向对象编程语言而言非常基础的技巧，由于它太过基础，以至于人们通常都不把它归类为设计模式。这个技巧是，直接使用类或者结构体创建对象。尽管后续内容会探讨各种管理对象创建的技巧，但是我想在本章先行分析使用类和结构体作为对象模板的好处。不仅因为这个主题本身很重要，而且它有助于说明不使用模板创建对象所引起的问题。同时，它也能为后面讲解更高级的模式建立基础。表4-1列出了对象模板模式（object template pattern）的相关信息。

表4-1　对象模板模式的相关信息

问　题	答　案
是什么	对象模板模式使用类或者结构体作为数据类型及其逻辑的规范。创建对象时使用模板，并在初始化时完成数据赋值。赋值时，要么使用模板中的默认值，要么使用类或者结构体的*初始化器*（也叫构造器）来提供数值
有什么优点	对象模板模式为将数据与操作数据的逻辑组织在一起，即封装，提供了基础。封装使得对象可以在为其用户提供接口（API）的同时，隐藏接口的内部实现。这有利于防止组件之间形成紧耦合
何时使用此模式	除非是极其简单的项目，否则你都应该使用此模式。尽管元组是Swift很有意思的特性，但是从长远来看，使用它表示数据会引发一些维护问题，而且创建一个类或者结构体并不是很复杂
何时应避免使用此模式	这个模式本身并没有问题，不过本书的后续部分会介绍一些此模式的高级使用技巧
如何确定是否正确实现了此模式	如果修改类或者结构体的内部实现时，使用了此模式的组件无需做出相应的改变，则说明你正确地实现了此模式
有哪些常见陷阱	唯一的陷阱是，应该使用类作为模板的时候却使用了结构体。结构体和类具有很多共同之处，但是当把它们创建的对象赋值给新变量时，它们的行为并不一致。第5章会详细解析这一点（它们还有其他区别，但与本章内容无关）
有哪些相关的模式	第5章讲解的原型模式（prototype pattern）提供了另一种创建对象的方式

4.1　准备示例项目

　　首先需要创建一个名为ObjectTemplate的OS X命令行工具项目，创建过程与第3章演示的类似。当前并不需要其他准备。

4.2　此模式旨在解决的问题

第3章使用Swift的元组定义了SportsStore应用需要的数据。下面是一个取自该代码的元组示例：

```
...
("Kayak", "A boat for one person", "Watersports", 275.0, 10)
...
```

元组是一组集合在一起的值，使用起来简单方便，但是也存在一些问题，因此不能无限制地使用。代码清单4-1列出了命令行工具项目中的main.swift文件的内容。

代码清单4-1　main.swift文件的内容

```swift
var products = [
    ("Kayak", "A boat for one person", 275.0, 10),
    ("Lifejacket", "Protective and fashionable", 48.95, 14),
    ("Soccer Ball", "FIFA-approved size and weight", 19.5, 32)];

func calculateTax(product:(String, String, Double, Int)) -> Double {
    return product.2 * 0.2;
}

func calculateStockValue(tuples:[(String, String, Double, Int)]) -> Double {
    return tuples.reduce(0, {
        (total, product) -> Double in
            return total + (product.2 * Double(product.3))
    });
}

println("Sales tax for Kayak: $\(calculateTax(products[0]))");
println("Total value of stock: $\(calculateStockValue(products))");
```

代码中定义了一个用于表示产品的一个元组数组和两个用于操作元组的函数。calculateTax函数定义了一个元组类型的参数，此函数基于传入的元组计算价格的税费。（我居住在伦敦，因此我使用了英国的消费税税率，即20%。）calculateStockValue函数的功能是，根据元组数组中产品的价格和数量计算产品的总价值。代码清单4-1最后调用了这两个函数，并使用println函数在控制台输出运行结果。运行该项目之后，Xcode的调试控制台将输出如下内容：

```
Sales tax for Kayak: $55.0
Total value of stock: $4059.3
```

组件之间的紧密耦合违背了设计模式的理念，这是本书反复强调的主旨之一。当一个组件依赖另一个组件的内部实现时，换句话说，当无法在不更新另一个组件的情况下修改组件时，这两个组件就是紧耦合的。

组件这个词并没有严格的定义，这里将用它来指代元组数组和处理它们的函数。图4-1展示了Playground中的两个函数与元组之间存在的紧耦合关系。

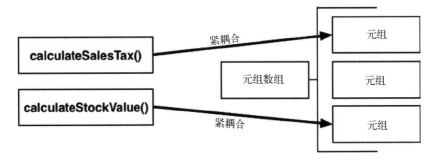

图4-1　Playground中的紧耦合关系

无论是在参数定义方面还是在函数体中，上述两个函数都与元组紧密地耦合在了一起。在定义操作元组的函数的参数时，其个数、顺序和元组元素的类型都必须匹配。在函数体中处理元组时，必须明确指明取值和赋值的元素的索引值。下面是calculateSalesTax函数的实现，其中依赖元组的部分加粗了：

```
...
func calculateTax(product:(String, String, String, Double, Int)) -> Double {
    return product.3 * 0.2;
}
...
```

以下是calculateStockValue函数中对元组存在依赖的部分：

```
...
func calculateStockValue(tuples:[(String, String, Double, Int)]) -> Double {
    return tuples.reduce(0, {(total, product) -> Double in
        return total + (product.2 * Double(product.3))
    });
}
...
```

对元组结构的依赖意味着，函数与元组紧密地耦合在了一起。紧耦合最明显的影响是，当元组发生变化时，所有依赖它的部分都需要进行相应的修改。代码清单4-2演示了删除元组中的一个值所带来的影响。

代码清单4-2　在main.swift文件中从元组中删除一个值

```
var products = [("Kayak", 275.0, 10),
    ("Lifejacket", 48.95, 14),
    ("Soccer Ball", 19.5, 32)];

func calculateTax(product:(String, Double, Int)) -> Double {
    return product.1 * 0.2;
}

func calculateStockValue(tuples:[(String, Double, Int)]) -> Double {
    return tuples.reduce(0, {(total, product) -> Double in
        return total + (product.1 * Double(product.2))
    });
}

println("Sales tax for Kayak: $\(calculateTax(products[0]))");
println("Total value of stock: $\(calculateStockValue(products))");
```

为什么紧耦合是个问题

　　组件之间的紧耦合会导致代码难以维护，也就是说，需要花费更多的精力去修改并测试其带来的影响。从代码清单4-2可以看出，修改一个组件时，还需要修改其他依赖其实现的组件。在一个包含大量紧耦合的应用程序中，一些修改可能需要通过代码的级联修改来实现，简单的修复或者新增功能与重写基本无异。

　　设计模式的关键目标之一就是降低组件之间的耦合度，但正如第1章所述，在应用中使用某个设计模式不一定合理。在一些开发需求中，紧耦合是完全合理的，因为要么可以提升性能（比如实时软件），要么是该应用程序不需要维护（因为它非常简单或者使用周期短）。判定某个程序不需要维护时需要谨慎，因为即使最初的意图如此，也很少有应用程序最后真的不需要维护。

　　上述代码删除了元组中描述产品的值，加粗的语句是需要在函数中做出的相应修改。在真实项目中，这类变化可能会持续增加。如果它们影响到了其他与其紧密耦合的组件，所要做的改变可能会导致应用程序中很大一部分的代码需要修改。这种程度的变化很难管理，因此需要进行彻底的测试，以确保应用其他部分也做了相应的改变，并且没有引入任何新的bug。

4.3　对象模板模式

　　对象模板模式使用类或者结构体来定义用于创建对象的模板。当应用程序的某个组件需要对象时，它可以通过指明对象模板的名称，以及运行时初始化时需要给该对象配置的数据值，调用Swift运行时来创建对象。对象模板模式由三步操作组成，如图4-2所示。

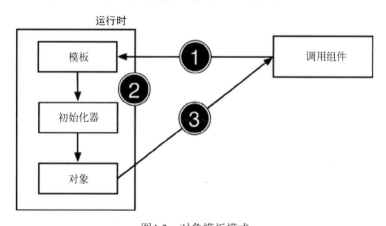

图4-2　对象模板模式

　　第一步操作是调用组件请求Swift运行时创建一个对象，并提供需要用到的模板名称，配置创建对象需要的运行时数据值。

　　在第二步操作中，Swift运行时分配存储该对象所需的内存，并使用模板创建该对象。模板中含有用于准备对象（设置初始数据）需要使用的初始化方法，这些方法要么使用调用组件提供的运行时值，要么使用模板中定义的值（或两者同时使用）来设置对象的初始状态。Swift运行时会调用这些方法来准备对象，以供调用组件使用。最后一步操作是，Swift运行时把创建好的对象返回给调用组件。三步走的过程可以任意重复，因此一个模板可以创建多个对象。

类、结构体、对象和实例

有一些面向对象编程的术语在日常开发中被随意使用，但这对于理解设计模式可能会造成困惑。此模式涉及的关键术语有类、结构体、对象和实例。

就Swift中的对象模板模式而言，类和结构体都可以作为模板。Swift会按照模板中的指令去创建对象。同一个模板可以用来创建多个对象。虽然每个对象都不一样，但却是使用相同的一套指令创建的，就像同一个配方可以用来烘焙多个蛋糕一样。

实例（instance）一词与对象具有相同的意义，但实例一词通常与用来创建该对象的模板的名称一起出现，因此Product对象也可以称为Product类的实例。

有一点需要重点说明，类和结构体是开发期间编写的指令，应用运行时对象被创建。修改对象所存储的值，并不会改变创建该对象的模板。

4.4   实现对象模板模式

首先，在示例项目中创建一个名为Product.swift的文件，该文件定义了一个名为Product的类，其内容如代码清单4-3所示。

代码清单4-3   Product.swift文件的内容

```
class Product {
    var name:String;
    var description:String;
    var price:Double;
    var stock:Int;

    init(name:String, description:String, price:Double, stock:Int) {
        self.name = name;
        self.description = description;
        self.price = price;
        self.stock = stock;
    }
}
```

上述代码定义了一个简单的类，该类尽可能地复现了基于元组的方案，但我会在该类中添加一些功能。为了使用Product类，需要在main.swift文件中做一些修改，如代码清单4-4所示。

代码清单4-4   在main.swift文件中使用Product类

```
var products = [
Product(name: "Kayak", description: "A boat for one person",
    price: 275, stock: 10),
Product(name: "Lifejacket", description: "Protective and fashionable",
    price: 48.95, stock: 14),
Product(name: "Soccer Ball", description: "FIFA-approved size and weight",
    price: 19.5, stock: 32)];
```

```
func calculateTax(product:Product) -> Double {
    return product.price * 0.2;
}

func calculateStockValue(productsArray:[Product]) -> Double {
    return productsArray.reduce(0, {(total, product) -> Double in
            return total + (product.price * Double(product.stock))
        });
}

println("Sales tax for Kayak: $\(calculateTax(products[0]))");
println("Total value of stock: $\(calculateStockValue(products))");
```

与大多数模式一样，使用类定义对象模板确实需要做一些额外的工作，但是使用设计模式能带来一些潜在的益处。事实上，这种益处对于高效地进行面向对象编程而言非常重要，以至于类和结构体已经成为理所当然的选择（尽管还有像元组这样更快、更直接的方法可供选择）。

使用元组时，只需一个简单的步骤即可完成数据结构和一组值的定义，但使用模板需要两个步骤，一是定义模板，二是使用模板创建对象。

4.5 对象模板模式的优点

模板的优点非常多，而且不管模板是类还是结构体，它们带来的好处都对得起用于定义模板所花费的精力。元组是一个不错的语言特性，但严谨的软件开发者更加倾向于使用类和结构体，因为后者更具可控性，并且它们提供了元组无法比拟的松散耦合。关于这一点，后面的小节将会进行详细的讲解。

4.5.1 解耦的好处

为了让代码清单4-4中的例子尽可能地简单，我没有利用类和结构体提供的优势特性，这倒是可以证明，即使最简单的模板也可以减小变化带来的影响。代码清单4-5的代码删除了Product类的description属性。

代码清单4-5　删除Product类中的某个属性

```
class Product {
    var name:String;
    var price:Double;
    var stock:Int;

    init(name:String, price:Double, stock:Int) {
        self.name = name;
        self.price = price;
        self.stock = stock;
    }
}
```

接着，需要在main.swift文件中做出相应的修改，如代码清单4-6所示。

代码清单4-6　更新main.swift文件以反映Product类中的变化

```
var products = [
```

```
            Product(name: "Kayak", price: 275, stock: 10),
            Product(name: "Lifejacket", price: 48.95, stock: 14),
            Product(name: "Soccer Ball", price: 19.5, stock: 32)];

func calculateTax(product:Product) -> Double {
    return product.price * 0.2;
}

func calculateStockValue(productsArray:[Product]) -> Double {
    return productsArray.reduce(0, {
        (total, product) -> Double in
            return total + (product.price * Double(product.stock))
    });
}

println("Sales tax for Kayak: $\(calculateTax(products[0]))");
println("Total value of stock: $\(calculateStockValue(products))");
```

这里更新了用于创建Product类实例的语句，所以创建实例时将不再传入description属性的值。需要特别说明的一点是，对Product类做的修改并不会影响calculateTax和lculateStockValue函数。这是因为类中的每个属性在定义和访问方面，都是独立于其他属性的。此外，上述两个函数皆不依赖于description属性。

类和结构体将变化的影响范围限制在直接受到该变化影响的代码中，防止了级联修改情况的发生。如果使用元组等结构化程度相对较低的数据类型，可能会出现需要级联修改的情况。

4.5.2   封装的优点

支持封装是使用类或者结构体作为数据对象模板最重要的优点。封装是面向对象编程的核心思想之一，本章将使用封装思想所涵盖的两个观点。

第一个观点是，封装使数据值和操作这些值的逻辑能够结合在一个单一的组件中。将数据和逻辑打包在一起，可以提高代码的可读性，因为所有与该数据类型相关的代码都放在了同一个地方。代码清单4-7列出了对Product类做出的修改，其中包含了一些逻辑方面的修改。

代码清单4-7   在Product.swift中添加逻辑

```
class Product {
    var name:String;
    var price:Double;
    var stock:Int;

    init(name:String, price:Double, stock:Int) {
        self.name = name;
        self.price = price;
        self.stock = stock;
    }

    func calculateTax(rate: Double) -> Double {
        return self.price * rate;
    }

    var stockValue: Double {
        get {
            return self.price * Double(self.stock);
```

```
            }
        }
    }
```

代码清单4-7添加了一个名为calculateTax的方法，该方法接收一个参数，即税率，然后利用这个税率计算出销售税。此外，代码清单4-7还新增了一个名为stockValue的计算属性，实现了计算库存总值的getter方法。为了反映这些修改，这里还更新了main.swift文件中操作Product对象的相关语句，以使用新增的方法和属性，如代码清单4-8所示。

代码清单4-8   更新main.swift文件中的代码

```
var products = [
    Product(name: "Kayak", price: 275, stock: 10),
    Product(name: "Lifejacket", price: 48.95, stock: 14),
    Product(name: "Soccer Ball", price: 19.5, stock: 32)];

func calculateStockValue(productsArray:[Product]) -> Double {
    return productsArray.reduce(0, {(total, product) -> Double in
            return total + product.stockValue;
        });
}

println("Sales tax for Kayak: $\(products[0].calculateTax(0.2))");
println("Total value of stock: $\(calculateStockValue(products))");
```

或许，这些改变看起来很简单，但却涵盖了一些重要的变化，如Product类现在分成了外部呈现（public presentation）和内部实现（private implementation）两个部分，如图4-3所示。

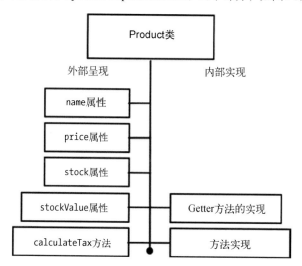

图4-3   Product类的外部呈现与内部实现

外部呈现是指其他组件可以使用的API。任何组件都可以获取或者设置name、price和stock属性的值，并且随意使用它们。Product类的外部呈现除了这些属性，还包括stockValue属性和calculateTax方法，但不包括它们的具体实现，这点非常重要。

提示　勿将内部实现与private（私有）关键字的使用相混淆。private关键字限制的是类、方法或属性的使用对象。即使没有使用private关键字，方法和计算属性的实现对于调用组件而言也是不可见的。

　　将属性或者方法呈现给外部，同时又不暴露其内部实现的设计，让打破紧耦合变得简单，因为这意味着其他组件不再依赖相关属性或者方法的实现。作为演示，这里修改了calculateTax方法的实现，并定义了一个最大税费。由于税费的计算是在Product对象的实现中完成的，因此这个变化对于那些信任并使用Product类来计算税费的组件而言是不可见的，修改如代码清单4-9所示。

代码清单4-9　修改Product.swift文件中方法的实现

```
...
func calculateTax(rate: Double) -> Double {
    return min(10, self.price * rate);
}
...
```

　　这里使用了Swift标准库中的min函数，将销售税的总额限制在10美元。代码清单4-9只列出了calculateTax方法的实现代码，因为Playground中的其他代码无需修改就能使用新的计税方式。上面修改的是Product类内部的实现，其他组件对其没有依赖。运行该应用将输出如下结果：

```
Sales tax for Kayak: $10.0
Total value of stock: $4059.3
```

4.5.3　不断演化外部呈现的好处

　　Swift有一个不错的特性，即随着时间的推移，你可以根据应用程序的变化不断演化类的外部呈现。就目前的情况而言，stock属性是标准的存储属性，我们可以给它赋任何类型为整型的值。不过，将库存总量设置成负数是毫无意义的，而且这么做还会影响计算属性stockValue的返回结果。

　　Swift允许计算属性无缝地取代存储属性，计算属性可以在实现代码中对值的有效性进行验证，以保证库存水平不会小于0。代码清单4-10列出了对该属性做出的修改。

代码清单4-10　在Product.swift文件中添加计算属性

```
class Product {

    var name:String;
    var price:Double;
    private var stockBackingValue:Int = 0;

    var stock:Int {
        get {
            return stockBackingValue;
        }
        set {
            stockBackingValue = max(0, newValue);
        }
    }
```

```
init(name:String, price:Double, stock:Int) {
    self.name = name;
    self.price = price;
    self.stock = stock;
}

func calculateTax(rate: Double) -> Double {
    return min(10, self.price * rate);
}

var stockValue: Double {
    get {
        return self.price * Double(self.stock);
    }
}
}
```

代码清单4-10定义了一个支持变量，用于保存stock属性的值，并使用拥有getter和setter方法的计算属性替换了存储属性stock。getter方法直接返回支持变量stockBackingValue的值，而setter方法则使用标准库中的max函数来赋值，当传入的值为负数时，max把stockBackingValue的值设为0。现在Product类的内部实现和外部呈现都已经发生了变化，但是这种变化并不会影响使用Product类的相关代码，如图4-4所示。

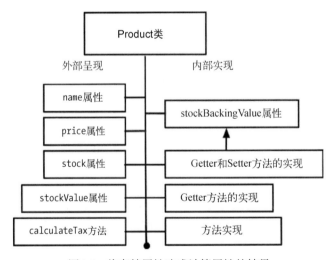

图4-4 将存储属性改成计算属性的结果

代码清单4-11列出了对main.swift文件的修改，其中包含了对该验证机制的测试。

代码清单4-11 测试main.swift文件中的验证机制

```
var products = [
    Product(name: "Kayak", price: 275, stock: 10),
    Product(name: "Lifejacket", price: 48.95, stock: 14),
    Product(name: "Soccer Ball", price: 19.5, stock: 32)];

func calculateStockValue(productsArray:[Product]) -> Double {
    return productsArray.reduce(0, {(total, product) -> Double in
```

```
            return total + product.stockValue;
        });
    }

    println("Sales tax for Kayak: $\(products[0].calculateTax(0.2))");
    println("Total value of stock: $\(calculateStockValue(products))");
    products[0].stock = -50;
    println("Stock Level for Kayak: \(products[0].stock)");
```

上述代码在Playground文件的最后加上了两条语句，以检验存储属性应对负数值的能力，除此之外不需要其他的修改。需要特别说明的是，依赖存储属性的语句并不知道其所使用的属性已经从存储属性变成了计算属性。运行示例应用，可以在控制台看到如下输出：

```
Sales tax for Kayak: $10.0
Total value of stock: $4059.3
Stock Level for Kayak: 0
```

最后一条输出证明计算属性起作用了。虽然在代码中将stock属性的值设成了-50，在获取该属性的值时，却得到了0。

4.6　对象模板模式的陷阱

使用对象模板模式需要避免一个陷阱，即避免选错模板类型。选错模板类型通常是指在应该使用类的时候使用了结构体。Swift中的类和结构体有许多共同之处，但在此模式语境中它们有一个重要的区别：结构体是值类型，类是引用类型。第5章讲解原型模式（prototype pattern）的时候，会更详细地解释类和结构体的区别。

4.7　Cocoa 中使用对象模板模式的示例

这是一个相当基本的模式，类和结构体在Cocoa框架和Swift内置类型中随处可见。字符串、数组和字典等基本类型都是基于结构体实现的，类则被用来表示一切，从网络连接到用户界面组件。这里不会将iOS和Cocoa框架中使用的类和结构体全部列出来，但是如果你想知道这个模式在iOS开发中的影响有多么深远，可以看看本书在开发SportsStore应用程序时使用的那些类。除了本章创建的Product类，该应用还使用了NSNumberFormatter来格式化货币字符串，使用UIViewController管理应用的视图，使用UILabel、UITextField和UIStepper等类布局用户界面。

4.8　在 SportsStore 应用中使用对象模板模式

本小节将创建一个Product类，用于替换SportsStore应用中的元组。如果没有一步一步地跟着第3章中的指示做，也不必担心，你可以到Apress.com下载该项目以及本书使用的所有源码。

4.8.1　准备示例应用

需要做的准备工作是创建一个Swift文件，并把那些与设计模式没有直接关联的工具函数放到该文件中。按住Control键，在项目导航面板中点击SportsStore文件夹，并在弹出的菜单中选择New File，即可向项目添加新文件。Xcode会呈现各种可选的文件类型，如图4-5所示。

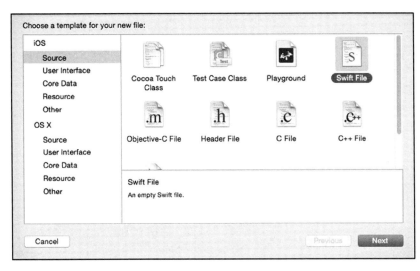

图4-5　选择新文件的类型

在iOS→Source类目下选择Swift File，然后点击Next按钮。将文件名字设为Utils.swift，并确保Targets列表中选中了SportsStore，如图4-6所示。

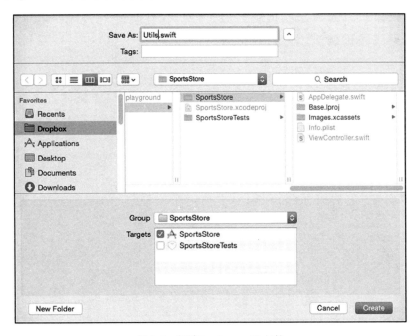

图4-6　创建Product.swift文件

点击Create，Xcode便会创建一个新文件，并打开以供编辑。代码清单4-12列出了该文件的内容。

代码清单4-12   Utils.swift文件的内容

```
import Foundation;

class Utils {

    class func currencyStringFromNumber(number:Double) -> String {
        let formatter = NSNumberFormatter();
        formatter.numberStyle = NSNumberFormatterStyle.CurrencyStyle;
        return formatter.stringFromNumber(number) ?? "";
    }
}
```

上述代码定义了一个名为currencyStringFromNumber的类方法（也称为静态方法），它接受一个Double类型的参数，返回一个格式化之后的货币数值。举个例子，数值1000.1将被格式化成字符串$1,000.10。（货币符号会因设备设置的地区不同而有所不同。在美国以外的地区，美元符号会被换成其他符号，比如欧元或英镑的符号。）

字符串格式化并不是我们谈论的设计模式的一部分，因此这里将这些代码写到了Utils.swift文件中，以免受其干扰。在更新SportsStore应用界面底部的UILabel控件的内容时，将会用到这个新增的类方法。

4.8.2   创建 Product 类

正如本节附注中所说的那样，private关键字并不会限制同一个类文件中的代码访问彼此。为了强调这个模式对public部分和private部分的分离，这里将创建一个新的文件来定义Product类。请按照上一节中讲解的步骤，给SportsStore项目添加一个名为Product.swift的文件，并用它定义代码清单4-13中的类。

代码清单4-13   Product.swift文件的内容

```
class Product {

    private(set) var name:String;
    private(set) var description:String;
    private(set) var category:String;
    private var stockLevelBackingValue:Int = 0;
    private var priceBackingValue:Double = 0;

    init(name:String, description:String, category:String, price:Double,
        stockLevel:Int) {
            self.name = name;
            self.description = description;
            self.category = category;
            self.price = price;
            self.stockLevel = stockLevel;
    }

    var stockLevel:Int {
        get { return stockLevelBackingValue;}
        set { stockLevelBackingValue = max(0, newValue);}
    }
```

```
private(set) var price:Double {
    get { return priceBackingValue;}
    set { priceBackingValue = max(1, newValue);}
}

var stockValue:Double {
    get {
        return price * Double(stockLevel);
    }
}
}
}
```

代码清单4-13中的Product类强调外部呈现和内部实现的分离，并通过多种方式实现了这一目标。第一种方式是使用private或者private(set)修饰属性。关键字private修饰的属性只能在当前文件中访问，这就使得priceBackingValue和stockLevelBackingValue这两个属性对于SportsStore应用的其余部分完全不可见，因为Product类是Product.swift文件中唯一的内容。

使用private(set)修饰一个属性，表示处于同一个模块的其他文件的代码可以获取该属性的值，但是只有Product.swift文件中的代码可以对其进行赋值。这里使用private(set)修饰了代码清单4-13中的大多数属性，其作用是使得这些属性只能通过类的初始化器来赋值，而不可以使用其他方式来赋值。

提示　使用常量也能达到类似的效果，但是我想强调本章讨论的对象模板模式，而private(set)是与此主题更加相符、更加有用的例子。

另一种方式是使用只有get分句的计算属性。尽管计算属性对当前模块内的文件都可见，但其内部实现是不可见的。

Swift的访问控制

Swift在访问控制方面独辟蹊径，这使得不细心的人容易犯错。Swift有三个级别的访问控制，分别用public、private和internal三个关键字表示。关键字private的限制程度最高，它将对类、结构体、方法和属性的访问范围限制在同一文件。这种基于文件的访问控制机制与大多数编程语言都不同，同时也意味着private在Xcode的Playground中无法起作用。

关键字internal表示访问范围仅限于当前模块。这是默认的访问控制级别，如果没有指明相关关键字则使用默认级别。对于大多数iOS开发者而言，internal意味着允许整个项目中的文件访问相关的类、结构体、方法、函数或者属性。

关键字public的控制级别最低，允许从任何地方访问，包括当前模块之外的地方。这个关键字是框架开发者最常用的，他们需要使用这个关键字来修饰框架中提供给其他开发者使用的API。

如果你是从C#或者Java等语言迁移到Swift的，那么只要将每个类和结构体定义在一个单独的.swift文件中，并使用private和internal级别的访问控制，你就可以创建与C#或Java等语言几乎一样的访问控制。

4.8.3   使用 Product 类

使用Product类的过程非常简单。在使用Product类之前，需要先把ViewController.swift中的元组替换成Product实例，并使用Product属性替换元组中对应的值。修改之后的内容如代码清单4-14所示。

代码清单4-14   在ViewController.swift文件中使用Product类

```swift
import UIKit

class ProductTableCell : UITableViewCell {

    @IBOutlet weak var nameLabel: UILabel!
    @IBOutlet weak var descriptionLabel: UILabel!
    @IBOutlet weak var stockStepper: UIStepper!
    @IBOutlet weak var stockField: UITextField!

    var product:Product?;
}

class ViewController: UIViewController, UITableViewDataSource {

    @IBOutlet weak var totalStockLabel: UILabel!
    @IBOutlet weak var tableView: UITableView!

    var products = [
        Product(name:"Kayak", description:"A boat for one person",
            category:"Watersports", price:275.0, stockLevel:10),
        Product(name:"Lifejacket", description:"Protective and fashionable",
            category:"Watersports", price:48.95, stockLevel:14),
        Product(name:"Soccer Ball", description:"FIFA-approved size and weight",
            category:"Soccer", price:19.5, stockLevel:32),
        Product(name:"Corner Flags",
            description:"Give your playing field a professional touch",
            category:"Soccer", price:34.95, stockLevel:1),
        Product(name:"Stadium", description:"Flat-packed 35,000-seat stadium",
            category:"Soccer", price:79500.0, stockLevel:4),
        Product(name:"Thinking Cap",
            description:"Improve your brain efficiency by 75%",
            category:"Chess", price:16.0, stockLevel:8),
        Product(name:"Unsteady Chair",
            description:"Secretly give your opponent a disadvantage",
            category: "Chess", price: 29.95, stockLevel:3),
        Product(name:"Human Chess Board",
            description:"A fun game for the family", category:"Chess",
            price:75.0, stockLevel:2),
        Product(name:"Bling-Bling King",
            description:"Gold-plated, diamond-studded King",
            category:"Chess", price:1200.0, stockLevel:4)];

    override func viewDidLoad() {
        super.viewDidLoad()
        displayStockTotal();
    }

    override func didReceiveMemoryWarning() {
        super.didReceiveMemoryWarning()
    }
```

```swift
func tableView(tableView: UITableView,
    numberOfRowsInSection section: Int) -> Int {
    return products.count;
}

func tableView(tableView: UITableView,
    cellForRowAtIndexPath indexPath: NSIndexPath) -> UITableViewCell {
    let product = products[indexPath.row];
    let cell = tableView.dequeueReusableCellWithIdentifier("ProductCell")
        as ProductTableCell;
    cell.product = products[indexPath.row];
    cell.nameLabel.text = product.name;
    cell.descriptionLabel.text = product.description;
    cell.stockStepper.value = Double(product.stockLevel);
    cell.stockField.text = String(product.stockLevel);
    return cell;
}

@IBAction func stockLevelDidChange(sender: AnyObject) {
    if var currentCell = sender as? UIView {
        while (true) {
            currentCell = currentCell.superview!;
            if let cell = currentCell as? ProductTableCell {
                if let product = cell.product? {
                    if let stepper = sender as? UIStepper {
                        product.stockLevel = Int(stepper.value);
                    } else if let textfield = sender as? UITextField {
                        if let newValue = textfield.text.toInt()? {
                            product.stockLevel = newValue;
                        }
                    }
                    cell.stockStepper.value = Double(product.stockLevel);
                    cell.stockField.text = String(product.stockLevel);
                }
                break;
            }
        }
        displayStockTotal();
    }
}

func displayStockTotal() {
    let stockTotal = products.reduce(0,
    {(total, product) -> Int in return total + product.stockLevel});
    totalStockLabel.text = "\(stockTotal) Products in Stock";
}
}
```

迁移到Product类的过程很简单。在编写代码清单4-14中的代码时，先使用Product对象替换数据数组中的内容，然后再逐一修正由此引起的编译错误，直到替换所有使用元组的代码。这是一个乏味且容易出错的过程，因此如果可以，最好在项目开始时就使用类和结构体（遗憾的是，接管已有的代码并非总是能够如此）。

确保视图与模型的分离

代码清单4-14中的代码有多处值得注意。首先，ViewController.swift文件中定义了一个名为ProductTableCell的类，用来保存UI组件的引用，这些组件在应用布局上代表一个产品，也是用户修改库存水平时定位产品的依据。代码清单4-14还将产品数组中变量对元组的引用，替换成了对Product

对象的引用，如下所示：

```
...
class ProductTableCell : UITableViewCell {

    @IBOutlet weak var nameLabel: UILabel!
    @IBOutlet weak var descriptionLabel: UILabel!
    @IBOutlet weak var stockStepper: UIStepper!
    @IBOutlet weak var stockField: UITextField!

    var product:Product?;
}
...
```

你也许会好奇，为什么没有将Product类和ProductTableCell组合在一起，并使用单一实体来表示一个产品和展示该产品的UI组件。个中原因将在本书第五部分进行说明。简单地说，将应用程序的数据与向用户展示数据的方式进行分离是一种最佳实践（在MVC中的说法是分离模型与视图）。在使用这种分离方式的情况下，若想以不同的方式显示相同的数据，会非常容易。比如，我们可能需要多添加一个视图，以网格的方式展示产品。如果没有分离模型和视图，对应的类就需要引用两个视图中的所有UI组件，这样会让情况变得难以处理，并使修改应用的过程变得复杂且容易出现错误。

4.8.4　扩展应用的总结信息

本章中，我一直在批判元组，但是当以一种独立的方式使用元组，而不是用来表示应用的数据时，元组其实是一个非常实用的语言特性。

从代码清单4-15的代码中，可以看出我是多么喜欢使用元组。这里修改了ViewController类中displayStockTotal方法的实现，修改之后只需调用一个全局的reduce函数，就能完成库存总量和库存产品的总价值（在代码清单4-12中使用currencyStringFromNumber方法对其进行了格式化）的计算。

代码清单4-15　在ViewController.swift文件中使用元组

```
...
func displayStockTotal() {
    let finalTotals:(Int, Double) = products.reduce((0, 0.0),
        {(totals, product) -> (Int, Double) in
            return (
                totals.0 + product.stockLevel,
                totals.1 + product.stockValue
            );
        });

    totalStockLabel.text = "\(finalTotals.0) Products in Stock. "
        + "Total Value: \(Utils.currencyStringFromNumber(finalTotals.1))";
}
...
```

使用元组可以在reduce函数每次迭代时生成两个总量（一个是产品的库存总量，另一个是库存产品的价值总量）。使用其他方式也可以达到相同的效果，比如定义一个拥有两个属性的结构体，或者使用for循环遍历数组，然后更新两个局部变量。但是使用元组可以很好地与Swift的闭包配合，让代码更简单和更具可读性。在这种场景使用类或者结构体就有点大材小用了，因为相关数据并没有输出到方法之外，此时使用元组不但能发挥元组的长处，而且不会出现在应用内广泛传递元组时引起紧耦合和维护问题。

　　运行应用即可看到显示总量的文本的变化。屏幕底部的Label将会显示产品的库存总量和价值总量，如图4-7所示。

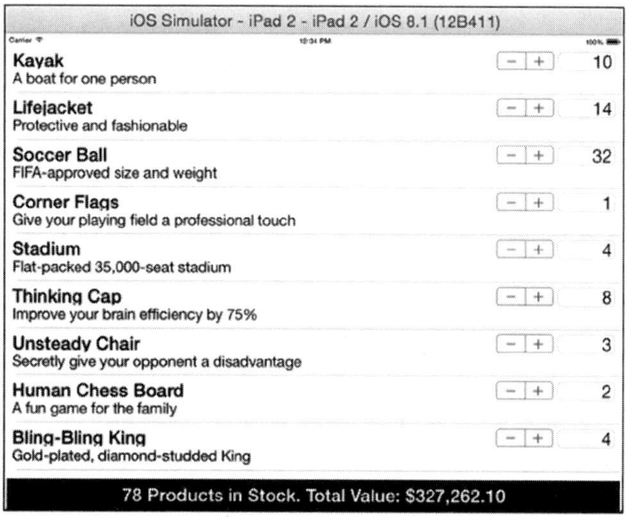

图4-7　扩展SportsStore应用显示的总结信息

4.9　总结

　　本章讲解了Swift开发中一种处于核心地位的模式，即定义模板以用来创建对象。这个模式的优点是为我们提供了一些用于解耦的基本工具。此外，使用该模式可以在隐藏对象内部实现的情况下，为对象的用户提供一个公开的API。第5章将讲解另一种创建对象的方式，即使用原型模式。

第 5 章
原型模式

本章将讲解原型模式（prototype pattern）。使用这一模式，我们可以通过复制已有的对象来创建新的对象，这里的已有的对象也被称为原型（prototype）。原型本身可以使用模板创建（方法如第4章所述），但随后出现的实例则是原型的"克隆"。表5-1列出了原型模式的相关信息。

表5-1　原型模式的的相关信息

问　　题	答　　案
是什么	原型模式通过克隆已有的对象来创建新的对象，已有的对象即为原型
有什么优点	使用这个模式的主要益处是，将创建对象的代码隐藏，即代码对于使用它的组件是不可见的。这就意味着，组件无需知道创建新的对象需要用到哪些类或者结构体，也不需要了解初始化器的细节，即使创建子类并实例化，相关组件也不用修改。每次初始化一个新的对象，都需要耗费一定的时间，使用这个模式能避免重复耗时的过程
何时使用此模式	当你在编写组件且需要创建新的实例，但又不想依赖类的初始化器时，就可以使用这个模式
何时应避免使用此模式	使用此模式没有什么弊端，不过应该对本书这一部分提到的其他模式有所了解，这样才能确保选择的模式是最适合的
如何确定是否正确实现了此模式	为了测试是否正确地实现了此模式，你可以修改创建原型对象的类或者结构体的初始化器，并检查是否需要在创建克隆对象的组件中做出相应的改变。为了二次确认实现的正确性，你还可以创建一个原型类的子类，并确保相关组件可以在不做任何更改的情况下克隆该子类。请参见5.3节的内容
有哪些常见的陷阱	最主要的一个陷阱是，在克隆原型对象的时候，你可能会选错复制的类型。复制可分为浅复制和深复制，选择正确的复制类型对应用而言至关重要。请参见5.3.2节的内容
有哪些相关的模式	与此模式最为相关的模式就是第4章介绍的对象模板模式。除此之外，还有单例模式（singleton pattern），单例模式提供了一种方法，使得同一个对象可以在多处共享，避免重复创建多个实例

5.1　此模式旨在解决的问题

第4章解释了如何使用模板来创建对象，但这个方法也是有缺点的。关于这一点，后面的小节会详细解说。

5.1.1　初始化过程开销大

一些类或者结构体的使用成本比较大，也就是说，初始化一个对象实例并配置到可以使用，需要消耗大量的内存和计算资源。为了演示这类问题，这里创建了一个名为Initialization.playground的文件，其内容如代码清单5-1所示。

代码清单5-1 Initialization.playground文件中的内容

```
class Sum {
    let resultsCache: [[Int]];
    var firstValue:Int;
    var secondValue:Int;

    init(first:Int, second:Int) {
        resultsCache = [[Int]](count: 10, repeatedValue:
            [Int](count:10, repeatedValue: 0));
        for i in 0..<10 {
            for j in 0..<10 {
                resultsCache[i][j] = i + j;
            }
        }
        self.firstValue = first;
        self.secondValue = second;
    }

    var Result:Int {
        get {
            return firstValue < resultsCache.count
                && secondValue < resultsCache[firstValue].count
            ? resultsCache[firstValue][secondValue]
            : firstValue + secondValue;
        }
    }
}

var calc1 = Sum(first:0, second: 9).Result;
var calc2 = Sum(first:3, second: 8).Result;

println("Calc1: \(calc1) Calc2: \(calc2)");
```

上述代码定义了一个名为Sum的类，此类可以计算传给其初始化器的两个整型数值的和。为了优化计算速度，我们牺牲了初始化的效率，Sum在初始化时创建了一个整型的二维数组，并将预先计算好的值存储到数组中。

定义完Sum类之后，我随即创建了两个实例，并用它们做了两次运算。每次创建新的Sum对象，都需要消耗一定的内存和计算资源去创建和填充一个二维数组，这个成本可以根据存储预先计算好的值所需的内存和计算这些值消耗的内存计算出来。最后将两次运算的结果输出到控制台，结果如下所示：

```
Calc1: 9 Calc2: 11
```

这个例子看起来可能有点不切实际，但是这种编码风格却很常见，通常是过早优化（premature optimization）的结果。也就是说，程序员在编写代码的时候就开始尝试大幅提高代码的性能，而不是在经过后续性能测试之后再进行优化，这通常会导致代码性能差，可读性也差。不过，本例有两个方面不太现实。首先，计算两个整数的和太过简单，即使是对性能极其狂热的程序员，也不会认为计算两个整数的和值得做缓存。其次，创建Sum类和创建其实例的代码位于同一个Playground文件中，这也是不真实的。在真实的项目中，实例化的代码通常位于很深的类层次结构中，使用该类的代码则可能散布于应用中各个完全不相关的地方。

5.1.2   对模板的依赖

组件若想通过模板创建的新对象，必须掌握以下三个信息。

❑ 与所需创建的对象相关的模板。

❑ 必须调用的初始化器。

❑ 初始化器的参数名称和类型。

这些信息将散布在整个应用中，哪里需要创建对象，哪里就会出现这些信息。带来的问题是，相关的代码都对模板产生了依赖，因而当模板发生变化时，所有使用该模板创建对象的组件都要更新，以反映相关的变化。你可以在代码清单5-2中看到这个现象，这里修改了Sum类，给其初始化器添加了一个参数。

代码清单5-2   在Initialization.playground文件中新添Sum类初始化器的参数

```
class Sum {
    let resultsCache: [[Int]];
    var firstValue:Int;
    var secondValue:Int;

    init(first:Int, second:Int, cacheSize:Int) {
        resultsCache = [[Int]](count: cacheSize, repeatedValue:
            [Int](count:cacheSize, repeatedValue: 0));
        for i in 0 ..< cacheSize {
            for j in 0 ..< cacheSize {
                resultsCache[i][j] = i + j;
            }
        }
        self.firstValue = first;
        self.secondValue = second;
    }

    var Result:Int {
        get {
            return firstValue < resultsCache.count
                && secondValue < resultsCache[firstValue].count
            ? resultsCache[firstValue][secondValue]
            : firstValue + secondValue;
        }
    }
}

var calc1 = Sum(first:0, second: 9, cacheSize:100).Result;
var calc2 = Sum(first:3, second: 8, cacheSize:20).Result;

println("Calc1: \(calc1) Calc2: \(calc2)");
```

新增的初始化器参数用于控制缓存的大小。如上述代码所示，为了使用修改之后的初始化器，必须更新创建Sum对象的代码语句。这里只有两条创建Sum对象的语句，并且紧挨着彼此，因此需要修改的部分很少。但是在真实的项目中，创建对象的语句可能分布在任何地方，而且每一处都需要对Sum类的实现有足够的了解，才能在实例化时给其初始化器的cacheSize参数传入合理的值。

> 提示 本章的目标是演示原型模式，但是解决上述问题的方式不止这一种。例如，可以定义一个便捷初始化器（Convenience Initializer），然后在其内部调用指定的初始化器，并为cacheSize参数配置一个默认值。正如第1章介绍的那样，模式并非总是解决问题的唯一方案。

5.2 原型模式

原型模式使用现有的对象，而非类或者结构体来创建新对象。这个过程通常被称为"克隆"，因为新对象就是现有对象的副本，而且如果该对象的存储属性在创建之后进行了配置，该变化也会在副本对象中体现出来。图5-1描绘了原型模式的原理。

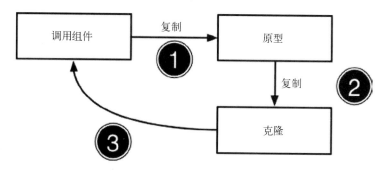

图5-1 原型模式

原型模式创建对象涉及三步操作。第一步，需要对象的组件调用原始对象（即原型）以让其复制自己。第二步就是复制的过程，这也是新对象（即克隆对象）创建的过程。最后一步，原型将克隆对象返回给调用组件，整个复制过程完成。

5.3 实现原型模式

将一个值类型赋值给变量时，Swift会自动使用原型模式。值类型是使用结构体定义的，而且所有Swift内置类型的底层都是用结构体实现的。也就是说，我们可以克隆字符串、布尔值、集合、枚举、元组和数值类型，只需将它们赋值给变量即可完成克隆。Swift会复制原型的值，然后用它来创建一个克隆对象。代码清单5-3列出了ValueTypes.playground文件的内容，其中演示了值类型的克隆过程。

代码清单5-3 ValueTypes.playground文件的内容

```
struct Appointment {
    var name:String;
    var day:String;
    var place:String;

    func printDetails(label:String) {
        println("\(label) with \(name) on \(day) at \(place)");
    }
}
```

```
var beerMeeting = Appointment(name: "Bob", day: "Mon", place: "Joe's Bar");

var workMeeting = beerMeeting;
workMeeting.name = "Alice";
workMeeting.day = "Fri";
workMeeting.place = "Conference Rm 2";

beerMeeting.printDetails("Social");
workMeeting.printDetails("Work");
```

上述代码定义了一个名为Appointment的结构体，其中有存储属性name、day和place，还有一个将这些属性的值输出到控制台的方法printDetails。代码清单5-3还以该结构体为模板创建了一个对象，如下所示：

```
...
var beerMeeting = Appointment(name: "Bob", day: "Mon", place: "Joe's Bar");
...
```

显然，原型模式需要依赖原型对象，而原型对象通常基于模板创建。这似乎违反直觉，但是我们必须获得原型，一旦拿到了原型，我们就可以通过将其赋值给一个变量的方式来创建一个副本，如下所示：

```
...
var workMeeting = beerMeeting;
...
```

此时，示例代码中已经有了两个Appointment对象，分别赋给了beerMeeting和workMeeting两个变量。当前这两个对象的name、day和place属性的值都是一样的，如图5-2所示。

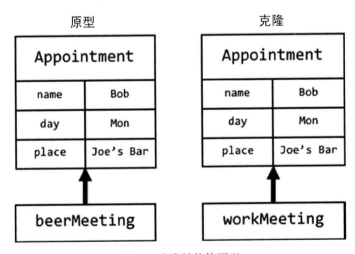

图5-2　克隆结构体原型

在创建完克隆之后，便对name、day和place属性进行了重新赋值，以将克隆对象配置成与原型对象不一样的Appointment对象，如图5-3所示。

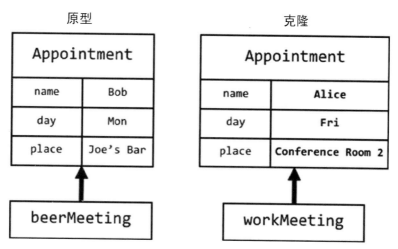

图5-3 配置克隆

最后，上述代码分别调用了这两个Appointment对象的printDetails方法，输出内容如下：

```
Social with Bob on Mon at Joe's Bar
Work with Alice on Fri at Conference Rm 2
```

创建完原型对象之后，可以克隆任意多个同类对象，而且不会引起直接使用结构体模板创建对象所带来的内存开销问题。

5.3.1 克隆引用类型

使用类创建的对象属于引用类型，将这些对象赋值给变量时，Swift并不会复制这些对象。相反，它会创建一个指向该对象的引用，即两个变量同时指向了同一个对象。代码清单5-4列出了ReferenceTypes.playground文件的内容。文件中重写了之前的Appointment例子，将其模板从结构体换成了类。

代码清单5-4 ReferenceTypes.playground文件的内容

```swift
class Appointment {
    var name:String;
    var day:String;
    var place:String;

    init(name:String, day:String, place:String) {
        self.name = name; self.day = day; self.place = place;
    }

    func printDetails(label:String) {
        println("\(label) with \(name) on \(day) at \(place)");
    }
}

var beerMeeting = Appointment(name: "Bob", day: "Mon", place: "Joe's Bar");
```

```
var workMeeting = beerMeeting;
workMeeting.name = "Alice";
workMeeting.day = "Fri";
workMeeting.place = "Conference Rm 2";

beerMeeting.printDetails("Social");
workMeeting.printDetails("Work");
```

除了将关键字从结构体换成了类，这里还在Appointment类中添加了一个初始化器。Swift会给结构体创建一个默认的初始化器，但不会为类创建。除了在定义Appointment类型时使用了class关键字，这个例子的其他代码基本与代码清单5-3相同。不过，其在控制台输出的内容并不相同。

```
Social with Alice on Fri at Conference Rm 2
Work with Alice on Fri at Conference Rm 2
```

问题在于workMeeting和beerMeeting这两个变量同时指向了同一个Appointment对象，如图5-4所示。

原型

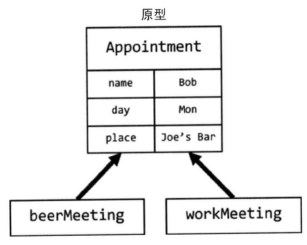

图5-4   将引用类型对象赋值给变量

控制台输出这个意料之外的值的原因是两个变量指向了同一个对象。因此，修改了变量workMeeting的存储属性的值之后，再去取变量beerMeeting的值，就得到了修改之后的值。

实现NSCopying协议

给现有的对象增加引用是面向对象编程的一个重要组成部分，但这不符合原型模式。为了支持克隆，Foundation框架定义了NSCopying协议，在协议中你可以说明如何复制对象。代码清单5-5更新了Appointment类，让其实现了NSCopying协议。

代码清单5-5   在ReferenceTypes.playground文件中实现NSCopying协议

```
import Foundation

class Appointment : NSObject, NSCopying {
    var name:String;
```

```
        var day:String;
        var place:String;

        init(name:String, day:String, place:String) {
            self.name = name; self.day = day; self.place = place;
        }

        func printDetails(label:String) {
            println("\(label) with \(name) on \(day) at \(place)");
        }

        func copyWithZone(zone: NSZone) -> AnyObject {
            return Appointment(name:self.name, day:self.day, place:self.place);
        }
    }

    var beerMeeting = Appointment(name: "Bob", day: "Mon", place: "Joe's Bar");
    var workMeeting = beerMeeting.copy() as Appointment;

    workMeeting.name = "Alice";
    workMeeting.day = "Fri";
    workMeeting.place = "Conference Rm 2";

    beerMeeting.printDetails("Social");
    workMeeting.printDetails("Work");
```

提示 只有类才可以实现NSCopying协议，结构体不可以。结构体本身实现了深复制。

NSCopying协议定义了一个名为copyWithZone的方法，复制对象时将会调用此方法。复制的机制由实现该协议的类负责实现。这个例子使用当前对象中存储属性的值创建了一个Appointment类的实例。

提示 在实现copyWithZone方法时，可以忽略NSZone这个参数。

为了使用NSCopying协议，这里必须修改Appointment类，让其继承NSObject类，因为NSObject类定义了copy方法。使用原型对象调用copy方法（不是copyWithZone方法）即可复制Appointment对象，如下所示：

```
...
var workMeeting = beerMeeting.copy() as Appointment;
...
```

copyWithZone方法的返回值类型为AnyObject，也就是说，这里必须使用as关键字对copy方法创建的对象进行类型转换，以保证变量workMeeting的类型是正确的。

注意 实现NSCopying协议并不会将引用类型变成值类型，若想克隆原型对象必须调用copy方法。如果将原型赋值给一个新的变量，你将得到一个指向原型的新引用，而不是一个新的对象。

5.3.2   浅复制与深复制

原型模式有一点非常重要，即使用深复制还是浅复制来克隆对象，这决定了指向其他引用类型的存储属性的处理方式。我在ReferenceTypes Playground中新增了一个类，并在Appoinment类中添加了一个指向该类实例的新属性，如代码清单5-6所示。

代码清单5-6   在ReferenceTypes.playground文件中添加一个引用类型的属性

```
import Foundation

class Location {
    var name:String;
    var address:String;

    init(name:String, address:String) {
        self.name = name; self.address = address;
    }
}

class Appointment : NSObject, NSCopying {
    var name:String;
    var day:String;
    var place:Location;

    init(name:String, day:String, place:Location) {
        self.name = name; self.day = day; self.place = place;
    }

    func printDetails(label:String) {
        println("\(label) with \(name) on \(day) at \(place.name), "
            + "\(place.address)");
    }

    func copyWithZone(zone: NSZone) -> AnyObject {
        return Appointment(name:self.name, day:self.day,
            place:self.place);
    }

}

var beerMeeting = Appointment(name: "Bob", day: "Mon",
    place: Location(name:"Joe's Bar", address: "123 Main St"));

var workMeeting = beerMeeting.copy() as Appointment;
workMeeting.name = "Alice";
workMeeting.day = "Fri";
workMeeting.place.name = "Conference Rm 2";
workMeeting.place.address = "Company HQ";

beerMeeting.printDetails("Social");
workMeeting.printDetails("Work");
```

创建了一个简单的Location类，并将其作为Appointment对象的place属性。以下内容是控制台的输出：

```
Social with Bob on Mon at Conference Rm 2, Company HQ
Work with Alice on Fri at Conference Rm 2, Company HQ
```

这里对变量workMeeting的修改，再一次影响了beerMeeting中存储的值。这是因为虽然将place属性从值类型（String）改成了引用类型（Location），但是在实现NSCopying协议时创建了一个新的指向Location对象的引用，如图5-5所示。

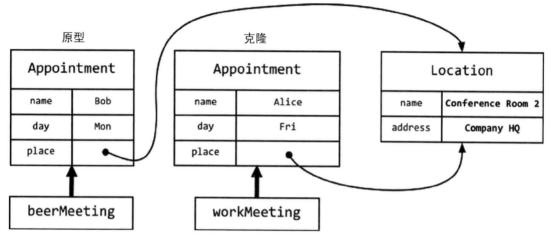

图5-5 在克隆原型对象时复制引用

这种复制方式称为浅复制，即复制对象时，复制的是指向该对象的引用，而不是对象本身。如图5-5所示，此时已经有两个Appointment对象了，但是它们的place属性指向了同一个Location对象。这就是对workMeeting.place属性的修改，影响到beerMeeting.place属性的原因。

提示　@NSCopying是与NSCopying协议相关的属性修饰符，它可以用来修饰存储属性。将对象赋值给@NSCopying修饰的属性时，@NSCopying会自动调用该对象的copyWithZone方法。5.6节会演示@NSCopying的使用方式。

实现深复制

深复制会对原型对象指向的所有对象进行复制，这就可以保证每个Appointment对象的place属性指向不同的Location对象。代码清单5-7在ReferenceTypesPlayground中演示了深复制的实现方式。

代码清单5-7　在ReferenceTypes.playground文件中实现深复制

```
import Foundation

class Location : NSObject, NSCopying {
    var name:String;
    var address:String;

    init(name:String, address:String) {
        self.name = name; self.address = address;
    }

    func copyWithZone(zone: NSZone) -> AnyObject {
        return Location(name: self.name, address:self.address);
```

```
        }
    }

class Appointment : NSObject, NSCopying {
    var name:String;
    var day:String;
    var place:Location;

    init(name:String, day:String, place:Location) {
        self.name = name; self.day = day; self.place = place;
    }
    func printDetails(label:String) {
        println("\(label) with \(name) on \(day) at \(place.name), "
            + "\(place.address)");
    }
    func copyWithZone(zone: NSZone) -> AnyObject {
        return Appointment(name:self.name, day:self.day,
            place:self.place.copy() as Location);
    }
}

var beerMeeting = Appointment(name: "Bob", day: "Mon",
    place: Location(name:"Joe's Bar", address: "123 Main St"));

var workMeeting = beerMeeting.copy() as Appointment;

workMeeting.name = "Alice";
workMeeting.day = "Fri";
workMeeting.place.name = "Conference Rm 2";
workMeeting.place.address = "Company HQ";

beerMeeting.printDetails("Social");
workMeeting.printDetails("Work");
```

为了创建深复制，这里让Location类实现了NSCopying协议，并将其基类换成了NSObject，然后定义了copyWithZone方法。想实现对引用类型的深复制，就必须让其实现NSCopying协议。因此，必须在原型对象涉及的所有类中重复这个过程，包括通过其他引用间接引用的类。

选择浅复制还是深复制

应该选择浅复制还是深复制，并没有固定的规则，具体应该选择哪一种方式，还得根据类的情况来做决定。做决定时，应该考虑三个因素，分别是复制对象需要的工作量，存储副本所需的内存和副本对象的使用方式。

最后一个因素，也就是副本对象的使用方式，才是最重要的。就代码清单5-7的Location类而言，在多个Appointment对象中共享此对象没有任何意义，因为修改某一个预约的地点的操作，不太可能适用于其他预约，尤其是社交和工作预约混在一起的时候。

当然，也有可能某一组的相关预约地点相同，此时共享同一个位置就很合理了。想象一下，你一整天都在参加一系列的会议，而这些会议的地点都在同一个会议室，这时如果让相关会议共享Location对象，将有助于提升性能。在这种情况下，你应该衡量一下创建和存储新对象所需的内存和计算资源，与管理多个指向共享对象的引用的复杂度相比，哪一个成本更高。在上一个例子中，

Location对象的创建过程简单，所需的内存资源也不多（只有两个字符串值），因此应不应该使用共享对象也就一目了然。

　　我个人能给出的最好的建议是，做决定时思考一下创建对象的目的是什么，并找出可在所有基于原型创建的副本中通用的对象。如果不确定，先从浅复制开始，因为它实现起来最简单。尽管有时这么做并不合适，但是这样不用到处实现NSCopying协议，就可以测试相关代码的效果。

　　正如前文所言，实现NSCopying协议并不会将引用类型变成值类型，因此这里必须调用copy方法以创建Appointment原型中Location对象的克隆。克隆方式则在Appointment类的copyWithZone方法中进行了实现，如下所示。

```
...
func copyWithZone(zone: NSZone) -> AnyObject {
    return Appointment(name:self.name, day:self.day,
        place:self.place.copy() as Location);
}
...
```

　　这些修改意味着，调用copy方法时，就会创建Appointment原型及其Location对象的克隆，如图5-6所示。

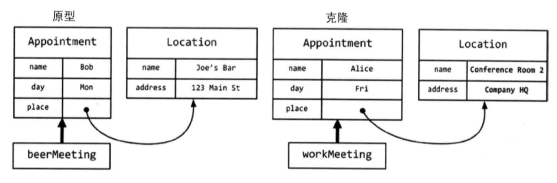

图5-6　深复制的效果

　　你可以在控制台查看上述示例代码的输出，看出深复制的效果：

```
Social with Bob on Mon at Joe's Bar, 123 Main St
Work with Alice on Fri at Conference Rm 2, Company HQ
```

　　鉴于每个Appointment对象都拥有一个单独的Location对象，因此通过workMeeting变量修改其place属性时，并不会对beerMeeting变量产生影响。

5.3.3　复制数组

　　Swift的数组是基于结构体实现的，因此属于值类型。把数组赋值给变量时，数组本身以及它所存储的其他值类型会一起被复制。数组中存储的引用类型则会被浅复制，因此原型数组和克隆数组将会同时包含指向同一个对象的引用。代码清单5-8对此做了演示，内容如下。

代码清单5-8　ArrayCopy.playground文件的内容

```
import Foundation

class Person : NSObject, NSCopying {
    var name:String;
    var country:String;

    init(name:String, country:String) {
        self.name = name; self.country = country;
    }

    func copyWithZone(zone: NSZone) -> AnyObject {
        return Person(name: self.name, country: self.country);
    }
}

var people = [Person(name:"Joe", country:"France"),
              Person(name:"Bob", country:"USA")];
var otherpeople = people;

people[0].country = "UK";
println("Country: \(otherpeople[0].country)");
```

提示　为了优化性能，Swift数组只在你对数组做了修改之后才会被复制，这称为**懒复制**。在日常编码中，并不需要考虑这一点，因为Swift会在背后无缝地完成这项工作。但是这也说明，如果只是单纯地读取数组内容的话，克隆数组的行为与引用类型一致，而对数组进行修改时，其行为就与值类型相同。

上述代码创建了一个含有两个Person对象的数组people。然后，将该数组赋值给了变量otherpeople，最后修改了people数组中的第一个对象。下面是控制台的输出，由此可以看出，尽管数组本身属于结构体，但是其中存储的引用类型内容在复制时只做了浅复制。

```
Country: UK
```

如需对数组进行深复制，必须检查数组中的每个元素，然后找到继承NSObject并实现了NSCopying协议的对象，如代码清单5-9所示。

代码清单5-9　在ArrayCopy.playground文件中对数组进行深复制

```
import Foundation

class Person : NSObject, NSCopying {
    var name:String;
    var country:String;

    init(name:String, country:String) {
        self.name = name; self.country = country;
    }

    func copyWithZone(zone: NSZone) -> AnyObject {
        return Person(name: self.name, country: self.country);
```

```
        }
    }

    func deepCopy(data:[AnyObject]) -> [AnyObject] {
        return data.map({item -> AnyObject in
            if (item is NSCopying && item is NSObject) {
                return (item as NSObject).copy();
            } else {
                return item;
            }
        })
    }

    var people = [Person(name:"Joe", country:"France"),
                  Person(name:"Bob", country:"USA")];
    var otherpeople = deepCopy(people) as [Person];

    people[0].country = "UK";
    println("Country: \(otherpeople[0].country)");
```

提示　5.6节将会讲解如何复制基于NSArray和NSMutableArray两个类实现的Cocoa数组。这两个类与本小节探讨的Swift内置数组的行为不太一样，理解它们将有助于理解Objective-C代码。

　　上述代码定义了一个名为deepCopy的函数，该函数接收一个数组类型的参数，然后使用map方法复制数组。这里传给map方法的闭包会先检查对象是否可以被深复制，如果可以，则调用copy方法。如果不行，则直接将原对象添加到结果数组中。从控制台输出可以看出，深复制的数组不再包含指向同一个对象的引用：

```
Country: France
```

5.4　原型模式的优点

　　后续小节会罗列出原型模式的优点，一些优点可以解决本章开头谈到的问题。此外，通过实现NSCopying协议来复制对象还会带来不少好处。

5.4.1　避免内存开销大的初始化操作

　　实现NSCopying协议之后，对象就可以承担复制自己的责任，也就是说，克隆时无须再进行内存开销大的初始化操作。在本章的开头，我们在Initialization.playground文件中定义了Sum类，此类能够在其初始化器中生成一个存储着计算结果的缓存数组。代码清单5-10中的代码再次用到了这个类。

代码清单5-10　Initialization.playground文件的内容

```
class Sum {
    let resultsCache: [[Int]];
    var firstValue:Int;
    var secondValue:Int;
```

```
    init(first:Int, second:Int) {
        resultsCache = [[Int]](count: 10, repeatedValue:
            [Int](count:10, repeatedValue: 0));
        for i in 0..<10 {
            for j in 0..<10 {
                resultsCache[i][j] = i + j;
            }
        }
        self.firstValue = first;
        self.secondValue = second;
    }

    var Result:Int {
        get {
            return firstValue < resultsCache.count
                && secondValue < resultsCache[firstValue].count
            ? resultsCache[firstValue][secondValue]
            : firstValue + secondValue;
        }
    }
}

var calc1 = Sum(first:0, second: 9).Result;
var calc2 = Sum(first:3, second: 8).Result;

println("Calc1: \(calc1) Calc2: \(calc2) ");
```

每次创建Sum对象的时候，都需要耗费一定的内存和计算资源去存储和操作二维数组resultsCache。实现NSCopying协议之后，便可以使用原型模式，并在copyWithZone方法中选择性地复制相关的对象，如代码清单5-11所示。

代码清单5-11   在Initialization.playground文件中使用原型模式

```
import Foundation

class Sum : NSObject, NSCopying {
    let resultsCache: [[Int]];
    var firstValue:Int;
    var secondValue:Int;

    init(first:Int, second:Int) {
        resultsCache = [[Int]](count: 10, repeatedValue:
            [Int](count:10, repeatedValue: 0));
        for i in 0..<10 {
            for j in 0..<10 {
                resultsCache[i][j] = i + j;
            }
        }
        self.firstValue = first;
        self.secondValue = second;
    }

    private init(first:Int, second:Int, cache:[[Int]]) {
        self.firstValue = first;
        self.secondValue = second;
        resultsCache = cache;
    }

    var Result:Int {
```

```
        get {
            return firstValue < resultsCache.count
                && secondValue < resultsCache[firstValue].count
            ? resultsCache[firstValue][secondValue]
            : firstValue + secondValue;
        }
    }

    func copyWithZone(zone: NSZone) -> AnyObject {
        return Sum(first:self.firstValue,
            second: self.secondValue,
            cache: self.resultsCache);
    }
}

var prototype = Sum(first:0, second:9);
var calc1 = prototype.Result;
var clone = prototype.copy() as Sum;
clone.firstValue = 3; clone.secondValue = 8;
var calc2 = clone.Result;

println("Calc1: \(calc1) Calc2: \(calc2)");
```

上述代码修改了Sum类的声明，将其基类改成NSObject（它提供了copy方法），并实现了NSCopying协议。为了支持克隆操作，在类中添加了一个新的初始化器，用于接收数据缓存数组，而不是自行生成相关数据。此外，这里还在方法前加上了private关键字，以便在copyWithZone方法中调用，并给它传入原型对象生成的缓存数组来克隆对象，同时防止其他组件重复生成结果数据。

5.4.2 分离对象的创建与使用

正如本章前面所说的，基于模板创建对象需要掌握三个信息。

❑ 与该对象相关的模板。
❑ 必须调用的初始化器。
❑ 初始化器的参数名称和类型。

原型模式使得组件无须任何与模板相关的信息，即可基于原型创建新的对象。也就是说，你可以在不修改相关组件的情况下，修改组件用于创建实例的类或者结构体。换句话说，分离对象的创建方式与对象的使用方式，可以将对模板的依赖程度最小化。使用原型模式的组件不需要知道克隆的原型对象的类型，这就使得组件创建新对象时，并不需要对相关类有太多的了解。这个好处听起来不太好理解，因此这里会分阶段地编写一个例子，进行演示。代码清单5-12列出了本例使用的Hiding.playground文件的内容。

代码清单5-12　Hiding.playground文件的内容

```
import Foundation

class Message {
    var to:String;
    var subject:String;

    init(to:String, subject:String) {
        self.to = to; self.subject = subject;
    }
}
```

```
    }
    class MessageLogger {
        var messages:[Message] = [];

        func logMessage(msg:Message) {
            messages.append(msg);
        }

        func processMessages(callback:Message -> Void) {
            for msg in messages {
                callback(msg);
            }
        }
    }

    var logger = MessageLogger();

    var message = Message(to: "Joe", subject: "Hello");
    logger.logMessage(message);

    message.to = "Bob";
    message.subject = "Free for dinner?";
    logger.logMessage(message);

    logger.processMessages({msg -> Void in
        println("Message - To: \(msg.to) Subject: \(msg.subject)");
    });
```

上述代码定义了一个Message类，该类有to和subject两个存储属性。此外，还有一个MessageLogger类，这个类有两个方法，即logMessage和processMessages。前者负责保存传给它的Message对象，后者则负责使用外界传给它的闭包来处理这些对象。

这个例子重复使用了Message对象，这是非常常见的优化手段。尽管这个手段比较适合复杂的对象。（如果可以，请忽视重复使用对象的好处。即使是在创建对象的成本极低的情况下，人们还是常常不假思索地使用这个优化手段。）

```
    ...
    message.to = "Bob";
    message.subject = "Free for dinner?";
    logger.logMessage(message);
    ...
```

重复使用Message对象的后果是，MessageLogger类定义的数组中保存的引用全部指向了同一个对象。这里传给processMessages的闭包生成了以下输出，从控制台的输出可以看出问题所在。

```
Message - To: Bob Subject: Free for dinner?
Message - To: Bob Subject: Free for dinner?
```

1.（并没有）解决问题

如果不熟悉原型模式，或者不喜欢NSCopying的实现方式，你也许会试图修改MessageLogger类，让它使用类初始化器来创建属于它自己的Message对象，如代码清单5-13所示。

代码清单5-13   修改Hiding.playground文件中的MessageLogger类

```
    ...
```

```
class MessageLogger {
    var messages:[Message] = [];

    func logMessage(msg:Message) {
        messages.append(Message(to: msg.to, subject: msg.subject));
    }

    func processMessages(callback:Message -> Void) {
        for msg in messages {
            callback(msg);
        }
    }
}
...
```

> 提示　单纯存储数据值并不能解决这个问题，因为传给processMessages方法的闭包接收和处理的是Message对象。此外，稍后你就会知道，其实这里还有一个更严重的深层问题需要解决，提取数据值也无法解决该问题。

从下面的控制台输出可以看出，此方法确实解决了眼前的问题：

```
Message - To: Joe Subject: Hello
Message - To: Bob Subject: Free for dinner?
```

2. 揭露深层问题

眼前的问题是解决了，但是这也为将来埋下了隐患。修改之后，MessageLogger类就对Message类产生了依赖，因为它需要调用Message类的初始化器才能创建Message对象。当需要继承Message类并构建更加具体的类时，这个解决方案也就失效了，如代码清单5-14所示。

代码清单5-14　在Hiding.playground文件中添加一个子类

```
import Foundation

class Message {
    var to:String;
    var subject:String;

    init(to:String, subject:String) {
        self.to = to; self.subject = subject;
    }
}

class DetailedMessage : Message {
    var from:String;

    init(to: String, subject: String, from:String) {
        self.from = from;
        super.init(to: to, subject: subject);
    }
}

class MessageLogger {
    var messages:[Message] = [];
```

```
    func logMessage(msg:Message) {
        messages.append(Message(to: msg.to, subject: msg.subject));
    }

    func processMessages(callback:Message -> Void) {
        for msg in messages {
            callback(msg);
        }
    }
}

var logger = MessageLogger();

var message = Message(to: "Joe", subject: "Hello");
logger.logMessage(message);

message.to = "Bob";
message.subject = "Free for dinner?";
logger.logMessage(message);

logger.logMessage(DetailedMessage(to: "Alice", subject: "Hi!", from: "Joe"));

logger.processMessages({msg -> Void in
    if let detailed = msg as? DetailedMessage {
        println("Detailed Message - To: \(detailed.to) From: \(detailed.from)"
            + " Subject: \(detailed.subject)");
    } else {
        println("Message - To: \(msg.to) Subject: \(msg.subject)");
    }
});
```

上述代码通过继承Message类，定义了一个DetailedMessage类。然后，创建了一个DetailedMessage
实例并将其传给了MessageLogger的logMessage方法。这里还修改了传给processMessages方法的闭包，
以让其可以输出DetailedMessage对象的存储属性from的值。

问题是，虽然MessageLogger可以接收Message对象和DetailedMessage对象，但是它只会在数组中
保存Message对象。当processMessage方法被调用时，控制台只会输出to和subject两个属性的值，而from
属性中保存的额外信息则永远无法输出。代码清单5-14是控制台的输出。

```
Message - To: Joe Subject: Hello
Message - To: Bob Subject: Free for dinner?
Message - To: Alice Subject: Hi!
```

3.（并没有）解决深层问题

如果不使用原型模式，解决第二个问题最直接的方式就是让MessageLogger知道，存在Message和
DetailedMessage这两个类，以及如何创建相应的对象，如代码清单5-15所示。

代码清单5-15   在Hiding.playground文件中修改MessageLogger类

```
...
class MessageLogger {
    var messages:[Message] = [];

    func logMessage(msg:Message) {
        if let detailed = msg as? DetailedMessage {
```

```
        messages.append(DetailedMessage(to: detailed.to,
            subject: detailed.subject, from: detailed.from));
    } else {
        messages.append(Message(to: msg.to, subject: msg.subject));
    }
}

func processMessages(callback:Message -> Void) {
    for msg in messages {
        callback(msg);
    }
}
}
...
```

这种方案通过让MessageLogger了解Message及其子类相关的信息，解决了眼前的问题。然而，在需要创建新的子类或者需要修改相关的初始化器时，我们都要更新MessageLogger类，这显然增加了代码的维护成本。

4. 使用原型模式

更好的方式是实现NSCopying协议，然后使用原型模式来克隆MessageLogger类处理的对象，如代码清单5-16所示。

代码清单5-16　在Hiding.playground文件中使用原型模式

```
import Foundation

class Message : NSObject, NSCopying {
    var to:String;
    var subject:String;

    init(to:String, subject:String) {
        self.to = to; self.subject = subject;
    }

    func copyWithZone(zone: NSZone) -> AnyObject {
        return Message(to: self.to, subject: self.subject);
    }
}

class DetailedMessage : Message {
    var from:String;

    init(to: String, subject: String, from:String) {
        self.from = from;
        super.init(to: to, subject: subject);
    }

    override func copyWithZone(zone: NSZone) -> AnyObject {
        return DetailedMessage(to: self.to,
            subject: self.subject, from: self.from);
    }
}

class MessageLogger {
    var messages:[Message] = [];

    func logMessage(msg:Message) {
```

```
        messages.append(msg.copy() as Message);
    }
    func processMessages(callback:Message -> Void) {
        for msg in messages {
            callback(msg);
        }
    }
}

var logger = MessageLogger();

var message = Message(to: "Joe", subject: "Hello");
logger.logMessage(message);

message.to = "Bob";
message.subject = "Free for dinner?";
logger.logMessage(message);

logger.logMessage(DetailedMessage(to: "Alice", subject: "Hi!", from: "Joe"));

logger.processMessages({msg -> Void in
    if let detailed = msg as? DetailedMessage {
        println("Detailed Message - To: \(detailed.to) From: \(detailed.from)"
            + " Subject: \(detailed.subject)");
    } else {
        println("Message - To: \(msg.to) Subject: \(msg.subject)");
    }
});
```

上述代码将Message类的基类改成了NSObject，并在Message类和DetailedMessage类中实现了copyWithZone方法。这样便可以对传给logMessage方法的对象进行克隆，而无须担心子类或者初始化器可能发生变化的问题。

提示   我不一定要在DetailedMessage类中实现NSCopying协议，因为它继承了Message类，我只需重写copyWithZone方法即可。

从控制台的输出可以看出，使用原型模式保证了DetailedMessage类中定义的属性值全部得以输出。

```
Message - To: Joe Subject: Hello
Message - To: Bob Subject: Free for dinner?
Detailed Message - To: Alice From: Joe Subject: Hi!
```

使用原型模式的优势在于，只要相关对象是基于Message类或者其子类创建的，那么就可以被克隆。创建新的子类或者修改类的初始化器并不需要对MessageLogger做任何修改，这让代码更加灵活，维护起来也更加容易。

提示   只需多付出一点精力，就能打破对Message类的依赖，并创建可以克隆对象的泛型类。详细内容请参见5.7节。

5.5　原型模式的陷阱

使用原型模式要避免几个陷阱，后续的几个小节将会详细解说这些陷阱。

5.5.1　陷阱一：深复制与浅复制

我们需要避免的第一个陷阱是，在需要使用深复制时误用浅复制。克隆对象时，要仔细想清楚，你是想创建一个完全独立的副本，还是一个简单的引用。创建引用比进行深复制要快速，也比较简单，但这也意味着两个或者多个引用会指向同一个对象。

同时需要考虑的是，所克隆的对象的整个层次结构，而不仅仅是调用copy方法的对象。每当遇到一个指向引用类型的变量时，必须在浅复制和深复制之间做出选择。详细内容请参见5.3.2节的内容。

5.5.2　陷阱二：扭曲代码结构

另一个常见的陷阱是，所有克隆均源自同一个原型对象。这样会导致代码结构扭曲，因为原型对象必须暴露给应用中的每一个组件，以便它们创建所需的副本。要敢于在应用的每个逻辑区块创建多个原型，不要忘记我们可以基于克隆对象创建副本。

提示　一些原型模式倡导者认为，除非是为了创建克隆，否则不应该使用原型对象。我并不赞同这种限制。我认为克隆任何支持原型模式的对象，包括用于执行相关任务的对象和克隆对象，都是无害的。

5.5.3　陷阱三：不标准的协议

在iOS中，实现NSCopying协议并保证类的基类为NSObject，是实现原型模式的标准方式。NSCopying协议并未针对Swift做优化，因此你也可以尝试自己定义一个协议，或者自己定义一个copy构造器（即接收一个类的实例并对其进行复制的初始化器），以创建一个更优雅的方案。

上述两种方案中，随便哪一种都可以，但是使用NSCopying的好处之一是，它被大多数人所了解并在iOS框架中广泛使用。抛开标准协议，会导致你实现的原型模式只适用于自己的类，无法与那些使用NSCopying协议的第三方代码协作。我个人的建议是，最好使用NSObject和NSCopying。它们也许有点奇怪，但是切实可行而且被广泛应用。

5.6　Cocoa 中使用原型模式的实例

原型模式被广泛应用于Cocoa中，尤其是Foundation框架中。你可以在Foundation框架找到大量实现了NSCopying协议的类。下一节也会讲解一个有用的实例，并演示如何使用属性修饰符让NSCopying协议更加适合Swift。

5.6.1   使用 Cocoa 数组

NSArray及其子类NSMutableArray是两个比较吸引人的类。接收来自Objective-C模块的数据时，会经常用到这两个类。这两个类与Swift内置的数组不太相同。为了演示它们的用法，这里创建了一个名为NSArray.playground的文件，其内容如代码清单5-17所示。

代码清单5-17   NSArray.playground文件的内容

```
import Foundation

class Person : NSObject, NSCopying {
    var name:String
    var country: String

    init(name:String, country:String) {
        self.name = name; self.country = country;
    }

    func copyWithZone(zone: NSZone) -> AnyObject {
        return Person(name: self.name, country: self.country);
    }
}

var data = NSMutableArray(objects: 10, "iOS", Person(name:"Joe", country:"USA"));
var copiedData = data;

data[0] = 20;
data[1] = "MacOS";
(data[2] as Person).name = "Alice"

println("Identity: \(data === copiedData)");
println("0: \(copiedData[0]) 1: \(copiedData[1]) 2: \(copiedData[2].name)");
```

提示   基于NSArray类创建的数组是不可变的，即不可修改的数组。使用NSArray的子类NSMutableArray创建的数组则是允许修改的。这里使用了NSMutableArray类，因为我想演示如何复制数组及其内容。

上述代码创建了一个NSMutableArray对象，它存储了一个整型、一个字符串和一个Person对象。Person对象是用Playground文件中Person类创建的，该对象实现了NSCopying协议。（与Swift内置的数组不同，NSArray和INSMutableArray并非强类型。）

这里将该数组赋值给了一个名为copiedData的新变量，然后依次修改了数组的值。为了让这个例子更加完整，这里还使用了Swift的恒等操作符（identity operator）对变量data和copiedData是否指向同一个对象进行了检查，然后输出了copiedData数组中的元组。以下是该Playground文件运行之后，控制台输出的内容：

```
Identity: true
0: 20 1: MacOS 2: Alice
```

Swift数组是使用结构体实现的，也就是说，将一个Swift数组赋值给一个变量会创建一个与原数组相同的全新数组。但是这里并没有出现这种情况。相反，data和copiedData两个变量指向了同一个NSMutableArray对象，修改其中一个变量指向的数组的值，会影响另一个变量指向的数组。NSArray和NSMutableArray都是引用类型，因此它们的行为与Swift内置的数组不同。

1. 浅复制Cocoa数组

这里可以使用原型模式，然后对该数组进行浅复制。使用Foundation类时，除了本章一直使用的copy方法，还可以使用另一个与原型模式相关的方法，即mutableCopy。表5-2列出了这两个方法的相关信息。

表5-2   NSArray和NSMutableArray类中定义的原型方法

名　　称	描　　述
copy()	返回一个NSArray实例，不可修改
mutableCopy()	返回一个NSMutableArray实例，可修改

两个方法处理可变与不可变数组的方式与Swift的处理方式是相冲突的，Swift使用let和var两个关键字来表示是否可变。同时，这也体现了Swift与Cocoa和Objective-C之间的冲突。代码清单5-18演示了如何使用mutableCopy方法来创建NSMutableArray对象的克隆，克隆出另一个NSMutableArray。

代码清单5-18   在NSArray.playground文件中克隆Cocoa数组

```
...
var data = NSMutableArray(objects: 10, "iOS", Person(name:"Joe", country:"USA"));
var copiedData = data.mutableCopy() as NSArray;
...
```

这个克隆操作完成之后，就有了两个独立的NSMutableArray对象。此操作对该数组的内容执行了浅复制，也就是说，值类型都有了独立的副本，而引用类型则只是创建了新的引用，即两个数组都指向同一个Person对象。从控制台的输出也可以看出这点。

```
Identity: false
0: 10 1: iOS 2: Alice
```

2. 创建Cocoa数组的深复制

NSArray和INSMutableArray两个类定义了复制数组的copy构造器，有时它们也会对原型数组的内容进行深复制。虽然在讲解原型模式潜在的陷阱时，就曾建议大家不要使用copy构造器，但它在Objective-C中是非常常见的技巧，你可以在许多关键的Cocoa类中看到它的身影。代码清单5-19列出了NSArray.playground文件的内容，其中演示了如何对数组执行深复制。

代码清单5-19   在NSArray.playground文件中执行深复制

```
...
var data = NSMutableArray(objects: 10, "iOS", Person(name:"Joe", country:"USA"));
var copiedData = NSMutableArray(array: data, copyItems: true);
...
```

这个copy构造器的参数有两个，一个是原型数组，另一个是一个布尔值。布尔值表示是否应该克隆实现了NSCopyable协议的对象。这里给copyItems参数赋值true，这样就可以保证每个数组中都有一个独立的Person对象，控制台的输出也证实了这一点。

```
Identity: false
0: 10 1: iOS 2: Joe
```

一级深复制与NSCoding协议

表5-2中列出的copy和mutableCopy两个方法，在复制时只进行了顶层深复制。也就是说，这些数组类只负责克隆其所包含的对象，但不包括嵌套在对象中的对象。一些程序员认为，这并不算真正的深复制，因为这并没有克隆数组可能指向的所有对象。有时你会看到有人建议使用NSCoding协议替代上述方法，因为它会强制执行深复制。

这种方法有两个弊端。第一个是NSCoding协议是用来序列化和反序列化对象的，用它来实现原型模式的成本相当高。因为原型对象必须先序列化，然后再恢复回来并赋值给新的变量。这对于那些包含了多重引用嵌套的复杂大型对象而言，是一个相当复杂的过程。

另一个更严重的问题是，使用NSCoding意味着执行深复制的程序员需要比原来编写该类的程序员，更加了解相关对象的结构、目的和实现。强制进行深复制，通常不是什么好事，因为被序列化的对象的内部实现，可能会对引用共享做出假设，这在创建不同的实例时会引起一些奇怪的、意料之外的错误。

我的建议是，信任所克隆的对象的copyWithZone方法实现，并将其作为克隆一个对象的权威方式。此外，应当避免在没有充足的理由和足够测试的情况下，在项目中强行实行个人的想法。

5.6.2   使用 NSCopying 属性修饰符

Swift支持通过属性修饰符来改变属性的行为，@NSCopying就是其中的一个修饰符。该修饰符可以用于修饰任何存储属性，使用它可以为继承NSObject并实现了NSCopying协议的对象，合成执行时会调用copy方法的setter方法。调用属性的setter方法时传入的值将被当作原型，为了保存这些值，它们会被复制。为了演示，这里创建了一个名为NSCopyingAttribute.playground的文件，其内容如代码清单5-20所示。

代码清单5-20   NSCopyingAttribute.playground文件的内容

```
import Foundation

class LogItem {
    var from:String?;
    @NSCopying var data:NSArray?
}

var dataArray = NSMutableArray(array: [1, 2, 3, 4]);

var logitem = LogItem()
logitem.from = "Alice";
logitem.data = dataArray;

dataArray[1] = 10;
println("Value: \(logitem.data![1])");
```

上述代码定义了一个名为LogItem的类，它有两个可选类型的属性变量，即from和data。这里在变量data的前面加上了@NSCopying修饰符，因此当给该属性赋值时，数组的值将会被浅复制。

为了演示给属性赋值时其数组值被复制的情况，这里创建了一个NSMutableArray对象，并将其赋值给了LogItem对象的data属性。然后，修改原数组中的一个元素，并输出data属性数组中对应元素的值。Playground在控制台输出的内容如下所示，这也证明原型模式确实起作用了，而且数组也的确被复制了。

```
Value: 2
```

@NSCopying修饰符也有一些局限。首先，对象初始化时设置的值并不会被克隆，这也是将LogItem类的data属性定义成可选类型的原因。显然，将其定义成可选类型，就无须在初始化器中为其赋值了。

其次，@NSCopying修饰符会调用copy方法，即使该对象支持mutableCopy方法，也是如此。这就意味着，把NSMutableArray对象赋值给LogItem对象的data属性时，该对象会被转换成不可变的NSArray对象，无法进一步对其进行修改。

5.7　在 SportsStore 应用中使用原型模式

本节会演示如何将原型模式应用到SportsStore应用中，以将此模式置于更加宏观的环境中。前面我们创建了一个类，用来输出Product类的修改信息。这里将创建一个该类的变体，使用它将信息输出到调试控制台。

5.7.1　准备示例应用

本章无须做任何准备，继续使用第4章开发的SportsStore应用即可。

提示　你可以到Apress.com下载SportsStore项目，以及本书用到的所有源码。

5.7.2　在 Product 类中实现 NSCopying 协议

第一步，更新第4章创建的Product类，使其支持克隆操作。为了实现这一点，必须先将其基类改成NSObject，并实现NSCopying协议。此外，还需要处理一些小问题，具体如代码清单5-21所示。

代码清单5-21　在Product.swift文件中实现NSCopying协议

```
import Foundation

class Product : NSObject, NSCopying {

    private(set) var name:String;
    private(set) var productDescription:String;
    private(set) var category:String;
    private var stockLevelBackingValue:Int = 0;
    private var priceBackingValue:Double = 0;

    init(name:String, description:String, category:String, price:Double,
```

5

```
                stockLevel:Int) {
            self.name = name;
            self.productDescription = description;
            self.category = category;

            super.init();

            self.price = price;
            self.stockLevel = stockLevel;
        }

        var stockLevel:Int {
            get { return stockLevelBackingValue;}
            set { stockLevelBackingValue = max(0, newValue);}
        }

        private(set) var price:Double {
            get { return priceBackingValue;}
            set { priceBackingValue = max(1, newValue);}
        }

        var stockValue:Double {
            get {
                return price * Double(stockLevel);
            }
        }

        func copyWithZone(zone: NSZone) -> AnyObject {
            return Product(name: self.name, description: self.description,
                category: self.category, price: self.price,
                stockLevel: self.stockLevel);
        }
    }
```

代码清单5-21中所做的修改很好地说明了，在修改现有的类以让其支持克隆操作时，会引起的两个常见问题。第一个是必须修改该类用于保存产品描述的存储属性的名称，因为NSObject类定义了一个名为description的方法。对该属性名称的修改如下所示：

```
...
private(set) var productDescription:String;
...
```

当前，示例应用暂时还没有使用此属性，因此暂时无须做其他的修改。在现实应用中，还是应该进行适当的重构。重构并不意味着世界末日，但是这也说明，要是在开发过程中能尽早地使用原型模式，将有助于避免这类问题的发生。

第二个问题同样也是将基类改成NSObject引起的。子类的初始化器可以调用父类的初始化器，但是这必须在存储属性完成赋值之后，并要在计算属性被使用之前完成。这就是上述代码在Product类的初始化器中间调用super.init的原因。

5.7.3 创建 Logger 类

我们需要一种方式来记录应用中对Product对象所做的修改。因此，我在项目中添加了一个名为Logger.swift的文件，其内容如代码清单5-22所示。

代码清单5-22 Logger.swift文件的内容

```
import Foundation

class Logger<T where T:NSObject, T:NSCopying> {
    var dataItems:[T] = [];
    var callback:(T) -> Void;

    init(callback:T -> Void) {
        self.callback = callback;
    }

    func logItem(item:T) {
        dataItems.append(item.copy() as T);
        callback(item);
    }

    func processItems(callback:T -> Void) {
        for item in dataItems {
            callback(item);
        }
    }
}
```

这是5.3节使用过的类的泛型版，这里对其泛型参数做了限制，使Logger类只能用来存储继承自NSObject，并实现了NSCopying协议的对象。Logger类定义了一个初始化器，用于接收回调函数。当需要打印日志时，待打印的日志元素会被传给该回调函数。这样就可以分发新元素的详细信息，虽然方法简陋，但切实可行。在第22章讲解观察者模式（observer pattern）时，还会介绍一种更好的方法。

5.7.4 在 View Controller 中输出修改日志

现在只需创建一个Logger类的实例，应用就能输出修改日志；当用户修改库存水平时，可以使用它存储Product对象。鉴于当前开发的示例应用的结构化程度还比较低，这些修改将直接添加到ViewController.swift文件中，如代码清单5-23所示。（这里从列表上略去了该文件中的许多内容，因为改动不大，且分散在各处。）这里传给Logger初始化器的回调函数的功能是，将被修改的产品的库存水平和名字输出到控制台。

代码清单5-23 在ViewController.swift文件中输出Product的变化

```
import UIKit

// ...ProductTableCell class omitted for brevity...

var handler = { (p:Product) in
    println("Change: \(p.name) \(p.stockLevel) items in stock");
};

class ViewController: UIViewController, UITableViewDataSource {

    @IBOutlet weak var totalStockLabel: UILabel!
    @IBOutlet weak var tableView: UITableView!

    let logger = Logger<Product>(callback: handler);
    var products = [
```

```
        Product(name:"Kayak", description:"A boat for one person",
            category:"Watersports", price:275.0, stockLevel:10),

        // ...other products omitted for brevity...

        Product(name:"Bling-Bling King",
            description:"Gold-plated, diamond-studded King",
            category:"Chess", price:1200.0, stockLevel:4)];

    // ...methods omitted for brevity...

    func tableView(tableView: UITableView,
        cellForRowAtIndexPath indexPath: NSIndexPath) -> UITableViewCell {
        let product = products[indexPath.row];
        let cell = tableView.dequeueReusableCellWithIdentifier("ProductCell")
            as ProductTableCell;

        cell.product = products[indexPath.row];
        cell.nameLabel.text = product.name;
        cell.descriptionLabel.text = product.productDescription;
        cell.stockStepper.value = Double(product.stockLevel);
        cell.stockField.text = String(product.stockLevel);
        return cell;
    }

    @IBAction func stockLevelDidChange(sender: AnyObject) {
        if var currentCell = sender as? UIView {
            while (true) {
                currentCell = currentCell.superview!;
                if let cell = currentCell as? ProductTableCell {
                    if let product = cell.product? {
                        if let stepper = sender as? UIStepper {
                            product.stockLevel = Int(stepper.value);
                        } else if let textfield = sender as? UITextField {
                            if let newValue = textfield.text.toInt()? {
                                product.stockLevel = newValue;
                            }
                        }
                        cell.stockStepper.value = Double(product.stockLevel);
                        cell.stockField.text = String(product.stockLevel);
                        logger.logItem(product);
                    }
                    break;
                }
            }
            displayStockTotal();
        }

    }
    // ...methods omitted for brevity...
}
```

注释　在代码清单5-23中，回调闭包定义在了ViewController类的外部。这是因为在编写本书时，Swift的编译器有一个bug，它不允许将这种闭包定义成内联闭包。

5.7.5 测试修改

剩下的就只有测试了。运行该应用，并修改产品的库存水平。每次修改，你都可以在Xcode的调试控制台看到相应的信息，类似于下面的内容：

```
Change: Kayak 11 items in stock
Change: Lifejacket 15 items in stock
Change: Soccer Ball 31 items in stock
Change: Corner Flags 2 items in stock
```

下面我们来看看修改带来了哪些改变。创建一个泛型Logger类面临的挑战之一是，传入的对象的类型以后可能会发生变化。实现了原型模式之后，Logger类除了需要知道传入对象的基类，以及它们对NSCopying协议的实现之外，无须知道其他任何信息即可创建相关对象的克隆。

提示　如果控制台没有显示内容，在Xcode菜单栏中选择View→Debug Area→Activate Console即可。

对实现复制对象的过程与定义对象的类的过程的解耦，意味着修改Product类的初始化器，或者创建和使用其子类，不需要在Logger类中做相应的修改。这么做的总体效果是简化了应用的代码，并使其易于扩展和维护。

5.8 总结

本章讲解了原型模式，并演示了在对对象所属的类不了解的情况下，使用原型模式创建新对象的方式。本章还解析了对象的浅复制和深复制，同时列出了复制过程中常见的陷阱。第6章将讲解用于确保某个类型的对象在应用中只存在一个实例的单例模式。

第6章 单例模式

本章将讲解单例模式（singleton pattern），它可以确保某个类型的对象在应用中只存在一个实例。这是最常用的设计模式之一，因为它所解决的问题很常见。例如，当你需要使用单个对象来表示现实世界中的资源，或者想要用一种统一的方式来处理所有同类型的任务（比如输出日志）时，都可以使用此模式。表6-1列出了单例模式的相关信息。

表6-1　单例模式的相关信息

问　　题	回　　答
是什么	单例模式能够确保某个类型的对象在应用中只存一个实例
有什么优点	单例模式可以用于管理代表现实世界资源的对象，或封装共享资源
何时使用此模式	当进一步创建对象并不能增加现实中的可用资源，或者希望一项行为，比如日志输出，始终一致时，就可以使用单例模式
何时应避免使用此模式	如果不存在多个组件访问共享资源的情况，或者应用中没有代表现实资源的对象，单例模式就没有太大的作用
如何确定是否正确实现了此模式	当一个给定的类只存在一个实例，并且该实例无法被复制或者克隆，也不能创建更多的实例时，就说明正确实现了单例模式
有哪些常见的陷阱	最常见的陷阱是，使用引用类型（可以被复制）或者使用实现了NSCopying协议的类（可以被克隆）。单例模式通常需要针对并发访问实现一些保护机制，毕竟并发访问会引起许多问题
有哪些相关的模式	第7章讲解的对象池模式可以算一个。该模式适合用来管理固定数量的多个对象，而单例模式则只管理一个对象

6.1　准备示例项目

为了演示本章知识，这里需要创建一个名为Singleton的OS X命令行工具项目，创建过程与第2章演示的相同。除此之外，不需要其他的准备。

6.2　此模式旨在解决的问题

单例模式可以确保给定类型的对象只有一个实例存在，并且所有依赖该实例的组件使用的都是同一个实例。这与第5章讲解的原型模式有所不同，原型模式在很大程度上简化了复制对象的过程，而单例模式则只允许一个对象存在，禁止复制对象。

当你需要创建一个对象，又不想在整个应用范围内复制它（因为它代表了某种现实世界的资源，如打印机或服务器，或者想把一组相关的任务统一放在一起）的时候，就可以使用单例模式，它正好可以满足上述所有需求。在涉及现实世界中的资源时，其意义更加明显，比如创建多个新的对象去表示同一台打印机或者服务器并没有多大的意义。毕竟，创建一个新的对象，在现实中并不会神奇地增加一台新的硬件设备。

即便对象代表的不是现实世界中的资源，而是更加抽象的事物，在一些场景中创建多个对象也可能会引发问题。下面我给Singleton项目添加了一个名为BackupServer.swift的文件，其内容如代码清单6-1所示。

代码清单6-1 BackupServer.swift文件的内容

```
import Foundation

class DataItem {

    enum ItemType : String {
        case Email = "Email Address";
        case Phone = "Telephone Number";
        case Card = "Credit Card Number";
    }

    var type:ItemType;
    var data:String;

    init(type:ItemType, data:String) {
        self.type = type; self.data = data;
    }
}

class BackupServer {
    let name:String;
    private var data = [DataItem]();

    init(name:String) {
        self.name = name;
    }

    func backup(item:DataItem) {
        data.append(item);
    }

    func getData() -> [DataItem]{
        return data;
    }
}
```

上述代码定义了一个BackupServer类，用于表示一个归档数据的服务器。数据则用DataItem类的实例表示。显然，没必要为了演示单例模式去详细讲解如何创建数据的归档，因此BackupServer类中定义的backup方法只是简单地将DataItem对象存储到一个名为data的实例属性中。如果想取出数据，可以使用getData方法。代码清单6-2列出了对main.swift文件所做的修改，修改之后使用了BackupServer类。

代码清单6-2 在main.swift文件中使用BackupServer类

```
var server = BackupServer(name:"Server#1");
```

```
server.backup(DataItem(type: DataItem.ItemType.Email, data: "joe@example.com"));
server.backup(DataItem(type: DataItem.ItemType.Phone, data: "555-123-1133"));

var otherServer = BackupServer(name:"Server#2");
otherServer.backup(DataItem(type: DataItem.ItemType.Email, data: "bob@example.com"));
```

这个项目的代码可以通过编译，也可以运行，但是并没有什么实际意义。如果创建BackupServer
对象的目的是为了表示现实世界中的一台备份服务器，那么另外创建一个BackupServer对象，并调用
backup方法，又表示什么呢？现实中的服务器数量并不会因为开发者多创建了几个新的对象而增加（尽
管我也希望能够如此），因此最终的结果可能是代码清单6-2中备份的部分数据没有抵达真正的服务器，
即没有真正备份。即便是在云服务器无处不在的时代，构建一个新服务器也不仅仅是实例化一个新的
Swift对象这么简单。

换句话说，代码清单6-2中的代码没什么意义，因为一个表示服务器的对象只有在与真正存在并预
先配置好的服务器相关联时，才能发挥作用。也就是说，创建与真实服务器对应的对象时，应保持谨
慎，并避免创建不必要的实例。

提示　　目前示例项目并无输出。

共享资源封装的问题

单例模式并不仅仅适用于表示现实世界资源的对象。有时你只是想创建一个对象，并让所有组件
都能以一种简单一致的方式使用这个对象。为了演示这一点，下面在示例项目中添加了一个名为
Logger.swift的文件，其内容如代码清单6-3所示。

代码清单6-3　Logger.swift文件的内容

```
class Logger {
    private var data = [String]()

    func log(msg:String) {
        data.append(msg);
    }

    func printLog() {
        for msg in data {
            println("Log: \(msg)");
        }
    }
}
```

我在自己的项目中，有时会使用一个简单的Logger类来调试应用。尽管我喜欢现代的调试器，比
如Xcode自带的调试器，但也会经常使用一些类似Logger类这样的传统调试工具。因为使用Logger类只
需要看看控制台中日志的输出顺序，就能发现很多有用的信息。

Logger类定义了一个log方法，用于接收字符串类型的参数，也就是日志信息，并将该信息保存到
一个数组中。另一个名为printLog的方法则通过调用全局函数println来输出日志信息。代码清单6-4
列出了修改之后的main.swift文件，修改之后便可以输出备份数据的详情了。

代码清单6-4　在main.swift文件中使用Logger类

```
let logger  = Logger();

var server = BackupServer(name:"Server#1");
server.backup(DataItem(type: DataItem.ItemType.Email, data: "joe@example.com"));
server.backup(DataItem(type: DataItem.ItemType.Phone, data: "555-123-1133"));

logger.log("Backed up 2 items to \(server.name)");

var otherServer = BackupServer(name:"Server#2");
otherServer.backup(DataItem(type: DataItem.ItemType.Email, data: "bob@example.com"));
logger.log("Backed up 1 item to \(otherServer.name)");

logger.printLog();
```

如果你现在运行该应用，将在控制台看到以下输出：

```
Log: Backed up 2 items to Server#1
Log: Backed up 1 item to Server#2
```

　　结果和预料的一样。上述代码使用Logger类的一个实例记录了一些调试信息，并在备份完数据之后调用printLog方法将那些数据的信息输出到控制台。不过，下面的代码尝试在BackupServer类输出调试信息时，出现了问题，如代码清单6-5所示。

代码清单6-5　在BackupServer.swift文件中添加日志功能

```
...
class BackupServer {
    let name:String;
    private var data = [DataItem]();
    let logger = Logger();

    init(name:String) {
        self.name = name;
        logger.log("Created new server \(name)");
    }

    func backup(item:DataItem) {
        data.append(item);
        logger.log("\(name) backed up item of type \(item.type.rawValue)");
    }

    func getData() -> [DataItem]{
        return data;
    }
}
...
```

　　在上述代码有两个Logger对象，每个负责处理一组日志。在main.swift文件调用Logger对象的printLog方法，并不会输出BackupServer类中记录的日志。我想要的效果是，在应用中只存在一个负责捕捉所有日志的Logger对象，并且能够在不造成紧耦合的情况下，让所有应用组件获取到这个Logger对象，这就是所谓的封装共享资源。

6.3   单例模式

单例模式通过确保某个类在应用中只存在一个实例的做法，同时解决了两个问题：对象与现实中的资源对应的问题和封装共享资源的问题。这个被称为单例的对象，会被所有需要使用它的组件共享，如图6-1所示。

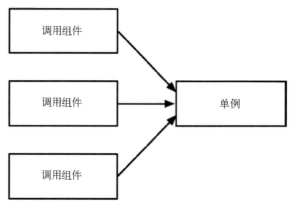

图6-1   单例模式

图6-1看起来简单，但是单例模式并不简单，因为其实现方式与所使用的编程语言密切相关。C#和Java等语言有一些特性可以用来实现此模式，但Swift中并没有这类特性，因此实现此模式需要花一些心思。

6.4   实现单例模式

实现单例模式的时候，需要遵守以下的重要规则。
- 单例必须是该类唯一的实例。
- 单例不能被另一个对象所取代，即使是同类型的对象也不可以。
- 单例必须能够让需要使用它的组件获取到。

单例实例必须只有一个，因为它要么表示现实世界中的资源，要么是因为你想使用同一个对象来处理所有信息，比如日志。后面的小节将讲解如何使用Swift实现单例模式。

注释　单例模式只适用于引用类型，也就是说，只有类才支持这个模式。结构体和其他值类型不支持这个模式，因为当把它们赋值给新变量时会创建副本。复制引用类型的唯一方式是，使用它的初始化器创建一个新的实例，或者让它实现NSCopying协议。详细内容请参见第5章。

6.4.1   快速实现单例模式

实现单例模式最快速的方式是使用Swift的全局常量。全局常量的一些行为非常符合上一节列出的一些规则。代码清单6-6演示了如何使用Swift的全局常量在Logger.swift文件中实现单例模式，其内容如下所示。

代码清单6-6　在Logger.swift文件中实现单例模式

```swift
let globalLogger = Logger();

final class Logger {
    private var data = [String]()

    private init() {
        // do nothing - required to stop instances being
        // created by code in other files
    }

    func log(msg:String) {
        data.append(msg);
    }

    func printLog() {
        for msg in data {
            println("Log: \(msg)");
        }
    }
}
```

上述代码做的第一项修改是定义了一个名为globalLogger的全局常量。这个改变看起来无关紧要，但是Swift全局常量可以保证两点，即全局常量是惰性初始化的，而且这种惰性初始化是线程安全的。保证这两点意味着，只有第一次读取globalLogger常量时才会创建单例对象，而且在读取该常量时，只会创建一个Logger类的对象。（即使在初始化单例对象时，有另一个线程试图读取它的值，也只会创建一个实例）。

代码清单6-6还修改了Logger类，即在类名前面加上了final关键字，以防止子类的创建。同时，上述代码还在其初始化器前加上了private，这样就无法在Logger.swift文件之外的地方创建实例了。在完成单例的定义，并且确保无法创建多个实例之后，便可在BackupServer类中使用它了，如代码清单6-7所示。

代码清单6-7　在BackupServer.swift文件中使用单例

```swift
...
class BackupServer {
    let name:String;
    private var data = [DataItem]();

    init(name:String) {
        self.name = name;
        globalLogger.log("Created new server \(name)");
    }

    func backup(item:DataItem) {
        data.append(item);
        globalLogger.log("\(name) backed up item of type \(item.type.rawValue)");
    }

    func getData() -> [DataItem]{
```

```
        return data;
    }
    ...
}
```

上述代码删除了Logger对象，并添加了调用单例对象的log方法的语句。在上一节列出的几条规则中，最后一条是组件要能够定位单例对象，如你所见，使用全局常量让这个过程变得非常简单。

提示   这个实现还遵循了其他规则，比如使用private修饰初始化器，并采用惰性初始化，以确保只存在一个Logger类的实例，而使用常量则意味着无法修改globalLogger所指向的对象。

下面的代码对main.swift文件做了一些修改，如代码清单6-8所示。

代码清单6-8   在main.swift文件中使用单例

```
var server = BackupServer(name:"Server#1");
server.backup(DataItem(type: DataItem.ItemType.Email, data: "joe@example.com"));
server.backup(DataItem(type: DataItem.ItemType.Phone, data: "555-123-1133"));

globalLogger.log("Backed up 2 items to \(server.name)");

var otherServer = BackupServer(name:"Server#2");
otherServer.backup(DataItem(type: DataItem.ItemType.Email, data: "bob@example.com"));
globalLogger.log("Backed up 1 item to \(otherServer.name)");

globalLogger.printLog();
```

如果现在运行应用，你会发现使用单例模式之后，我们可以捕捉到所有日志信息，并将其输出到控制台。

```
Log: Created new server Server#1
Log: Server#1 backed up item of type Email Address
Log: Server#1 backed up item of type Telephone Number
Log: Backed up 2 items to Server#1
Log: Created new server Server#2
Log: Server#2 backed up item of type Email Address
Log: Backed up 1 item to Server#2
```

6.4.2   创建一个传统的单例实现

使用全局常量确实可行，但是如果你是从C#或者Java迁移到Swift的，你也许更习惯于通过类来访问单例。问题在于Swift不支持类存储属性，因此需要多花点心思才能实现传统的单例模式。代码清单6-9演示了如何使用结构体和static属性来解决这个问题。

代码清单6-9   在BackupServer.swift文件中实现单例模式

```
    ...
final class BackupServer {
    let name:String;
    private var data = [DataItem]();
```

```
    private init(name:String) {
        self.name = name;
        globalLogger.log("Created new server \(name)");
    }

    func backup(item:DataItem) {
        data.append(item);
        globalLogger.log("\(name) backed up item of type \(item.type.rawValue)");
    }

    func getData() -> [DataItem]{
        return data;
    }

    class var server:BackupServer {
        struct SingletonWrapper {
            static let singleton = BackupServer(name:"MainServer");
        }
        return SingletonWrapper.singleton;
    }
}
...
```

注释 使用全局常量还是嵌套结构体，这只是个人的偏好。我喜欢全局常量的简单，但是多年Java和C#的开发经验，让我更加习惯于使用嵌套结构体。如果你选择使用全局常量，则应确保在应用范围内使用无歧义、统一的命名。

在类计算属性server里，我定义了一个名为SingletonWrapper的结构体，该结构体有一个名为singleton的static存储属性。代码清单6-9创建了一个BackupServer单例对象，并将其赋值给了singleton属性。最后，上述代码返回了singleton属性的值，以作为server属性的值。

如果你觉得上一段的最后一句话不太好理解，也不必担心。虽然上面的实现代码有点绕，但是Swift结构体和static存储变量的实现方式确保了代码清单6-9只会创建一个BackupServer实例。

直接读取BackupServer.server的值即可获取该单例对象，如代码清单6-10所示。

代码清单6-10　在main.swift文件中使用单例

```
var server = BackupServer.server;

server.backup(DataItem(type: DataItem.ItemType.Email, data: "joe@example.com"));
server.backup(DataItem(type: DataItem.ItemType.Phone, data: "555-123-1133"));

globalLogger.log("Backed up 2 items to \(server.name)");

var otherServer = BackupServer.server;
otherServer.backup(DataItem(type: DataItem.ItemType.Email, data: "bob@example.com"));
globalLogger.log("Backed up 1 item to \(otherServer.name)");

globalLogger.printLog();
```

上述代码中的server与otherServer都指向了该单例对象，也就是说所有的DataItem对象都发送给了同一台服务器。

6.4.3　处理并发

如果在多线程应用中使用单例,那你就需要仔细思考一个问题,即当有不同的组件同时操作单例对象时,会产生哪些后果,并确保你为所有的潜在问题都准备了应对措施。

注意　高效的并发编程需要审慎的思考和丰富的经验。有时初衷也许是很好的,但是最终开发出来的应用可能会很慢,甚至出现卡死的现象。开发多线程项目之前,最好花点时间学习一下并发的概念,给自己足够的时间去开发,并对代码进行彻底的测试。

并发引起的问题非常常见,即便是像Logger和BackupServer这样简单的类都存在这样的问题,因为Swift数组并不是线程安全的。也就是说,两个或者更多的线程可以同时调用数组的append方法,对同一个数组进行操作,而这会破坏数据的结构。为了演示这个问题,这里对main.swift文件做了一些修改,如代码清单6-11所示。

代码清单6-11　在main.swift文件中执行并发请求

```
import Foundation

var server = BackupServer.server;

let queue = dispatch_queue_create("workQueue", DISPATCH_QUEUE_CONCURRENT);
let group = dispatch_group_create();

for count in 0 ..< 100 {
    dispatch_group_async(group, queue, {() in
        BackupServer.server.backup(DataItem(type: DataItem.ItemType.Email,
            data: "bob@example.com"))
    });
}

dispatch_group_wait(group, DISPATCH_TIME_FOREVER);

println("\(server.getData().count) items were backed up");
```

上述代码使用Grand Central Dispatch(GCD)异步调用了BackupServer单例100次。如果你不了解GCD,可以参见附注部分的内容。本章包含多个介绍GCD的附注,而且本书在实现好几个设计模式的时候都用到了GCD。这里只会讲解本书用到的知识,并不会深入讨论并发编程和GCD。如果你想深入了解 GCD , 请参见 https://developer.apple.com/library/ios/documentation/Performance/Reference/GCD_libdispatch_Ref/index.html。

理解GCD(I)

在 Cocoa 中进行并发编程,有好几种技术可供选择,但是本书选择的是Grand Central Dispatch(GCD),因为它用起来最简单。并发编程是一个高级主题,因此本书不会深入解析GCD,只会简单介绍示例中用到的GCD知识。如需深入了解GCD,可参见https://developer.apple.com/library/ios/documentation/Performance/Reference/GCD_libdispatch_Ref/index.html。

GCD是Foundation框架的一部分，其核心概念是block队列，每个block执行一部分任务。你可以选择预定义的队列或者创建一个队列，待执行的任务则使用block（即Swift闭包）来表示。GCD的API是C语言实现的，其语法也与Swift不太相同，不过一旦理解了它，用起来就会很简单。代码清单6-11创建了一个新的队列，如下所示：

```
...
let queue = dispatch_queue_create("workQueue", DISPATCH_QUEUE_CONCURRENT);
...
```

从上面的代码可以看出，dispatch_queue_create这个方法接受两个参数，分别是队列的名称和类型。这里将队列命名为workQueue，并使用DISPATCH_QUEUE_CONCURRENT这个常量来指明队列中的block应该使用多线程并发处理。上述代码将代表队列的对象赋值给了名为queue的常量。（该队列的类型为dispatch_queue_t，在本章和后面的示例项目中都会使用该类型。）

将多个block组织在一起创建一个组，这样当所有的block执行完成之后便能接收到通知。dispatch_group_create函数可以用于创建组，如下所示：

```
...
let group = dispatch_group_create();
...
```

为了让任务异步执行，这里使用dispatch_group_async函数将block添加到队列，如下所示：

```
...
dispatch_group_async(group, queue, {() in
    BackupServer.server.backup(DataItem(type: DataItem.ItemType.Email,
        data: "bob@example.com"))
});
...
```

该函数的第一个参数是block所属的组，第二个参数是一个队列，表示的是block要添加到哪个队列上，最后一个参数则是block本身，这里使用闭包来表示。这个闭包不接受参数也没有返回值。GCD拿到这些block之后，会异步执行每一个block。不过，到后面你会学到，其实队列也可以按顺序执行任务。

最后一步是等待100个block执行完成，操作如下：

```
...
dispatch_group_wait(group, DISPATCH_TIME_FOREVER);
...
```

这里的dispatch_group_wait函数会阻塞当前的线程，直到指定的组中的所有block执行完毕。第一个参数是要监控的组，第二个参数则是所需等待的时间间隔。这里使用DISPATCH_TIME_FOREVER表示一直等待，直到指定组中的所有block执行完毕。

为了说明问题，下面先运行一下程序。并发编程的问题基本都与时机的选择有关，而且只有在两个或者更多线程同时执行存在冲突的操作时才会发生。如果运气好，运行该应用时也许不会出现冲突。要是运气不好，就有可能会遇到两个线程同时调用backup方法向数组附加数据的情况，这时程序就会出错。当出现这种情况时，调试器就会在backup方法所在的位置打断点，如图6-2所示。

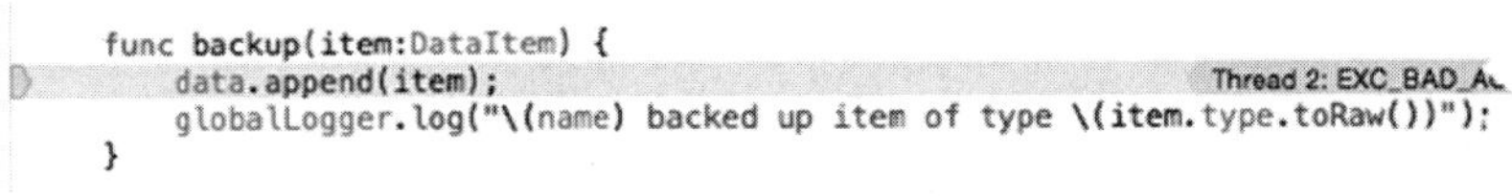

```
        func backup(item:DataItem) {
            data.append(item);                                    Thread 2: EXC_BAD_A...
            globalLogger.log("\(name) backed up item of type \(item.type.toRaw())");
        }
```

图6-2 并发问题

提示　如果足够幸运，运行应用时没有遇到错误，那就再运行一次。影响并发的因素有很多，但是上述示例代码在大部分情况下都会出错。

调试器报告的具体错误可能会有所不同，但是问题都是一样的，即操作Swift数组的内容不是一个线程安全的操作，单例对象在使用数组时需要并发保护。

串行访问

为了解决这个问题，我们需要确保同一时刻只允许一个block调用数组的append方法。代码清单6-12演示了使用GCD解决这个问题的方法。（本章的附注会对这里所使用的GCD特性进行介绍。）

代码清单6-12　在BackupServer.swift中按顺序访问数组

```swift
import Foundation

class DataItem {

    enum ItemType : String {
        case Email = "Email Address";
        case Phone = "Telephone Number";
        case Card  = "Credit Card Number";
    }

    var type:ItemType;
    var data:String;

    init(type:ItemType, data:String) {
        self.type = type; self.data = data;
    }
}

final class BackupServer {
    let name:String;
    private var data = [DataItem]();
    private let arrayQ = dispatch_queue_create("arrayQ", DISPATCH_QUEUE_SERIAL);

    private init(name:String) {
        self.name = name;
        globalLogger.log("Created new server \(name)");
    }

    func backup(item:DataItem) {
        dispatch_sync(arrayQ, {() in
            self.data.append(item);
            globalLogger.log(
                "\(self.name) backed up item of type \(item.type.rawValue)");
        })
    }
```

```
func getData() -> [DataItem]{
    return data;
}

class var server:BackupServer {
    struct SingletonWrapper {
        static let singleton = BackupServer(name:"MainServer");
    }
    return SingletonWrapper.singleton;
}
}
```

代码清单6-12执行的操作与代码清单6-11中的代码执行的操作恰好相反。这里在拿到一组异步block之后，强制让它们按顺序依次执行，以确保每次只有一个block调用数组的append方法。

在真实项目中，负责创建block的会是多个组件，而不是一个for循环。这些组件无法协调彼此的活动，而且一般对彼此也没什么了解，因此最终就要单例对象来负责保护其所依赖的资源。

理解GCD（II）

代码清单6-12中的代码使用dispatch_queue_create函数创建了一个队列，如下所示：

```
...
private let arrayQ = dispatch_queue_create("arrayQ", DISPATCH_QUEUE_SERIAL);
...
```

该函数的第一个参数是队列的名称，第二个参数传入的值是DISPATCH_QUEUE_SERIAL，它表示的是从队列中获得的block将会按顺序依次执行。也就是说，只有在上一个block执行完成之后，下一个block才会开始执行。

在backup方法中，这里使用了dispatch_sync函数来将block添加到队列中。

```
...
dispatch_sync(arrayQ, {() in
    self.data.append(item);
    globalLogger.log(
        "\(self.name) backed up item of type \(item.type.toRaw())");
})
...
```

dispatch_sync函数将任务添加到队列的方式与代码清单6-11中的dispatch_group_async函数类似，但是dispatch_sync会等待block执行完成才返回，而dispatch_group_async函数则会立刻返回，等到block在将来的某个时间点处于队列的前面时再执行。（dispatch_sync也不需要指明组。与dispatch_sync对应的异步函数是dispatch_async。）

在将block添加到队列时，无论使用哪个函数都不会影响block的处理方式，不同的只是函数返回的时机。也就是说，这两个函数的不同之处在于，是block添加到队列之后立刻返回，还是block执行完成之后返回。

如此修改之后，调用backup方法就变成了同步操作。也就是说，在数据添加到数组之前该方法不会返回。这里使用的是串行队列（serial queue），因此该方法只有在队列前面的所有备份操作和当前的操作都处理完成之后才会返回。

代码清单6-12中的修改的目的在于保护BackupServer单例中操作的数组。然而，backup方法还使用了Logger类，该类也存在同样的并发问题。尽管在BackupServer类中是以串行的方式调用log方法的，但是其他组件可能会在同一时间使用该单例并调用log方法，这就会引发同样的数据损坏问题。为了保证例子的完整性，我在Looger类中也使用了GCD，以保护数据数组，如代码清单6-13所示。

代码清单6-13   在Logger.swift文件中增加并发保护

```swift
import Foundation;

let globalLogger = Logger();

final class Logger {
    private var data = [String]()
    private let arrayQ = dispatch_queue_create("arrayQ", DISPATCH_QUEUE_SERIAL);

    private init() {
        // do nothing - required to stop instances being
        // created by code in other files
    }

    func log(msg:String) {
        dispatch_sync(arrayQ, {() in
            self.data.append(msg);
        });
    }

    func printLog() {
        for msg in data {
            println("Log: \(msg)");
        }
    }
}
```

Logger类通过采用全局常量的方式将其单例对象暴露给外界，但是用来保护数据，让其不受损坏的方法也是一样的。上述代码创建了一个GCD串行队列，然后使用dispatch_sync方法来保证同一时刻只有一个操作在修改数组。现在再运行该应用就不会有数据损坏的情况了，并且控制台将输出以下内容：

```
100 items were backed up
```

6.5   单例模式的陷阱

实现单例模式的时候有几个陷阱，应小心避开。你也应该对实现进行仔细检查，确保实现遵循了本章前面的几条准则。接下来，将重点讲解开发者在实现单例模式时常犯的几个错误。

6.5.1   泄露缺陷

实现单例模式时，最常见的一个错误是创建的单例可以被复制，比如基于结构体（或者Swift内置引用类型中的一个类型）创建单例，或者基于实现了NSCopying协议的类（参见第5章）创建单例。

结构体不能作为单例，因为把结构体赋值给变量或者作为参数传给方法时，结构体就会被复制。

同样，你也许会以为使用单例对象的组件不会复制单例对象，便使用实现了NSCopying协议的类来创建单例。我的建议还是要谨慎，因为其他开发者也许意识不到不复制单例对象的重要性。因此，你应该按部就班，严格地实现单例模式。允许其他组件复制或者克隆单例，就违反了单例三原则中的第一条。

提示　如果你对想要作为单例的对象的类定义没有控制权，可以使用装饰器模式，以防止对象被当作原型。详细信息请参见第14章。

6.5.2　代码文件共享带来的问题

Swift访问控制关键字只在文件级别有效，也就是说，在初始化器前面加上private关键字只能限制单例所在的文件之外的代码。在创建单例和定义全局常量时，应该将它们定义在单独的文件中，这样其他组件就无法违反单例原则，再创建另一个单例对象了。

6.5.3　并发陷阱

单例模式最棘手的问题就是与并发相关的问题，即便是对于经验丰富的程序员而言，这可能也是一个难题。后续的内容会着重讲解这方面的几个最为常见的问题。

1. 不使用并发保护

第一个问题是，在应该使用并发保护的时候没有使用。并不是每个单例都会遇到并发问题，但是我们必须认真考虑。如果应用对共享的数据结构存在依赖，比如对数组或者像println这样的全局函数存在依赖，我们就应该确保单例代码不会同时被多个线程访问。如果不确定是否应该采取并发保护，那就按照要采取并发保护的方式来，因为实现共享资源串行访问所需的成本，比应用分发给客户之后崩溃所带来的后果要小得多。

2. 实现统一的并发保护

并发保护必须针对整个单例代码，这样所有操作共享资源（比如数组）的代码才能以同样的方式串行化。如果有一个访问数组的方法或者block没有做并发保护，就会有两个或多个线程冲突，甚至损坏数据的可能。如果很难定位所有涉及修改共享资源的代码，那就应该考虑重新设计代码和资源的结构，让操作资源的代码位于同一个类中，这样才能集中地实现并发保护。

3. 拙劣的优化

有不少人认为像GCD这样的并发机制性能不佳，他们认为并发保护应该在底层实现，并将其涉及面最小化。我个人认为这是谬论。在一些应用程序中，确实每个CPU周期都很重要，但这种应用非常罕见。对于现代操作系统而言，实现并发，即便是使用GCD这样的抽象层次比较高的方案，成本基本可以忽略不计。

实现并发保护时出现性能问题，通常意味着相关代码的设计拙劣。如果有200个线程排队访问同一个数组，那你应该先考虑一下线程的数量，以及线程数与数组个数的比率是否合理，而不是立马就开始想着怎么使用底层的操作系统锁。（对象池模式可以帮助纠正这种比率，第7章和第8章将会详细地讲解此模式。）

我的建议是使用GCD，因为它容易理解，用起来也简单，而且还能很好地与Swift闭包配合。如果确实遇到了性能问题，首先应考虑为什么会发生这种情况，应用本书讲解的设计模式是否能够将应用程序中的问题最小化。

6.6　Cocoa 中使用单例模式的实例

Cocoa框架中有几个地方用到了单例模式，单例对象通常被用来表示应用程序中的顶层组件。最常见的一个例子是UIApplication类，它提供了控制应用程序整体行为的功能，为集成iOS特性提供了入口。我们可以通过类方法sharedApplication访问UIApplication单例。

6.7　在 SportsStore 应用中使用单例模式

这一节将演示如何在SportsStore应用中实现单例模式，以在更加真实的上下文中介绍此模式。SportsStore应用只有一个地方适合使用单例模式，那就是第5章为了演示原型模式而创建的Logger类。该类与本章为了演示单例模式解决共享资源封装问题而创建的同名类差不多。代码清单6-14列出的是SportsStore项目中的Logger类的当前定义。

代码清单6-14　SportsStore项目中的Logger.swift文件的内容

```
import Foundation

class Logger<T where T:NSObject, T:NSCopying> {
    var dataItems:[T] = [];
    var callback:(T) -> Void;

    init(callback:T -> Void) {
        self.callback = callback;
    }

    func logItem(item:T) {
        dataItems.append(item.copy() as T);
        callback(item);
    }

    func processItems(callback:T -> Void) {
        for item in dataItems {
            callback(item);
        }
    }
}
```

提示　你可以到Apress.com下载SportsStore项目和本章所有代码清单的源码。

在实现单例之前，我们先来看看SportsStore项目中目前存在的并发问题。SportsStore项目中的Logger类有两个潜在的并发问题。第一个是logItem和processItems两个方法都用到了dataItems这个数组，因此有可能会出现多个线程同时向logItem方法中的数组添加新元素的情况。此外，在processItems方法尝试读取数组内容的时候，也有可能会有其他线程对其内容进行修改。

6.7.1 保护数据数组

本小节打算使用GCD来保护数组,但是为了区分读取数组内容的线程和修改数组内容的线程,下面将对前文例子中使用的方法做少许变通。多个线程同时读取同一个数组的内容并不会造成并发问题,只要不是多个线程同时修改同一个数组就不存在问题。代码清单6-15列出了该问题的解决方法。

代码清单6-15 在Logger.swift文件中实现并发保护

```
import Foundation

class Logger<T where T:NSObject, T:NSCopying> {
    var dataItems:[T] = [];
    var callback:(T) -> Void;
    var arrayQ = dispatch_queue_create("arrayQ", DISPATCH_QUEUE_CONCURRENT);

    init(callback:T -> Void) {
        self.callback = callback;
    }

    func logItem(item:T) {
        dispatch_barrier_async(arrayQ, {() in
            self.dataItems.append(item.copy() as T);
            self.callback(item);
        });
    }

    func processItems(callback:T -> Void) {
        dispatch_sync(arrayQ, {() in
            for item in self.dataItems {
                callback(item);
            }
        });
    }
}
```

在processItems方法中,我们使用dispatch_sync添加了一个遍历数组的block,并且只有在block运行完成之后该方法才会返回。这里与前文例子中所用方法的区别在于,我们在logItem方法中使用dispatch_barrier_async函数创建了一个向数组添加元素的block。dispatch_barrier_async函数向队列添加了一个block,并将改变block的执行方式。上面这个队列首先会查看队列前面有没有别的任务要执行,如果有,则会等待前面的任务执行完毕之后再执行barrier block。此外,在barrier block后添加的任务必须等待barrier block中的任务执行完成后才会执行。

理解GCD(Ⅲ)

在Logger类中,读取操作包含在普通的block中,而写操作则放在了barrier block中。当某个barrier block到达队列的最前端时,GCD会等待所有正在进行的读取操作完成。当读取操作完成之后,GCD才开始执行修改数组的barrier block,并且在barrier block执行完成之前不会处理任何后续的block。一旦barrier block执行完成,队列中的后续操作会被正常地并行执行,直到再次遇到barrier block。

换句话说,使用barrier block可以将并发队列暂时变成串行队列,当barrier block执行完成之后,串行队列又会重新变回并发队列。使用GCD barrier可以方便地创建**读/写器锁**(reader/writer lock)。

6.7.2   保护回调

第二个问题解决起来则没有那么简单。虽然使用barrier block之后多个线程可以同时读取数组内容，但是这也意味着在初始化器中配置的callback函数可能会被并发调用。这就是常见的并发困境。

当前我们有几个选择。第一个选择是什么也不做，即不对现有代码做任何修改，假设编写callback函数的人了解并发风险的存在，并采取了相应的防范措施。从Logger类的角度来说，这是最简单的选项，因为它将责任转移到了别处。这个方案也不算太差，毕竟Logger类无法知道callback的具体实现。如果在Logger类进行并发保护，就可能会出现在Logger类和定义callback函数的组件中重复实现并发保护的情况。冗余并发保护带来的风险是，如果并发保护的代码写得不够专业可能会导致死锁。另一个问题是，如果Logger类和callback函数都没做并发保护，那就可能会造成数组数据损坏。这个方案最简单，但其结果也是最不确定的。

第二个选择是让Logger类承担实现并发保护的责任。这个方案比较安全，但是同样可能会面临冗余并发保护的问题。不管怎么样，此方案至少保证了数据不被损坏。

第三个选择，也就是这个例子所使用的方案，即让组件在提供callback函数的时候自行说明其是否实现了并发保护。下面的示例就在Logger类中加上了对此特性的支持，代码清单6-16列出了更新之后的Logger类的代码。

代码清单6-16   Logger.swift文件中添加可选并发保护

```
import Foundation

class Logger<T where T:NSObject, T:NSCopying> {
    var dataItems:[T] = [];
    var callback:(T) -> Void;
    var arrayQ = dispatch_queue_create("arrayQ", DISPATCH_QUEUE_CONCURRENT);
    var callbackQ = dispatch_queue_create("callbackQ", DISPATCH_QUEUE_SERIAL);

    init(callback:T -> Void, protect:Bool = true) {
        self.callback = callback;
        if (protect) {
            self.callback = {(item:T) in
                dispatch_sync(self.callbackQ, {() in
                    callback(item);
                });
            };
        }
    }

    func logItem(item:T) {
        dispatch_barrier_async(arrayQ, {() in
            self.dataItems.append(item.copy() as T);
            self.callback(item);
        });
    }

    func processItems(callback:T -> Void) {
        dispatch_sync(arrayQ, {() in
            for item in self.dataItems {
                callback(item);
            }
        });
```

```
    }
}
```

上述代码单独定义了一个队列，并且给初始化器增加了一个有默认值的参数。如此修改之后，就无需修改应用的代码也能开启并发保护。如果需要并发保护，或者调用此方法的代码没有给新增的参数传值，我们就可以将callback函数包裹在闭包中，并将其添加到新增的队列中。

6.7.3 定义单例

解决了并发问题之后，就可以创建单例对象了，以确保应用其他部分的代码无法再次对Logger类进行实例化，如代码清单6-17所示。

代码清单6-17 在Logger.swift文件中创建单例

```swift
import Foundation

let productLogger = Logger<Product>(callback: {p in
    println("Change: \(p.name) \(p.stockLevel) items in stock");
});

final class Logger<T where T:NSObject, T:NSCopying> {
    var dataItems:[T] = [];
    var callback:(T) -> Void;
    var arrayQ = dispatch_queue_create("arrayQ", DISPATCH_QUEUE_CONCURRENT);
    var callbackQ = dispatch_queue_create("callbackQ", DISPATCH_QUEUE_SERIAL);

    private init(callback:T -> Void, protect:Bool = true) {
        self.callback = callback;
        if (protect) {
            self.callback = {(item:T) in
                dispatch_sync(self.callbackQ, {() in
                    callback(item);
                });
            };
        }
    }

    func logItem(item:T) {
        dispatch_barrier_async(arrayQ, {() in
            self.dataItems.append(item.copy() as T);
            self.callback(item);
        });
    }

    func processItems(callback:T -> Void) {
        dispatch_sync(arrayQ, {() in
            for item in self.dataItems {
                callback(item);
            }
        });
    }
}
```

我们无法使用泛型结构体来创建单例，因此必须定义一个用于存储Logger类实例的全局常量，然后在初始化Logger类时将类型指定为Product类。尽管我个人倾向于使用结构体，但是使用泛型类意味着可以支持多个类型，因此在这个例子中我更加倾向于使用全局变量。剩下的就是更新应用中唯一使用了Logger类的组件，如代码清单6-18所示。

代码清单6-18   在ViewController.swift文件中使用单例

```swift
import UIKit

class ProductTableCell: UITableViewCell {
    @IBOutlet weak var nameLabel: UILabel!
    @IBOutlet weak var descriptionLabel: UILabel!
    @IBOutlet weak var stockStepper: UIStepper!
    @IBOutlet weak var stockField: UITextField!

    var product: Product?;
}

class ViewController: UIViewController, UITableViewDataSource {

    @IBOutlet weak var totalStockLabel: UILabel!
    @IBOutlet weak var tableView: UITableView!

    //let logger = Logger<Product>(callback: handler);

    var products = [
        Product(name:"Kayak", description:"A boat for one person",
            category:"Watersports", price:275.0, stockLevel:10),

    // ...code omitted for brevity...

    @IBAction func stockLevelDidChange(sender: AnyObject) {
        if var currentCell = sender as? UIView {
            while (true) {
                currentCell = currentCell.superview!;
                if let cell = currentCell as? ProductTableCell {
                    if let product = cell.product? {
                        if let stepper = sender as? UIStepper {
                            product.stockLevel = Int(stepper.value);
                        } else if let textfield = sender as? UITextField {
                            if let newValue = textfield.text.toInt()? {
                                product.stockLevel = newValue;
                            }
                        }
                        cell.stockStepper.value = Double(product.stockLevel);
                        cell.stockField.text = String(product.stockLevel);
                        productLogger.logItem(product);
                    }
                    break;
                }
            }
            displayStockTotal();
        }
    }
    // ...code omitted for brevity...
}
```

6.8 总结

　　本章讲解了单例模式，并演示了使用此模式来确保某个类在应用中只存在一个实例的方法。单例模式很好理解，但是要想正确地实现它，尤其是确保并发时不会出现安全问题，则需要在实现的时候多花点心思。第7章将讲解对象池模式，它与单例模式有不少相似之处，只是对象池模式管理的是同类型的多个对象，而非单个对象。

6

对象池模式

对 象池模式（object pool pattern）是单例模式的一种变体，它可以为组件提供多个完全相同的对象，而非单个对象。当你需要管理一组表示可互相替代的资源的对象，且要求同一时刻只允许一个组件使用同一个对象时，便可使用对象池模式。本章只讲解对象池模式的基础知识，第8章则会介绍一些实用的变体，这些变体可以让对象池模式适应各种场景。表7-1列出了对象池模式的相关信息。

表7-1　对象池模式的相关信息

问　题	回　答
是什么	对象池模式一般用来管理一组可重用的对象，以供调用组件使用。组件可以从对象池中获取对象，用它来完成任务，用完之后将对象还给对象池，以满足组件未来的使用需求。一个对象在被分配给某个调用组件之后，其他组件在它返回对象池以前都无法使用它
有什么优点	对象池模式将对象的构建过程隐藏，使组件无需了解此过程。同时，对象池模式通过重用机制将对象初始化的高昂成本摊销
何时使用此模式	不管是因为需要使用对象来表示现实世界中的资源，还是因为对象的初始化成本高昂，而需要创建一组完全相同的对象，我们都可以使用对象池模式
何时应避免使用此模式	若需要保证任意时刻只存在一个对象，则不应使用此模式，而应该使用单例模式。如果对存在的对象的数量没有限制，并允许调用组件自行创建实例，也不应该使用此模式，而应该使用本书讲解的其他模式，比如工厂方法模式
如何确定是否正确实现了此模式	若能在不创建新实例的情况下给调用组件分配对象，并且相关对象返回到对象池后可以满足组件的后续请求，就说明正确地实现了对象池模式
有哪些常见的陷阱	最重要的一个陷阱是并发保护的实施，只有正确地实现了并发保护，才能保证对象的正确分配，确保用于实现此模式的数据结构不会受到损坏
有哪些相关的模式	单例模式与对象池模式有不少相似之处，但是前者只管理单个对象

7.1　准备示例项目

为了演示本章的知识，这里创建一个名为ObjectPool的OS X命令行工具项目。除此之外，不需要其他准备。

7.2　此模式旨在解决的问题

在许多项目中，都有这样的需求，即必须限制某个类型的对象数量，但又没到只允许存在一个对象的程度。为了在真实环境中研究这个问题，这里将创建一个示例项目——图书管理系统。代码清单7-1列出了示例项目中创建的Book.swift文件的内容。

代码清单7-1　Book.swift文件的内容

```
class Book {
    let author:String;
    let title:String;
    let stockNumber:Int;
    var reader:String?;
    var checkoutCount = 0;

    init(author:String, title:String, stock:Int) {
        self.author = author;
        self.title = title;
        self.stockNumber = stock;
    }
}
```

在图书管理系统的代码中创建或者克隆Book对象，并不能魔幻般地增加图书馆的馆藏数量，但是用单例模式来管理一个Book对象也不合理，因为图书馆中大多数的图书都不只一本。每一本书都可以用来满足那些渴望阅读它的读者。

图书馆中的每一本图书一次只能被一个读者借阅，在读者归还图书之前，其他读者都无法借阅。一旦图书被归还，读者可以立即借阅。然而，当某本图书被全部借走时，所有想借阅该书的读者都必须等待，直到图书被归还或者图书馆添置新书。

当前我们遇到的问题是，需要一个模式来管理一组完全相同的、可相互替代的对象，以及一个可以合理使用的模型。

提示　图书馆的图书就是现实中的一组可重用、可相互替代的对象。不过，在软件开发中也会遇到可重用、可相互替代的抽象对象实例。最常见的例子包括线程和网络连接，这些例子本身就说明了其形式的多样性和出现的频繁程度。

7.3　对象池模式

对象池模式一般用来管理一组可重用的对象，这些对象的集合被称为对象池（object pool）。组件可以从对象池中借用对象，用它来完成一些任务，用完之后再将它还给对象池。返还的对象将用于满足调用组件的后续请求，请求可以来自同一个组件，也可以来自另一个组件。

对象池模式可以用来管理象征现实世界资源的对象，还能通过重复使用对象来满足多个组件的需求，以摊销对象初始化的高昂成本。

对象池涉及四步重要的操作，如图7-1所示。第一步操作是初始化，把需要的对象集合准备好。

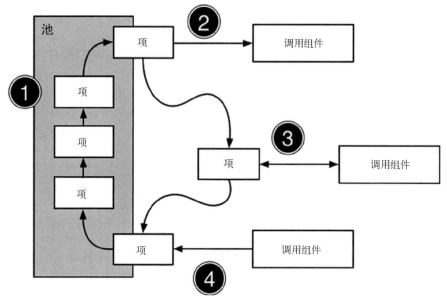

图7-1   对象池的基本操作

第二步操作是借出对象，在这一操作中需要对象的组件从对象池中借出所需的对象。

第三步操作是组件使用借出的对象完成一些任务。这步操作不涉及对象池，但是对象池管理的某个对象在借出期间，无法再借给其他组件。

第四步，也是最后一步操作是签入，组件会把对象返还给对象池，这样对象池才能满足组件的后续请求。

在多线程应用中，第二步、第三步和第四步操作可能会并发进行。在多个组件之间共享对象可能会出现并发问题。两个或者多个组件可能会在同一时间借出或者返回对象，在此期间对象池必须保证每个请求借到的对象都是不同的，并且保证被借出的对象能够完好地返还给对象池。

同时，还有可能会出现某个请求无法被立刻满足的情况，因为有可能对象池中的所有对象都被借出并正处于被使用的状态。对象池必须能够应对这些情况下的请求，比如告知组件暂时无对象可用，或者让组件等待，直到有对象回到对象池为止。

7.4   实现对象池模式

本章将简单地实现对象池模式，以演示前面提到的几个步骤的实现方式。一个基本的对象池需要管理一个数量固定的对象集合，组件可以借出对象并在用完之后还给对象池。这是一个很好的切入点，因为我们可以在这部分解决并发问题，这也是对象池模式的实现是否健壮的关键所在。本书第8章将会介绍此模式的变体，你可以根据需要对实现进行修改，然后应用到自己的项目中。

7.4.1   定义 Pool 类

第一步是创建一个泛型Pool类，负责管理某个类型的对象的集合。也可以不用泛型类，但是管理对象集合的需求还是挺常见的，将其定义成泛型便于在不同的项目中复用代码。下面在示例项目中添加一个名为Pool.swift的文件，其内容如代码清单7-2所示。

代码清单7-2　Pool.swift文件的内容

```
import Foundation

class Pool<T> {
    private var data = [T]();

    init(items:[T]) {
        data.reserveCapacity(data.count);
        for item in items {
            data.append(item);
        }
    }

    func getFromPool() -> T? {
        var result:T?;
        if (data.count > 0) {
            result = self.data.removeAtIndex(0);
        }
        return result;
    }

    func returnToPool(item:T) {
        self.data.append(item);
    }
}
```

　　Pool类，准确地说是Pool<T>，初始化时将传入一个对象集合，让其负责管理。Pool类的初始化器会把传进来的对象集合复制到该类的data数组，这个数组就像是一个队列，后面我们将从中获取所需的对象。当getFromPool方法被调用时，它将调用removeAtIndex并返回队首的对象。当之前获取的对象用完之后，调用returnToPool方法，然后使用append方法将该对象重新添加到data数组中，以供后续使用。

1. 保护数据数组

　　在对象池模式中，处理好并发请求非常的重要。在并发方面，我们需要解决两个问题。第一个问题与我们在实现单例模式时遇到的问题一样，即getFromPool和returnToPool这两个方法中对数据数组做了修改，因此需要确保不会出现两个线程同时调用这些方法的情况。代码清单7-3中的代码添加了一个GCD队列，并使用dispatch_sync函数来防止并发修改数组。

代码清单7-3　确保数组不被并发修改

```
import Foundation

class Pool<T> {
    private var data = [T]();
    private let arrayQ = dispatch_queue_create("arrayQ", DISPATCH_QUEUE_SERIAL);

    init(items:[T]) {
        data.reserveCapacity(data.count);
        for item in items {
            data.append(item);
        }
```

```
    }

    func getFromPool() -> T? {
        var result:T?;
        if (data.count > 0) {
            dispatch_sync(arrayQ, {() in
                result = self.data.removeAtIndex(0);
            })
        }
        return result;
    }

    func returnToPool(item:T) {
        dispatch_async(arrayQ, {() in
            self.data.append(item);
        });
    }
}
```

提示　不加并发保护也可以实现对象池模式，但是前提是能确保应用永远只有一个线程访问对象池。不过，需要注意的是，应用变复杂之后一般都需要用到并发，一旦应用发展到这个阶段，而又没有做并发保护的话就会引发问题。我的建议是，就算自己不会用到并发，最好还是实现并发保护。

上述代码使用dispatch_sync和dispatch_async两个函数将操作数组的代码包裹在了闭包之中，然后将这些操作添加到了用dispatch_queue_create创建的队列中。上述代码在创建队列时，使用了DISPATCH_QUEUE_SERIAL，以保证每次只有一个block在执行。这样就确保了每次只有一个线程能够修改数组，数组的数据也就不会损坏了。

2. 确保每次请求都能获得可用的对象

Pool类的代码中还有另一个并发问题。在getFromPool方法中，我们在将获取对象的block添加到队列之前，对数据数组做了检查，判断数组中否有可用的对象，如下所示：

```
...
func getFromPool() -> T? {
    var result:T?;
    if (data.count > 0) {
        dispatch_sync(arrayQ, {() in
            result = self.data.removeAtIndex(0);
        })
    }
    return result;
}
...
```

这是一个经典的并发问题。设想一下，数据数组中只有一个可用的对象，而此时有两个线程在相隔几毫秒的时间里相继调用了getFromPool方法。第一个线程检查data.count的值之后，发现有可用的对象，于是使用dispatch_sync函数将获取对象（将对象从数据数组中移除）的block添加到队列中，以供请求者使用。

几毫秒之后，第二个线程做了同样的事情。该线程也认为数组中有可用的对象，因为第一个线程中的block还没执行完成。于是第二个线程也将获取对象的block加到了队列中，以期获得所需的对象。

第一个线程中的block执行完之后，顺利拿到了对象（将可用对象从数组中移除），而第二个线程在执行时则遇到了错误，因为在其执行时数组已经变成了空数组。

为了解决这个问题，我们需要保证除非block百分之百可以获得对象，否则就不允许调用getFromPool方法的线程将其block添加到队列中。代码清单7-4中的代码演示了如何使用GCD的信号量（semaphore）特性来解决这个问题。

代码清单7-4　使用信号量

```
import Foundation

class Pool<T> {
    private var data = [T]();
    private let arrayQ = dispatch_queue_create("arrayQ", DISPATCH_QUEUE_SERIAL);
    private let semaphore:dispatch_semaphore_t;

    init(items:[T]) {
        data.reserveCapacity(data.count);
        for item in items {
            data.append(item);
        }
        semaphore = dispatch_semaphore_create(items.count);
    }

    func getFromPool() -> T? {
        var result:T?;
        if (dispatch_semaphore_wait(semaphore, DISPATCH_TIME_FOREVER) == 0) {
            dispatch_sync(arrayQ, {() in
                result = self.data.removeAtIndex(0);
            })
        }
        return result;
    }

    func returnToPool(item:T) {
        dispatch_async(arrayQ, {() in
            self.data.append(item);
            dispatch_semaphore_signal(self.semaphore);
        });
    }
}
```

信号量的核心是计数器，从下面这行创建信号量的代码也可以看出这点：

```
...
semaphore = dispatch_semaphore_create(items.count);
...
```

上面的dispatch_semaphore_create函数接收一个整型参数，此参数将用于初始化计数器的值。每次调用dispatch_semaphore_wait函数时，计数器的值都会减小，如下所示：

```
...
if (dispatch_semaphore_wait(semaphore, DISPATCH_TIME_FOREVER) == 0) {
    dispatch_sync(arrayQ, {() in
        result = self.data.removeAtIndex(0);
    });
}
...
```

当计数器的值为零时，调用dispatch_semaphore_wait函数的线程会被阻塞。在getFromPool方法中调用dispatch_semaphore_wait函数，即可在每次从数据数组中删除对象时减小计数器的值，并在数组没有对象可用时阻塞调用该方法的线程。

调用dispatch_semaphore_signal函数可以增加计数器的值，returnToPool方法在对象被重新添加到数据数组之后便调用了此函数。

```
...
dispatch_async(arrayQ, {() in
    self.data.append(item);
    dispatch_semaphore_signal(self.semaphore);
});
...
```

这样可以增加计数器的值，同时也可以让被阻塞的线程继续执行。信号量相关函数的使用，使得借出对象的数量与返回对象的数量实现了平衡，也保证了只有在确实有对象可借的情况下，调用getFromPool才能把获取对象的block添加到队列中。

7.4.2　使用 Pool 类

鉴于这里创建的Pool类是一个泛型类，因此我们可以在图书管理应用中使用它实现对象池模式，以管理图书对象的集合。在示例项目中创建一个名为Library.swift的文件，其内容如代码清单7-5所示。

代码清单7-5　使用Pool类

```
import Foundation

final class Library {
    private let books:[Book];
    private let pool:Pool<Book>;

    private init(stockLevel:Int) {
        books = [Book]();
        for count in 1 ... stockLevel {
            books.append(Book(author: "Dickens, Charles", title: "Hard Times",
                stock: count))
        }
        pool = Pool<Book>(items:books);
    }

    private class var singleton:Library {
        struct SingletonWrapper {
            static let singleton = Library(stockLevel:2);
        }
        return SingletonWrapper.singleton;
    }

    class func checkoutBook(reader:String) -> Book? {
        var book = singleton.pool.getFromPool();
        book?.reader = reader;
        book?.checkoutCount++;
        return book;
    }

    class func returnBook(book:Book) {
```

```
                book.reader = nil;
                singleton.pool.returnToPool(book);
        }

        class func printReport() {
            for book in singleton.books {
                println("...Book#\(book.stockNumber)...");
                println("Checked out \(book.checkoutCount) times");
                if (book.reader != nil) {
                    println("Checked out to \(book.reader!)");
                } else {
                    println("In stock");
                }
            }
        }
    }
```

　　Library类基于代码清单7-4中定义的Pool类以及第6章讲解的单例模式，实现了对象池模式。尽管Library对象自身可以拥有多个对象池，每个对象池管理多份图书的副本，但是由于这里需要保证在这个例子中只有一个Library对象，所以需要使用单例。代码清单7-5的代码中所表示的图书馆略显萧条，馆藏也就两本查尔斯·狄更斯（Charles Dickens）的小说。

　　在现实生活中，如果图书有余量的话，你可以借一本；要是没有余量，你就只能加入等待队列，等其他读者将书还给图书馆之后再借。图书馆只是提供了这些服务，但是并没有告诉我们背后的那些事情。我们也不需要知道前面是否有其他人想借那本书，不用知道返还给图书馆的书是如何被再次分发出去的。

宽松的对象创建策略

　　上述例子在不同的文件中分别定义了Library和Book类，并且没有对Library类之外实例化Book类的行为进行限制。在实现单例模式时，我们使用了私有的构造器，并定义了一个用于访问单例的类，用来演示如何彻底控制单例的创建过程。本章采用了比较宽松的策略，因为我们是在模拟这样一种情形，即Book对象可能存在大量来源的情形，就像现实世界中，图书有各种来源（比如出版社、图书批发商，以及在线商城都可以为图书馆提供图书）一样。这里不会将所有可能的来源都写到示例应用里面去，只是想说明在不限制对象供应源的情况下，可以使用这个模式来管理对象。只要与Libarary对象相关联的Book对象，不会在未得到前者同意的情况被修改，这个对象池模型就是与现实世界一致的。

　　现实中的图书馆隐藏了管理图书的细节，这里在实现Library类的时候也采取了相同的策略。这里没有直接通过单例将Pool<Book>对象暴露给外界，而是定义了checkoutBook和returnBook这两个类方法，并让调用者通过它们与对象池进行交互。这些方法也使得我们可以在借出Book对象之前做一些准备工作，比如配置reader属性的值和增加checkoutCount属性的值。当外界返还Book对象时，我们也可以在returnBook方法中清空reader属性的值。

　　上述代码的printReport方法中用到了checkoutCount属性和reader属性，并通过这些属性来输出Library创建的Book对象的细节信息，比如图书被借出的次数，以及图书当前是否在对象池中。在测试时，我们可以通过这个方法检查对象池管理的对象的状态。代码清单7-6列出了用于测试Library类和在main.swift文件中使用Pool类的代码。

代码清单7-6　测试Library类和在main.swift文件中使用Pool类

```
import Foundation

var queue = dispatch_queue_create("workQ", DISPATCH_QUEUE_CONCURRENT);
var group = dispatch_group_create();

println("Starting...");

for i in 1 ... 20 {
    dispatch_group_async(group, queue, {() in
        var book = Library.checkoutBook("reader#\(i)");
        if (book != nil) {
            NSThread.sleepForTimeInterval(Double(rand() % 2));
            Library.returnBook(book!);
        }
    });
}

dispatch_group_wait(group, DISPATCH_TIME_FOREVER);

println("All blocks complete");

Library.printReport();
```

上述代码使用for循环创建了多个异步的GCD block，并反复从Library类中借出和返还Book对象。为了让这个例子稍微真实一点，代码清单7-6在获取到Book对象之后返还之前，加了一行延迟代码，如下所示：

```
...
NSThread.sleepForTimeInterval(Double(rand() % 2));
...
```

NSThread.sleepForTimeInterval可以阻塞执行此语句的线程。这里对阻塞线程的时长进行了控制，让其在0秒和1秒之间随机切换。也就是说，有的block会立刻返还Book对象，而其他的则会等待1秒之后再返还。这么做的目的是，让外界在使用对象池的对象的过程中，出现借还行为重叠的情况。如果不这么做，对象的借还就会严格轮换，而这与现实项目中的情况是不一致的。

现在运行一下应用，并查看运行的结果。应用启动可能需要好几秒时间，耐心点。当main.swift文件中生成的所有block都执行完之后，会看到与下面类似的输出：

```
Starting...
All blocks complete
...Book#1...
Checked out 13 times
In stock
...Book#2...
Checked out 7 times
In stock
```

你看到的结果可能会有所不同，因为延迟时间是随机的，而延迟时间会影响对象从对象池中取出和返还的顺序。

　　尽管结果可能会有所不同，但是图书被借出的总次数应该是20，这与main.swift文件中创建的block的数量相同。在上述例子中，一个Book对象被借了13次，而另一个则被借出了7次。这是延迟时长不同造成的区别，第一个Book对象循环了好几次，而其他对象则被一些阅读速度较慢的读者占据着。

7.5　对象池模式的陷阱

　　实现对象池模式的时候，一定要谨慎，因为很可能一不小心就创建了一个无法正常运作或者与应用需求不符的对象池。不过，过于追求完美的对象池，往往容易跑偏，尤其是将第8章介绍的变体考虑在内的话。如果实现有问题，代码往往很难维护，而且一旦将这样的对象池部署到项目中，其行为也是不可预测的。

　　在保护对象池不受并发访问损坏时，也需要格外细心，以防止对象池被锁死的情况。即使应用在开发的时候没问题，也不代表真正运行的时候也会没问题。在安全问题上要保守一点，宁愿牺牲一点性能也要保证安全。最重要的是，一定要在尽可能多的场景下对代码进行测试。我的建议是让对象池尽量保持简单，将更多的精力花在编写能够运行、容易测试的代码上。

7.6　Cocoa 中使用对象池模式的实例

　　Cocoa框架并没有在其公开的API中暴露对象池模式，唯一的一个例外是UITableViewCell对象。在SportsStore应用中，我们使用了UITableViewCell对象来表示TableView的行。代码清单7-7列出了SportsStore应用中的ViewController.swift文件的内容，其中有tableView相关方法的实现。

代码清单7-7　在ViewController.swift文件中获取（潜在的）UITableViewCell对象池

```
...
func tableView(tableView: UITableView,
    cellForRowAtIndexPath indexPath: NSIndexPath) -> UITableViewCell {
    let product = products[indexPath.row];
    let cell = tableView.dequeueReusableCellWithIdentifier("ProductCell")
        as ProductTableCell;

    cell.product = products[indexPath.row];
    cell.nameLabel.text = product.name;
    cell.descriptionLabel.text = product.productDescription;
    cell.stockStepper.value = Double(product.stockLevel);
    cell.stockField.text = String(product.stockLevel);

    return cell;
}
...
```

　　通过调用上面这个方法，可以获取到一个UITableViewCell对象，用于展示数据。从代码清单7-7中的高亮语句可以看出，我们是通过调用UITableView类的dequeueReusableCellWithIdentifier方法类获取UITableViewCell对象的。UIKit框架负责UITableViewCell对象的创建和分配，并实现复用。苹果并没有公开UIKit框架的源码，因此我们无法知道其对象池是如何实现的，但是这显然是一个利用对象池模式来减小实例化同类对象导致的内存开销的实例。

提示   这里的dequeueReusableCellWithIdentifier方法其实综合应用了对象池模式和工厂方法模式。
        第9章会介绍工厂方法模式，简单地说，使用工厂方法模式之后，UITableView就可以获得不同
        类型的table cell，比如上述例子中的ProductCell就是其中的一种类型。

7.7   在 SportsStore 应用中使用对象池模式

下面将介绍如何在SportsStore应用中使用对象池模式，实现对一组网络请求对象的管理。目前，
SportsStore应用有一个静态的数组，用于存放展示给用户的Product对象。接下来，我们通过网络请求
来获得这些Product对象的详细信息，并在产品的库存水平发生变化时更新服务器上的数据。

7.7.1   准备示例应用

直接使用第6章中完成的SportsStore项目作为示例应用的基础，除此之外，不需要其他的准备。

提示   你可以从Apress.com下载SportsStore项目每一个阶段的源码，本书所有示例的源码都可以在该
        网站下载。

7.7.2   创建一个（伪）服务器

这里不会深入探讨创建和配置服务器的细节，只会对网络请求和响应的过程进行模拟，但是这并
不会对创建和应用对象池模式的演示造成影响。首先在SportsStore项目中新增了一个名为
NetworkConnection.swift的文件，并在其中定义了一个类，如代码清单7-8所示。

代码清单7-8   NetworkConnection.swift文件的内容

```
import Foundation

class NetworkConnection {

    private let stockData: [String: Int] = [
        "Kayak" : 10, "Lifejacket": 14, "Soccer Ball": 32,"Corner Flags": 1,
        "Stadium": 4, "Thinking Cap": 8, "Unsteady Chair": 3,
        "Human Chess Board": 2, "Bling-Bling King":4
    ];

    func getStockLevel(name:String) -> Int? {
        NSThread.sleepForTimeInterval(Double(rand() % 2));
        return stockData[name];
    }
}
```

NetworkConnection类是需要使用对象池来管理的对象的模板，此类有一个私有的stockData属性，
这是一个以SportsStore应用中的产品的名称为键，产品初始库存水平为值的字典。getStockLevel方法

可以根据产品的名称返回该产品的库存水平。为了增加真实性，这里使用NSThread.sleepForTime-Interval方法随机地给一些请求造成了一秒的延迟。

7.7.3　创建对象池

在本例前期演示的对象池中，使用的都是泛型类，这样在不同的项目中复用起来就简单得多。为了演示不同的情况，我在实现SportsStore的对象池时，使用了具体类型的类，即NetworkConnection类。代码清单7-9列出的是新添加到SportsStore项目中的NetworkPool.swift文件的内容。

代码清单7-9　NetworkPool.swift文件的内容

```swift
import Foundation

final class NetworkPool {
    private let connectionCount = 3;
    private var connections = [NetworkConnection]();
    private var semaphore:dispatch_semaphore_t;
    private var queue:dispatch_queue_t;

    private init() {
        for _ in 0 ..< connectionCount {
            connections.append(NetworkConnection());
        }
        semaphore = dispatch_semaphore_create(connectionCount);
        queue = dispatch_queue_create("networkpoolQ", DISPATCH_QUEUE_SERIAL);
    }

    private func doGetConnection() -> NetworkConnection {
        dispatch_semaphore_wait(semaphore, DISPATCH_TIME_FOREVER);
        var result:NetworkConnection? = nil;
        dispatch_sync(queue, {() in
            result = self.connections.removeAtIndex(0);
        });
        return result!;
    }

    private func doReturnConnection(conn:NetworkConnection) {
        dispatch_async(queue, {() in
            self.connections.append(conn);
            dispatch_semaphore_signal(self.semaphore);
        });
    }

    class func getConnection() -> NetworkConnection {
        return sharedInstance.doGetConnection();
    }

    class func returnConnecton(conn:NetworkConnection) {
        sharedInstance.doReturnConnection(conn);
    }

    private class var sharedInstance:NetworkPool {
        get {
            struct SingletonWrapper {
                static let singleton = NetworkPool();
            }
```

7

```
                    return SingletonWrapper.singleton;
            }
        }
    }
```

上述代码实现了一个管理一组NetworkConnection对象的对象池，其基本模式与本章前面创建的实现类似。NetworkPool类中实现了对象池模式，但是同时它也用到了第6章介绍的单例模式，这使得应用中的其他组件可以方便地获取对象池。

7.7.4   应用对象池模式

为了应用对象池模式，这里创建了一个名为ProductDataStore的类，并在其中定义了一个静态的产品数据数组，不过没有设置产品的库存水平。代码清单7-10列出了ProductDataStore.swift文件的内容

代码清单7-10   ProductDataStore.swift文件的内容

```
import Foundation

final class ProductDataStore {
    var callback:((Product) -> Void)?;
    private var networkQ:dispatch_queue_t
    private var uiQ:dispatch_queue_t;
    lazy var products:[Product] = self.loadData();

    init() {
        networkQ = dispatch_get_global_queue(DISPATCH_QUEUE_PRIORITY_BACKGROUND, 0);
        uiQ = dispatch_get_main_queue();
    }

    private func loadData() -> [Product] {
        for p in productData {
            dispatch_async(self.networkQ, {() in
                let stockConn = NetworkPool.getConnection();
                let level = stockConn.getStockLevel(p.name);
                if (level != nil) {
                    p.stockLevel = level!;
                    dispatch_async(self.uiQ, {() in
                        if (self.callback != nil) {
                            self.callback!(p);
                        }
                    })
                }
                NetworkPool.returnConnecton(stockConn);
            });
        }
        return productData;
    }

    private var productData:[Product] = [
        Product(name:"Kayak", description:"A boat for one person",
            category:"Watersports", price:275.0, stockLevel:0),
        Product(name:"Litejacket", description:"Protective and fashionable",
            category:"Watersports", price:48.95, stockLevel:0),
        Product(name:"Soccer Ball", description:"FIFA-approved size and weight",
            category:"Soccer", price:19.5, stockLevel:0),
        Product(name:"Corner Flags",
            description:"Give your playing field a professional touch",
```

```
            category:"Soccer", price:34.95, stockLevel:0),
        Product(name:"Stadium", description:"Flat-packed 35,000-seat stadium",
            category:"Soccer", price:79500.0, stockLevel:0),
        Product(name:"Thinking Cap", description:"Improve your brain efficiency",
            category:"Chess", price:16.0, stockLevel:0),
        Product(name:"Unsteady Chair",
            description:"Secretly give your opponent a disadvantage",
            category: "Chess", price: 29.95, stockLevel:0),
        Product(name:"Human Chess Board", description:"A fun game for the family",
            category:"Chess", price:75.0, stockLevel:0),
        Product(name:"Bling-Bling King",
            description:"Gold-plated, diamond-studded King",
            category:"Chess", price:1200.0, stockLevel:0)];
    }
```

现在 ProductDataStore 是 SportsStore 应用中 Product 对象的权威来源。Product 对象可以通过 ProductDataStore 的 products 属性获得,它返回的是私有数组的内容。上述代码在创建这些 Product 对象时,暂时将其 stockLevel 的值设成了0,而 products 属性则是惰性计算出来的。首先使用 NetworkPool 类去请求每个产品的库存水平,并在请求完成之后,更新 Product 对象的属性值。此外,请求完成之后还会调用一个可选的回调,以将更新之后的信息告知其他组件。

提示 在真实的项目中,通过单一请求获得所有产品的库存水平数据会更加合理,但是就本章而言,我们需要使用更多的请求,即请求数要多于对象池中的对象数,这样才能检验对象池是否能够正常运作。

值得注意的是,在这个类中我们用到了两个 GCD 队列。其中的 global queue 是 GCD 自动创建的,这里我们使用的是优先级为 DISPATCH_QUEUE_PRIORITY_BACKGROUND 的 global queue,通过它我们可以模拟网络请求。选择 DISPATCH_QUEUE_PRIORITY_BACKGROUND 这个优先级,意味着应用在获取产品的库存信息时,如果有延迟,也不会影响响应用户操作等其他更重要的任务的执行。在处理回调时,使用了主队列,这是为了确保相关更新能够立即执行,而不用等待后台任务执行完成之后再执行。

代码清单7-11列出了对 ViewController.swift 文件所做的改变,更新之后我们使用了 ProductData-Store 类,而不是在本地定义的数据。

代码清单7-11 在 ViewController.swift 文件中使用 ProductDataSource

```
import UIKit

class ProductTableCell: UITableViewCell {
    // ...statements omitted for brevity...
}

class ViewController: UIViewController, UITableViewDataSource {

    @IBOutlet weak var totalStockLabel: UILabel!
    @IBOutlet weak var tableView: UITableView!
    var productStore = ProductDataStore();

    override func viewDidLoad() {
        super.viewDidLoad();
        displayStockTotal();
```

```
    productStore.callback = {(p:Product) in
        for cell in self.tableView.visibleCells() {
            if let pcell = cell as? ProductTableCell {
                if pcell.product?.name == p.name {
                    pcell.stockStepper.value = Double(p.stockLevel);
                    pcell.stockField.text = String(p.stockLevel);
                }
            }
        }
        self.displayStockTotal();
    }
}

override func didReceiveMemoryWarning() {
    super.didReceiveMemoryWarning();
}

func tableView(tableView: UITableView,
    numberOfRowsInSection section: Int) -> Int {
        return productStore.products.count;
}

func tableView(tableView: UITableView,
    cellForRowAtIndexPath indexPath: NSIndexPath) -> UITableViewCell {
    let product = productStore.products[indexPath.row];
    let cell = tableView.dequeueReusableCellWithIdentifier("ProductCell")
        as ProductTableCell;
    cell.product = product;
    cell.nameLabel.text = product.name;
    cell.descriptionLabel.text = product.productDescription;
    cell.stockStepper.value = Double(product.stockLevel);
    cell.stockField.text = String(product.stockLevel);
    return cell;
}

@IBAction func stockLevelDidChange(sender: AnyObject) {
    // ...statements omitted for brevity...
}

func displayStockTotal() {
    let finalTotals:(Int, Double) = productStore.products.reduce((0, 0.0),
        {(totals, product) -> (Int, Double) in
            return (
                totals.0 + product.stockLevel,
                totals.1 + product.stockValue
            );
        });

    totalStockLabel.text = "\(finalTotals.0) Products in Stock. "
        + "Total Value: \(Utils.currencyStringFromNumber(finalTotals.1))";
    }
}
```

代码清单7-11定义了一个productStore属性，并给其赋了一个ProductDataStore对象。然后，再通过ProductDataStore对象获取Product对象，以在应用中展示。此外，上述代码还定义了一个回调方法，用来定位正在展示Product对象的table cell。当这个UITableViewCell对象可见时，就更新它所展示的产品的库存信息。

在运行应用时，产品的库存水平在初始状态下为0，当对象池中的对象被借出并发起网络请求之后，其库存水平信息也会随之更新。上述代码在NetworkConnection类中设置了随机延迟，这意味着更新会渐进式地进行，因为对象池限制了并发数。

7.8 总结

本章讲解了如何使用基本的对象池模式管理对象集合。第8章将介绍对象池模式的变体，并演示如何使用这些变体来管理各种具有不同使用模式的对象。

7

对象池模式的变体

本章将讲解如何调整对象池模式的基本实现，以管理各类具有不同特性的对象。这里用到的每一种技巧，对应的都是对象池处理调用组件请求的一种策略。表8-1介绍了这些变体的基本信息。

表8-1　对象池模式变体的基本信息

问　　题	答　　案
是什么	使用对象池模式的变体，可以更改对象池的运作方式，以适应各种不同的场景
有什么优点	这些变体改变了对象池的行为，以响应拥有不同需求的调用组件的各类请求，并管理各类具有不同特性和生命周期的对象
何时使用这些变体	当第7章中讲解的对象池模式的基本实现不能满足需求时，则应使用这些变体
何时应避免使用这些变体	这些变体要求使用高级的并发技巧，如果你无法彻底测试涉及并发的代码，或者你对Cocoa并发编程不够熟悉的话，最好不要使用它们
如何确定是否正确实现了这些变体	彻底的测试是确定自己正确实现了这些变体的唯一方式
有哪些常见的陷阱	这些是高级技巧，很容易因误用并发保护而导致创建的对象池无法正常运作，或者性能非常差
有哪些相关的模式	无

8.1　准备示例项目

本章将继续使用第7章创建的ObjectPool项目，无需任何改变。

8.2　对象池模式的变体

对象池的实现涉及四种策略，它们共同约束分配对象的行为。这四种策略分别是：

❑ 对象创建策略；
❑ 对象复用策略；
❑ 空池策略；
❑ 对象分配策略。

通过改变这些策略，你可以调整对象池模式的实现，以适应它们所管理的各类对象。后续的内容将对这四种策略逐一进行解释，并演示如何实现它们。

8.2.1 对象创建策略

对象创建策略是指对象的创建方式。第7章实现的对象创建策略属于积极型的策略，即对象在被使用之前就已经完成创建。事实上，当时我们是事先在Library类中创建了一组Book对象，并在创建对象池时，将它们以数组的方式传给Pool类的初始化器，如下所示：

```
...
private init(stockLevel:Int) {
    books = [Book]();
    for count in 1 ... stockLevel {
        books.append(Book(author: "Dickens, Charles", title: "Hard Times",
            stock: count))
    }
    pool = Pool<Book>(items:books);
}
...
```

在创建代表现实世界资源的对象时，一般都是采用这种积极的策略。因为在这种场景中，对象池所需要管理的对象数量是可以事先确定的（比如图书馆购买了两本《艰难时世》），而且这些对象需要一定程度的配置（比如需要给对象分配一个唯一的stock引用）。

这种方案的缺点是，在需求出现之前，就已经花费了创建和配置对象所需的资源。虽然创建了两个Book对象，用于表示查尔斯·狄更斯的作品，但是读者的需求可能不多，甚至没有。如此一来，创建和配置Book对象的开销就永远无法与实际需求相匹配。

一般来说，对于那些表示现实世界中的资源的对象来说，这种问题是可以接受的。因为对象池的状态反映了一种真实的状况，即图书馆基于对读者的需求预估购买了两本《艰难时世》。然而，如果你希望通过使用对象池，来避免对象实例化时的高昂开销的话，使用这种积极的策略并不太适合。尤其是对于与真实世界中的事物没太大联系的类而言，比如第5章讲解的原型模式时使用的Sum类。

另一种选择是采用惰性的对象创建策略，也就是说，只在需要对象的时候才创建相应的对象。就Library这个示例项目而言，我们可以创建一个BookSeller类，然后从这个类获取Book对象。Library类将在接到首次请求时向BookSeller类索取Book对象。下面在该项目中新建一个名为BookSources.swift的文件，其内容如代码清单8-1所示。

代码清单8-1 BookSources.swift文件的内容

```
import Foundation

class BookSeller {
    class func buyBook(author:String, title:String, stockNumber:Int) -> Book {
        return Book(author: author, title: title, stock: stockNumber);
    }
}
```

BookSeller类中定义了一个负责创建Book对象的类方法。对这个例子而言，BookSeller类的实现并不重要，重要的是现在有了获取Book对象的渠道，可以为对象池提供对象了。代码清单8-2列出了Pool类所需的修改，修改之后的Pool类将创建对象的操作延迟到了请求发生时。

代码清单8-2 在Pool.swift文件中实现惰性创建对象

```
import Foundation
```

```
class Pool<T> {
    private var data = [T]();
    private let arrayQ = dispatch_queue_create("arrayQ", DISPATCH_QUEUE_SERIAL);
    private let semaphore:dispatch_semaphore_t;
    private var itemCount = 0;
    private let maxItemCount:Int;
    private let itemFactory: () -> T;

    init(maxItemCount:Int, factory:() -> T) {
        self.itemFactory = factory;
        self.maxItemCount = maxItemCount;
        semaphore = dispatch_semaphore_create(maxItemCount);
    }

    func getFromPool() -> T? {
        var result:T?;
        if (dispatch_semaphore_wait(semaphore, DISPATCH_TIME_FOREVER) == 0) {
            dispatch_sync(arrayQ, {() in
                if (self.data.count == 0 && self.itemCount < self.maxItemCount) {
                    result = self.itemFactory();
                    self.itemCount++;
                } else {
                    result = self.data.removeAtIndex(0);
                }
            })
        }
        return result;
    }

    func returnToPool(item:T) {
        dispatch_async(arrayQ, {() in
            self.data.append(item);
            dispatch_semaphore_signal(self.semaphore);
        });
    }

    func processPoolItems(callback:[T] -> Void) {
        dispatch_barrier_sync(arrayQ, {() in
            callback(self.data);
        });
    }
}
```

修改之后，Pool类的初始化器接收一个为对象池创建对象的闭包。此外，它还有一个整型参数maxItemCount，用于限制闭包的最大调用次数。这里将GCD信号量计数器的初始值设成了与maxItemCount相等的值，并在getFromPool方法中对对象池的状态做了一个复杂的检查，如下所示：

```
...
if (self.data.count == 0 && self.itemCount < self.maxItemCount) {
    result = self.itemFactory();
    self.itemCount++;
} else {
    result = self.data.removeAtIndex(0);
}
...
```

如果某个线程执行到了这个方法，说明该线程已经通过了信号量的检测。也就是说，要么目前数据数组中有对象可供使用，要么需要调用工厂闭包以创建一个对象。这样就将创建对象的操作延迟到了有需求的时候。

　　Pool类的另一个改变就是实现了一个名为processPoolItems的类方法。在Pool类原来的实现中，对象池创建对象的责任落到了Library类身上，Library类持有所有它负责管理的Book对象，并能够基于这些对象的引用生成对象的相关报告。在当前实现中，Pool类负责创建对象，而Library类对这些对象则没有引用。因此，Pool类中还添加了一个名为processPoolItems的方法，用于接收一个回调闭包，该闭包将在同步的GCD barrier block中运行，它负责处理数组数据。

提示　代码清单8-3中列出了Book对象工厂闭包的实现。原来可以在创建Book对象的时候保留其引用，但是Swift处理初始化器中定义的闭包的方式导致这点变得相当困难。因此，这里将Pool类变成了该应用获取Book对象详情的唯一渠道。

　　为实现惰性创建对象的策略，代码清单8-3列出了Library类中的相应修改。

代码清单8-3　　在Library.swift文件中实现惰性创建对象

```swift
import Foundation

final class Library {
    private let pool:Pool<Book>;

    private init(stockLevel:Int) {

        var stockId = 1;

        pool = Pool<Book>(maxItemCount: stockLevel, factory: {() in
            return BookSeller.buyBook("Dickens, Charles",
                title: "Hard Times", stockNumber: stockId++)
        });
    }

    private class var singleton:Library {
        struct SingletonWrapper {
            static let singleton = Library(stockLevel:200);
        }
        return SingletonWrapper.singleton;
    }

    class func checkoutBook(reader:String) -> Book? {
        var book = singleton.pool.getFromPool();
        book?.reader = reader;
        book?.checkoutCount++;
        return book;
    }

    class func returnBook(book:Book) {
        book.reader = nil;
        singleton.pool.returnToPool(book);
    }

    class func printReport() {
        singleton.pool.processPoolItems({(books) in
            for book in books {
                println("...Book#\(book.stockNumber)...");
```

```
        println("Checked out \(book.checkoutCount) times");
        if (book.reader != nil) {
            println("Checked out to \(book.reader!)");
        } else {
            println("In stock");
        }
    }
    println("There are \(books.count) books in the pool");
});
    }
}
```

这里的改动并不大。首先是定义了一个通过BookSeller类创建Book对象的闭包，并对printReport做了一些修改，让其从对象池中获取数据对象。同时，这里还将对象池的容量（最大可用对象数）增大到了200，这已经远远超出了满足main.swift中的代码所需的数量了。

注释　这模拟出了现实中的一种场景，即某家图书馆与书商达成协议，图书馆根据需要可以要求书商随时供货。图书馆最初并没有馆藏，但是如果有人来借书，而馆藏中没有书的话，图书馆就会要求书商提供一本书，直到达到预先约定的上限（这里是200本）。只有在图书馆没有存书的情况下才会要求书商提供新品，如果馆藏中有可用的图书则会优先借出馆藏的图书。

通过运行示例应用，就能看到惰性策略的效果。所有请求处理完成大概需要15至20秒的时间，完成之后会生成一个报告，报告的最后一句是对象池中创建的Book对象的数量。

```
...
There are 14 books in the pool
```

每次运行应用，创建的对象数量都会有所不同，因为这里随机地给一些请求添加了延迟，从而影响了对象池复用对象的频率。

最差的情况下，也只创建了20个Book对象，这说明对图书馆需要200本书的预测明显过高。如果采用积极的对象创建策略，这200个Book对象在应用运行时便已经创建完成，而使用惰性策略之后，创建的对象数量更加贴近真实的需求。

8.2.2　对象复用策略

对象池模式的本质决定了它所管理的对象会被重复分配给调用组件，这就意味着返还给对象池的对象会有处于非正常状态的风险。就现实中的图书馆而言，这种情况可能是返还的图书被损坏或者出现缺页。在软件中，则可能是对象的状态与原来的不一致，或者遇到了不可恢复的错误。

最简单的应对方式就是采取相信策略（the trusting strategy），也就是相信返还给对象池的对象始终处于可复用的状态。这种策略并不一定不好，因为不是所有的对象都要应对这类问题。目前对象池管理的Book对象就是一个很好的例子，因为其暴露给外界的状态基本都是不可变的。

另一种应对方式是采取不信任策略（the untrusting strategy），也就是在对象返还给对象池之前对其进行检查，确保它是可复用的。不可复用的对象则直接清理出对象池。

注意　除非对象池有能力替换被清理出对象池的对象，否则就不应该采取不信任策略。如果无法替换被清理出对象池的对象，可能会导致对象池的对象不够用，应用也可能会因此慢慢停止运行。详情可以参见8.2.3节的内容。

接下来，我们将调整使用Book对象的方式，以控制对象被借出的次数。这样便能模拟出图书变旧、损坏，直到最后无法阅读的状况。为了不在泛型Pool类中加入任何与Book类相关的信息，需要新建一个名为PoolItem.swift的文件，并在其中定义一个名为PoolItem的协议，其内容如代码清单8-4所示。

代码清单8-4　PoolItem.swift文件的内容

```
@objc protocol PoolItem {

    var canReuse:Bool {get}
}
```

PoolItem协议定义了一个名为canReuse的只读属性。当对象返回对象池时，对象会先检查这个属性的值，并将返回false的对象丢弃。代码清单8-5列出了Pool类中对应的修改。

提示　注意，在该协议前面加上@objc修饰符，是为了在Pool类中读取canReuse属性。

代码清单8-5　在Pool.swift文件中增加对PoolItem协议的支持

```
import Foundation

class Pool<T:AnyObject> {
    private var data = [T]();
    private let arrayQ = dispatch_queue_create("arrayQ", DISPATCH_QUEUE_SERIAL);
    private let semaphore:dispatch_semaphore_t;

    private var itemCount = 0;
    private let maxItemCount:Int;
    private let itemFactory: () -> T;

    init(maxItemCount:Int, factory:() -> T) {
        self.itemFactory = factory;
        self.maxItemCount = maxItemCount;
        semaphore = dispatch_semaphore_create(maxItemCount);
    }

    func getFromPool() -> T? {
        var result:T?;
        if (dispatch_semaphore_wait(semaphore, DISPATCH_TIME_FOREVER) == 0) {
            dispatch_sync(arrayQ, {() in
                if (self.data.count == 0 && self.itemCount < self.maxItemCount) {
                    result = self.itemFactory();
                    self.itemCount++;
                } else {
                    result = self.data.removeAtIndex(0);
                }
            })
        }
```

```
        return result;
    }

    func returnToPool(item:T) {
        dispatch_async(arrayQ, {() in
            let pitem = item as AnyObject as? PoolItem;
            if (pitem == nil || pitem!.canReuse) {
                self.data.append(item);
                dispatch_semaphore_signal(self.semaphore);
            }
        });
    }

    func processPoolItems(callback:[T] -> Void) {
        dispatch_barrier_sync(arrayQ, {() in
            callback(self.data);
        });
    }
}
```

为了不限制对象池支持的对象类型，对象池只会在对象实现了PoolItem协议时，检查其是否可复用。只有使用@objc修饰的协议才能够检查协议的遵循情况，而且使用这个修饰符之后，该协议只能被类实现，结构体则不行。为了给Swift提供检查协议遵循情况所需的类型信息，这里对Pool类的泛型参数做了限制，如下所示。

```
...
class Pool<T:AnyObject> {
...
```

AnyObject表示Pool类只能与基于类创建的对象协作，这个限制并无不妥，毕竟值类型在赋给变量时会被复制，将它们放入对象池并没有什么意义。为了检查PoolItem协议的遵循情况，我们必须帮Swift一把。

```
...
let pitem = item as AnyObject as? PoolItem;
if (pitem == nil || pitem!.canReuse) {
    self.data.append(item);
    dispatch_semaphore_signal(self.semaphore);
}
...
```

如果直接对item对象使用as?操作符（item对象的类型为T，即Pool类中的泛型），编译器会报错。因此，首先要将对象转换成AnyObject（这个转换一定会成功，因为这里的T类型表示实现了AnyObject协议的类），然后再使用as?操作符检查该对象是否实现了PoolItem协议。

如果item没有实现PoolItem协议，它就会被直接返还给对象池。如果实现了该协议，并且item的canReuse属性为true，item也会被返还给对象池。

1. 使用PoolItem协议

下一步是将PoolItem协议应用到项目中去，以在Book对象被借出一定次数之后将其清理出对象池。在代码清单8-6中，Book类实现了PoolItem协议。

提示　如你所见，这里使用@objc修饰Book类，为了在 Pool 类中支持PoolItem协议必须这么做。

代码清单8-6 在Book.swift文件中实现PoolItem协议

```
import Foundation;

@objc class Book : PoolItem {
    let author:String;
    let title:String;
    let stockNumber:Int;
    var reader:String?
    var checkoutCount = 0;

    init(author:String, title:String, stock:Int) {
        self.author = author;
        self.title = title;
        self.stockNumber = stock;
    }

    var canReuse:Bool {
        get {
            let reusable = checkoutCount < 5
            if (!reusable) {
                println("Eject: Book#\(self.stockNumber)");
            }
            return reusable;
        }
    }
}
```

如果某个Book对象被借出的次数超过5次，其canReuse属性的值就会变为false。为了能够在对象被清理出对象池时看到相关信息，上述代码将相关信息输出到了控制台。

2. 效果测试

为了测试将对象清理出对象池的策略是否有效，首先需要平衡一下对象池所能容纳的对象的最大值与main.swift文件中的代码可能发起的请求数。对象池中必须有足够的Book对象，这样才能在将部分对象清理出对象池后，还有足够的对象可用，以保证所有请求都能得到满足。上一节将演示如何形成一种合适的策略，但就目前而言，可以将对象池中对象数量的最大值设为5（这是我经过试错之后得出的一个值）。代码清单8-7列出了对Library中的stockLevel所做的修改。

代码清单8-7 修改Library.swift文件中对象池可用对象数的最大值

```
...
private class var singleton:Library {
    struct SingletonWrapper {
        static let singleton = Library(stockLevel:5);
    }
    return SingletonWrapper.singleton;
}
...
```

运行该应用将在控制台输出与下面类似的内容：

```
Starting...
Eject: Book#1
Eject: Book#2
All blocks complete
```

```
...Book#3...
Checked out 3 times
In stock

...Book#4...
Checked out 4 times
In stock

...Book#5...
Checked out 3 times
In stock
There are 3 books in the pool
Program ended with exit code: 0
```

你看到的结果也许会不一样，因为在对象返回对象池之前会随机地延迟一会儿，但是基本结果应该是一样的。也就是说，某一些Book对象被借出的次数会多于其他对象，当它们的借出次数达到5次时，就会被清理出对象池，对象池也会相应地创建新的对象去替换它们。

8.2.3　空池策略

正如其名字所示，空池策略（empty pool strategy）说明了对象池中没有对象可满足新的请求时，对象池应该如何响应请求。最简单的策略是阻塞请求线程，强制让发起对象请求的线程等待，等到有对象返回对象池时再继续执行，这也是我在示例应用中采取的策略。

阻塞线程的方案确实简单，但是如果对象池中的对象数量水平不符合需求，应用就会变得非常缓慢。如果在使用此策略的同时，还使用了上一节介绍的不信任策略，应用甚至可能会出现卡死的情况。

在上一个例子中，通过试错我确定了对象池所需的Book对象数量的最大值。整个试错的过程并没有花多少时间，因为只需多次运行该应用，就能知道main.swift中请求对象的行为与对象被清理出对象池的比率之间的相关性。在真实项目中，则只能猜测需求，而且必须考虑特殊情况下才会出现的大量需求。这让对象池中的对象又多了一份责任。为了营造出现这个问题的场景，这里增加了对象被借出对象池的次数，如代码清单8-8所示。

代码清单8-8　在main.swift文件中增加对象被借出对象池的次数

```
...
for i in 1 ... 35 {
    dispatch_group_async(group, queue, {() in
        var book = Library.checkoutBook("reader#\(i)");
        if (book != nil) {
            NSThread.sleepForTimeInterval(Double(rand() % 2));
            Library.returnBook(book!);
        }
    });
}
...
```

上述代码将请求的次数增加到了35次，因为这个次数超过了对象池中对象可供使用的次数。对象池最多只能创建5个对象，每个最多只能使用5次。也就是说，第26次及其以后的请求，对象池都无法返回对象。通过运行应用可以查看效果，其输出与下面的内容类似：

```
Starting...
Eject: Book#4
Eject: Book#5
Eject: Book#1
Eject: Book#3
Eject: Book#2
```

上述输出中并没有包含每个Book对象的状态总结。这是因为5个Book对象都被清理出对象池了，而那些尝试获得对象的GCD block无法通过getFromPool方法中的信号量检查。此时，应用已经卡死，因为GCD block在对象池发出有可用对象信号之前无法继续执行，而对象池创建的对象数已经到上限，无法继续创建对象。

1. 处理请求失败的情况

我们可以将应对空池的责任转移给请求对象的组件。组件必须明确说明，在没有可用对象时它愿意等待多久，超过指定的时间则视为请求失败。存在请求失败的情况意味着，发起请求的组件必须预料到请求有可能会失败，而且失败时无法获得想要的对象，组件必须能够在这种情况下继续运行，或者报告错误。代码清单8-9中列出了对Pool类中的getFromPool方法的修改，修改之后可以处理请求失败的情况。

代码清单8-9 在Pool.swift文件中处理请求失败的情况

```
...
func getFromPool(maxWaitSeconds:Int = 5) -> T? {
    var result:T?;

    let waitTime = (maxWaitSeconds == -1)
        ? DISPATCH_TIME_FOREVER
        : dispatch_time(DISPATCH_TIME_NOW,
            (Int64(maxWaitSeconds) * Int64(NSEC_PER_SEC)));

    if (dispatch_semaphore_wait(semaphore, waitTime) == 0) {
        dispatch_sync(arrayQ, {() in
            if (self.data.count == 0 && self.itemCount < self.maxItemCount) {
                result = self.itemFactory();
                self.itemCount++;
            } else {
                result = self.data.removeAtIndex(0);
            }
        })
    }
    return result;
}
...
```

注意 这个方案应谨慎使用，因为使用此方案之后，从对象池获取对象的组件必须加入处理失败情况的代码。有时，我看到一些开发者将请求对象的代码放在一个循环中，只要没有获得对象就循环请求。这种做法无异于无限期等待，应用必然会卡死，而且这种卡死的方式更加耗费CPU资源。

上述代码给getFromPool添加了一个名为maxWaitSeconds的参数，调用组件可以通过此参数说明自己愿意等待可用对象的时长，默认等待5秒。如果传入-1则表示一直等待，如果传入其他值，则表示等待与传入值相等的时长。

GCD定义了一个名为DISPATCH_TIME_FOREVER的常量，用于表示无限等待。对于其他时长的等待，可以使用dispatch_time函数来创建。该函数接收两个参数，一个表示初始时间，另一个表示要在初始时间的基础上增加多少纳秒：

```
...
let waitTime = (maxWaitSeconds == -1)
    ? DISPATCH_TIME_FOREVER
    : dispatch_time(DISPATCH_TIME_NOW,
        (Int64(maxWaitSeconds) * Int64(NSEC_PER_SEC)));
...
```

第一个参数使用了DISPATCH_TIME_NOW这个常量，即以当前时间为初始时间。第二个参数则用调用组件指定的秒数乘以NSEC_PER_SEC常量（这个常量表示一秒钟等于多少纳秒），算出纳秒数。

注意 你只能将DISPATCH_TIME_NOW常量作为dispatch_time函数的参数使用，在其他地方使用，它会返回0。

然后，将waitTime传给dispatch_semaphore_wait函数，作为其第二个参数。

```
...
if (dispatch_semaphore_wait(semaphore, waitTime) == 0) {
...
```

这里的dispatch_semaphore_wait函数会阻塞线程，直到接收到returnToPool方法发出的信号或者达到了指定的等待时间。如果在指定等待时间时使用了DISPATCH_TIME_FOREVER，则会一直阻塞，上一节的例子就是这个情况。如果waitTime的值不是DISPATCH_TIME_FOREVER，则dispatch_semaphore_wait函数会在等待指定时长之后，让线程继续执行。

我们需要知道线程是因为什么原因得以继续执行的，如果是因为对象池中有可用对象，我们需要拿到该对象，并将其返回给调用组件。如果是因为等待时间达到了上限，则让该方法直接返回，且不对可选变量result进行赋值。通过检查dispatch_semaphore_wait函数返回的结果，即可知道发生了什么。如果该函数返回0，说明收到了GCD信号，如果返回值不为0，则表示等待时间达到了上限。

从getFromPool方法的签名可以看出，它会返回一个可选Book对象。也就是说，Library类已经做好了准备，可以应对checkoutBook方法无法从对象池中获得Book对象的情况。

```
...
class func checkoutBook(reader:String) -> Book? {
    var book = singleton.pool.getFromPool();
    book?.reader = reader;
    book?.checkoutCount++;
    return book;
}
...
```

由于checkoutBook方法的返回值也是一个可选的Book对象，因此可以方便地检测到哪些请求是超时的，如代码清单8-10所示。

代码清单8-10 在main.swift文件中处理超时请求

```swift
import Foundation

var queue = dispatch_queue_create("workQ", DISPATCH_QUEUE_CONCURRENT);
var group = dispatch_group_create();

println("Starting...");

for i in 1 ... 35 {
    dispatch_group_async(group, queue, {() in
        var book = Library.checkoutBook("reader#\(i)");
        if (book != nil) {
            NSThread.sleepForTimeInterval(Double(rand() % 2));
            Library.returnBook(book!);
        } else {
            dispatch_barrier_async(queue, {() in
                println("Request \(i) failed");
            });
        }
    });
}

dispatch_group_wait(group, DISPATCH_TIME_FOREVER);

dispatch_barrier_sync(queue, {() in
    println("All blocks complete");
    Library.printReport();
});
```

如果未能从Library类获得所需的Book对象，应用会在控制台输出相关信息，以说明请求失败。负责将提示信息输出到控制台的println函数，在并发环境中并不安全，因此这里将调用该函数的语句放到了一个GCD block中。由于该队列是一个并发队列，为了防止两个失败的请求同时调用println函数，导致输出的信息发生错乱，这里使用了dispatch_barrier_sync()函数。

提示　调用Library.printReport方法的语句也被放到了一个GCD block中，这个方法需要使用println函数将报告输出到控制台。因此，这里使用了同样的GCD队列，以确保应用正在输出请求失败信息时，Library.printReport方法不会去调用println函数输出报告。

如果现在运行该应用，将看到如下信息：

```
Starting...
Eject: Book#4
Eject: Book#1
Eject: Book#5
Eject: Book#2
Eject: Book#3
All blocks complete
Request 26 failed
Request 30 failed
Request 28 failed
Request 31 failed
Request 29 failed
```

```
Request 27 failed
Request 32 failed
Request 33 failed
Request 34 failed
Request 35 failed
There are 0 books in the pool
```

这次应用完整运行了一次，而且无法获得对象的请求也按预期直接失败了。现在应用是不会卡死了，但前提是，与Library类交互的类必须事先知道可能无法获取Book对象，并且在这种情况发生时，知道如何应对。

2. 处理对象池枯竭的情况

上一节实现的方案中存在一个问题，那就是即使在对象池已经没有对象可用的情况下，它依然会要求调用组件等待。没有对象可用，是指所有的对象都被清理出对象池，并且对象池创建的对象数已经达到初始化时设置的上限，无法继续创建对象的情况。在这种情况下继续让请求组件等待显然不合理。代码清单8-11对Pool类做了改进，使得对象池没有对象可用时，请求状态直接变为失败。

代码清单8-11   在Pool.swift文件中处理无对象可用的情况

```
import Foundation

class Pool<T:AnyObject> {
    private var data = [T]();
    private let arrayQ = dispatch_queue_create("arrayQ", DISPATCH_QUEUE_SERIAL);
    private let semaphore:dispatch_semaphore_t;
    private var itemCount = 0;
    private let maxItemCount:Int;
    private let itemFactory: () -> T;
    private var ejectedItems = 0;
    private var poolExhausted = false;

    init(maxItemCount:Int, factory:() -> T) {
        self.itemFactory = factory;
        self.maxItemCount = maxItemCount;
        semaphore = dispatch_semaphore_create(maxItemCount);
    }

    func getFromPool(maxWaitSeconds:Int = -1) -> T? {
        var result:T?;

        let waitTime = (maxWaitSeconds == -1)
            ? DISPATCH_TIME_FOREVER
            : dispatch_time(DISPATCH_TIME_NOW,
                (Int64(maxWaitSeconds) * Int64(NSEC_PER_SEC)));

        if (!poolExhausted) {
            if (dispatch_semaphore_wait(semaphore, waitTime) == 0) {
                if (!poolExhausted) {
                    dispatch_sync(arrayQ, {() in
                        if (self.data.count == 0
                                && self.itemCount < self.maxItemCount) {
                            result = self.itemFactory();
                            self.itemCount++;
                        } else {
                            result = self.data.removeAtIndex(0);
```

```
                    }
                })
            }
        }
    }
    return result;
}

func returnToPool(item:T) {
    dispatch_async(arrayQ, {() in
        if let pitem = item as AnyObject as? PoolItem {
            if (pitem.canReuse) {
                self.data.append(item);
                dispatch_semaphore_signal(self.semaphore);
            } else {
                self.ejectedItems++;
                if (self.ejectedItems == self.maxItemCount) {
                    self.poolExhausted = true;
                    self.flushQueue();
                }
            }
        } else {
            self.data.append(item);
        }
    });
}

private func flushQueue() {
    var dQueue = dispatch_queue_create("drainer", DISPATCH_QUEUE_CONCURRENT);
    var backlogCleared = false;

    dispatch_async(dQueue, {() in
        dispatch_semaphore_wait(self.semaphore, DISPATCH_TIME_FOREVER);
        backlogCleared = true;
    });

    dispatch_async(dQueue, {() in
        while (!backlogCleared) {
            dispatch_semaphore_signal(self.semaphore);
        }
    });
}

func processPoolItems(callback:[T] -> Void) {
    dispatch_barrier_sync(arrayQ, {() in
        callback(self.data);
    });
}
}
```

代码清单8-11中的代码解决了两个问题：对象池枯竭状态识别和拒绝后续请求。为了识别对象池枯竭的状态，returnToPool方法中记录了出池对象的数量，当出池对象的数量达到对象池的上限时，就将变量poolExhausted的值设为true，并调用flushQueue方法。

　　上述代码还对getFromPool方法做了修改，让请求对象在等待信号量前先检查一下poolExhausted
的值。也就是说，在对象池枯竭之后发起的请求都将立即返回。

　　另一个需要解决的问题是，处理对象池枯竭之前发起的、尚未完成的请求。发起请求的线程会一
直等待GCD信号量，直到收到相应的信号。不幸的是，GCD信号量并未提供唤醒所有等待线程的方式，
因此在实现flushQueue方法时，不得不采取一种不太直接的方式。

　　首先，创建一个GCD队列，并向其添加两个block。第一个block等待信号量，并在信号量允许其
通过时，将局部变量backLogCleared的值配置为true。

```
...
dispatch_async(dQueue, {() in
    dispatch_semaphore_wait(self.semaphore, DISPATCH_TIME_FOREVER);
    backlogCleared = true;
});
...
```

　　GCD信号量可以让线程以先进先出的顺序执行（first-in first-out），也就是说，在前面等待的请求
通过之前，GCD信号量是不会让这个block执行的。

　　第二个block则反复地发出信号量信号，直到backLogCleared的值发生了变化。

```
...
dispatch_async(dQueue, {() in
    while (!backlogCleared) {
        dispatch_semaphore_signal(self.semaphore);
    }
});
...
```

　　这些block所进入的队列都是并发的，在backlog的值被清除之前，GCD信号量会一直发出信号。
为了阻止等待信号的线程向修改数组的队列加入block，getFromPool方法在等待信号之前和之后都对
poolExhausted的值做了检查。

```
...
if (!poolExhausted) {
    if (dispatch_semaphore_wait(semaphore, waitTime) == 0) {
        if (!poolExhausted) {
...
```

　　为了方便测试，可以将getFromPool方法的maxWaitSeconds参数的默认值改为-1。也就是说，只有
在对象池枯竭时，对象请求才会被拒绝。此时运行应用，你就会看到与前一个例子类似的输出。不过，
当前的实现可以在对象池枯竭时，避免愿意等待的调用组件被锁死。

3. 构建有弹性的对象池

　　如果对象池能够创建调用组件所需的对象数，就不应拒绝请求。也就是说，我们可以设定一个建
议可用对象数和最大可用对象数，这就是所谓的弹性对象池（elastic pool）。

在软件开发中，若需要在需求增加时额外创建一些对象，就可以使用弹性对象池。一个常见的应用场景是网络连接，我们可以设定一个建议连接数，同时设置一个用于应对高峰期的最大连接数。

现实中，图书馆可以通过向其他分馆借调图书的方式来满足读者对于畅销书的需求。这种方案虽然不够理想，毕竟对于分馆所处地区的读者而言可借的图书变少了，但是这确实可以在特殊情况下，满足读者的需求，读者也不必经历漫长的等待。为了反映这种情形，可以在BookSources.swift文件中添加一个LibraryNetwork类，如代码清单8-12所示。

代码清单8-12   BookSources.swift文件的内容

```swift
import Foundation

class BookSeller {
    class func buyBook(author:String, title:String, stockNumber:Int) -> Book {
        return Book(author: author, title: title, stock: stockNumber);
    }
}

class LibraryNetwork {

    class func borrowBook(author:String, title:String, stockNumber:Int) -> Book {
        return Book(author: author, title: title, stock: stockNumber);
    }

    class func returnBook(book:Book) {
        // do nothing
    }
}
```

LibraryNetwork类可以用于演示临时借调图书的情形。这里不对其具体实现展开讨论，毕竟主题是对象池。代码清单8-13列出了弹性对象池类的实现。

代码清单8-13   在Pool.swift文件中弹性地添加对象

```swift
import Foundation

class Pool<T:AnyObject> {
    private var data = [T]();
    private let arrayQ = dispatch_queue_create("arrayQ", DISPATCH_QUEUE_SERIAL);
    private let semaphore:dispatch_semaphore_t;

    private let itemFactory: () -> T;
    private let peakFactory: () -> T;
    private let peakReaper:(T) -> Void;

    private var createdCount:Int = 0;
    private let normalCount:Int;
    private let peakCount:Int;
    private let returnCount:Int;
    private let waitTime:Int;

    init(itemCount:Int, peakCount:Int, returnCount: Int, waitTime:Int = 2,
            itemFactory:() -> T, peakFactory:() -> T, reaper:(T) -> Void) {

        self.normalCount = itemCount; self.peakCount = peakCount;
        self.waitTime    = waitTime; self.returnCount = returnCount;
        self.itemFactory = itemFactory; self.peakFactory = peakFactory;
```

```
        self.peakReaper  = reaper;
        self.semaphore   = dispatch_semaphore_create(itemCount);
    }

    func getFromPool() -> T? {
        var result:T?;

        let expiryTime = dispatch_time(DISPATCH_TIME_NOW,
            (Int64(waitTime) * Int64(NSEC_PER_SEC)));

        if (dispatch_semaphore_wait(semaphore, expiryTime) == 0) {
            dispatch_sync(arrayQ, {() in
                if (self.data.count == 0) {
                    result = self.itemFactory();
                    self.createdCount++;
                } else {
                    result = self.data.removeAtIndex(0);
                }
            })
        } else {
            dispatch_sync(arrayQ, {() in
                result = self.peakFactory();
                self.createdCount++;
            });
        }
        return result;
    }

    func returnToPool(item:T) {
        dispatch_async(arrayQ, {() in
            if (self.data.count > self.returnCount
                    && self.createdCount > self.normalCount) {
                self.peakReaper(item);
                self.createdCount--;
            } else {
                self.data.append(item);
                dispatch_semaphore_signal(self.semaphore);
            }
        });
    }

    func processPoolItems(callback:[T] -> Void) {
        dispatch_barrier_sync(arrayQ, {() in
            callback(self.data);
        });
    }
}
```

注释　为了让示例更易于理解，这里略去了应对对象池枯竭和将对象清理出对象池相关的代码。在实现弹性对象池时一般也不涉及这些行为，因为它们会让代码变得过于复杂和难以维护。

　　这个对象池使用GCD信号量实现了等待机制，在请求时如果暂时无对象可用，调用组件会等待一段时间，默认是3秒钟。如果等待时间超过了指定时长，则会执行创建临时对象的工厂闭包，以满足调用组件的需求。（这里提供了两个闭包，一个以惰性的方式创建对象，另一个则在请求高峰期创建临时对象。）

弹性对象池的定义特征体现在其对临时对象的处理方式上。你可以将临时对象一直保留在对象池中，也可以释放引用以删除它们，或者定义一个方法，专门负责销毁不再需要的对象。在上述代码中，Pool类的初始化器接收了一个名为reaper的闭包，用来销毁多余的对象。

提示　你可以创建一个完善的策略，并以此判断何时销毁临时变量，但不应过于复杂。复杂的规则，在设计模式的开发阶段也许可行，但在真实项目中使用时，则可能会出问题，而且这些问题很难提前预知。

为了使用弹性对象池，下面对Library类初始化器做了一些修改。在创建Pool实例的时候，传入了所需的对象数和一个用于清除临时对象的闭包，如代码清单8-14所示。

代码清单8-14　更新Library.swift文件中Library类的初始化器

```
...
private init(stockLevel:Int) {

    var stockId = 1;

    pool = Pool<Book>(
        itemCount:stockLevel,
        peakCount: stockLevel * 2,
        returnCount: stockLevel / 2,
        itemFactory: {() in
            return BookSeller.buyBook("Dickens, Charles",
            title: "Hard Times", stockNumber: stockId++)},
        peakFactory: {() in
            return LibraryNetwork.borrowBook("Dickens, Charles",
                title: "Hard Times", stockNumber: stockId++)},
        reaper: LibraryNetwork.returnBook
    );
}
...
```

正常情况下，从对象池出来的对象应该是用BookSeller类创建的Book对象。当需求达到普通水平的两倍时，就会使用LibraryNetwork.borrowBook获取额外的Book对象。当需求下降到正常水平的50%时，额外创建的对象将被LibraryNetwork.returnBook方法销毁。

此时运行应用，将看到弹性对象池的作用，控制台将输出与下面类似的内容：

```
...Starting...
All blocks complete
...Book#2...
Checked out 4 times
In stock
...Book#15...
Checked out 1 times
In stock
...Book#19...
Checked out 1 times
In stock
...Book#17...
Checked out 1 times
In stock
```

8

```
...Book#18...
Checked out 1 times
In stock
There are 5 books in the pool
...
```

从输出的内容，可以看到每个Book对象被借出的次数。从这些对象的借出次数可以看出，应用确实有通过借用Book对象的方式来满足调用组件的需求。main.swift文件中的代码请求了35个对象，而控制台输出只显示了8次借出记录。由此可见，其他请求使用了LibraryNetwork类提供的Book对象，这些对象后续又被还给了LibraryNetwork类。

8.2.4　对象分配策略

对象分配策略将影响对象流动的方式。本章采用的策略是先进先出，实现方式是把数组当队列来用。这种策略的优势在于实现简单，但是这也意味着，对象的分配次数不够均衡，有的对象的出池次数可能会远远多于其他对象。

对于大多数应用而言，先进先出的分配策略已经足以满足需求，但某些类型的应用则需要使用不同的分配策略。本章示例应用的做法是，优先分配出池次数较少的可用对象，但是你会发现，当需求比较高时，这种调整对于此策略的影响甚微。下面给Pool类加入一个自定义的对象分配策略，如代码清单8-15所示。

代码清单8-15　在Pool.swift文件中添加对象分配策略

```
import Foundation

class Pool<T:AnyObject> {
    private var data = [T]();
    private let arrayQ = dispatch_queue_create("arrayQ", DISPATCH_QUEUE_SERIAL);
    private let semaphore:dispatch_semaphore_t;

    private let itemFactory: () -> T;
    private let itemAllocator:[T] -> Int;
    private let maxItemCount:Int;
    private var createdCount:Int = 0;

    init(itemCount:Int, itemFactory:() -> T, itemAllocator:([T] -> Int)) {
        self.maxItemCount = itemCount;
        self.itemFactory = itemFactory;
        self.itemAllocator = itemAllocator;
        self.semaphore = dispatch_semaphore_create(itemCount);
    }

    func getFromPool() -> T? {
        var result:T?;

        if (dispatch_semaphore_wait(semaphore, DISPATCH_TIME_FOREVER) == 0) {
            dispatch_sync(arrayQ, {() in
                if (self.data.count == 0) {
                    result = self.itemFactory();
                    self.createdCount++;
                } else {
```

```
            result = self.data.removeAtIndex(self.itemAllocator(self.data));
        }
    })
}
    return result;
}

func returnToPool(item:T) {
    dispatch_async(arrayQ, {() in
        self.data.append(item);
        dispatch_semaphore_signal(self.semaphore);
    });
}

func processPoolItems(callback:[T] -> Void) {
    dispatch_barrier_sync(arrayQ, {() in
        callback(self.data);
    });
}
}
```

上述代码实现了一个大小固定，采用惰性对象创建策略的对象池。Pool类的构造方法中有一个名为itemAllocator的参数，它是接收一个可用对象数组的闭包。该闭包将返回用于满足调用组件请求的对象在数组中的位置。代码清单8-16列出了Library类的初始化器所需做出的修改。

代码清单8-16 在Library.swift文件中加入对象分配策略

```
...
private init(stockLevel:Int) {

    var stockId = 1;

    pool = Pool<Book>(
        itemCount:stockLevel,
        itemFactory: {() in
            return BookSeller.buyBook("Dickens, Charles",
            title: "Hard Times", stockNumber: stockId++)},
        itemAllocator: {(var books) in return 0; }
    );
}
...
```

这里采用的是先进先出的策略，闭包将首先返回数组中的第一个对象。我建议先使用这个策略，这样才能更好地衡量其他替代方案的效果。请求方式的不同，对象池的响应也会有所不同，但是最终你会发现这个策略基本能够满足需求。下面是采用先进先出策略的应用在控制台的输出：

```
...
...Book#4...Checked out 10 times
...Book#3...Checked out 6 times
...Book#2...Checked out 5 times
...Book#1...Checked out 5 times
...Book#5...Checked out 9 times
...
```

尽管各个对象的出池次数有所不同，但是差别并不是太大。在真实项目中，我个人倾向于使用先进先出策略。(当然,为了更加真实地反映现实的情况,有时也会使用其他策略。)

代码清单8-17实现了另一种策略,此策略优先选择使用次数最少的可用对象。如果将所有对象的使用次数都考虑在内,也许可以形成一个完美的分配策略,但是这种策略用处不大,因为为了找到所有对象中使用次数最少的对象可能会阻塞请求线程。

代码清单8-17　在Library.swift文件中实现另一种对象分配策略

```
...
private init(stockLevel:Int) {

    var stockId = 1;

    pool = Pool<Book>(
        itemCount:stockLevel,
        itemFactory: {() in
            return BookSeller.buyBook("Dickens, Charles",
            title: "Hard Times", stockNumber: stockId++)},
        itemAllocator: {(var books) in
            var selected = 0;
            for index in 1 ..< books.count {
                if (books[index].checkoutCount < books[selected].checkoutCount) {
                    selected = index;
                }
            }
            return selected;
        }
    );
}
...
```

在新的闭包中,首先对可用对象的出池次数进行比较,然后选出一个出池次数最少的对象。使用了此策略的应用在运行时的输出如下:

```
...
...Book#2...Checked out 8 times
...Book#3...Checked out 5 times
...Book#5...Checked out 8 times
...Book#4...Checked out 8 times
...Book#1...Checked out 6 times
...
```

随机性使得每次输出的结果可能会有所不同,但是总体来看对象的分配次数更加均衡了。尽管在这种策略下对象的分配次数比较均衡,但是每次分配对象都要耗费一些时间寻找合适的对象,而且效果并不是很明显(至少对于上述测试代码是如此)。当然,这也不是说任何时候都应该使用先进先出策略。不过在使用其他策略时,应该确保它所需的资源与其贡献能够匹配。

8.3　对象池模式变体的陷阱

对象池模式变体的主要弊端是,实现比较复杂,而且涉及并发问题,代码可读性和可维护性较差。除了这些问题,这些变体还有其他弊端,下面将对此进行解析。

8.3.1　期望与现实之间的差距

正如本章所展示的，各种对象池表面上看起来很相似，但是采用的实现策略其实不同。因此，我们必须确保这些策略的效果足够明显，让调用组件知道它们之间的区别，否则为对象池所做的改进并不能体现出应有的价值。

举个例子，在应对空池状态时，你也许会选择拒绝请求这样的策略。如果你决定这么做，就应该确保Pool类中负责返回对象的checkout方法返回一个可选类型，比如Book?而不是Book。使用可选类型作为返回值，其他人就知道调用这个方法不一定能够拿到所需的对象。

并不是所有的行为都可以使用编程语言的某个特性来表达，因此最好为API提供文档，并详细描述对象池的运作机制。比如，如果使用拒绝请求的方式来应对对象池枯竭的情况，那么为了避免调用组件使用for循环获取对象，你应该在文档中对此进行说明。

8.3.2　过度利用与低利用率

在着手实现对象池模式时，很容易陷入纠结，在各种策略的选择与创建中徘徊。一个好的实现，能让人感受到美。但是在测试和部署该模式的时候，必须保持警惕，因为创建的对象池在实现上也许很完美，但是可能会影响应用的性能，耗费过多的资源。

一个被过度利用的对象池会出现性能问题，因为它大多数时候都是空的，而调用组件则排着长队在等待可用的对象。一个利用率过低的对象池则是资源的浪费，它管理着一组几乎不被使用的对象。若想在对象池的大小与负荷之间找到平衡，需要不断地试错。同时，还需要随时准备着改变对象池的大小和行为，甚至抛弃自己引以为傲的策略，以满足应用的需求。

8.4　Cocoa 中使用对象池模式变体的示例

Cocoa框架中并没有使用对象池模式变体的具体案例。当然，由于苹果没有开源源代码，因此实际情况无从确定。

8.5　在 SportsStore 应用中使用对象池模式变体

本章结束前，我们先对第7章添加到SportsStore应用的Pool类的对象创建策略做些修改。当前NetworkPool采用的是积极的对象创建策略。

```
...
private init() {
    for _ in 0 ..< connectionCount {
        connections.append(NetworkConnection());
    }
    semaphore = dispatch_semaphore_create(connectionCount);
    queue = dispatch_queue_create("networkpoolQ", DISPATCH_QUEUE_SERIAL);
}
...
```

首先，将对象创建策略改为惰性策略。为了实现这一策略，本章的前部分使用了泛型Pool类，向对象池隐藏了它所管理的对象的创建过程。与此不同的是，SportsStore应用中的NetworkPool类已经知晓NetworkConnection的存在及其创建过程，因此实现这个策略的时候就简单多了。代码清单8-18列出的是新策略的实现。

代码清单8-18　修改NetworkPool.swift文件中的对象创建策略

```
import Foundation

final class NetworkPool {
    private let connectionCount = 3;
    private var connections = [NetworkConnection]();
    private var semaphore:dispatch_semaphore_t;
    private var queue:dispatch_queue_t;
    private var itemsCreated = 0;

    private init() {
        semaphore = dispatch_semaphore_create(connectionCount);
        queue = dispatch_queue_create("networkpoolQ", DISPATCH_QUEUE_SERIAL);
    }

    private func doGetConnection() -> NetworkConnection {
        dispatch_semaphore_wait(semaphore, DISPATCH_TIME_FOREVER);
        var result:NetworkConnection? = nil;
        dispatch_sync(queue, {() in
            if (self.connections.count > 0) {
                result = self.connections.removeAtIndex(0);
            } else if (self.itemsCreated < self.connectionCount) {
                result = NetworkConnection();
                self.itemsCreated++;
            }
        });
        return result!;
    }

    private func doReturnConnection(conn:NetworkConnection) {
        dispatch_async(queue, {() in
            self.connections.append(conn);
            dispatch_semaphore_signal(self.semaphore);
        });
    }

    class func getConnection() -> NetworkConnection {
        return sharedInstance.doGetConnection();
    }

    class func returnConnecton(conn:NetworkConnection) {
        sharedInstance.doReturnConnection(conn);
    }

    private class var sharedInstance:NetworkPool {
        get {
            struct SingletonWrapper {
                static let singleton = NetworkPool();
            }
            return SingletonWrapper.singleton;
        }
    }
}
```

上述代码的修改很简单。首先是删除初始化器中创建NetworkConnection对象的代码，并在doGetConnection方法中新增惰性创建对象的代码。在实现对象池时，对其管理的对象指定具体类型，实现起来会比较简单，但是我还是倾向于使用泛型，因为这意味着可以复用这个实现，并在不同的项目中获得一致的效果。对我而言，这么做所带来的好处远胜于其带来的复杂。

8.6　总结

本章讲解了四种定义对象池行为的策略，并阐述了各个策略对应的使用场景及其解决的问题。对象池模式是为数不多的需要细致深入探讨的模式，下一章将研究稍微简单点的模式，即工厂方法模式。

8

第9章 工厂方法模式

当你需要在让类实现同一个协议还是让类继承同一个基类之间做出选择时，便可以使用工厂方法模式（factory method pattern）。此模式使得调用组件无需了解为其提供具体服务的实现类的细节，以及这些类之间的关系，即可获得所需的服务。表9-1列出了工厂方法模式的相关信息。

表9-1　工厂方法模式的相关信息

问　题	答　案
是什么	工厂方法模式通过选取相关的实现类来满足调用组件的请求，调用组件无需了解这些实现类的细节以及它们之间的关系
有什么优点	工厂方法模式统一了实现类的选取逻辑，避免了相关逻辑散布于整个程序的情况。也就是说，调用组件只依赖顶层协议或者基类，无需了解实现类及其选取的过程
何时使用此模式	当存在多个类共同实现一个协议或者共同继承一个基类时，就可以使用工厂方法模式
何时应避免使用此模式	不存在共同协议或者没有共同基类时，则不应使用此模式，因为此模式的运作机制要求调用组件只能依靠单一类型
如何确定是否正确地实现了此模式	如果调用组件不知道使用了哪个类，也不知道该类的选取方式，就正确地实例化了合适的类，就说明正确地实现了此模式
有哪些常见的陷阱	无。工厂方法模式实现起来很简单
有哪些相关的模式	工厂方法模式通常会与单例模式和对象池模式一起使用

注释　工厂方法模式与抽象工厂模式紧密相关，如需了解抽象工厂模式的细节，以及如何在这两种模式之间做出选择，可参见第10章。

9.1　准备示例项目

本章使用的示例项目是一个名为FactoryMethod的OS X命令行工具项目。该项目中有一个名为RentalCar.swift的文件，其内容如代码清单9-1所示。

代码清单9-1　RentalCar.swift文件的内容

```
protocol RentalCar {
    var name:String { get };
    var passengers:Int { get };
    var pricePerDay:Float { get };
}
```

```
class Compact : RentalCar {
    var name = "VW Golf";
    var passengers = 3;
    var pricePerDay:Float = 20;
}

class Sports : RentalCar {
    var name = "Porsche Boxter";
    var passengers = 1;
    var pricePerDay:Float = 100;
}

class SUV : RentalCar {
    var name = "Cadillac Escalade";
    var passengers = 8;
    var pricePerDay:Float = 75;
}
```

该文件包含了一个名为RentalCar的协议，以及三个遵循该协议的类：Compact、Sports和SUV。下面给示例项目添加一个名为CarSelector.swift的文件，该文件中定义了一个依赖RentalCar协议及其实现的类，其内容如代码清单9-2所示。

代码清单9-2　CarSelector.swift文件的内容

```
class CarSelector {
    class func selectCar(passengers:Int) -> String? {
        var car:RentalCar?;
        switch (passengers) {
            case 0...1:
                car = Sports();
            case 2...3:
                car = Compact();
            case 4...8:
                car = SUV();
            default:
                car = nil;
        }
        return car?.name;
    }
}
```

CarSelector类中定义了一个名为selectCar的类方法，该方法可以根据参数passengers中指定的乘客数量（不包括司机）实例化遵循RentalCar协议的实现类。selectCar方法的返回值是被选中的RentalCar实现类的实例的name属性的值。此外，这里还给示例项目中的main.swift文件添加了代码清单9-3中的内容。

代码清单9-3　main.swift文件的内容

```
import Foundation

let passengers = [1, 3, 5];

for p in passengers {
    println("\(p) passengers: \(CarSelector.selectCar(p)!)");
}
```

上述代码main.swift文件中的代码多次调用了CarSelector.selectCar方法，并分别传入了不同的乘客数量，最后将运行结果输出到了调试控制台。此时运行该应用将在控制台看到如下输出：

```
1 passengers: Porsche Boxter
3 passengers: VW Golf
5 passengers: Cadillac Escalade
```

9.2　此模式旨在解决的问题

当多个类同时遵循一个协议，而你需要根据条件从中选择一个类来实例化时，就可以使用工厂方法模式。代码清单9-2对此做了演示，CarSelector.selectCar方法根据传入的参数passengers的值，从遵循了RentalCar协议的类中选取了一个类并完成了实例化。

这种方法存在两个问题。第一个问题是，由于需要实例化实现类，CarSelector类无法从RentalCar协议提供的抽象程度中受益。事实上，RentalCar协议并没有带来任何益处。只需新增一个实现类你就能看出问题，如代码清单9-4所示。

代码清单9-4　在RentalCar.swift文件中增加实现类

```swift
protocol RentalCar {
    var name:String { get };
    var passengers:Int { get };
    var pricePerDay:Float { get };
}

// ...other implementation classes omitted for brevity...

class Minivan : RentalCar {
    var name = "Chevrolet Express";
    var passengers = 14;
    var pricePerDay:Float = 40;
}
```

上述代码增加了一个实现类Minivan，至于这个改变对CarSelector的影响，可参见代码清单9-5。

代码清单9-5　在CarSelector.swift文件中增加对新实现类的支持

```swift
class CarSelector {
    class func selectCar(passengers:Int) -> String? {
        var car:RentalCar?;
        switch (passengers) {
            case 0...1:
                car = Sports();
            case 2...3:
                car = Compact();
            case 4...8:
                car - SUV();
            case 9...14:
                car = Minivan();
            default:
                car = nil;
        }
```

```
        return car?.name;
    }
}
```

CarSelector类若想使用遵循RentalCar协议的类，必须对这些类了如指掌，而且还要知道何时应该实例化哪个实现类。这与紧耦合还不太一样，因为CarSelector并不依赖于它所使用的类的实现。尽管如此，这依然是有问题的，因为CarSelector需要了解实现了该协议的类的实现。一旦新增实现类，就要去更新CarSelector类，而且当各个实现类的适用条件发生变化时，也要更新CarSelector类。比如，如果将Sports类所代表的汽车型号改成可容纳四位乘客的汽车，就要在CarSelector类中做出相应的修改，以让其知道Sports类现在可以接收一到三位乘客。

第二个问题是，调用组件增加时，选择实现类的逻辑将会散布在整个应用的各个角落。接下来，给项目新添加一个名为PriceCalculator.swift的文件，其内容如代码清单9-6所示。

代码清单9-6　PriceCalculator.swift文件的内容

```
class PriceCalculator {
    class func calculatePrice(passengers:Int, days:Int) -> Float? {
        var car:RentalCar?;
        switch (passengers) {
        case 0...1:
            car = Sports();
        case 2...3:
            car = Compact();
        case 4...8:
            car = SUV();
        case 9...14:
            car = Minivan();
        default:
            car = nil;
        }
        return car == nil ? nil : car!.pricePerDay * Float(days);
    }
}
```

PriceCalculator类定义了一个名为calculatePrice的类方法，该方法可以根据乘客数量和租车天数计算出租车的费用。用于选择RentalCar实现类的方法与CarSelector类中的方法一样，而且这里同样需要了解那些实现类之间的关系。

注释　在这样一个小示例项目中重复相同的代码，很容易发现问题。然而，对于一个由多个开发者共同开发的复杂项目而言，很容易出现这样的情形，因为除了这样，没有更好的方法可以拿到实现类的实例。

这些问题不利于构建易于维护且健壮的软件。如果应用中到处依赖类与类之间的关系，而你又想改变某个关系时，这将会出现牵一发而动全身的情况，而且很容易由于疏忽而没有对需要修改的地方进行修改，造成不容易测试出来的bug。

9.3   工厂方法模式

工厂方法模式将选择实现类的逻辑封装到调用组件可以访问的方法中。工厂方法隐藏了实现类的细节以及它们之间的关系，只将协议或者基类暴露给调用组件。工厂方法模式涉及三步操作，如图9-1所示。

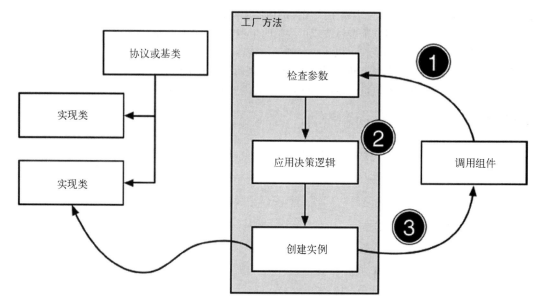

图9-1   工厂方法模式

第一步操作发生在调用组件调用工厂方法时，这里只需提供选取实现类所需的参数即可。

在第二步操作中，工厂方法根据调用组件提供的参数执行决策逻辑，决定实例化哪一个实现类。最后一步操作是创建一个实现类的实例，并将其返回给调用组件，这样就完成了整个过程，调用组件也拿到了需要的对象。

调用组件无需了解实现类之间的关系。事实上，它甚至不需要知道实现类的存在，因为工厂方法返回的对象类型是协议或者基类，不是用于创建对象的实现类。（下节将演示如何实现这一点。）

9.4   实现工厂方法模式

正如其名字所示，工厂方法模式的核心在于一个方法。这个方法封装了选取实现类的决策逻辑，接收的参数是执行此逻辑所需的信息，返回的是遵循该协议的实现类。

在Java和C#这样的语言中，实现工厂方法的标准方式是使用抽象类。抽象类定义了一些具体的功能，但是这种类必须被继承之后才能实例化。Swift中有两种基本的方式（虽然不太优雅）可用于实现工厂方法。

9.4.1　定义全局工厂方法

实现工厂方法模式最简单的方式是定义一个全局函数。由于全局函数可以在整个应用内调用，因此调用组件可以方便地定位和调用全局函数，如代码清单9-7所示。

代码清单9-7　在RentalCar.swift文件中实现工厂方法模式

```
func createRentalCar(passengers:Int) -> RentalCar? {
    var car:RentalCar?;
    switch (passengers) {
        case 0...1:
            car = Sports();
        case 2...3:
            car = Compact();
        case 4...8:
            car = SUV();
        case 9...14:
            car = Minivan();
        default:
            car = nil;
    }
    return car;
}

protocol RentalCar {
    var name:String { get };
    var passengers:Int { get };
    var pricePerDay:Float { get };
}

class Compact : RentalCar {
    var name = "VW Golf";
    var passengers = 3;
    var pricePerDay:Float = 20;
}

// ...implementation classes omitted for brevity...
```

上述代码中的改动看起来并不大，因为这个名为createRentalCar的全局函数的决策逻辑与CarSelector和PriceCalculator类使用的逻辑相同。尽管如此，它对调用组件的影响却非常深远。代码清单9-8列出了CarSelector中使用该全局函数的代码。

代码清单9-8　在CarSelector.swift文件中调用全局函数

```
class CarSelector {
    class func selectCar(passengers:Int) -> String? {
        return createRentalCar(passengers)?.name;
    }
}
```

不仅代码量减少了，而且修改之后的CarSelector类只对全局工厂方法和RentalCar协议存在依赖。现在CarSelector类无需了解实现类，也不用知道实现类之间的关系，只需要知道调用全局函数createRentalCar将返回一个遵循RentalCar协议的对象即可。代码清单9-9列出了PriceCalculator类中需要修改的内容。

```
class PriceCalculator {
    class func calculatePrice(passengers:Int, days:Int) -> Float? {
        var car = createRentalCar(passengers);
        return car == nil ? nil : car!.pricePerDay * Float(days);
    }
}
```

这种改变对每个类的影响并不大，但是却避免了选取实现类的决策逻辑散布于应用的各个角落。

9.4.2 使用基类

全局函数虽然可行，但却疏离了协议及其所涉及的类。另一种方案是使用基类替换协议，并在基类中定义一个工厂方法。代码清单9-10列出了实现此方案需要做出的修改。（下面的代码减少了实现类的数量，这样既简化了例子，也为后续改变做了准备。）

```
class RentalCar {
    private var nameBV:String;
    private var passengersBV:Int;
    private var priceBV:Float;

    private init(name:String, passengers:Int, price:Float) {
        self.nameBV = name;
        self.passengersBV = passengers;
        self.priceBV = price;
    }

    final var name:String {
        get { return nameBV; }
    }

    final var passengers:Int {
        get { return passengersBV; }
    };

    final var pricePerDay:Float {
        get { return priceBV; }
    };

    class func createRentalCar(passengers:Int) -> RentalCar? {
        var car:RentalCar?;
        switch (passengers) {
            case 0...3:
                car = Compact();
            case 4...8:
                car = SUV();
            default:
                car = nil;
        }
        return car;
    }
}

class Compact : RentalCar {
```

```
        private init() {
            super.init(name: "VW Golf", passengers: 3, price: 20);
        }
        // 这里写小型汽车的特性
    }

    class SUV : RentalCar {
        private init() {
            super.init(name: "Cadillac Escalade", passengers: 8, price: 75);
        }
        // 这里写越野车的特性
    }
```

提示 这两种方案只是实现风格不同。我更喜欢这个方案，因为我习惯了其他编程语言中使用的抽象类，而这种方式是Swift中与使用抽象类最接近的实现方案。你也可以选择最适合自己的风格。

上述代码将RentalCar协议替换成了RentalCar类。为了让这个类像协议那样实现对其实现类的约束，这里定义了一个用final关键字修饰的计算属性，将name、passengers和price属性暴露给外界。此外，这里还定义了几个支持变量，它们的值将由私有的构造器负责配置。子类必须调用RentalCar的初始化器，提供计算属性使用的支持变量需要的值，这样就实现了与协议类似的效果。

RentalCar类中定义了一个名为createRentalCar的类方法，它里面实现了决策逻辑，并负责创建调用组件所需的对象。代码清单9-11更新了CarSelector类，以使用RentalCar的最新实现。

代码清单9-11 在CarSelector.swift文件中使用基类

```
class CarSelector {
    class func selectCar(passengers:Int) -> String? {
        return RentalCar.createRentalCar(passengers)?.name;
    }
}
```

代码清单9-12列出了PriceCalculator类中相应的修改。

代码清单9-12 在PriceCalculator.swift文件中使用基类

```
class PriceCalculator {
    class func calculatePrice(passengers:Int, days:Int) -> Float? {
        var car = RentalCar.createRentalCar(passengers);
        return car == nil ? nil : car!.pricePerDay * Float(days);
    }
}
```

转移层级结构较深的类的决策逻辑

如果实现类的层级结构比较深，可以将决策逻辑委托给实现类，如代码清单9-13所示。

代码清单9-13 在RentalCar.swift文件中将决策逻辑委托给实现类

```
class RentalCar {
    private var nameBV:String;
    private var passengersBV:Int;
    private var priceBV:Float;
```

```
        private init(name:String, passengers:Int, price:Float) {
            self.nameBV = name;
            self.passengersBV = passengers;
            self.priceBV = price;
        }

        final var name:String { get { return nameBV; }}
        final var passengers:Int { get { return passengersBV; }};
        final var pricePerDay:Float { get { return priceBV; }};

        class func createRentalCar(passengers:Int) -> RentalCar? {
            var carImpl:RentalCar.Type?;
            switch (passengers) {
                case 0...3:
                    carImpl = Compact.self;
                case 4...8:
                    carImpl = SUV.self
                default:
                    carImpl = nil;
            }
            return carImpl?.createRentalCar(passengers);
        }
    }

class Compact : RentalCar {
    private convenience init() {
        self.init(name: "VW Golf", passengers: 3, price: 20);
    }

    private override init(name: String, passengers: Int, price: Float) {
        super.init(name: name, passengers: passengers, price: price);
    }

    override class func createRentalCar(passengers:Int) -> RentalCar? {
        if (passengers < 2) {
            return Compact();
        } else {
            return SmallCompact();
        }
    }
}

class SmallCompact : Compact {

    private init() {
        super.init(name: "Ford Fiesta", passengers: 3, price: 15);
    }
}

class SUV : RentalCar {

    private init() {
        super.init(name: "Cadillac Escalade", passengers: 8, price: 75);
    }

    override class func createRentalCar(passengers:Int) -> RentalCar? {
        return SUV();
    }
}
```

注释 有些人认为将创建对象的任务委托给实现类是工厂方法模式的核心。我认为不必这么严格限制，一般只有在类的层级结构比较深的时候才会将对象创建的任务委托给实现类。对于比较简单的项目，我更倾向于将决策逻辑统一放在一个地方，正如上一节所做的那样，因为这样更易于测试和维护。

上述代码通过继承 Compact 类，拓展了可供租用的汽车类型。虽然可以将在 Compact 和 SmallCompact 之间选择的逻辑包含在 RentalCar 类中，但是当类的层级结构变深时（比这里的两个类的层级结构更深时），这么做会使代码变得难以维护。

另一种方式是将决策推迟到实现类中，这里的 Compact 类和 SmallCompact 类就是最好的例子，通过它们，可以明白何时应该使用哪个类，如图9-2所示。

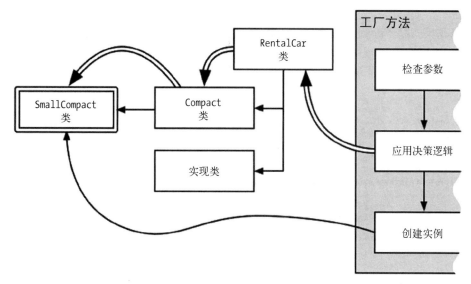

图9-2　将决策逻辑委托给子类

将决策逻辑委托给子类时，工厂方法需要将其操作拆分成两步单独的操作。第一步操作是选取即将实例化的类，如下所示：

```
...
var carImpl:RentalCar.Type?;
switch (passengers) {
    case 0...3:
        carImpl = Compact.self;
    case 4...8:
        carImpl = SUV.self
    default:
        carImpl = nil;
}
...
```

这里将变量 carImpl 的类型定义为可选的 RentalCar.Type，后缀 Type 说明这个变量表示的是元类型而非对象（即表示的是实现类而非其实例）。RentalCar工厂方法中的逻辑会先选取一个顶层的实现类，然后调用该类的createRentalCar方法创建对象，最后将该对象返回给调用组件。

```
...
return carImpl?.createRentalCar(passengers);
...
```

从某种程度上讲，将选择实现类的决策逻辑放在什么地方是个人的喜好问题。我通常会先将决策逻辑统一放到工厂方法，只有在判断语句变得难以管理或者用于验证决策的单元测试变得复杂时，才会开始将决策逻辑迁移到实现类中。不过需要记住的是，将所有决策逻辑放到工厂方法中的做法，会对实现类及其子类造成依赖。当类的层级结构比较复杂时，这种依赖将削弱此模式带来的好处。

9.5 工厂方法模式的变体

工厂方法模式配合其他模式，加上统一的决策逻辑，将有助于复杂应用的结构化。最常见的组合是使用工厂方法模式，从遵循共同协议或者继承同一个类的单例对象集合中，选取合适的单例。代码清单9-14将示例项目中的实现类改成了单例。

代码清单9-14   在RentalCar.swift文件中配合使用单例模式和工厂方法模式

```swift
class RentalCar {
    private var nameBV:String;
    private var passengersBV:Int;
    private var priceBV:Float;

    private init(name:String, passengers:Int, price:Float) {
        self.nameBV = name;
        self.passengersBV = passengers;
        self.priceBV = price;
    }

    final var name:String { get { return nameBV; }}
    final var passengers:Int { get { return passengersBV; }};
    final var pricePerDay:Float { get { return priceBV; }};

    class func createRentalCar(passengers:Int) -> RentalCar? {
        var carImpl:RentalCar.Type?;
        switch (passengers) {
            case 0...3:
                carImpl = Compact.self;
            case 4...8:
                carImpl = SUV.self
            default:
                carImpl = nil;
        }
        return carImpl?.createRentalCar(passengers);
    }
}

class Compact : RentalCar {

    private convenience init() {
        self.init(name: "VW Golf", passengers: 3, price: 20);
    }
}
```

```swift
    private override init(name: String, passengers: Int, price: Float) {
        super.init(name: name, passengers: passengers, price: price);
    }

    override class func createRentalCar(passengers:Int) -> RentalCar? {
        if (passengers < 2) {
            return sharedInstance;
        } else {
            return SmallCompact.sharedInstance;
        }
    }

    class var sharedInstance:RentalCar {
        get {
            struct SingletonWrapper {
                static let singleton = Compact();
            }
            return SingletonWrapper.singleton;
        }
    }
}

class SmallCompact : Compact {

    private init() {
        super.init(name: "Ford Fiesta", passengers: 3, price: 15);
    }

    override class var sharedInstance:RentalCar {
        get {
            struct SingletonWrapper {
                static let singleton = SmallCompact();
            }
            return SingletonWrapper.singleton;
        }
    }
}

class SUV : RentalCar {

    private init() {
        super.init(name: "Cadillac Escalade", passengers: 8, price: 75);
    }

    override class func createRentalCar(passengers:Int) -> RentalCar? {
        return SUV();
    }
}
```

　　上述代码修改了Compact和Subcompact类，并按照第6章介绍的方法，使用结构体定义了单例。Compact.createRentalCar方法使用了这些单例对象，调用该方法将返回共享实例，而非重新创建新的对象。

　　将单例模式和工厂方法模式结合之后，单例被包含在实现类当中。使用工厂方法的调用组件，以及工厂方法本身，都不会知道也不用关心，它们拿到的是一个新的实例还是一个单例。你还可以混合使用单例和新实例，比如这里的SUV类就没有使用单例，每次调用它的createRentalCar方法都会创建一个新的实例。

提示　你也可以使用工厂方法来管理对象池中的对象。如果你决定这么做，记得要先为每个实现类创建一个对象池。如果所有实现类实例共享一个对象池，调用组件拿到的对象可能并不是它想要的。

9.6　工厂方法模式的陷阱

工厂方法模式并没有什么陷阱，唯一需要注意的是：实现工厂方法时，要保证不把选取实现类的逻辑细节暴露给外界。

9.7　Cocoa 中使用工厂方法模式的示例

Objective-C Cocoa框架类广泛使用工厂方法模式，这些类以类簇的方式实现工厂方法模式。工厂方法负责类簇的管理，不过在Swift中，这些方法被映射成了便捷初始化器，隐藏了相关的实现细节。

举个例子，Foundation框架中的NSNumber类定义了一个名为numberWithBool的Objective-C工厂方法，它接收一个布尔值，然后返回一个表示该值（以数值0或1表示）的NSNumber对象。

在Swift中，这个numberWithBool方法以接收布尔值的便捷初始化器的形式出现，如下所示：

```
...
var number = NSNumber(bool: true);
...
```

调用这个初始化器将创建一个NSBoolNumber对象，但是调用组件并不了解这一点，因为该对象是以NSNumber对象的形式呈现的。

注释　你无法使用Swift初始化器为自己的类实现工厂方法模式，只有Objective-C工厂方法才是这么处理的。

9.8　在 SportsStore 应用中使用工厂方法模式

最后，演示一下如何将工厂方法模式应用到SportsStore应用中，以创建Product类的变体。

提示　你可以到Apress.com下载本书所有项目的源码，包括SportsStore应用不同阶段的源码。

9.8.1　准备示例应用

为了应用此模式，首先需要创建几个代表不同产品的实现类。代码清单9-15列出了新创建的几个类。

```
import Foundation

class Product : NSObject, NSCopying {

    private(set) var name:String;
    private(set) var productDescription:String;
    private(set) var category:String;
    private var stockLevelBackingValue:Int = 0;
    private var priceBackingValue:Double = 0;
    private var salesTaxRate:Double = 0.2;

    required init(name:String, description:String, category:String, price:Double,
        stockLevel:Int) {
            self.name = name;
            self.productDescription = description;
            self.category = category;
            super.init();
            self.price = price;
            self.stockLevel = stockLevel;
    }

    var stockLevel:Int {
        get { return stockLevelBackingValue;}
        set { stockLevelBackingValue = max(0, newValue);}
    }

    private(set) var price:Double {
        get { return priceBackingValue;}
        set { priceBackingValue = max(1, newValue);}
    }

    var stockValue:Double {
        get {
            return (price * (1 + salesTaxRate)) * Double(stockLevel);
        }
    }

    func copyWithZone(zone: NSZone) -> AnyObject {
        return Product(name: self.name, description: self.description,
            category: self.category, price: self.price,
            stockLevel: self.stockLevel);
    }

    var upsells:[UpsellOpportunities] {
        get {
            return Array();
        }
    }
}

enum UpsellOpportunities {
    case SwimmingLessons;
    case MapOfLakes;
    case SoccerVideos;
}

class WatersportsProduct : Product {
```

```
    required init(name: String, description: String, category: String,
        price: Double, stockLevel: Int) {

        super.init(name: name, description: description, category: category,
            price: price, stockLevel: stockLevel);
        salesTaxRate = 0.10;
    }

    override var upsells:[UpsellOpportunities] {
        return [UpsellOpportunities.SwimmingLessons, UpsellOpportunities.MapOfLakes];
    }
}

class SoccerProduct: Product {

    required init(name: String, description: String, category: String,
        price: Double, stockLevel: Int) {

        super.init(name: name, description: description, category: category,
            price: price, stockLevel: stockLevel);
        salesTaxRate = 0.25;
    }

    override var upsells:[UpsellOpportunities] {
        return [UpsellOpportunities.SoccerVideos];
    }
}
```

上述代码给Product类添加了税率，以计算库存总值。此外，这里还定义了一个名为Upsell-Opportunities的枚举，以列出顾客可能感兴趣的所有产品。

上述代码还创建了两个Product类的子类：WatersportsProduct和SoccerProduct。实现工厂方法模式时定义的决策逻辑，将根据产品的类别选择一个合适的子类。如果没有对应的子类，则使用Vanilla Product对象表示。

9.8.2　实现工厂方法模式

为了实现此模式，下面在Product类中定义了一个类方法，其中包含了所有决策逻辑。SportsStore应用的对象层级结构比较简单，因此无须将决策逻辑委托给实现类。代码清单9-16为工厂方法的实现。

代码清单9-16　在Product.swift文件中实现工厂方法模式

```
...
class Product : NSObject, NSCopying {

    private(set) var name:String;
    private(set) var productDescription:String;
    private(set) var category:String;
    private var stockLevelBackingValue:Int = 0;
    private var priceBackingValue:Double = 0;
    private var salesTaxRate:Double = 0.2;

    required init(name:String, description:String, category:String, price:Double,
        stockLevel:Int) {
            self.name = name;
            self.productDescription = description;
```

```
            self.category = category;

            super.init();

            self.price = price;
            self.stockLevel = stockLevel;
        }

        // ...properties and method omitted for brevity...

        class func createProduct(name:String, description:String, category:String,
            price:Double, stockLevel:Int) -> Product {

            var productType:Product.Type;

            switch (category) {
                case "Watersports":
                    productType = WatersportsProduct.self;
                case "Soccer":
                    productType = SoccerProduct.self;
                default:
                    productType = Product.self;
            }

            return productType(name:name, description: description, category: category,
                price: price, stockLevel: stockLevel);
        }
    }
    ...
```

上述代码里的工厂方法叫作createProduct，它将根据参数category的值选择一个合适的类。然后，createProduct方法使用被选中的类创建一个实例，并将该实例返回给调用组件。该方法将选择子类的过程和被选中的子类的信息全部隐藏了。

9.8.3 应用工厂方法模式

为了应用工厂方法模式，这里还将直接实例化Product类的代码换成了对工厂方法的调用，如代码清单9-17所示。

代码清单9-17 在ProductDataStore.swift文件中使用工厂方法

```
import Foundation

final class ProductDataStore {
    var callback:((Product) -> Void)?;
    private var networkQ:dispatch_queue_t;
    private var uiQ:dispatch_queue_t;
    lazy var products:[Product] = self.loadData();

    // ...initializer and method omitted for brevity...

    private var productData:[Product] = [
        Product.createProduct("Kayak", description:"A boat for one person",
            category:"Watersports", price:275.0, stockLevel:0),
        Product.createProduct("Lifejacket",
            description:"Protective and fashionable",
            category:"Watersports", price:48.95, stockLevel:0),
```

```
Product.createProduct("Soccer Ball",
    description:"FIFA-approved size and weight",
    category:"Soccer", price:19.5, stockLevel:0),
Product.createProduct("Corner Flags",
    description:"Give your playing field a professional touch",
    category:"Soccer", price:34.95, stockLevel:0),
Product.createProduct("Stadium",
    description:"Flat-packed 35,000-seat stadium",
    category:"Soccer", price:79500.0, stockLevel:0),
Product.createProduct("Thinking Cap",
    description:"Improve your brain efficiency",
    category:"Chess", price:16.0, stockLevel:0),
Product.createProduct("Unsteady Chair",
    description:"Secretly give your opponent a disadvantage",
    category: "Chess", price: 29.95, stockLevel:0),
Product.createProduct("Human Chess Board",
    description:"A fun game for the family",
    category:"Chess", price:75.0, stockLevel:0),
Product.createProduct("Bling-Bling King",
    description:"Gold-plated, diamond-studded King",
    category:"Chess", price:1200.0, stockLevel:0)];
}
```

运行应用时，应用将会选择合适的类以表示各个产品。从中也可以看到，由于不同产品类别的税率不同，库存价值总量也会相应地发生变化。

9.9   总结

本章演示了使用工厂方法模式统一管理选取子类的决策逻辑，以满足调用组件需求的方式。第10章将演示如何使用抽象工厂模式来创建一组相关联的类。

抽象工厂模式

10

本章讲解抽象工厂模式（abstract factory pattern），该模式与第9章讲解的工厂方法模式类似。不同的是，抽象工厂模式允许调用组件在不了解创建对象所需类的情况下，创建一组或一系列相关的对象。表10-1列出了抽象工厂模式的相关信息。

表10-1　抽象工厂模式的相关信息

问　题	答　案
是什么	抽象工厂模式允许调用组件创建一组相关联的对象。调用组件无需了解创建对象所使用的类，以及选择这些类的理由。这个模式与第9章讲解的工厂方法模式类似，不同的是，此模式可以为调用组件提供一组对象
有什么优点	抽象工厂模式允许调用组件不必了解创建对象使用的类，也不用知道选择这些类的原因。因此，我们可以在不修改调用组件的情况下，对其使用的类的进行修改
何时应使用此模式	如果调用组件需要使用多个相互协作的对象，同时又无需了解这些对象之间的协作方式时，就可以使用此模式
何时避免使用此模式	如果只是创建一个对象，就不要使用此模式。这种场景下，应该使用相对简单的工厂方法模式
如何确定是否正确地实现了此模式	如果调用组件可以在不了解创建对象所使用的类的情况下，正确地接收到一组对象，就说明实现是正确的。正常情况下，调用组件只有通过对象所实现的协议或者继承的基类才能使用这些对象的功能
有哪些常见的陷阱	主要的陷阱是，将调用组件所使用的类的细节暴露给调用组件。比如，调用组件对选择实现类的决策过程存在依赖，或者对具体的某个类存在依赖
有哪些相关的模式	如果只是创建一个对象，应该使用相对简单的工厂方法模式（参见第9章）。抽象工厂方法模式通常配合单例模式和原型模式一起使用（参见10.5节）

10.1　准备示例项目

本章所使用的示例项目，是一个名为AbstractFactory的OS X命令行工具项目。项目的功能是为不同型号的汽车制造零部件。首先，新建一个名为Floorplans.swift的文件，其内容如代码清单10-1所示。

代码清单10-1　Floorplans.swift文件的内容

```
protocol Floorplan {
    var seats:Int { get }
    var enginePosition:EngineOption { get };
}
```

```
enum EngineOption : String {
    case FRONT = "Front"; case MID = "Mid";
}

class ShortFloorplan: Floorplan {
    var seats = 2;
    var enginePosition = EngineOption.MID
}

class StandardFloorplan: Floorplan {
    var seats = 4;
    var enginePosition = EngineOption.FRONT;
}

class LongFloorplan: Floorplan {
    var seats = 8;
    var enginePosition = EngineOption.FRONT;
}
```

上述代码定义了一个名为Floorplan的协议，其中定义了汽车的基本配置，包括以整型属性seats表示的座位数，以及用EngineOption枚举值表示引擎位置的enginePosition属性。这里一共定义了三个遵循Floorplan协议的类，分别对应三个不同配置的平面图：ShortFloorplan、StandardFloorplan和LongFloorplan。

　　然后，在另一个名为Suspension.swift的文件中重复上述过程，其内容如代码清单10-2所示。

代码清单10-2　Suspension.swift文件的内容

```
protocol Suspension {
    var suspensionType:SuspensionOption { get };
}

enum SuspensionOption : String {
    case STANDARD = "Standard"; case SPORTS = "Firm"; case SOFT = "Soft";
}

class RoadSuspension : Suspension {
    var suspensionType = SuspensionOption.STANDARD;
}

class OffRoadSuspension : Suspension {
    var suspensionType = SuspensionOption.SOFT;
}

class RaceSuspension : Suspension {
    var suspensionType = SuspensionOption.SPORTS;
}
```

上述代码中的协议名为Suspension（车辆减震用的悬架），它定义了一个名为suspensionType的属性，该属性的取值为SuspensionOption的枚举值。与前面一样，这里也定义了三个遵循Suspension协议的类，以表示三种不同的悬架。

　　接下来，创建一个名为Drivetrains.swift的文件，表示最后一组零部件，其内容如代码清单10-3所示。

代码清单10-3　Drivetrains.swift文件的内容

```
protocol Drivetrain {
    var driveType:DriveOption { get };
}
```

```
}

enum DriveOption : String {
    case FRONT = "Front"; case REAR = "Rear"; case ALL = "4WD";
}

class FrontWheelDrive : Drivetrain {
    var driveType = DriveOption.FRONT;
}

class RearWheelDrive : Drivetrain {
    var driveType = DriveOption.REAR;
}

class AllWheelDrive : Drivetrain {
    var driveType = DriveOption.ALL;
}
```

此协议表示的是汽车的动力传动系统，其中定义了一个用DriveOption枚举类型作为值的driveType属性。上述三个实现类分别代表了三种用于汽车生产的动力传动系统。

最后，创建一个名为CarsParts.swift的文件，其内容如代码清单10-4所示。

代码清单10-4　CarsParts.swift文件的内容

```
enum Cars: String {
    case COMPACT = "VW Golf";
    case SPORTS = "Porsche Boxter";
    case SUV = "Cadillac Escalade";
}

struct Car {
    var carType:Cars;
    var floor:Floorplan;
    var suspension:Suspension;
    var drive:Drivetrain;

    func printDetails() {
        println("Car type: \(carType.rawValue)");
        println("Seats: \(floor.seats)");
        println("Engine: \(floor.enginePosition.rawValue)");
        println("Suspension: \(suspension.suspensionType.rawValue)");
        println("Drive: \(drive.driveType.rawValue)");
    }
}
```

上述代码定义了一个名为Cars的枚举，其取值为后续将要创建的汽车的型号。此外，这里还创建了一个名为Car的结构体，代表一辆完整的汽车，它拥有前面定义的各类零部件的属性。上述代码的最后，使用了printDetails函数，将汽车的配置信息输出到控制台。

提示　在这个项目中，所有的枚举值都将使用字符串类型来表示。在真实的项目中，一般不这么做，但是就这个示例项目而言，这么做有助于将相应的值直接输出到控制台。

10

10.2　此模式旨在解决的问题

第9章演示了工厂方法模式允许调用组件在不了解使用了哪个实现类，以及为何选择该实现类的情况下，获取实现类实例的方式。

本章解决的问题与此类似，不同之处在于，此模式面向的是一组相互关联，却没有共同基类或协议的对象。在上一节，我分别为三种不同的汽车零部件定义了三个协议，并分别给它们创建了三个实现类。我们需要根据枚举Cars中的值，为每个类别的汽车选择合适的零部件，如表10-2所示。

表10-2　汽车型号所对应的零部件产品

Car	Floorplan	Suspension	Drivetrain
COMPACT	StandardFloorplan	RoadSuspension	FrontWheelDrive
SPORTS	ShortFloorplan	RaceSuspension	RearWheelDrive
SUV	LongFloorplan	OffRoadSuspension	AllWheelDrive

目前，调用组件若想创建一个Car对象，就必须了解上表中的部分信息，因为只有知道这些信息才能实例化它需要用到的类。代码清单10-5列出了main.swift的内容，包含创建实现类对象和配置的过程。

代码清单10-5　main.swift文件的内容

```
var car = Car(carType: Cars.SPORTS,
    floor: ShortFloorplan(),
    suspension: RaceSuspension(),
    drive: RearWheelDrive());

car.printDetails();
```

此时运行应用，将在控制台看到如下输出：

```
Car type: Porsche Boxter
Seats: 2
Engine: Mid
Suspension: Firm
Drive: Rear
```

这种方式的问题与第9章遇到的问题类似，即选择实现类的逻辑将会散布在应用的各个角落，并且调用组件对某个具体的实现类存在依赖。如果表10-2中的对应关系发生了变化，那么所有使用了相关零部件的组件都要做出相应的修改。这种修改不但繁琐、容易出错，还不好测试。

10.3　抽象工厂模式

抽象工厂模式与工厂方法模式解决的问题类似。不同的是，抽象工厂模式的作用是创建一组不存在共同协议或者基类的对象。就上述示例项目而言，为了创建一个Car对象，需要用到三个对象，而这三个对象分别实现了三个不同的协议。Floorplan、Suspension和Drivetrain。

工厂方法模式与抽象工厂模式

关于工厂方法模式与抽象工厂模式之间的区别,以及何时应该使用哪个模式,一直存在着各种争议。不同编程语言,具有不同的特性,因此在不同语言中这两种模式的实现也不同,侧重点不同的实现更是加剧了争论。

我的建议是关注意图,而不是实现。如果你有一个与表10-2类似的产品对照表,而且你需要确保跑车用的悬架不会被用来制造越野车的话,就应该使用抽象工厂模式。抽象工厂模式将对象所属的类别隐藏在具体的工厂方法类之中,而工厂方法类又是对调用组件不可见的。这么做虽然增加了复杂度,但是可以让新增产品变得简单(创建新的具体工厂即可),对现有产品的修改也会变得容易(修改具体工厂即可)。

工厂方法模式要简单许多,因为它只负责管理一个对象,而且只需隐藏选取实现类的决策逻辑。后面,我将通过把多个工厂方法合并到一个类中的方式实现抽象工厂模式。

简而言之,不必在意言语上的争论,专注于目标即可。如果想要创建一个对象,就使用工厂方法模式;需要管理一组对象,就用抽象工厂模式。

抽象工厂模式通过把决策逻辑整合到一个地方的方式,解决了决策逻辑分散的问题。此外,该模式只允许调用组件访问协议,而不能访问遵循该协议的类,防止了调用组件对某个具体的实现类产生依赖。抽象工厂模式涉及四步操作,如图10-1所示。

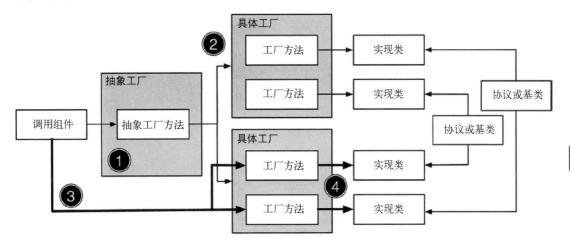

图10-1 抽象工厂模式

此模式需要用到抽象工厂类(abstract factory class),该类需要定义一个返回协议实现或者基类的方法。第一步是调用组件调用抽象工厂方法获取一个对象。

第二步操作是,抽象工厂方法检查调用组件的请求,然后选择一个具体工厂类(concrete factory class),即实现了工厂方法模式的类(参见第9章)。最后,使用工厂类创建一个实例,并将其返回给调用组件。

第三步操作是,调用组件调用具体工厂类中定义的工厂方法。这时就会触发第四步,也是最后一步操作，即实例化实现类，并将调用组件请求的对象返回给它。

理解这个模式时，最好把注意力放在模式中各个类的信息是如何传递的。尽管这些具体工厂类实现了不同的协议，或者派生自不同的基类，但这些类知道哪些实现类属于一组，而且其工厂方法创建的对象也属于同一组。

抽象工厂虽然不知道最终会使用哪个实现类，但是对于某个请求，它知道如何选择合适的具体工厂类。

调用组件只了解实现类使用的工厂类及其实现的协议或者基类，至于实现类本身，调用组件并不了解。调用组件需要依赖抽象工厂类为其提供一个合适的具体工厂，同时需要具体工厂为其选择一个合适的实现类。

10.4　实现抽象工厂模式

后续的内容将演示如何实现抽象工厂模式，以创建本章开头所描述的汽车零部件对象。

10.4.1　创建抽象工厂类

首先，创建一个抽象工厂类。这个类是抽象工厂模式的核心，因为它将被用作具体工厂类的基类。下面为示例项目添加一个名为Abstract.swift的文件，代码清单10-6列出了该文件的内容。

代码清单10-6　Abstract.swift文件的内容

```
class CarFactory {

    func createFloorplan() -> Floorplan {
        fatalError("Not implemented");
    }

    func createSuspension() -> Suspension {
        fatalError("Not implemented");
    }

    func createDrivetrain() -> Drivetrain {
        fatalError("Not implemented");
    }
}
```

上述代码定义了一个名为CarFactory的抽象工厂类，该类定义了createFloorplan、create-Suspension和createDrivetrain三个方法，它们的返回值分别为遵循Floorplan、Suspension和Drivetrain协议的对象。这个类作为具体工厂类的基类，目前实现的功能已经足够了。在定义了具体工厂类之后，再对CarFactory类进行完善，让它能够选择和使用具体工厂类。

10.4.2　创建具体工厂类

下一步是创建具体的工厂类，它的职责是创建一组可以同时使用的产品对象。首先，给示例项目添加一个名为Concrete.swift的文件，并在这个文件中定义相关类，如代码清单10-7所示。

代码清单10-7　　Concrete.swift文件的内容

```swift
class CompactCarFactory : CarFactory {
    override func createFloorplan() -> Floorplan {
        return StandardFloorplan();
    }
    override func createSuspension() -> Suspension {
        return RoadSuspension();
    }
    override func createDrivetrain() -> Drivetrain {
        return FrontWheelDrive();
    }
}

class SportsCarFactory : CarFactory {
    override func createFloorplan() -> Floorplan {
        return ShortFloorplan();
    }
    override func createSuspension() -> Suspension {
        return RaceSuspension();
    }
    override func createDrivetrain() -> Drivetrain {
        return RearWheelDrive();
    }
}

class SUVCarFactory : CarFactory {
    override func createFloorplan() -> Floorplan {
        return LongFloorplan();
    }
    override func createSuspension() -> Suspension {
        return OffRoadSuspension();
    }
    override func createDrivetrain() -> Drivetrain {
        return AllWheelDrive();
    }
}
```

上述代码的每个具体工厂类都继承了CarFactory类，并且重写了它的方法，分别创建了表10-2中的一组产品。

10.4.3　完善抽象工厂类

现在可以继续完善抽象工厂类，完成这一步也就完整实现了抽象工厂模式。代码清单10-8列出了相应的改变。

代码清单10-8　　完善Abstract.swift中的抽象工厂

```swift
class CarFactory {

    func createFloorplan() -> Floorplan {
        fatalError("Not implemented");
    }

    func createSuspension() -> Suspension {
        fatalError("Not implemented");
    }
}
```

```
func createDrivetrain() -> Drivetrain {
    fatalError("Not implemented");
}

final class func getFactory(car:Cars) -> CarFactory? {
    var factory:CarFactory?
    switch (car) {
        case .COMPACT:
            factory = CompactCarFactory();
        case .SPORTS:
            factory = SportsCarFactory();
        case .SUV:
            factory = SUVCarFactory();
    }
    return factory;
}
}
```

上述代码给CarFactory添加了一个名为getFactory的类方法，它接收一个参数，类型为Cars枚举。该方法的功能是选择一个合适的具体工厂类，然后实例化并将实例对象返回调用组件。对于调用组件而言，它可以通过该方法获得一个CarFactory对象，至于具体选择了哪个工厂类，以及为何选中某个类，则无从得知。

10.4.4　使用抽象工厂模式

最后一步是更新创建Car对象的代码，让它可以通过抽象工厂获得所需的产品。代码清单10-9列出了main.swift文件中的相关修改。

代码清单10-9　在main.swift文件中使用抽象工厂模式

```
let factory = CarFactory.getFactory(Cars.SPORTS);

if (factory != nil) {
    let car = Car(carType: Cars.SPORTS,
        floor: factory!.createFloorplan(),
        suspension: factory!.createSuspension(),
        drive: factory!.createDrivetrain());

    car.printDetails();
}
```

上述代码没有直接实例化实现类，而是通过抽象工厂类获得一个具体工厂类，然后调用对应的方法以获得所需的对象。如果现在运行该应用，将看到以下输出：

```
Car type: Porsche Boxter
Seats: 2
Engine: Mid
Suspension: Firm
Drive: Rear
```

如代码清单10-9所示，main.swift文件中的代码与每个产品类之间并不存在依赖关系。这意味着，如果表10-2中的对应关系发生了变化，我们只需更新对应的具体工厂类，而不用对使用这些类的组件进行修改。代码清单10-10修改了跑车的动力传动系统。

代码清单10-10 修改Concrete.swift中的一个实现类

```
...
class SportsCarFactory : CarFactory {
    override func createFloorplan() -> Floorplan {
        return ShortFloorplan();
    }
    override func createSuspension() -> Suspension {
        return RaceSuspension();
    }
    override func createDrivetrain() -> Drivetrain {
        return AllWheelDrive();
    }
}
...
```

运行该应用，将看到以下输出。从输出内容可以看出，修改起作用了。

```
Car type: Porsche Boxter
Seats: 2
Engine: Mid
Suspension: Firm
Drive: 4WD
```

具体工厂将产品分组的决策逻辑整合到一个地方，减小了变化对应用的影响，同时也让决策逻辑更好维护和更好测试。抽象工厂则将选择具体工厂类的逻辑整合到一个地方，进一步分离了调用组件和实现类的分组逻辑。

10.5 抽象工厂模式的变体

抽象工厂模式有一些常见的变体，通过使用它们可以调整抽象工厂的实现方式。这些变体的基本机制与原来的实现并无差别，只是创建对象的方式不同。

10.5.1 隐藏抽象工厂类

第一个变体，也是最常见的变体，是将抽象工厂模式的实现隐藏在调用组件用来存储实现类对象的类或者结构体之中。就本章的示例项目而言，也就是将它隐藏到结构体Car中，代码清单10-11列出了相应的修改，修改之后的Car将直接与抽象工厂类和具体工厂类打交道。

代码清单10-11 将该模式的实现隐藏在CarParts.swift文件中

```
enum Cars: String {
    case COMPACT = "VW Golf";
    case SPORTS = "Porsche Boxter";
    case SUV = "Cadillac Escalade";
}
```

```
struct Car {
    var carType:Cars;
    var floor:Floorplan;
    var suspension:Suspension;
    var drive:Drivetrain;

    init(carType:Cars) {
        let concreteFactory = CarFactory.getFactory(carType);
        self.floor = concreteFactory!.createFloorplan();
        self.suspension = concreteFactory!.createSuspension();
        self.drive = concreteFactory!.createDrivetrain();
        self.carType = carType;
    }

    func printDetails() {
        println("Car type: \(carType.rawValue)");
        println("Seats: \(floor.seats)");
        println("Engine: \(floor.enginePosition.rawValue)");
        println("Suspension: \(suspension.suspensionType.rawValue)");
        println("Drive: \(drive.driveType.rawValue)");
    }
}
```

上述代码给结构体Car新增了一个初始化器，它将根据传入的枚举值创建相应的具体工厂。然后，便可以通过这些具体工厂获得创建汽车对象所需的Floorplan、Suspension和Drivetrain对象。修改之后，main.swift中的代码得到大幅简化，如代码清单10-12所示。

代码清单10-12   隐藏抽象工厂类之后main.swift中的代码

```
let car = Car(carType: Cars.SPORTS);
car.printDetails();
```

注意   这个方法对调用组件的意图做了两个假设，即假设调用组件想创建一个Car对象，而且它需要全部的三个对象。如果决定采用这个变体，就需要确保调用组件仍然可以访问抽象工厂，这样它才能在需要的时候（不管因为什么原因）创建相应的对象。

10.5.2   在具体工厂类中使用单例模式

另一个常见的变体是，在抽象工厂中使用单例模式。具体工厂很适合用作单例，因为它们只包含了创建实现类对象的逻辑。为了使用单例模式，首先要更新抽象工厂类，即具体工厂类的基类。代码清单10-13列出了相应的改变。

代码清单10-13   修改Abstract.swift文件以使用单例模式

```
class CarFactory {

    required init() {
        // do nothing
    }

    func createFloorplan() -> Floorplan {
        fatalError("Not implemented");
```

```
    }
    func createSuspension() -> Suspension {
        fatalError("Not implemented");
    }

    func createDrivetrain() -> Drivetrain {
        fatalError("Not implemented");
    }

    final class func getFactory(car:Cars) -> CarFactory? {
        var factoryType:CarFactory.Type;
        switch (car) {
            case .COMPACT:
                factoryType = CompactCarFactory.self;
            case .SPORTS:
                factoryType = SportsCarFactory.self;
            case .SUV:
                factoryType = SUVCarFactory.self;
        }
        var factory = factoryType.sharedInstance;
        if (factory == nil) {
            factory = factoryType();
        }
        return factory;
    }

    class var sharedInstance:CarFactory? {
        get {
            return nil;
        }
    }
}
```

上述代码还添加了一个名为sharedInstance的计算类属性，如果具体工厂想实现单例模式，可以重写这个方法。这里还对getFactory方法的实现做了一些修改，如果sharedInstance有值，该方法将把值返回给调用组件。没有重写sharedInstance属性的具体工厂类，将继承默认实现，即创建一个新的工厂实例以响应请求。代码清单10-14列出了对其中一个具体工厂类的修改，修改之后它的实例将成为单例。

代码清单10-14　在Concrete.swift文件中使用单例模式

```
...
class SportsCarFactory : CarFactory {
    override func createFloorplan() -> Floorplan {
        return ShortFloorplan();
    }
    override func createSuspension() -> Suspension {
        return RaceSuspension();
    }
    override func createDrivetrain() -> Drivetrain {
        return AllWheelDrive();
    }

    override class var sharedInstance:CarFactory? {
        get {
            struct SingletonWrapper {
```

```
            static let singleton = SportsCarFactory();
        }
        return SingletonWrapper.singleton;
    }
}
...
```

上述代码重写了SportsCarFactory类的sharedInstance属性，实现了第6章介绍的单例模式。另外两个具体工厂类并没有做修改，也就是说，每次响应调用组件的请求时，那些类都会创建新的实例。相反，SportsCarFactory类则只有一个实例，所有它需要处理的请求都将使用同一个实例去处理。

10.5.3   在实现类中使用原型模式

你也可以在实现类中使用单例模式，不过这意味着所有的组件都将操作相同的一组对象。只有在没有可变状态，或者变化比较少，又或者做好了并发保护的情况下，才适合这么做。

另一个更常见的变体是，使用原型模式以克隆的方式创建实现类对象。后续的内容会演示如何在示例项目中使用原型模式。

1. 准备示例应用

第一步是更新实现类，让它们支持克隆操作。这里要做的修改可能会比想象的要多，因为Swift枚举类型不支持用于实现原型模式的NSCopying协议。为了达到目的，这里将创建一个Objective-C枚举，然后将其引入到Swift代码中。

首先，在Project Navigator中右击AbstractFactory，然后在弹出的菜单中选择New File。最后，在列表中选择Objective-C文件模板，如图10-2所示。

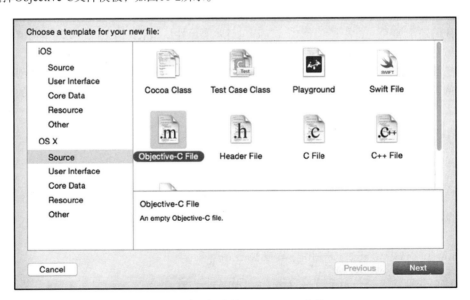

图10-2   向项目添加Objective-C文件

点击Next按钮，然后将文件名配置为SuspensionOption，如图10-3所示。

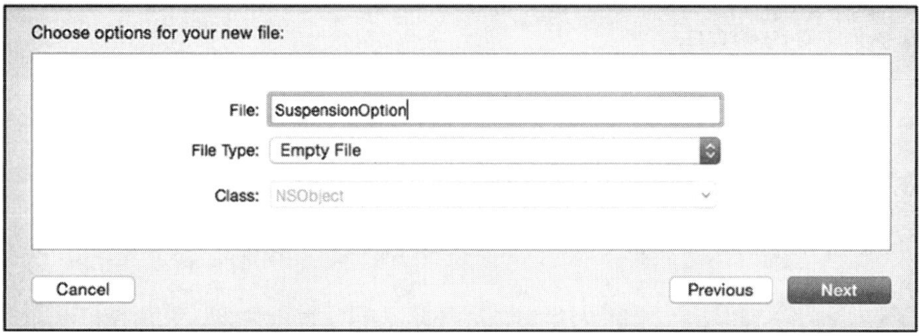

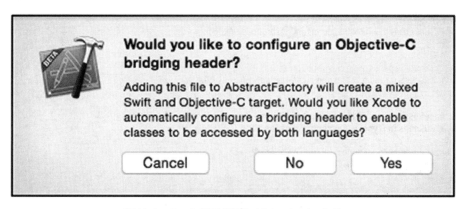

图10-3   设置Objective-C文件的名称

再次点击Next按钮，然后保存文件。保存文件时，Xcode会提示你创建一个bridging header文件，如图10-4所示。

图10-4   Xcode提示创建bridging header文件

为了在Swift中使用Objective-C枚举，这里点击Yes按钮，以创建bridging header文件。Xcode会创建两个文件，其中一个是SuspensionOption.m，它是Objective-C文件，我们无需对该文件做任何修改。这个文件的作用是让Xcode配置好bridging header文件，即Xcode创建的另一个文件。bridging header文件的名称为AbstractFactory-Bridging-Header.h。代码清单10-15中列出了为定义所需枚举所做的修改。

代码清单10-15   AbstractFactory-Bridging-Header.h文件的内容

```
#import "SuspensionOption.h"
```

现在，再添加一个文件到项目中，不过这个文件只是一个名为SuspensionOption.h的头文件。然后，将代码清单10-16所示的代码输入到该文件中。

代码清单10-16   SuspensionOption.h文件的内容

```
#import <Foundation/Foundation.h>

typedef NS_ENUM(NSInteger, SuspensionOption) {
```

```
SuspensionOptionSTANDARD,
SuspensionOptionSPORTS,
SuspensionOptionSOFT
};
```

这个枚举将被引入到Swift文件中，用于兼容替换Suspension.swift文件中定义的枚举。代码清单10-17将Swift枚举移除，为实现原型模式做准备。

代码清单10-17　在Suspension.swift文件中为实现原型模式做好准备

```
import Foundation

@objc protocol Suspension {
    var suspensionType:SuspensionOption { get };
}

//enum SuspensionOption : String {
//    case STANDARD = "Standard"; case SPORTS = "Firm"; case SOFT = "Soft";
//}
class RoadSuspension : Suspension {
    var suspensionType = SuspensionOption.STANDARD;
}

class OffRoadSuspension : Suspension {
    var suspensionType = SuspensionOption.SOFT;
}

class RaceSuspension : NSObject, NSCopying, Suspension {
    var suspensionType = SuspensionOption.SPORTS;

    func copyWithZone(zone: NSZone) -> AnyObject {
        return RaceSuspension();
    }
}
```

这里在Suspension枚举前加了一个@objc修饰符，这样在具体工厂类中实现原型模式时才可以进行类型转换。上述代码将Swift SuspensionOption枚举注释了，这样它才不会与其Objective-C同类产生冲突。最后，修改RaceSuspension类，让其实现NSCopying协议，这样它才能够作为原型。

提示　由于原型模式比较简单，因此在实现类中使用原型模式所需的改动不大。如需了解原型模式更大的作用，可参见第5章。

此时运行应用，将看到如下输出：

```
Car type: Porsche Boxter
Seats: 2
Engine: Mid
Suspension: 1
Drive: 4WD
```

值得注意的是，Suspension的值是一个数字。Objective-C不支持将字符串作为枚举内部的类型，因此在代码清单10-16中定义SuspensionOption时，使用了整型。这么做的后果是，枚举的输出值不再是描述能力更好的字符串。

2. 使用原型模式

有一点很重要，就是要在实现类中而不是在具体工厂类中使用原型模式。原因有两个。一是除非具体工厂类是单例，否则在具体工厂类中使用原型模式可能会导致出现多个原型对象，从而削弱模式的效果。二是如果不这么做，关于哪个实现类为原型以及应该实例化哪个实现类的信息，将散落在各个工厂类中，这意味着，修改某个实现类的行为，将要在使用了它的工厂类中做相应的修改。如果忘记做相应的修改，将导致不同工厂类对待实现类的行为出现不一致的情况。

代码清单10-18列出了回避此类问题的做法，即在Suspension协议中定义一个方法，工厂类可以用它来获取遵循该协议的对象，并允许实现类自行决定如何创建这些对象。

代码清单10-18　在Suspension.swift文件中使用原型模式

```swift
import Foundation

@objc protocol Suspension {
    var suspensionType:SuspensionOption { get };

    class func getInstance() -> Suspension;
}

class RoadSuspension : Suspension {
    var suspensionType = SuspensionOption.STANDARD;

    private init() {};

    class func getInstance() -> Suspension {
        return RoadSuspension();
    }
}

class OffRoadSuspension : Suspension {
    var suspensionType = SuspensionOption.SOFT;

    private init() {};

    class func getInstance() -> Suspension {
        return OffRoadSuspension();
    }
}

class RaceSuspension : NSObject, NSCopying, Suspension {
    var suspensionType = SuspensionOption.SPORTS;

    private override init() {};

    func copyWithZone(zone: NSZone) -> AnyObject {
        return RaceSuspension();
    }

    private class var prototype:RaceSuspension {
        get {
            struct SingletonWrapper {
                static let singleton = RaceSuspension();
```

```
        }
        return SingletonWrapper.singleton;
    }
}

    class func getInstance() -> Suspension {
        return prototype.copy() as Suspension;
    }
}
```

提示   在真实项目中，你可以在所有的实现类中使用原型模式，但是这里只修改了suspension类，以
        避免重复相同的修改。

上述代码中给Suspension协议新增了一个名为getInstance的方法，每个实现类都必须定义此方
法。RoadSuspension和OffRoadSuspension则只须创建新对象。RaceSuspension类中将原型对象定义成了
单例，并在getInstance方法调用时创建一副本。

提示   实现类中定义的空初始化器都是private的，这样它们就无法直接被实例化。注意，在
        RaceSuspension类中还使用了override关键字，因为它从NSObject类继承了一个空的初始化器，
        而NSObject类是实现NSCopying协议必须继承的基类，详情请参加第5章。

为了反映suspension类中的变化，代码清单10-19更新了具体工厂类。

代码清单10-19   在Concrete.swift文件中所做的修改

```
class CompactCarFactory : CarFactory {
    override func createFloorplan() -> Floorplan {
        return StandardFloorplan();
    }
    override func createSuspension() -> Suspension {
        return RoadSuspension.getInstance();
    }
    override func createDrivetrain() -> Drivetrain {
        return FrontWheelDrive();
    }
}

class SportsCarFactory : CarFactory {

    override func createFloorplan() -> Floorplan {
        return ShortFloorplan();
    }
    override func createSuspension() -> Suspension {
        return RaceSuspension.getInstance();
    }
    override func createDrivetrain() -> Drivetrain {
        return AllWheelDrive();
    }

    override class var sharedInstance:CarFactory? {
        get {
```

```
        struct SingletonWrapper {
            static let singleton = SportsCarFactory();
        }
        return SingletonWrapper.singleton;
        }
    }
}

class SUVCarFactory : CarFactory {
    override func createFloorplan() -> Floorplan {
        return LongFloorplan();
    }
    override func createSuspension() -> Suspension {
        return OffRoadSuspension.getInstance();
    }
    override func createDrivetrain() -> Drivetrain {
        return AllWheelDrive();
    }
}
```

如此修改之后，就可以使用原型模式创建RaceSuspension类的实例。这点对于具体工厂类而言是不可见的，这意味着我们可以方便地改变各个实现类的行为，同时又不用修改具体工厂。

10.6 抽象工厂模式的陷阱

抽象工厂模式的主要陷阱是模糊了不同组件之间的界线。具体而言，抽象工厂类应只包含选择具体工厂的决策逻辑，而不应涉及选择实现类的逻辑。同样的，具体工厂应只包含选择实现类的决策逻辑，而不应提供协议所定义的功能。

当此模式与对象池模式配合使用时，还会引起另一个问题。如果试图为每个实现类管理一个单独的对象池，并让调用组件等待这些对象组合变得可用的话，这两种模式的配合将导致灾难性的后果。当调用组件请求的对象为同一类型时，对象池模式的可用性是最好的，而如果让多个组件排队访问同一对象集合，通常会导致死锁，尤其是两个调用组件中的一个组件获取到了另一个组件请求的可用对象时。如果确实想配合使用这两个模式，最好确保调用组件每次都以相同的顺序从对象池中获取对象，并且要非常谨慎，以免发生死锁。

10.7 Cocoa 中使用抽象工厂模式的示例

创建一个Cocoa对象时，很难知道使用了工厂方法模式还是抽象工厂模式。作为对象的接受者，你也无法知道获得的是一个具体工厂，还是一个根据自己的请求选择的类所创建的普通对象。如果苹果在其文档中将工厂方法模式和抽象工厂模式混为一谈也会让人感到困惑，因此你通常会看到类簇这个说法，其实就是对这两个模式的实现。

这么做其实是非常恰当的，因为这两个模式的精髓就是对调用组件隐藏决策逻辑和具体实现，区分这两个模式的唯一方法是阅读源代码。如果可以不读源码就区分这两个模式，这说明实现是有缺陷的。

10.8   在 SportsStore 应用中使用抽象工厂模式

为了演示如何在项目中使用抽象工厂模式，我们需要对SportsStore中生成产品库存总值的方式进行修改，以支持不同货币和汇率换算。后续的内容将定义用于汇率转换的协议和实现类，并讲解使用抽象工厂和具体工厂分发转换结果的方法。

10.8.1   准备示例应用

这里将直接使用第9章完成的项目，不需要其他的准备。

提示   别忘了，如果你不想自己重新创建SportsStore项目，可以前往Apress.com下载所有本书使用的源码。

10.8.2   定义实现类和协议

第一步是创建一个名为StockValueImplementations.swift的文件，并在该文件中定义实现类和协议，以实现相关功能。代码清单10-20列出了StockValueImplementations.swift文件的内容。

代码清单10-20   StockValueImplementations.swift文件的内容

```swift
import Foundation

protocol StockValueFormatter {
    func formatTotal(total:Double) -> String;
}

class DollarStockValueFormatter : StockValueFormatter {
    func formatTotal(total:Double) -> String {
        let formatted = Utils.currencyStringFromNumber(total);
        return "\(formatted)";
    }
}

class PoundStockValueFormatter : StockValueFormatter {
    func formatTotal(total:Double) -> String {
        let formatted = Utils.currencyStringFromNumber(total);
        return "£\(dropFirst(formatted))";
    }
}

protocol StockValueConverter {
    func convertTotal(total:Double) -> Double;
}

class DollarStockValueConverter : StockValueConverter {
    func convertTotal(total:Double) -> Double {
        return total;
    }
}
```

```
class PoundStockValueConverter : StockValueConverter {
    func convertTotal(total:Double) -> Double {
        return 0.60338 * total;
    }
}
```

上述代码定义了两个协议和两组实现类，其中两个协议的名称为StockValueFormatter和Stock-ValueConverter。StockValueConverter协议负责汇率转换，而StockValueFormatter协议则负责总金额的格式化。至于两组实现类，一组负责计算总金额，另一组负责将总金额转换成英镑。

10.8.3　定义抽象与具体工厂类

接下来，在StockValueFactories.swift文件中定义抽象工厂类和具体工厂类，它们的内容如代码清单10-21所示。

代码清单10-21　StockValueFactories.swift文件的内容

```
import Foundation

class StockTotalFactory {

    enum Currency {
        case USD
        case GBP
    }

    private(set) var formatter:StockValueFormatter?;
    private(set) var converter:StockValueConverter?;

    class func getFactory(curr:Currency) -> StockTotalFactory {
        if (curr == Currency.USD) {
            return DollarStockTotalFactory.sharedInstance;
        } else {
            return PoundStockTotalFactory.sharedInstance;
        }
    }
}

private class DollarStockTotalFactory : StockTotalFactory {

    private override init() {
        super.init();
        formatter = DollarStockValueFormatter();
        converter = DollarStockValueConverter();
    }

    class var sharedInstance:StockTotalFactory {
        get {
            struct SingletonWrapper {
                static let singleton = DollarStockTotalFactory();
            }
            return SingletonWrapper.singleton;
        }
    }
}

private class PoundStockTotalFactory : StockTotalFactory {
```

```
private override init() {
    super.init();
    formatter = PoundStockValueFormatter();
    converter = PoundStockValueConverter();
}

class var sharedInstance:StockTotalFactory {
    get {
        struct SingletonWrapper {
            static let singleton = PoundStockTotalFactory();
        }
        return SingletonWrapper.singleton;
    }
}
}
```

StockTotalFactory类是一个抽象工厂，它可以根据传给getFactory方法的Currency枚举值，在DollarStockTotalFactory和PoundStockTotalFactory这两个类之间选择一个具体类，具体类与货币种类的对应关系如表10-3所示。

表10-3　货币种类与Formatter/Converter的对应关系

货币种类	StockValueFormatter	StockValueConverter
USD（美元）	DollarStockValueFormatter	DollarStockValueConverter
GBP（英镑）	PoundStockValueFormatter	PoundStockValueConverter

10.8.4　使用工厂与实现类

最后一步是使用抽象工厂转换和格式化库存总值。代码清单10-22列出了ViewController.swift文件中的改变。

代码清单10-22　在ViewController.swift文件中使用抽象工厂模式

```
...
func displayStockTotal() {
    let finalTotals:(Int, Double) = productStore.products.reduce((0, 0.0),
        {(totals, product) -> (Int, Double) in
            return (
                totals.0 + product.stockLevel,
                totals.1 + product.stockValue
            );
        });

    var factory = StockTotalFactory.getFactory(StockTotalFactory.Currency.GBP);
    var totalAmount = factory.converter?.convertTotal(finalTotals.1);
    var formatted = factory.formatter?.formatTotal(totalAmount!);

    totalStockLabel.text = "\(finalTotals.0) Products in Stock. "
        + "Total Value: \(formatted!)";
}
...
```

上述代码使用英镑作为货币种类，这意味着getFactory方法将选择处理英镑的实现类。运行该应用时，库存总值将从美元转换成英镑并在应用界面上展示，如图10-5所示。

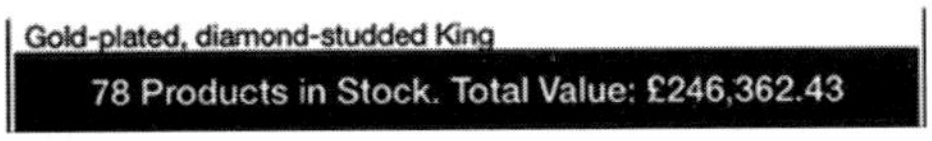

图10-5　转换与格式化库存总值

　　这里的ViewController类无须了解被选中的具体工厂类，以及它所提供的实现类的细节即可完成库存总值的格式化。

10.9　总　结

　　本章中我们学习了如何使用抽象工厂模式创建属于某个对象集合，但没有遵循共同协议，也没有共同基类的对象。第11章，我们将学习建造者模式。

10

建造者模式

11

建造者模式旨在分离对象的创建与配置。调用组件负责提供配置对象的数据，并负责将配置数据传给中间人，即建造者，而建造者则代表调用组件创建对象。如此分离之后，调用组件就无需过多掌握其所使用的对象的信息，将默认配置信息集中放在建造者类中即可，而不用将这些信息散布于每一个需要创建对象的调用组件中。表11-1列出了建造者模式的相关信息。

表11-1　建造者模式的相关信息

问　　题	答　　案
是什么	使用建造者模式可以将创建对象所需的逻辑和默认配置值放入一个建造者类中，这样调用组件只需了解少量配置数据即可创建对象，并且无需了解创建对象所需的默认数据值
有什么优点	使用此模式让修改创建对象所需的默认配置值变得更简单，同时也让更改创建实例所使用的类更为方便
何时使用此模式	如果创建对象需要进行复杂的配置，而你又不想让默认配置值在整个应用中传播，即可使用此模式
何时应避免使用此模式	当每次创建对象所需的各个数据值都不相同时，不要使用此模式
如何确定是否正确实现了此模式	如果在调用组件创建对象时，只需为其提供默认值中没有的数据（不过，也可提供一些值以重写部分或者全部默认值），那么就说明你正确地实现了此模式
有哪些常见的陷阱	无
有哪些相关的模式	此模式可以与工厂方法模式或者抽象工厂模式结合使用，并根据调用组件提供的配置信息变更用于创建对象的实现类

11.1　准备示例项目

为了演示需要，本章创建了一个新的名为Builder的OS X命令行工具项目，并在其中添加了一个名为Food.swift的文件，用于定义代码清单11-1中所示的类。

代码清单11-1　Food.swift文件的内容

```
class Burger {
    let customerName:String;
    let veggieProduct:Bool;
    let patties:Int;
    let pickles:Bool;
    let mayo:Bool;
```

```
let ketchup:Bool;
let lettuce:Bool;
let cook:Cooked;

enum Cooked : String {
    case RARE = "Rare";
    case NORMAL = "Normal";
    case WELLDONE = "Well Done";
}

init(name:String, veggie:Bool, patties:Int, pickles:Bool, mayo:Bool,
        ketchup:Bool, lettuce:Bool, cook:Cooked) {

    self.customerName = name;
    self.veggieProduct = veggie;
    self.patties = patties;
    self.pickles = pickles;
    self.mayo = mayo;
    self.ketchup = ketchup;
    self.lettuce = lettuce;
    self.cook = cook;
}

func printDescription() {
    println("Name \(self.customerName)");
    println("Veggie: \(self.veggieProduct)");
    println("Patties: \(self.patties)");
    println("Pickles: \(self.pickles)");
    println("Mayo: \(self.mayo)");
    println("Ketchup: \(self.ketchup)");
    println("Lettuce: \(self.lettuce)");
    println("Cook: \(self.cook.rawValue)");
}
}
```

代码里的Burger类代表餐厅中的一份订单，类中定义了一些描述订单详情的常量值，这些值可在实例化时通过构造器进行配置。printDescription方法可将这些常量的值输出到调试控制台。代码清单11-2示范了如何在main.swift文件中创建一个Burger对象，并调用其printDescription方法。

代码清单11-2　main.swift文件的内容

```
let order = Burger(name: "Joe", veggie: false, patties: 2, pickles: true,
    mayo: true, ketchup: true, lettuce: true, cook: Burger.Cooked.NORMAL);

order.printDescription();
```

运行该应用将输出以下内容：

```
Name Joe
Veggie: false
Patties: 2
Pickles: true
Mayo: true
Ketchup: true
Lettuce: true
Cook: Normal
```

此模式旨在解决的问题

当创建一个对象需要大量的配置数据，而调用组件又无法全部提供时，即可使用建造者模式。就Burger类这个例子而言，其初始化器需要它所代表的汉堡的各个方面的数据值。以下是假想餐厅的点餐过程。

(1) 服务员询问顾客的名字。

(2) 服务员询问顾客是否需要素餐。

(3) 服务员询问顾客是否需要定制汉堡。

(4) 服务员询问顾客是否需要升级套餐以及是否要加肉饼。

这整个过程虽然只有四步，但也能说明一些问题。代码清单11-3演示了如何在main.swift文件中模拟这个过程，并以此改变Burger对象的创建方式。

代码清单11-3　在main.swift文件中实现点餐过程

```
// 第一步 询问顾客的名字
let name = "Joe";

// 第二步 询问是否需要素餐?
let veggie = false;

// 第三步 询问是否需要定制汉堡?
let pickles = true;
let mayo = false;
let ketchup = true;
let lettuce = true;
let cooked = Burger.Cooked.NORMAL;

// 第四步 询问是否要加肉饼?
let patties = 2;

let order = Burger(name: name, veggie: veggie, patties: patties, pickles: pickles,
    mayo: mayo, ketchup: ketchup, lettuce: lettuce, cook: cooked);

order.printDescription();
```

当顾客不想改变这些值时，比如顾客得知标准汉堡有两块肉饼并配有番茄酱后决定要该套餐，调用组件就必须了解Burger类的初始化器所需参数的默认值。每个想获得Burger对象的组件都必须了解这些信息，一旦默认值有所改变，就必须修改所有相关调用组件。

重叠初始化器反面模式

在其他编程语言中，建造者模式常被用作**重叠初始化器**或**重叠构造器反面模式**的替代品。作为解决问题的一种技术手段，反面模式通常未能按预定意图解决问题，或者解决问题的方式都比较有难度且不太安全。在一些编程语言中，一些类的初始化器要求提供较多的参数，重叠构造器模式常被用来简化这些类的使用。请看下面这个例子。

```
...
class Milkshake {

    enum Size { case SMALL; case MEDIUM; case LARGE };
```

```
    enum Flavor { case CHOCOLATE; case STRAWBERRY; case VANILLA };

    let count:Int;
    let size:Size;
    let flavor:Flavor;

    init(flavor:Flavor, size:Size, count:Int) {
        self.count = count;
        self.size = size;
        self.flavor = flavor;

    }
}
...
```

Milkshake类定义了一个需要三个参数的初始化器。这就要求调用组件了解这三个参数的默认值是什么，并将这些值提供给初始化器，即便使用的是默认值，如下所示。

```
...
var shake = Milkshake(
    flavor: Milkshake.Flavor.CHOCOLATE,
    size: Milkshake.Size.MEDIUM,
    count: 1
);
...
```

大多数顾客都会点一份某种口味的中杯奶昔。重叠初始化器反面模式设法使用含有默认值的便捷初始化器来改进这一过程，比如：

```
...
class Milkshake {

    enum Size { case SMALL; case MEDIUM; case LARGE };
    enum Flavor { case CHOCOLATE; case STRAWBERRY; case VANILLA };

    let count:Int;
    let size:Size;
    let flavor:Flavor;

    init(flavor:Flavor, size:Size, count:Int) {
        self.count = count;
        self.size = size;
        self.flavor = flavor;
    }

    convenience init(flavor:Flavor, size:Size) {
        self.init(flavor:flavor, size:size, count:1);
    }

    convenience init(flavor:Flavor) {
        self.init(flavor:flavor, size:Size.MEDIUM);
    }
}
...
```

每个便捷初始化器分别略去了一个附加参数，并在调用前一个初始化器时传入一个默认值。这种方式可以让调用组件即使在不了解某个参数默认值的情况下也可以创建对象，如下所示。

```
...
var shake = Milkshake(flavor: Milkshake.Flavor.CHOCOLATE);
...
```

重叠初始化器一般被认为属于反面模式，因为这种做法会产生大量的初始化器，使得代码可读性变差且难以维护。在Swift中可以通过使用默认参数值来避免重叠初始化器的应用，如下所示。

```
...
class Milkshake {

    enum Size { case SMALL; case MEDIUM; case LARGE };
    enum Flavor { case CHOCOLATE; case STRAWBERRY; case VANILLA };

    let count:Int;
    let size:Size;
    let flavor:Flavor;

    init(flavor:Flavor, size:Size = Size.MEDIUM, count:Int = 1) {
        self.count = count;
        self.size = size;
        self.flavor = flavor;
    }
}
...
```

如果调用组件需要创建Milkshake对象，但同时又没有提供size和count这两个参数的值，那么将使用这两个参数的默认值。这么做的好处是，不用在Milkshake类中定义一组初始化器。

11.2 建造者模式

建造者模式解决问题的方式是在调用组件和它所需的对象之间引入建造者这个中间人。建造者模式涉及三步操作，如图11-1所示。

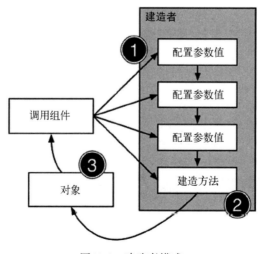

图11-1　建造者模式

在第一步中，调用组件向建造者提供一项数据，用以替换其用来创建对象的其中一个默认值。每次调用组件拿到新的数据时，都会重复这一操作。在购买汉堡的例子中，调用组件在每个阶段都会向建造者提供新的数据。

在第二步中，调用组件请求建造者为其创建一个对象。这对建造者来说是个信号，让他们知道不会再有新的数据进来，要用现有的数据创建一个对象。如果调用组件没有指明某些参数的值，则使用默认值。

在第三步中，建造者将完成对象的创建，并把对象返回给调用组件。

调用组件知道需要创建怎样的对象，比如一个不加番茄酱的汉堡，但是它不知道如何创建这个对象。建造者知道如何创建，也知道创建对象所需的默认配置，但它不知道某个顾客的具体需求。建造者模式将"要什么"和"怎么做"结合在了一起，同时又没有让调用组件和它所需的对象形成紧耦合。

11.3　实现建造者模式

后续内容将演示如何将建造者模式应用到示例项目中，以将Burger类对象的创建过程与使用该对象的调用组件解耦。

11.3.1　定义建造者类

使用建造者模式的第一步是定义建造者类，此类应包含创建Burger对象所需参数的默认值，并为调用组件改变这些默认配置提供相应的方式。代码清单11-4列出了示例项目新增文件Builder.swift的内容。

代码清单11-4　Builder.swift文件的内容

```swift
class BurgerBuilder {
    private var veggie  = false;
    private var pickles = true;
    private var mayo    = true;
    private var ketchup = true;
    private var lettuce = true;
    private var cooked  = Burger.Cooked.NORMAL;
    private var patties = 2;

    func setVeggie(choice: Bool)  { self.veggie  = choice; }
    func setPickles(choice: Bool) { self.pickles = choice; }
    func setMayo(choice: Bool)    { self.mayo    = choice; }
    func setKetchup(choice: Bool) { self.ketchup = choice; }
    func setLettuce(choice: Bool) { self.lettuce = choice; }
    func setCooked(choice: Burger.Cooked) { self.cooked = choice; }
    func addPatty(choice: Bool)   { self.patties = choice ? 3 : 2; }

    func buildObject(name: String) -> Burger {
        return Burger(name: name, veggie: veggie, patties: patties,
            pickles: pickles, mayo: mayo, ketchup: ketchup,
            lettuce: lettuce, cook: cooked);
    }
}
```

代码中的BurgerBuilder类定义了一组方法，用于修改创建Burger对象时所需参数的值。这些参数除了name，基本都有默认值。因此，buildObject 这个方法只有一个参数，即name。当外界调用该方法来创建Burger对象时，BurgerBuilder类将使用外界提供name，以及其他默认值来促成这一过程。

提示   这里也可以使用属性，但是我更倾向于使用方法，因为这样可以通过buildObject方法的参数
　　　　看出哪些参数是没有默认值的。本章后半部分会将建造者模式应用到SportsStore应用中，到时
　　　　会演示如何使用属性创建建造者。

BurgerBuilder类中所定义的方法除了addPatty方法，几乎都有对应的属性。使用addPatty方法可以让调用组件只需说明是否需要加肉饼，即可得出所需的肉饼数。这么做的好处是，调用组件无需了解默认的肉饼数即可应对加肉饼的需求。

11.3.2   使用建造者类

下一步要做的是使用建造者类创建一个对象。代码清单11-5列出了main.swift文件中所做的修改。

代码清单11-5   在main.swift文件中使用建造者模式

```
var builder = BurgerBuilder();

// 第一步 询问顾客的名字
let name = "Joe";

// 第二步 询问是否需要素餐？
builder.setVeggie(false);

// 第三步 询问是否需要定制汉堡
builder.setMayo(false);
builder.setCooked(Burger.Cooked.WELLDONE);

// 第三步 询问是否需要加肉饼
builder.addPatty(false);

let order = builder.buildObject(name);

order.printDescription();
```

这个创建Burger对象过程看起来也许和不使用建造者模式时差不多，但是引入建造者这个中间人隔离了变化导致的影响，从而提升了程序的灵活性。

11.3.3   此模式的影响

此模式带来的第一项改进是，修改建造者的默认配置，无需修改调用组件和Burger类。如果大多数顾客都不要在汉堡中加泡菜（假设它很难吃，加了之后汉堡就没法儿吃了），那么相关餐厅就可以修改菜单，以提供不加泡菜的汉堡。代码清单11-6所示的是对建造者类的修改。

代码清单11-6   在Builder.swift文件中去掉泡菜

```
class BurgerBuilder {
    private var veggie  = false;
```

```
    private var pickles = false;
    private var mayo    = true;
    private var ketchup = true;
    private var lettuce = true;
    private var cooked  = Burger.Cooked.NORMAL;
    private var patties = 2;

    func setVeggie(choice: Bool)  { self.veggie  = choice; }
    func setPickles(choice: Bool) { self.pickles = choice; }
    func setMayo(choice: Bool)    { self.mayo    = choice; }
    func setKetchup(choice: Bool) { self.ketchup = choice; }
    func setLettuce(choice: Bool) { self.lettuce = choice; }
    func setCooked(choice: Burger.Cooked) { self.cooked = choice; }
    func addPatty(choice: Bool)   { self.patties = choice ? 3 : 2; }

    func buildObject(name: String) -> Burger {
        return Burger(name: name, veggie: veggie, patties: patties,
            pickles: pickles, mayo: mayo, ketchup: ketchup,
            lettuce: lettuce, cook: cooked);
    }
}
```

调用组件并不知道默认值发生了变化，Burger类也不知道，但是除非顾客明确要求加上泡菜，否则现在创建的所有Burger对象都将不含泡菜。运行此应用会看到修改产生的效果，如下所示。

```
Name Joe
Veggie: false
Patties: 2
Pickles: false
Mayo: false
Ketchup: true
Lettuce: true
Cook: Well Done
```

1. 改变过程

第二项改进是在不修改建造者和Burger类的情况下，同样可以改进和简化下单的流程。加肉饼升级汉堡可能是餐厅的一个限时促销活动。同时，为了让顾客知道他们推出了新产品，服务员也可以询问顾客是否需要素的汉堡。当限时促销活动结束之后，顾客了解了素汉堡的存在，无需再提醒时，服务员也就不用再询问顾客上述两个问题了。这时依然可以使用此前定义的建造者类创建Burger对象，如代码清单11-7所示。

代码清单11-7　在main.swift文件中修改下单流程

```
var builder = BurgerBuilder();

// 第一步 询问顾客的名字
let name = "Joe";

// 第二步 询问是否需要定制汉堡
builder.setMayo(false);
builder.setCooked(Burger.Cooked.WELLDONE);

let order = builder.buildObject(name);
```

```
order.printDescription();
```

虽然下单流程已经发生了变化，但是顾客依然可以正常下单。不过，这并不能应对所有变化，如果给下单过程加步骤则需要做一些额外的改变。

2. 修改对象

第三项改进是，可以改变Burger类，并在建造者类中吸收改变Burger类带来的影响，从而避免波及调用组件。代码清单11-8列出了当餐厅给汉堡加入培根后，Burger类需要做的修改。

代码清单11-8　在Food.swift文件中添加培根

```swift
class Burger {
    let customerName:String;
    let veggieProduct:Bool;
    let patties:Int;
    let pickles:Bool;
    let mayo:Bool;
    let ketchup:Bool;
    let lettuce:Bool;
    let cook:Cooked;
    let bacon:Bool;

    enum Cooked : String {
        case RARE = "Rare";
        case NORMAL = "Normal";
        case WELLDONE = "Well Done";
    }

    init(name:String, veggie:Bool, patties:Int, pickles:Bool, mayo:Bool,
            ketchup:Bool, lettuce:Bool, cook:Cooked, bacon:Bool) {

        self.customerName  = name;
        self.veggieProduct = veggie;
        self.patties       = patties;
        self.pickles       = pickles;
        self.mayo          = mayo;
        self.ketchup       = ketchup;
        self.lettuce       = lettuce;
        self.cook          = cook;
        self.bacon         = bacon;
    }

    func printDescription() {
        println("Name     \(self.customerName)");
        println("Veggie:  \(self.veggieProduct)");
        println("Patties: \(self.patties)");
        println("Pickles: \(self.pickles)");
        println("Mayo:    \(self.mayo)");
        println("Ketchup: \(self.ketchup)");
        println("Lettuce: \(self.lettuce)");
        println("Cook:    \(self.cook.rawValue)");
        println("Bacon:   \(self.bacon)");
    }
}
```

添加培根之后，需要修改Burger类的初始化器，同时还要修改相应的建造者协议和类，如代码清单11-9所示。

```
class BurgerBuilder {
    private var veggie  = false;
    private var pickles = false;
    private var mayo    = true;
    private var ketchup = true;
    private var lettuce = true;
    private var cooked  = Burger.Cooked.NORMAL;
    private var patties = 2;
    private var bacon   = true;

    func setVeggie(choice: Bool)  { self.veggie  = choice; }
    func setPickles(choice: Bool) { self.pickles = choice; }
    func setMayo(choice: Bool)    { self.mayo    = choice; }
    func setKetchup(choice: Bool) { self.ketchup = choice; }
    func setLettuce(choice: Bool) { self.lettuce = choice; }
    func setCooked(choice: Burger.Cooked) { self.cooked = choice; }
    func addPatty(choice: Bool)   { self.patties = choice ? 3 : 2; }
    func setBacon(choice: Bool)   { self.bacon = choice; }

    func buildObject(name: String) -> Burger {
        return Burger(name: name, veggie: veggie, patties: patties,
            pickles: pickles, mayo: mayo, ketchup: ketchup,
            lettuce: lettuce, cook: cooked, bacon: bacon);
    }
}
```

提示 需要注意的是，bacon这个参数的默认值包含于建造者类中，而非Burger类中。

　　只要调用组件可以接收bacon这个参数的默认配置，那么在不做任何修改的情况下，需要Burger对象的调用组件仍可以继续使用现有的建造者。

```
Name Joe
Veggie: false
Patties: 2
Pickles: false
Mayo: false
Ketchup: true
Lettuce: true
Cook: Well Done
Bacon: true
```

3. 避免不一致的配置
　　最后一项改进是，建造者类可以避免因配置不一致导致对象创建失败的情况。举个例子，默认给所有汉堡加入培根这一做法显然无法让素食者接受。代码清单11-10演示了如何在建造者类中处理这种情况。

```
...
func setVeggie(choice: Bool) {
```

```
        self.veggie = choice;
        if (choice) {
            self.bacon = false;
        }
    }
    ...
```

这里更新了setVeggie方法的实现，使其在知道顾客为素食者时去掉培根。这不仅考虑到了主动要求加培根的非素食者顾客的需求，而且下单的过程依然由调用组件来控制。

11.4　建造者模式的变体

我们可以结合其他模式——通常是工厂方法模式或抽象工厂模式（参见第9章和第10章），创建建造者模式的变体。

我个人最常用的组合是定义多个具有不同默认值的建造者类，然后配合工厂方法模式来对其进行应用。代码清单11-11演示了如何新增一个新的建造者（它可用于创建另一种汉堡），以及如何添加一个工厂方法用于选择建造者。

代码清单11-11　在Builder.swift中使用建造者模式和工厂方法模式

```swift
enum Burgers {
    case STANDARD; case BIGBURGER; case SUPERVEGGIE;
}

class BurgerBuilder {
    private var veggie  = false;
    private var pickles = false;
    private var mayo    = true;
    private var ketchup = true;
    private var lettuce = true;
    private var cooked  = Burger.Cooked.NORMAL;
    private var patties = 2;
    private var bacon   = true;

    private init() {
        // do nothing
    }

    func setVeggie(choice: Bool) {
        self.veggie = choice;
        if (choice) {
            self.bacon = false;
        }
    }

    func setPickles(choice: Bool) { self.pickles = choice; }
    func setMayo(choice: Bool)    { self.mayo    = choice; }
    func setKetchup(choice: Bool) { self.ketchup = choice; }
    func setLettuce(choice: Bool) { self.lettuce = choice; }
    func setCooked(choice: Burger.Cooked) { self.cooked = choice; }
    func addPatty(choice: Bool)   { self.patties = choice ? 3 : 2; }
    func setBacon(choice: Bool)   { self.bacon   = choice; }

    func buildObject(name: String) -> Burger {
        return Burger(name: name, veggie: veggie, patties: patties,
```

```
                pickles: pickles, mayo: mayo, ketchup: ketchup,
                lettuce: lettuce, cook: cooked, bacon: bacon);
    }

    class func getBuilder(burgerType:Burgers) -> BurgerBuilder {
        var builder:BurgerBuilder;
        switch (burgerType) {
            case .BIGBURGER: builder   = BigBurgerBuilder();
            case .SUPERVEGGIE: builder = SuperVeggieBurgerBuilder();
            case .STANDARD: builder    = BurgerBuilder();
        }
        return builder;
    }
}

class BigBurgerBuilder : BurgerBuilder {

    private override init() {
        super.init();
        self.patties = 4;
        self.bacon = false;
    }

    override func addPatty(choice: Bool) {
        fatalError("Cannot add patty to Big Burger");
    }
}

class SuperVeggieBurgerBuilder : BurgerBuilder {

    private override init() {
        super.init();
        self.veggie = true;
        self.bacon = false;
    }

    override func setVeggie(choice: Bool) {
        // do nothing - always veggie
    }

    override func setBacon(choice: Bool) {
        fatalError("Cannot add bacon to this burger");
    }
}
```

这里创建了一个名为Burgers的枚举，它详细列出了所有可供选择的汉堡类型。然后，在BurgerBuilder类中定义了一个工厂方法，该方法接收一个Burgers类型的参数值，并根据该参数的值选择相应的建造者返回给调用者。BurgerBuilder将继续用于返回类型为STANDARD的Burger对象。为了处理BigBurger和SuperVeggieBurger类型的Burger对象，上述代码还创建了两个BurgerBuilder的子类。

为了创建不同类型的Burger对象，新创建的建造者修改了一些默认值，并将各个配置的变化限定在一定的范围之内。比如，BigBurger类型的Burger对象无法添加肉饼，而SuperVeggieBurger类型的Burger对象则无法添加培根。

为了利用这些变化带来的好处，下面的代码修改了下单流程。新的流程中，服务员需要询问顾客想要的汉堡类型，如代码清单11-12所示。

11

代码清单11-12　在main.swift文件中修改下单流程

```
//第一步 询问顾客姓名
let name = "Joe";

// 第二步 选择一种产品
let builder = BurgerBuilder.getBuilder(Burgers.BIGBURGER);

// 第三步 询问是否需要定制汉堡
builder.setMayo(false);
builder.setCooked(Burger.Cooked.WELLDONE);

let order = builder.buildObject(name);

order.printDescription();
```

11.5　建造者模式的陷阱

　　用于创建对象的默认值应该在建造者类中配置，而不是由调用组件提供，只要记住这一点，建造者模式就没有陷阱。

11.6　Cocoa 中使用建造者模式的实例

　　最常用的使用建造模式的实例是Foundation框架中的NSDateComponents类。NSDateComponents类其实是一个建造者，它可以用于创建一个表示日期的NSDate对象，并且调用组件可以对其进行配置。代码清单11-13列出了一个名为DateBuilder.playground的Xcode Playground的内容。

代码清单11-13　DateBuilder.playground文件的内容

```
import Foundation;

var builder = NSDateComponents();

builder.hour     = 10;
builder.day      = 6;
builder.month    = 9;
builder.year     = 1940;
builder.calendar = NSCalendar(calendarIdentifier: NSGregorianCalendar);

var date         = builder.date;

println(date!);
```

　　代码通过实例化NSDateComponents类创建了一个建造者，然后设置了它的各项属性，以对其创建的对象进行配置。这里设置了建造者的hour、day、month、year和calendar的属性，以替换建造者的默认值。

　　为了创建所需的对象，可以访问建造者的date属性，它将返回一个根据配置创建的NSDatc对象。上述代码将输出该对象的值，Playground的控制台输出如下所示：

```
1940-09-06 09:00:00 +0000
```

　　上述代码并没有给建造者提供日期的所有组成成分的值，因此建造者使用默认值对日期的 minutes、seconds和时区属性进行了配置，这也是上述日期这些部分都为0的原因。

　　使用建造者模式可以让我们在只提供部分符合需求的值的情况下，基于NSDateComponents类创建一个日期对象建造者。不过，在访问建造者的date属性之前，它不会创建NSDate对象，所以可以在访问该属性前对其各项属性进行配置。

11.7　在 SportsStore 应用中使用建造者模式

　　本节将演示建造者模式一个最常见的使用场景，并对对象进行序列化。同时，还将演示如何使用属性而非方法来创建建造者。

11.7.1　准备示例应用

　　这里将继续使用第10章中使用的SportsStore应用。我们将实现建造者模式，以创建产品数据变化的序列化表示方法。首先，在SportsStore项目中添加一个名为ChangeRecord.swift的文件，并在该文件中定义相关类，如代码清单11-14所示。

代码清单11-14　ChangeRecord.swift文件的内容

```
class ChangeRecord : Printable {
    private let outerTag:String;
    private let productName:String;
    private let catName:String;
    private let innerTag:String;
    private let value:String;

    private init(outer:String, name:String, category:String,
            inner:String, value:String) {

        self.outerTag   = outer;
        self.productName = name;
        self.catName    = category;
        self.innerTag   = inner;
        self.value      = value;
    }

    var description : String {
        return "<\(outerTag)><\(innerTag) name=\"\(productName)\"" +
            " category=\"\(catName)\">\(value)</\(innerTag)></\(outerTag)>"
    }
}
```

　　ChangeRecord类将被用于创建一个类XML风格的字符串，以表示产品数据的变更记录。该类中定义了一组用于配置这种字符串的属性。ChangeRecord类实现了Printable协议，这也就意味着当使用println函数来打印该类的实例时，会返回其description属性的值。

11.7.2　定义建造者类

　　为了实现建造者模式，下面创建了一个名为ChangeRecordBuilder的类，如代码清单11-15所示。

代码清单11-15   在ChangeRecord.swift文件中定义建造者类

```
class ChangeRecord : Printable {
    // ...statements omitted for brevity...
}

class ChangeRecordBuilder {
    var outerTag:String;
    var innerTag:String;
    var productName:String?;
    var category:String?;
    var value:String?;

    init() {
        outerTag = "change";
        innerTag = "product";
    }

    var changeRecord:ChangeRecord? {
        get {
            if (productName != nil && category != nil && value != nil) {
                return ChangeRecord(outer: outerTag, name: productName!,
                    category: category!, inner: innerTag, value: value!);
            } else {
                return nil;
            }
        }
    }
}
```

这里使用属性在ChangeRecordBuilder类中实现了建造者模式,这种实现方式与使用方法实现的方式有所不同。ChangeRecordBuilder类为outerTag与innerTag属性提供了默认值,但是productName、category和value属性的值,则需要调用组件提供。

ChangeRecordBuilder类的属性changeRecord负责确保外界为ChangeRecordBuilder类提供了所有创建ChangeRecord对象所需的数据。不过,ChangeRecordBuilder类并没有向外界表明数据缺失的方式。最佳的方式是,当有数据缺失时给外界返回一个可选类型。也正是因为这个原因,我个人更倾向于使用方法来实现建造者模式。

11.7.3   使用建造者类

为了使用建造者类,需要更新Logger类,以让其默认回调在向控制台输出内容时使用ChangeRecord对象来输出,如清单11-16所示。

代码清单11-16   在Logger.swift文件中使用Builder类

```
import Foundation;

let productLogger = Logger<Product>(callback: {p in

    var builder          = ChangeRecordBuilder();
    builder.productName  = p.name;
    builder.category     = p.category;
    builder.value        = String(p.stockLevel);
    builder.outerTag     = "stockChange";
```

```
        var changeRecord = builder.changeRecord;
        if (changeRecord != nil) {
            println(builder.changeRecord!);
        }
    });
    final class Logger<T where T:NSObject, T:NSCopying> {
        // ...statements omitted for brevity...
    }
```

此时，运行应用并修改某产品的库存水平，将看到上述修改的效果。调试控制台将输出与下面的
字符串类似的信息（为了方便阅读，这里做了格式化）：

```
<stockChange>
    <product name="Lifejacket" category="Watersports">15</product>
</stockChange>
```

11.8　总结

本章讲解了建造者模式，并演示了其使用场景。建造者模式运作方式就是：当直接实例化某个类
要求调用组件掌握对象的默认配置数据，而这些配置数据又需要逐步获取时，就可以使用建造者模式
来控制对象的创建过程。

建造者模式是本书创建型模式部分的最后一个设计模式，第三部分将介绍另一种类型的模式，即
结构型模式。

11

Part 3

第三部分

结构型模式

本部分内容

第 12 章 适配器模式

$\mathbf{12}$

本章将讲解第一个结构型模式——适配器模式（adapter pattern）。使用此模式可以让两个提供相关功能的对象协作，甚至在它们的API不相兼容的情况下进行配合。表12-1列出了适配器模式的相关信息。

表12-1　适配器模式的相关信息

问　题	答　案
是什么	适配器模式通过引入适配器对两个组件进行适配的方式，可以让两个API不兼容的组件协作
有什么优点	此模式可以帮助你将无法修改源代码的组件集成到你的应用中。在使用第三方框架或利用另一个项目输出的数据时，通常会遇到组件之间的兼容问题，而此模式可以帮助你解决这类问题
何时使用此模式	当需要将一个与其他组件相似的功能组件集成现有的项目中，而该组件所使用的API又与你的项目不兼容时，便可使用此模式
何时应避免使用此模式	如果可以修改所要集成的组件的源代码，或者可以直接将该组件提供的数据迁移到应用中时，则不应使用此模式
如何确定是否正确实现了此模式	如果无需修改应用或者相关组件，只需使用适配器即可将相关组件集成到现有项目中，那么就说明你正确地实现了此模式
有哪些常见陷阱	此模式唯一的陷阱是，在实现过程中时试图拓展此模式，以强行让待适配的API提供该组件原来并未提供的功能
有哪些相关的模式	许多结构型模式都有类似的实现，只是目的不同。在选用本书此部分介绍的设计模式时，要确保选择的模式确实是你想要的

12.1　准备示例项目

为了演示本章知识，这里将创建一个新的名为Adapter的OS X命令行工具项目。然后，在该项目中新增一个名为Employees.swift的文件，并在该文件中定义相关类，如代码清单12-1所示。

代码清单12-1　Employees.swift文件的内容

```
struct Employee {
    var name:String;
    var title:String;
}

protocol EmployeeDataSource {
    var employees:[Employee] { get };
    func searchByName(name:String) -> [Employee];
```

```
func searchByTitle(title:String) -> [Employee];
}
```

本章示例项目将实现一个简单的员工目录，其中结构体Employee将用于表示单个员工，提供员工数据的类将实现EmployeeDataSource协议。

12.1.1 创建数据源

下面向示例项目添加一个名为DataSources.swift的文件，然后在该文件中定义相关类，如代码清单12-2所示。

代码清单12-2　DataSources.swift文件的内容

```
import Foundation

class DataSourceBase : EmployeeDataSource {
    var employees = [Employee]();

    func searchByName(name: String) -> [Employee] {
        return search({e -> Bool in
            return e.name.rangeOfString(name) != nil;
        });
    }

    func searchByTitle(title: String) -> [Employee] {
        return search({e -> Bool in
            return e.title.rangeOfString(title) != nil;
        })
    }

    private func search(selector:(Employee -> Bool)) -> [Employee] {
        var results = [Employee]();
        for e in employees {
            if (selector(e)) {
                results.append(e);
            }
        }
        return results;
    }
}

class SalesDataSource : DataSourceBase {

    override init() {
        super.init();
        employees.append(Employee(name: "Alice", title: "VP of Sales"));
        employees.append(Employee(name: "Bob", title: "Account Exec"));
    }
}

class DevelopmentDataSource : DataSourceBase {

    override init() {
        super.init();
        employees.append(Employee(name: "Joe", title: "VP of Development"));
        employees.append(Employee(name: "Pepe", title: "Developer"));
    }
}
```

DataSourceBase类遵循EmployeeDataSource协议，并实现了数据源相关的功能，后面如需增加新的数据，继承此类即可。上述代码还创建了两个数据源类——SalesDataSource和IDevelopmentDataSource，这两个类分别为两个不同的部门提供员工信息。

12.1.2　实现示例应用

为了使用这些数据源，需要向示例项目添加一个名为EmployeeSearch.swift的文件，然后在此文件中定义一个类，如代码清单12-3所示。

代码清单12-3　EmployeeSearch.swift文件的内容

```swift
class SearchTool {

    enum SearchType {
        case NAME; case TITLE;
    }

    private let sources:[EmployeeDataSource];

    init(dataSources: EmployeeDataSource...) {
        self.sources = dataSources;
    }

    var employees:[Employee] {
        var results = [Employee]();
        for source in sources {
            results += source.employees;
        }
        return results;
    }

    func search(text:String, type:SearchType) -> [Employee] {
        var results = [Employee]();

        for source in sources {
            results += type == SearchType.NAME ? source.searchByName(text)
                : source.searchByTitle(text);
        }
        return results;
    }
}
```

SearchTool类负责处理各种数据源提供的数据集合，对这些数据进行加工整合，来实现数据检索功能，目的是向外界提供一个统一的访问员工数据的方式。代码清单12-4列出了main.swift文件中对此功能进行测试的代码。

代码清单12-4　在main.swift文件中测试示例应用

```swift
let search = SearchTool(dataSources: SalesDataSource(), DevelopmentDataSource());

println("--List--");
for e in search.employees {
    println("Name: \(e.name)");
}
```

```
println("--Search--");
for e in search.search("VP", type: SearchTool.SearchType.TITLE) {
    println("Name: \(e.name), Title: \(e.title)");
}
```

此时运行应用将在控制台输出以下内容。

```
--List--
Name: Alice
Name: Bob
Name: Joe
Name: Pepe
--Search--
Name: Alice, Title: VP of Sales
Name: Joe, Title: VP of Development
```

12.2　此模式旨在解决的问题

当现有系统需要集成一个具有类似功能的新组件，但该组件没有提供通用接口，并且无法修改该组件时，适配器模式就能派上用场。

上述示例应用所代表的就是一个现有系统——员工目录，该目录依赖遵循EmployeeDataSource协议的类为其提供搜索功能。如果需要向该系统集成一个新的数据源，且该数据源未遵循Employee-DataSource协议，那么问题就来了。

将不兼容的代码集成到一个现有系统的原因有很多。就员工目录这个例子而言，收购或者兼并其他公司之后，就可能需要集成他们的系统。从小的方面来看，使用第三方组件或者需要依赖另一个团队开发的相关项目时，也有可能需要引入不兼容的代码。

为了说明这个问题，这里假设示例应用中的那家公司收购了一个竞争对象，并希望拓展员工目录，以将新公司的员工纳入进来。好消息是，新公司已经有一个维护良好的员工目录；坏消息是，它所使用的数据格式与母公司所使用的格式不兼容。为了演示这个问题，这里向示例应用添加了一个名为NewCo.swift的文件，并在此文件中定义了一个简单的目录类，如代码清单12-5所示。

代码清单12-5　NewCo.swift文件的内容

```
class NewCoStaffMember {
    private var name:String;
    private var role:String;

    init(name:String, role:String) {
        self.name = name; self.role = role;
    }

    func getName() -> String {
        return name;
    }

    func getJob() -> String {
        return role;
    }
}
```

12

```
class NewCoDirectory {
    private var staff:[String: NewCoStaffMember];

    init() {
        staff = ["Hans": NewCoStaffMember(name: "Hans", role: "Corp Counsel"),
            "Greta": NewCoStaffMember(name: "Greta", role: "VP, Legal")];
    }

    func getStaff() -> [String: NewCoStaffMember] {
        return staff;
    }
}
```

NewCoDirectory类提供了一个以员工姓名为索引的字典，且字典中保存的是NewCoStaffMember对象。这个目录没有检索功能，与本章开头创建的目录的类型也不尽相同。现在面临的问题是，如何将NewCoDirectory类集成到现有的员工目录中去。

为何不直接修改代码

我们可以通过直接修改NewCoDirectory类的方式来解决这个问题，但在现实中并不是任何时候都可以这么做，这也是适配器比较实用的原因。无法修改相关组件的主要原因一般是因为这种组件是从第三方购买的，在这种情况下我们甚至无法查看其源代码，只能使用它提供的API。如果你只是这些组件开发者的客户的几千分之一，那么他们一般也不可能采用你的私有API。

即使你在一家大公司工作，也同样会遇到代码无法修改的情况。出现这种情况的原因包括使用历史遗留产品（"我不知道它的运行原理，也不敢碰它"），项目资源有限（"大约两年后我们就有时间为你开发API了"），以及办公室政治（"你们应该先实现我的API"）。

不管是什么原因，结果都是一样的，API确实提供了你想要的功能，但却不是按照要求的方式。为了演示本章讲解的模式，可以假设我们没有NewCoDirectory类的源码（比如因为它是现成的产品），而我们又需要设法在不对其做任何修改的情况下集成它提供的员工数据。

为了解决这个问题，可以修改SearchTool应用，使其具备检索新数据的功能。不过，这意味着每次集成新数据都要重复这个修改过程，同时还要修改应用中需要检索该数据源的所有地方。最终的结果就是，每次添加新的数据源或者现有的数据源发生变化，都要进行一系列复杂的修改，而这显然是设计模式想要避免的。

12.3　适配器模式

适配器模式通过对不同类的API进行适配，将应用使用的API映射到组件提供的API的方式，使得两个不兼容的类可以相互协作，如图12-1所示。就示例项目而言，需要对NewCoDirectory类定义的API进行适配，这样SearchTool类才能使用它。

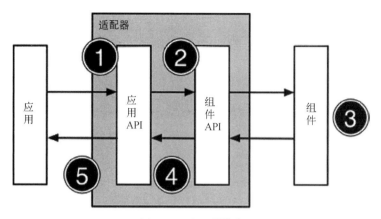

图12-1   适配器模式

适配器模式涉及五个步骤。第一步是使用它支持的API向适配器发起请求。在第二步中，适配器根据它对两套API的了解选择可用于处理请求的组件方法或者属性。

在第三步中，组件接到适配器的请求，处理请求，并将处理结果返回给适配器。

第四步，适配器根据它对两套API的了解，将客户端提供的结果翻译成应用支持的形式，并在最后一步中将结果返回。

应用与组件并不了解彼此。适配器为应用提供一套其支持的API，至于此API与组件提供的API之间是如何映射的这种细节则被隐藏了。

12.4   实现适配器模式

实现适配器模式最优雅的方式是使用Swift extension。使用extension可以为无法修改源码的类增加功能。这里所说的功能包括增加类遵循的协议，而这恰好也非常适合用来实现适配器模式。下面为项目添加一个名为Adapter.swift的文件，并在此文件中使用extension实现适配器模式，代码清单12-6列出了Adapter.swift文件的内容。

代码清单12-6   Adapter.swift文件的内容

```
import Foundation

extension NewCoDirectory : EmployeeDataSource {

    var employees:[Employee] {
        return map(getStaff().values, { sv -> Employee in
            return Employee(name: sv.getName(), title: sv.getJob());
        });
    }

    func searchByName(name:String) -> [Employee] {
        return createEmployees(filter: {(sv:NewCoStaffMember) -> Bool in
            return sv.getName().rangeOfString(name) != nil;
        });
    }
```

12

```
func searchByTitle(title:String) -> [Employee] {
    return createEmployees(filter: {(sv:NewCoStaffMember) -> Bool in
        return sv.getJob().rangeOfString(title) != nil;
    });
}

private func createEmployees(filter filterClosure:(NewCoStaffMember -> Bool))
    -> [Employee] {
    return map(filter(getStaff().values, filterClosure), {entry -> Employee in
        return Employee(name: entry.getName(), title: entry.getJob());
    });
}
```

上述代码定义了一个extension，让NewCoDirectory类遵循EmployeeDataSource协议。适配一个API的过程，往往比简单的实现方法和属性之间的映射要复杂，适配器中通常需要实现数据类型转换的逻辑，以及弥补API功能上的差距。在代码清单12-6中，我们必须为NewCoDirectory类添加检索功能，以支持使用名字和职称进行检索，同时还要将NewCoDirectory类生成的NewCoStaffMember对象转换成EmployeeDataSource协议支持的Employee对象。

提示   Extension只能操作被扩展的类开放访问的方法和属性。这也是上述代码在获取员工的详细信息时，使用了NewCoDirectory类的getStaff方法，而没有使用staff这个私有属性的原因。

使用extension意味着NewCoDirectory的实例可以传给SearchTool初始化器，而且也可以用来处理其他的数据源的方式来处理NewCoDirectory实例，如代码清单12-7所示。尽管我们并没有修改被扩展的类本身，但是该extension定义的方法和属性，以及它所遵循的协议，都将自动应用到该类上。

代码清单12-7   在main.swift文件中使用适配器

```
let search = SearchTool(dataSources: SalesDataSource(),
    DevelopmentDataSource(), NewCoDirectory());

println("--List--");
for e in search.employees {
    println("Name: \(e.name)");
}

println("--Search--");
for e in search.search("VP", type: SearchTool.SearchType.TITLE) {
    println("Name: \(e.name), Title: \(e.title)");
}
```

这里无需修改SearchTool。此时运行应用，从应用的输出可以看出，现有员工目录包含了新的员工目录。

```
--List--
Name: Alice
Name: Bob
Name: Joe
Name: Pepe
Name: Greta
Name: Hans
```

```
--Search--
Name: Alice, Title: VP of Sales
Name: Joe, Title: VP of Development
Name: Greta, Title: VP, Legal
```

为何不直接迁移数据

在上述例子中，另一种可行的方案是将数据从被收购的公司的系统迁移到母公司。当然，并不是任何时候都可以采用这种方式，而且如果集成的是第三方代码的话，这种方式也没有多大用处。

从长远来看，数据迁移确实是个不错的方式，但是很难快速完成，对于像员工目录这样与复杂的商业流程和旧系统紧密联系的应用来说，尤其是这样。将所有数据迁移到一个平台，弃用其中一个系统可以降低成本，这对于兼并和收购而言相当重要，但是这种迁移需要付出很多努力且需要一些关键员工的参与，而这些关键人物往往有其他问题需要处理。像适配器这样的模式则可以在收购与兼并之后为企业省去不少麻烦，并为开发人员争取更多的时间来观察相关商业流程将会发生哪些变化。

我们一直都希望能够实现一个长远的策略性解决方案，但是通过使用适配器模式来获得一些短期效益通常更加务实，也更容易取得成功。

12.5 适配器模式之变体

后续小节将介绍两种实用的适配器模式变体。

12.5.1 定义一个适配器包装类

如果不喜欢使用extension，也可以使用类来包装组件以实现适配器模式。代码清单12-8演示了使用类替换extension来实现适配器模式的过程。

代码清单12-8 在Adapter.swift文件中实现一个适配器包装类

```swift
class NewCoDirectoryAdapter : EmployeeDataSource {
    private let directory:NewCoDirectory;

    init() {
        directory = NewCoDirectory();
    }

    var employees:[Employee] {
        return map(directory.getStaff().values, { sv -> Employee in
            return Employee(name: sv.getName(), title: sv.getJob());
        });
    }

    func searchByName(name:String) -> [Employee] {
        return createEmployees(filter: {(sv:NewCoStaffMember) -> Bool in
            return sv.getName().rangeOfString(name) != nil;
        });
    }
}
```

12

```
func searchByTitle(title:String) -> [Employee] {
    return createEmployees(filter: {(sv:NewCoStaffMember) -> Bool in
        return sv.getJob().rangeOfString(title) != nil;
    });
}

private func createEmployees(filter filterClosure:(NewCoStaffMember -> Bool))
        -> [Employee] {
    return map(filter(directory.getStaff().values, filterClosure),
        {entry -> Employee in
            return Employee(name: entry.getName(), title: entry.getJob());
        });
    }
}
```

提示　使用包装类并没有什么优势，但是有一些高级的适配需求无法使用extension实现，这一点将在下一节介绍。

上述适配器中包含的逻辑与基于extension实现的逻辑并无不同，只是适配器的实现方式改变了而已。与之前一样，这里也要自行实现检索功能，并对结果进行映射。

这种实现方式在应用时需要实例化适配器类，而不是实例化被扩展的组件，如代码清单12-9所示。

代码清单12-9　在main.swift文件中使用适配器包装类

```
let search = SearchTool(dataSources: SalesDataSource(),
    DevelopmentDataSource(), NewCoDirectoryAdapter());

println("--List--");
for e in search.employees {
    println("Name: \(e.name)");
}

println("--Search--");
for e in search.search("VP", type: SearchTool.SearchType.TITLE) {
    println("Name: \(e.name), Title: \(e.title)");
}
```

12.5.2　创建一个双向适配器（Two-Way Adapter）

适配器模式的标准实现一般假定方法和属性都是单向的，即从应用到组件。这是非常常见的情形，尤其是在处理像UI插件这样的第三方组件时，但是有时组件也需要主动执行一些操作，比如向应用查询相关信息，或者在其状态或其所提供的服务发生变化时通知应用。为了演示这类问题，下面创建了一个名为TwoWayAdapter.playground的Playground，并在这个双向适配器（two-way adapter）中定义了一些类和协议，如代码清单12-10所示。（如果在示例应用中演示这个问题，就算是很小的改动也要列出一长串的代码，所以这里使用了Playground。）

代码清单12-10　TwoWayAdapter.playground文件的内容

```
// application
```

```
protocol ShapeDrawer {
    func drawShape();
}

class DrawingApp {
    let drawer:ShapeDrawer;
    var cornerRadius:Int = 0;

    init(drawer:ShapeDrawer) {
        self.drawer = drawer;
    }

    func makePicture() {
        drawer.drawShape();
    }
}

// component library

protocol AppSettings {
    var sketchRoundedShapes:Bool { get };
}

class SketchComponent {
    private let settings:AppSettings;

    init(settings:AppSettings) {
        self.settings = settings;
    }

    func sketchShape() {
        if (settings.sketchRoundedShapes) {
            println("Sketch Circle");
        } else {
            println("Sketch Square");
        }
    }
}
```

在代码清单12-10中，将代码分成了两部分，一部分用于表示应用，另一部分用来表示需要集成的组件。在应用方面，DrawingApp类依赖ShapeDrawer协议在makePicture方法中完成相关功能。在组件方面，SketchComponent依赖AppSettings协议来决定它所要绘制的图形的类型。

我们的目标是创建一个功能齐全的适配器，它能够让一个DrawingApp对象使用SketchComponent对象创建图形，同时也能够让SketchComponent通过AppSettings协议向应用查询相关信息。

单方向使用适配器并不难，但是要实现双向适配则有一定的难度，尤其是在创建的类中包含相互竞争的初始化器的情况下。除非有一个遵循了ShapeDrawer协议的对象，并可将其用作传给DrawingApp类的初始化器，否则无法创建DrawingApp实例。同样的，除非能给SketchComponent类的初始化器提供一个遵循了AppSettings协议的对象，否则也无法创建SketchComponent对象。代码清单12-11列出了解决此问题的适配器的实现，以及集成两个类所需的代码。

代码清单12-11 在TwoWayAdapter.playground文件中创建一个适配器

```
// application

protocol ShapeDrawer {
```

```
    func drawShape();
}

class DrawingApp {
    // ...statements omitted for brevity...
}

// component library

protocol AppSettings {
    var sketchRoundedShapes:Bool { get };
}

class SketchComponent {
    // ...statements omitted for brevity...
}

class TwoWayAdapter : ShapeDrawer, AppSettings {
    var app:DrawingApp?;
    var component:SketchComponent?;

    func drawShape() {
        component?.sketchShape();
    }

    var sketchRoundedShapes: Bool {
        return app?.cornerRadius > 0;
    }
}
```

这个名为TwoWayAdapter的适配器类遵循了ShapeDrawer协议和AppSettings协议，并通过使用DrawingApp类和SketchComponent类的可选实例来实现了这些协议的方法。这也是化解初始化器之间的需求竞争的关键，如代码清单12-12所示。

代码清单12-12　在TwoWayAdapter.playground文件中使用适配器

```
protocol ShapeDrawer {
    func drawShape();
}

class DrawingApp {
    // ...statements omitted for brevity...
}

// component library

protocol AppSettings {
    var sketchRoundedShapes:Bool { get };
}

class SketchComponent {
    // ...statements omitted for brevity...
}

class TwoWayAdapter : ShapeDrawer, AppSettings {
    // ...statements omitted for brevity...
}
```

```
let adapter = TwoWayAdapter();
let component = SketchComponent(settings: adapter);
let app = DrawingApp(drawer: adapter);

adapter.app = app;
adapter.component = component;

app.makePicture();
```

注释　这种类型的适配器是无法使用Swift extension实现的，因为它需要操作两个不同的类。

上述代码首先创建了一个适配器的实例，该适配器实现了实例化SketchComponent和DrawingApp所需的协议。然后，配置该适配器的app和component属性，以为其方法提供所需的对象。这么做的结果是，两个对象都可以通过适配器访问彼此，而且可以在控制台看到以下输出。

```
Sketch Square
```

12.6　适配器模式的缺陷

只有在集成具有类似功能的组件时，适配器模式才具有实用价值。具有类似功能是指，尽管这些类的API不兼容，但是它们的功能是兼容的。

在示例应用中，一个组件（SearchTool类）使用了员工数据，另一个组件（NewCoDirectory类）则提供了员工数据。这些类的功能是兼容的，但是并不能直接将NewCoDirectory类作为数据源，因为它没有遵循SearchTool要求的协议。

当相关组件提供的功能无相似性时，适配器模式并没有多大用处。举个例子，适配器模式并不能用于集成提供员工停车位信息的数据源，因为上述应用中并没有为这类数据提供支持，而且无论怎样适配API都无法改变这一点。为了高效使用适配器模式，应该专注于适配API，并尽量简化适配器。

12.7　Cocoa 中使用适配器模式的实例

Cocoa框架并没有暴露适配器模式的实现，因为Cocoa组件规定了默认行为的标准。如果想将一个组件集成到Cocoa中，只需实现相关协议即可。NSCopying协议就是一个很好的例子，本书第5章曾使用此协议实现原型模式。如果想让一个类集成Cocoa对对象副本的支持，即使该类自己实现了创建克隆的方法，也只需让它遵循NSCopying协议即可。这也是所有平台的核心API所处的位置。如果你需要适配器，就应该在自己的代码中进行实现。

12.8　在 SportsStore 应用中使用适配器模式

并不是所有适配器都是通过映射单一类型来将一个组件集成到应用中的，为了演示这一点，下面将创建一个实现了抽象工厂模式，并且循序了实现协议的适配器。

12.8.1 准备示例应用

首先，向示例项目添加一个名为Euro.swift的文件，并在其中定义相关的类，如代码清单12-13所示。

代码清单12-13 Euro.swift文件的内容

```
class EuroHandler {

    func getDisplayString(amount:Double) -> String {
        let formatted = Utils.currencyStringFromNumber(amount);
        return "€\(dropFirst(formatted))";
    }

    func getCurrencyAmount(amount:Double) -> Double {
        return 0.76164 * amount;
    }
}
```

EuroHandler类负责将总额的单位从美元转换为欧元，并用格式化后的金额进行表示。尽管此功能与第10章为了演示抽象工厂模式而向SportsStore应用添加的功能相同，但是我们无法直接将EuroHandler类集成到应用中，因此需要一个适配器。

12.8.2 定义 Adapter 类

为了让EuroHandler类适配SportsStore应用，首先需要定义一个具体工厂类，用于生成StockValue-Converter对象和StockValueFormatter对象。代码清单12-14列出了StockValueFactories.swift所要做的修改。

代码清单12-14 在StockValueFactories.swift文件中定义一个适配器

```
import Foundation

class StockTotalFactory {

    enum Currency {
        case USD
        case GBP
        case EUR
    }

    private(set) var formatter:StockValueFormatter?;
    private(set) var converter:StockValueConverter?;

    class func getFactory(curr:Currency) -> StockTotalFactory {
        if (curr == Currency.USD) {
            return DollarStockTotalFactory.sharedInstance;
        } else if (curr == Currency.GBP){
            return PoundStockTotalFactory.sharedInstance;
        } else {
            return EuroHandlerAdapter.sharedInstance;
        }
    }
}

// ...other factories omitted for brevity...
```

```
class EuroHandlerAdapter : StockTotalFactory,
        StockValueConverter, StockValueFormatter {

    private let handler:EuroHandler;

    override init() {
        self.handler = EuroHandler();
        super.init();
        super.formatter = self;
        super.converter = self;
    }

    func formatTotal(total:Double) -> String {
        return handler.getDisplayString(total);
    }

    func convertTotal(total:Double) -> Double {
        return handler.getCurrencyAmount(total);
    }

    class var sharedInstance:EuroHandlerAdapter {
        get {
            struct SingletonWrapper {
                static let singleton = EuroHandlerAdapter();
            }
            return SingletonWrapper.singleton;
        }
    }
}
```

提示　这里必须在StockValueFactories.swift文件中定义工厂类。因为我们需要对StockTotalFactory类的一些私有属性进行赋值，所以要将实现适配器的代码与定义StockTotalFactory类的代码放到同一个文件中。

上述代码在StockTotalFactory类中添加了对欧元的支持，并定义了一个名为EuroHandlerAdapter的适配器。该适配器继承了StockTotalFactory类，并且同时遵循了StockValueConverter和StockValueFormatter协议。该适配器通过创建EuroHandler类的实例，并对其功能与协议规定的方法进行映射的方式来实现适配。这里本来可以通过定义一个extension来遵循相关协议，但是为了尽可能地让适配器成为一个单一类型，这里并没有这么做。

12.8.3　使用适配功能

代码清单12-15对ViewController类的displayStockTotal方法进行了修改，以使其所使用的货币类型变为欧元。

代码清单12-15　在ViewController.swift文件中使用适配器

```
...
func displayStockTotal() {
    let finalTotals:(Int, Double) = productStore.products.reduce((0, 0.0),
```

```
        {(totals, product) -> (Int, Double) in
            return (
                totals.0 + product.stockLevel,
                totals.1 + product.stockValue
            );
        });

    var factory = StockTotalFactory.getFactory(StockTotalFactory.Currency.EUR);
    var totalAmount = factory.converter?.convertTotal(finalTotals.1);
    var formatted = factory.formatter?.formatTotal(totalAmount!);

    totalStockLabel.text = "\(finalTotals.0) Products in Stock. "
        + "Total Value: \(formatted!)";
}
...
```

上述代码的作用是，将库存总值的单位转换成欧元，并在应用界面的底部显示出来，如图12-2所示。

图12-2   使用欧元适配器的效果

12.9   总结

本章讲解了如何使用适配器模式集成两个API不兼容的类的方法，演示了使用extension和创建包装类来实现适配器模式的步骤。第13章将介绍桥接模式。

第 13 章

桥接模式

桥接模式不太好理解，尽管它看起来与第12章介绍的适配器模式有点类似，但是它的用法并不太直观。这一章将重点讲解桥接模式常见的使用场景及其解决的问题，并说明为什么桥接模式与适配器模式最大的区别在于意图而非实现。表13-1列出了桥接模式的相关信息。

表13-1　桥接模式的相关信息

问　题	答　案
是什么	桥接模式通过分离应用的抽象部分与实现部分，使得它们可以独立地变化。桥接模式常被用来解决所谓的类层级爆炸问题。未经深思熟虑地反复进行重构，一般都会导致类层级爆炸问题的出现。此外，通过不断创建新的类的方式来给应用增加新功能，也会引起这种问题
有什么优点	用桥接模式解决类层级爆炸问题的好处在于，为应用增加一个新功能时只需新建一个类。更广泛地讲，此模式分离了应用的抽象部分与实现部分的变化
何时使用此模式	可以使用此模式解决类层级爆炸问题，或者对不同API进行桥接
何时应避免使用此模式	在集成第三方组件时不应使用此模式，而应该使用第12章介绍的适配器模式
如何确定是否正确实现了此模式	就类层级爆炸问题而言，如果新增功能或者增加对新平台的支持，只用创建一个类的话，说明正确地实现了此模式。更广泛地讲，如果不需要对相应的实现部分做修改就可以改变抽象部分（比如协议或者闭包的签名），就说明正确地实现了此模式
有哪些常见陷阱	如果没有将平台相关的代码与通用代码进行分离，是无法解决类层级爆炸问题的
有哪些相关的模式	许多结构型模式的实现都差不多，但是它们的意图是不同的。在做选择时，要确保从本书此部分选择了适合你的模式

13.1　准备示例项目

这里为本章创建了一个名为Bridge的OS X命令行工具项目。首先，新建一个名为Comms.swift的文件，并在其中定义相关的类，如代码清单13-1所示。

代码清单13-1　文件Comms.swift的内容

```
protocol ClearMessageChannel {
    func send(message:String);
}

protocol SecureMessageChannel {
```

13

```
    func sendEncryptedMessage(encryptedText:String);
}

class Communicator {
    private let clearChannel:ClearMessageChannel;
    private let secureChannel:SecureMessageChannel;

    init (clearChannel:ClearMessageChannel, secureChannel:SecureMessageChannel) {
        self.clearChannel = clearChannel;
        self.secureChannel = secureChannel;
    }

    func sendCleartextMessage(message:String) {
        self.clearChannel.send(message);
    }

    func sendSecureMessage(message:String) {
        self.secureChannel.sendEncryptedMessage(message);
    }
}
```

Communicator类中定义了几个用于发送标准信息和安全信息的方法，处理这些信息的机制和方法则在ClearMessageChannel和SecureMessageChannel协议中定义。这两个协议中定义了处理各种类型的通信所需的方法。

这里将支持两种用于传送信息的网络机制：有线和无线。然后，创建一个名为Channels.swift的文件，并在其中定义相关的类，如代码清单13-2所示。

代码清单13-2　文件Channels.swift的内容

```
class Landline : ClearMessageChannel {
    func send(message: String) {
        println("Landline: \(message)");
    }
}

class SecureLandLine : SecureMessageChannel {
    func sendEncryptedMessage(message: String) {
        println("Secure Landline: \(message)");
    }
}

class Wireless : ClearMessageChannel {
    func send(message: String) {
        println("Wireless: \(message)");
    }
}

class SecureWireless : SecureMessageChannel {
    func sendEncryptedMessage(message: String) {
        println("Secure Wireless: \(message)");
    }
}
```

最后，在main.swift文件中添加创建传送信息的通道（channel）的代码，并使用这些channel创建一个Communicator对象，如代码清单13-3所示。

代码清单13-3　文件main.swift的内容

```
var clearChannel = Landline();
var secureChannel = SecureLandLine();

var comms = Communicator(clearChannel: clearChannel, secureChannel: secureChannel);

comms.sendCleartextMessage("Hello!");
comms.sendSecureMessage("This is a secret");
```

此时运行应用将在Xcode控制台输出以下内容:

```
Landline: Hello!
Secure Landline: This is a secret
```

13.2　此模式旨在解决的问题

如果上述代码看上去不经大脑,那是因为一次性创建了所有的类。桥接模式所解决的问题,一般会在应用的功能不断增加,并多次对代码进行重构之后慢慢浮现。

上述代码实现了两个功能(发送明文信息和安全信息),以及这两个功能所使用的平台(有线网络和无线网络)。一般情况下,没人会一开始就创建这样的层级结构,创建这种结构的人通常抱有一种美好的愿望。一款应用程序刚开始通常只有一个功能,且只支持一个平台,如图13-1所示。

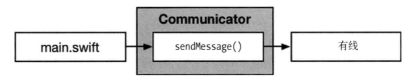

图13-1　一款应用的起点

在某个时刻,你会需要添加对另一个平台的支持,并且平台的选择需要根据应用的配置进行改变。这时可以添加一个协议,用于确定需要使用哪个平台,并添加相关的实现类,用于处理平台相关的细节,如图13-2所示。

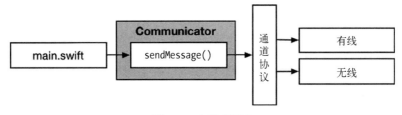

图13-2　支持多平台

又过了一段时间,可能需要添加新功能,比如支持发送安全信息。因此,你又添加了一个协议,以及相关实现类,如图13-3所示。这就是前面创建的应用目前所处的状况。

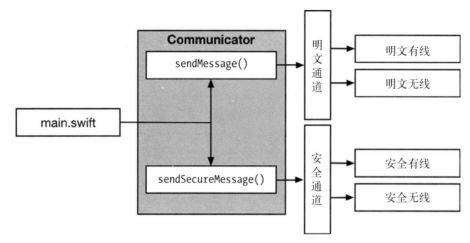

图13-3   支持多功能

这里的问题在于，每当添加新功能和增加对新平台的支持时，都会引起实现类的数量快速增加。事实上，实现类的总数等于功能数乘以平台数，也就是说，如果给上述应用再加一个功能，那么实现类的个数将变成6个（3乘以2）。同样的，再加一个平台，实现类的个数将变成9个（3乘以3）。

这就是所谓的类层级爆炸问题。这个问题将使得协议和类乱成一团，难以管理和维护。类层级爆炸问题通常都不是有意为之，但是当项目时间紧，需要实现的新功能又比较多时，是很容易出现这个问题的。

13.3   桥接模式

桥接模式分离了应用的抽象部分和实现部分，因此这两个部分可以独立修改。桥接模式通过创建两个不同的层级，实现了平台相关的功能与通用功能的分离。这听起来可能有点不太直观，但是桥接模式就是用这种方式解决了类层级爆炸的问题。为了桥接这两个层级，我们需要创建一个桥接类。

提示   分离通用功能与平台相关功能是桥接模式最常用，也是最实用的用法。当然，桥接模式还可以用来分离任意应用的抽象部分和实现部分。如果想了解更通用的例子，请参见13.8节。

在示例应用中，与平台相关的功能是指用某个特定的网络传送一条信息，而通用的功能则是对该条信息进行准备。第一步是定义描述各个部分的协议——信息协议和传输协议，并为其创建相应的实现类。新的层级以及桥接这些层级的桥接类之间的关系如图13-4所示。

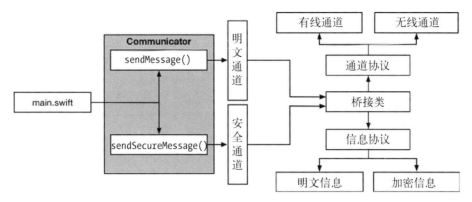

图13-4 桥接模式

提示 如果上述抽象描述未能让你立刻明白，也不必担心，毕竟桥接模式确实比较难解释。如果你无法理解上述内容，请继续阅读后续内容，了解如何实现此模式，然后再回过头来看上述描述。

桥接类的责任是桥接Channel和Message协议，为依赖ClearChannel和SecureChannel协议的Communicator提供相关功能。

注释 请注意，这里并没有修改Communicator类。Communicator类支持的API，桥接类也同样支持，并且桥接类还实现了对新信息类型与新传输通道的映射（更准确的说是**桥接**）。Communicator类之所以不用变动，是因为桥接模式默认应用中将会有其他的类支持同样的协议。若想了解另一种实现方式，请参见13.5节。

桥接模式难道不是适配器模式

从表面上看，桥接模式与第12章介绍的适配器模式甚是相似。毕竟，桥接类的功能就是充当依赖ClearChannel和SecureChannel协议的Communicator类与Channel和Message协议之间的适配器。

桥接模式与适配器模式虽然相似，但它们的应用场景并不相同。当你需要集成无法修改源码的组件时（比如第三方组件），可以使用适配器模式。你可以使用适配器让应用通过它支持的API来使用第三方组件，但是你还是无法改变第三方组件的运行方式，因为你手中只有运行时组件（或者第三方组件开发团队发布新版时，你做的修改会被覆盖）。

当你能够修改组件源代码及其运行方式时，便可使用桥接模式。当类层级中同时含有通用功能和平台相关功能时，也可以使用桥接模式。使用桥接模式不只是创建一个桥接类这么简单，还需要对组件代码进行重构，以分离通用的代码和平台相关的代码。

13

13.4 实现桥接模式

对桥接模式进行讲解固然重要，但是代码实例可以更好地说明模式的原理。在后续小节中，将对示例应用进行重构，并应用桥接模式，以防止出现类层级爆炸问题。

13.4.1 实现信息部分

首先，实现与网络类型无关的通用功能，即信息的创建与准备。代码清单13-4列出了示例项目中新建的Messages.swift的内容。

代码清单13-4 文件Messages.swift的内容

```
protocol Message {
    init (message:String);
    func prepareMessage();
    var contentToSend:String { get };
}

class ClearMessage : Message {
    private var message:String;

    required init(message:String) {
        self.message = message;
    }

    func prepareMessage() {
        // no action required
    }

    var contentToSend:String {
        return message;
    }
}

class EncryptedMessage : Message {
    private var clearText:String;
    private var cipherText:String?;

    required init(message:String) {
        self.clearText = message;
    }

    func prepareMessage() {
        cipherText = String(reverse(clearText));
    }

    var contentToSend:String {
        return cipherText!;
    }
}
```

这里定义了一个名为Message的协议。该协议中定义了一个用required修饰的初始化器，同时还定义了一个名为prepareMessage的方法，如果遵循该协议的类想对信息文本进行处理，可以实现此方法。访问只读属性contentToSend将返回即将发出的文本内容。

代码中还定义了两个循序该协议的类。第一个是ClearMessage类，用于表示无需加密的信息。第二个是EncryptedMessage类，需要加密的信息可用其来表示。（在这个例子中，加密只是简单地对字符串的顺序进行反转，在现实项目中这种加密显然不够，但是对于一个示例应用而言已经够用了。）

13.4.2　实现通道部分

下一步要做的是，定义各个网络独有的功能，即信息的传输。代码清单13-5列出了Channels.swift文件中所需做的修改。

代码清单13-5　Channels.swift文件修改之后的内容

```swift
protocol Channel {
    func sendMessage(msg:Message);
}

class LandlineChannel : Channel {

    func sendMessage(msg: Message) {
        println("Landline: \(msg.contentToSend)");
    }

}

class WirelessChannel : Channel {
    func sendMessage(msg: Message) {
        println("Wireless: \(msg.contentToSend)");
    }
}
```

上述代码定义了一个名为Channel的协议，里面有一个名为sendMessage的方法。与之前的版本不同，新版应用中传输通道已经不再负责处理不同类型的信息。相反，新版只需调用sendMessage方法，传入一个Message对象，Message对象的contentToSend属性所返回的内容将被发送出去。传输通道不用了解其所传输的信息的类型，从而可以更加专注于处理信息的传输。

上述代码还定义了两个遵循Channel协议的类，分别代表有线传输通道和无线传输通道。两个类中的sendMessage方法的实现都是在控制台输出一条信息，内容包括传输通道和信息内容。

13.4.3　创建桥接类

最后一步是创建一个类，用于桥接Communicator类与Message和Channel协议。代码清单13-6列出了新增到示例项目中的Bridge.swift文件的内容。

代码清单13-6　文件Bridge.swift的内容

```swift
class CommunicatorBridge : ClearMessageChannel, SecureMessageChannel {
    private var channel:Channel;

    init(channel:Channel) {
        self.channel = channel;
    }

    func send(message: String) {
```

13

```
        let msg = ClearMessage(message: message);
        sendMessage(msg);
    }

    func sendEncryptedMessage(encryptedText: String) {
        let msg = EncryptedMessage(message: encryptedText);
        sendMessage(msg);
    }

    private func sendMessage(msg:Message) {
        msg.prepareMessage();
        channel.sendMessage(msg);
    }
}
```

CommunicatorBridge类实现了Communicator类所依赖的ClearMessageChannel和SecureMessage-Channel协议，并通过使用新版的Message和Channel协议来达到实现效果。CommunicatorBridge类会根据被调用的方法选择合适的Message实现类，并将Message对象传给CommunicatorBridge类的初始化器接收到的Channel对象。

代码清单13-7列出了对main.swift文件所做的修改，修改之后将使用CommunicatorBridge类来配置Communicator对象。

代码清单13-7　在main.swift文件中使用CommunicatorBridge类

```
var bridge = CommunicatorBridge(channel: LandlineChannel());

var comms = Communicator(clearChannel: bridge, secureChannel: bridge);

comms.sendCleartextMessage("Hello!");
comms.sendSecureMessage("This is a secret");
```

运行应用将看到以下输出：

```
Landline: Hello!
Landline: terces a si sihT
```

13.4.4　增加信息类型与通道类型

为了演示桥接模式的作用，下面将为示例应用新增一种信息类型和一个新的传输通道。新的信息类型为高优先级信息，新的传输通道为卫星网络。首先，在Communicator类中增加对优先级信息的支持，如代码清单13-8所示。不管是否使用桥接模式，这些改变都是必须完成的。

代码清单13-8　在Comms.swift文件中支持新的信息类型

```
protocol ClearMessageChannel {
    func send(message:String);
}

protocol SecureMessageChannel {
    func sendEncryptedMessage(message:String);
}
```

```
protocol PriorityMessageChannel {
    func sendPriority(message:String);
}
class Communicator {
    private let clearChannel:ClearMessageChannel;
    private let secureChannel:SecureMessageChannel;
    private let priorityChannel:PriorityMessageChannel;

    init (clearChannel:ClearMessageChannel, secureChannel:SecureMessageChannel,
        priorityChannel:PriorityMessageChannel) {
        self.clearChannel = clearChannel;
        self.secureChannel = secureChannel;
        self.priorityChannel = priorityChannel;
    }

    func sendCleartextMessage(message:String) {
        self.clearChannel.send(message);
    }

    func sendSecureMessage(message:String) {
        self.secureChannel.sendEncryptedMessage(message);
    }

    func sendPriorityMessage(message:String) {
        self.priorityChannel.sendPriority(message);
    }
}
```

如果不使用桥接模式，为了实现对新型信息和传输通道的支持，我们需要在原有的类层级中新增五个类，如图13-5所示。

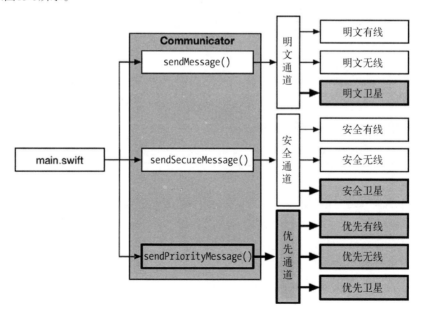

图13-5 不使用桥接模式的情况下为应用添加新功能

这就是问题的关键所在。如果不使用桥接模式，为应用增加新功能将需要增加更多的类。在使用桥接模式之后，增加信息类型和传输通道只需增加两个类，一个用于表示新型信息，另一个用于表示新的传输通道，如图13-6所示。

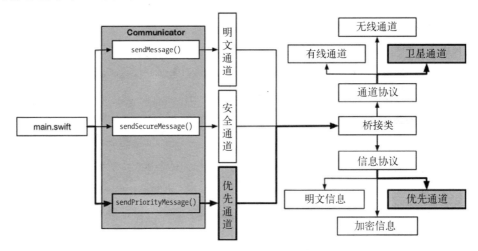

图13-6   使用桥接模式的情况下为应用添加新功能

尽管图13-6看起来比较复杂，但这不过是桥接模式使应用更加结构化的结果（毕竟桥接模式是结构型模式）。就添加新功能所需的工作量而言，使用桥接模式之后显然有所减少。下面新建一个名为NewFeatures.swift的文件，并在其中实现新的信息类型和传输通道，其内容如代码清单13-9所示。

代码清单13-9   NewFeatures.swift文件的内容

```
class SatelliteChannel : Channel {

    func sendMessage(msg: Message) {
        println("Satellite: \(msg.contentToSend)");
    }
}

class PriorityMessage : ClearMessage {

    override var contentToSend:String {
        return "Important: \(super.contentToSend)";
    }
}
```

在定义完新的类之后，还要更新桥接类，以让其支持来自Communicator类的新型信息，如代码清单13-10所示。

代码清单13-10   在Bridge.swift中实现对新型信息的支持

```
class CommunicatorBridge : ClearMessageChannel,
        SecureMessageChannel, PriorityMessageChannel {

    private var channel:Channel;
```

```
    init(channel:Channel) {
        self.channel = channel;
    }

    func send(message: String) {
        let msg = ClearMessage(message: message);
        sendMessage(msg);
    }

    func sendEncryptedMessage(encryptedText: String) {
        let msg = EncryptedMessage(message: encryptedText);
        sendMessage(msg);
    }

    func sendPriority(message: String) {
        sendMessage(PriorityMessage(message: message));
    }

    private func sendMessage(msg:Message) {
        msg.prepareMessage();
        channel.sendMessage(msg);
    }
}
```

然后，修改main.swift中的代码，以对新功能进行测试，如代码清单13-11所示。

代码清单13-11　　在main.swift文件中对新的信息类型进行测试

```
var bridge = CommunicatorBridge(channel: SatelliteChannel());
var comms = Communicator(clearChannel: bridge,secureChannel: bridge,
    priorityChannel: bridge);

comms.sendCleartextMessage("Hello!");
comms.sendSecureMessage("This is a secret");
comms.sendPriorityMessage("This is important");
```

此时运行应用将输出以下内容，从中可以看到新的信息类型和通道类型：

```
Satellite: Hello!
Satellite: terces a si sihT
Satellite: Important: This is important
```

13.5　桥接模式的变体

平台的选择通常是在运行时完成的，一般通过配置文件或者外部设置进行配置。就上述示例应用而言，平台是指信息的传输通道，而平台则可根据实际可用的硬件网络进行选择。但实际上，下面的代码已经完成了平台的选择，如下所示：

```
...
var bridge = CommunicatorBridge(channel: SatelliteChannel());
...
```

在编译阶段实现平台的选择，显然不现实，因为这意味着每次切换平台都要改代码并重新编译。

这里之所以这么做，是因为不想为了演示模式的应用而创建一个配置系统，或者对网络状况进行检测。

此模式最简单的一个变体是加入工厂方法模式，这样就可以将选择平台相关的实现逻辑隐藏起来，即对桥接类和应用的其他部分不可见。代码清单13-12演示了在示例应用中实现第9章介绍的工厂方法模式的方式。

代码清单13-12   在Channels.swift文件中使用工厂方法模式

```
class Channel {

    enum Channels {
        case Landline;
        case Wireless;
        case Satellite;
    }

    class func getChannel(channelType:Channels) -> Channel {
        switch channelType {
            case .Landline:
                return LandlineChannel();
            case .Wireless:
                return WirelessChannel();
            case .Satellite:
                return SatelliteChannel();
        }
    }

    func sendMessage(msg:Message) {
        fatalError("Not implemented");
    }
}

class LandlineChannel : Channel {
    override func sendMessage(msg: Message) {
        println("Landline: \(msg.contentToSend)");
    }

}

class WirelessChannel : Channel {
    override func sendMessage(msg: Message) {
        println("Wireless: \(msg.contentToSend)");
    }
}
```

上述代码修改了Channel类的定义，修改之后它变成了一个类而不是一个协议。同时，在这个类中定义了一个枚举，列出了有线、无线和卫星这三个可用的平台。此外，上述代码还定义了一个名为getChannel的方法，它接收一个Channel值，并据此对代表该平台的类进行实例化。

这里必须使用override关键字修饰LandlineChannel和WirelessChannel这两个类中定义sendMessage方法，因为Channel已经从一个协议变成了一个类。代码清单13-13列出了卫星实现类需要做的改变。

代码清单13-13   修改NewFeatures.swift中的方法声明

```
class SatelliteChannel : Channel {
    override func sendMessage(msg: Message) {
```

```
        println("Satellite: \(msg.contentToSend)");
    }
}

class PriorityMessage : ClearMessage {
    override var contentToSend:String {
        return "Important: \(super.contentToSend)";
    }
}
```

代码清单13-14列出了CommunicatorBridge类所做的修改，修改之后其初始化器接收的参数类型变成了枚举类型，而非实现类的实例。

代码清单13-14　在Bridge.swift中修改初始化器

```
class CommunicatorBridge : ClearMessageChannel, SecureMessageChannel,
        PriorityMessageChannel {
    private var channel:Channel;

    init(channel:Channel.Channels) {
        self.channel = Channel.getChannel(channel);
    }

    func send(message: String) {
        let msg = ClearMessage(message: message);
        sendMessage(msg);
    }

    func sendEncryptedMessage(encryptedText: String) {
        let msg = EncryptedMessage(message: encryptedText);
        sendMessage(msg);
    }

    func sendPriority(message: String) {
        sendMessage(PriorityMessage(message: message));
    }

    private func sendMessage(msg:Message) {
        msg.prepareMessage();
        channel.sendMessage(msg);
    }
}
```

最后一步是更新main.swift文件中选择平台的代码，如代码清单13-15所示。

代码清单13-15　更新main.swift文件

```
var bridge = CommunicatorBridge(channel: Channel.Channels.Satellite);
var comms = Communicator(clearChannel: bridge,
    secureChannel: bridge, priorityChannel: bridge);

comms.sendCleartextMessage("Hello!");
comms.sendSecureMessage("This is a secret");
comms.sendPriorityMessage("This is important");
```

13

合并桥接类

在使用桥接模式时，正常情况下都会默认应用的其他地方将会使用被桥接的协议。在示例应用这个例子中，这意味着还有其他与Communicator类似的类将会用到ClearMessageChannel、SecureMessage-Channel和PriorityMessageChannel这几个协议，这也是这里没有对这些协议和Communicator类做任何修改，而是对它们进行了桥接的原因。

在一些应用中，只有一个类依赖相关协议，此时可以将该类与桥接类进行合并，并去掉多余的协议。

第一步是将Bridge.swift从项目中删除，因为此文件中的CommunicatorBridge类已经失去了价值，而且由于它对后面将要删除的协议存在依赖，因此若不删除此文件，可能会导致编译失败。下一步是将桥接的功能加到Communicator类中，如代码清单13-16所示。

代码清单13-16　在Comms.swift文件中加入对桥接功能的支持

```
//protocol ClearMessageChannel {
//    func send(message:String);
//}
//
//protocol SecureMessageChannel {
//    func sendEncryptedMessage(message:String);
//}
//
//protocol PriorityMessageChannel {
//    func sendPriority(message:String);
//}

class Communicator {
    private let channnel:Channel;

    init (channel:Channel.Channels) {
        self.channnel = Channel.getChannel(channel);
    }

    private func sendMessage(msg:Message) {
        msg.prepareMessage();
        channnel.sendMessage(msg);
    }

    func sendCleartextMessage(message:String) {
        self.sendMessage(ClearMessage(message: message));
    }

    func sendSecureMessage(message:String) {
        self.sendMessage(EncryptedMessage(message: message));
    }

    func sendPriorityMessage(message:String) {
        self.sendMessage(PriorityMessage(message: message));
    }
}
```

代码首先将用于定义协议的代码注释了，并修改了Communicator类，以让其直接与Message和Channel协议进行协作，从而使其不再依赖于一个单独的桥接类。

注意　只有在单类中使用桥接模式时，这个变体才有用处。如果要对多个类文件进行与代码清单13-16类似的修改，那么说明你使用桥接模式的方式不对。尽管最后你可能也改进了应用的结构，但是那样并没使用到桥接模式，也无法将通用功能和平台相关功能与应用的其他功能分离开。

此外，还需要在main.swift中更新选择平台和发送信息的代码，如代码清单13-17所示。

代码清单13-17　在main.swift文件中合并桥接

```
var comms = Communicator(channel: Channel.Channels.Satellite);

comms.sendCleartextMessage("Hello!");
comms.sendSecureMessage("This is a secret");
comms.sendPriorityMessage("This is important");
```

注释　如果没有删除Bridge.swift，或者注释掉里面的内容，项目是无法通过编译的。

13.6　桥接模式的陷阱

此模式唯一的陷阱是，如何正确地辨别出哪些功能是通用的，哪些是平台相关的。正确实现的桥接模式能够将通用功能和具体功能分离到不同的层级中，而要想实现这点还是有一定难度的。

一般来说，如果发现不同平台的类有不少重复的代码，那么这些功能就很可能是通用功能。同样，用于区别不同平台的流程控制语句则显然属于平台相关的代码。这个建议也许显而易见，但是要在经历过几次不成功的重构，充满各种复制粘贴的代码和奇技淫巧的复杂层级中弄清楚这些问题，还是有一定难度的。

13.7　Cocoa 中使用桥接模式的实例

桥接模式将实现细节隐藏在了公开API之后，因此很难知道Cocoa框架中是否使用了这个模式。

13.8　在 SportsStore 应用中使用此模式

尽管桥接模式通常用来解决类层级爆炸问题，但是它同样可以用于分离抽象部分和实现部分。本小节将演示如何使用此模式让API的意图更加明显。

13.8.1　准备示例应用

这里无需准备，直接使用第12章中使用的示例应用即可。别忘了，你可以到apress.com下载本书所有示例应用的源码。

13.8.2　理解待解决的问题

在第8章中，我们给示例应用添加了一个功能，使其可以模拟从服务器获取产品的初始库存水平。此功能返回的数据将在应用界面上作为产品详情进行展示，因此在ProductDataStore类中定义了一个回调方法，以触发界面更新。下面是这个回调方法的签名：

```
...
var callback:((Product) -> Void)?;
...
```

13

这个回调方法的定义很简单，它接收一个参数，即存有产品库存水平数据的Product对象。

这是通知回调的常见形式，而且它也反映了大多数开发者的关注点。一旦他们开始开发新功能，该功能就是他们心中最重要的功能。不幸的是，这种类型的回调并没有考虑到通知接收者可能还关注了其他的事件源，而这些事件源可能也各自定义了相应的以自己为中心的回调。久而久之，回调多了，此时就需要一个用于区分这些回调通知的闭包，要不然都没有办法区分这些回调的来源。也就是说，这些通知回调并没有明确指明其来源，接收者也就无法选择合适的实现类。

桥接模式通过对事件源的回调进行桥接，可以很好地解决上述问题。同时，桥接模式也可为回调通知接收者提供额外的上下文信息，从而使API更加实用。

13.8.3　定义桥接类

这里用到的桥接类很简单，它的职责只有一个，即使用上一节介绍的回调方法接收事件，然后将其映射到一个更加实用、能为事件接收者提供更多相关信息的回调方法。下面向SportsStore项目添加一个名为EventBridge.swift的文件，其内容如代码清单13-18所示。

代码清单13-18　文件EventBridge.swift的内容

```
class EventBridge {
    private let outputCallback:(String, Int) -> Void;

    init(callback:(String,Int) -> Void) {
        self.outputCallback = callback;
    }

    var inputCallback:(Product) -> Void {
        return { p in self.outputCallback(p.name, p.stockLevel); }
    }
}
```

EventBridge类很简单，但是它分离了事件的来源与事件的去向，这样就可以在不修改一方的情况下改变另一方。代码的关键在于，它并没有将其通知中的Product对象直接传下去，相反，只是传了产品的名称与新的库存水平。如此简化之后的通知，显然更符合ViewController类的需求，因为它并不关心Product对象，它只负责更新界面上展示的数据。代码清单13-19演示了使用EventBridge类简化ViewController代码的方法。

代码清单13-19　在ViewController.swift中使用桥接类

```
import UIKit

// ...ProductTableCell class omitted for brevity...

class ViewController: UIViewController, UITableViewDataSource {

    @IBOutlet weak var totalStockLabel: UILabel!
    @IBOutlet weak var tableView: UITableView!

    var productStore = ProductDataStore();

    override func viewDidLoad() {
        super.viewDidLoad();
```

```
        displayStockTotal();
        let bridge = EventBridge(callback: updateStockLevel);
        productStore.callback = bridge.inputCallback;
    }

    func updateStockLevel(name:String, level:Int) {
        for cell in self.tableView.visibleCells() {
            if let pcell = cell as? ProductTableCell {
                if pcell.product?.name == name {
                    pcell.stockStepper.value = Double(level);
                    pcell.stockField.text = String(level);
                }
            }
        }
        self.displayStockTotal();
    }

    override func didReceiveMemoryWarning() {
        super.didReceiveMemoryWarning();
    }

    // ...other methods omitted for brevity...
}
```

代码中的改变也许并不显著，但是改进之后，无论更新库存水平的行为发生在应用的哪个地方，都可以使用同一个updateStockLevel方法对其变化进行捕捉。尽管为了适时调用updateStockLevel方法，需要使用桥接模式对原事件进行转换，但是同时也不再需要为了传递一个Product对象，而单独为每个事件源定义闭包。

13.9 总结

本章讲解了桥接模式，并介绍了如何使用它分离通用代码与平台相关代码，并以此解决类层级爆炸的问题。本章也说明了桥接模式比较常见的应用场景，即分离抽象部分与实现部分。此外，本章还演示了使用桥接模式优化接收事件的API的方法。第14章，我们将学习装饰器模式。

13

第14章 装饰器模式

本章我们将学习装饰器模式，它可以用于在运行时选择性地修改对象的行为。此模式的使用场景很多，在处理无法修改的类时能发挥其强大的功能。选择性地修改的意思是，你可以选择修改哪些对象，以及保持哪些对象的原有功能。表14-1列出了装饰器模式的相关信息。

表14-1　装饰器模式的相关信息

问　题	答　案
是什么	使用装饰器模式，我们可以在不修改对象所属的类或对象的使用者的情况下，修改单个对象的行为
有什么优点	装饰器模式中定义的行为，即改变之后的对象行为，能够在不创建大量子类的情况下，组合起来实现复杂的效果
何时使用此模式	如果想修改某些对象的行为，但又不想改变该对象所属的类或者其使用者，就可以使用此模式
何时应避免使用此模式	如果可以修改你想修改的对象的类实现，那就不要使用此模式，此时直接修改类往往更加简单
如何确定是否正确实现了此模式	如果可以在不修改类的实现的情况下，选择性地修改某个类的部分对象（并且这种修改不会影响其他对象），则说明你正确地实现了此模式
有哪些常见陷阱	此模式最主要的一个陷阱是，错误地实现此模式之后，它所做的修改会对所有对象产生影响，即无法选择性地修改某些对象。还有一个比较少见的陷阱，即实现此模式之后会产生一些与对象原意图无关的副作用
有哪些相关的模式	许多结构型模式的实现基本都差不多，但是它们的意图并不相同。因此，从本部分介绍的模式中选择模式时，要确保选择了合适的模式

14.1　准备示例项目

与前面几章一样，首先要创建一个新的OS X命令行工具项目，起名为Decorator。然后，在项目中创建一个名为Purchase.swift的文件，其内容如代码清单14-1所示。

代码清单14-1　Purchase.swift文件的内容

```
class Purchase : Printable {
    private let product:String;
    private let price:Float;

    init(product:String, price:Float) {
        self.product = product;
        self.price = price;
    }

    var description:String {
```

```
        return product;
    }

    var totalPrice:Float {
        return price;
    }
}
```

Purchase表示顾客在商店购买商品时所做的选择。此类定义了两个用于存储商品名称和价格的属性，并使用description和totalPrice两个计算属性将这些信息提供给外界。接着，在示例项目中创建一个名为CustomerAccount.swift的文件，并在其中定义代码清单14-2所示的类。

代码清单14-2 CustomerAccount.swift文件的内容

```
import Foundation

class CustomerAccount {
    let customerName:String;
    var purchases = [Purchase]();

    init(name:String) {
        self.customerName = name;
    }

    func addPurchase(purchase:Purchase) {
        self.purchases.append(purchase);
    }

    func printAccount() {
        var total:Float = 0;
        for p in purchases {
            total += p.totalPrice;
            println("Purchase \(p), Price \(formatCurrencyString(p.totalPrice))");
        }
        println("Total due: \(formatCurrencyString(total))");
    }

    func formatCurrencyString(number:Float) -> String {
        let formatter = NSNumberFormatter();
        formatter.numberStyle = NSNumberFormatterStyle.CurrencyStyle;
        return formatter.stringFromNumber(number) ?? "";
    }
}
```

CustomerAccount类表示的是一组Purchase对象，代表顾客购买的东西。当顾客购买新的商品时，可调用addPurchase方法将它添加到CustomerAccount对象中，同时可调用printAccount方法将用户的购物信息输出到Xcode的调试控制台。代码清单14-3列出了main.swift文件的内容，其中演示了上述两个类的使用方式。

代码清单14-3 main.swift文件的内容

```
let account = CustomerAccount(name:"Joe");

account.addPurchase(Purchase(product: "Red Hat", price: 10));
account.addPurchase(Purchase(product: "Scarf", price: 20));

account.printAccount();
```

14

Purchase遵循Printable协议，这意味着把Purchase对象传给println方法，println方法会输出Purchase对象的description属性的值。此时运行示例项目将输出以下内容：

```
Purchase Red Hat, Price $10.00
Purchase Scarf, Price $20.00
Total due: $30.00
```

14.2　此模式旨在解决的问题

假设现在我们想为顾客提供礼品服务，但是又不想修改上一节定义的Purchase类和Customer-Account类，这时该怎么办？不能修改相关类的原因有很多种可能，但是最常见的一种原因是因为这些类是由第三方框架提供的。就这里的示例项目而言，Purchase类和CustomerAccount类可能是现成的销售管理系统的一部分。

顾客可以任意选择礼品服务，每一种的价格都不同，且相互独立。表14-2列出了服务选项和它们对应的价格。

表14-2　礼品服务选项

礼品服务	价　　格
礼品包装	$2
彩带	$1
礼品配送	$5

如果要新增礼品服务，最显而易见的一种方式是创建Purchase类的子类，这样就可以定义新的行为，同时也无需修改Purchase类和CustomerAccount类。

代码清单14-4列出了Options.swift的内容，其中定义了一个Purchase类的子类，用于表示礼品服务。

代码清单14-4　Options.swift文件的内容

```swift
class PurchaseWithGiftWrap : Purchase {
    override var description:String { return "\(super.description) + giftwrap"; }
    override var totalPrice:Float { return super.totalPrice + 2;}
}

class PurchaseWithRibbon : Purchase {
    override var description:String { return "\(super.description) + ribbon"; }
    override var totalPrice:Float { return super.totalPrice + 1; }
}

class PurchaseWithDelivery : Purchase {
    override var description:String { return "\(super.description) + delivery"; }
    override var totalPrice:Float { return super.totalPrice + 5; }
}
```

其中定义的三个类分别代表表14-2中的一个选项，并且这些类全部重写了父类的description和totalPrice属性。代码清单14-5演示了使用这些子类而非Purchase类表示礼品服务选项的方法。

代码清单14-5   在main.swift文件中使用Purchase类的子类

```
let account = CustomerAccount(name:"Joe");

account.addPurchase(Purchase(product: "Red Hat", price: 10));
account.addPurchase(Purchase(product: "Scarf", price: 20));
account.addPurchase(PurchaseWithGiftWrap(product: "Sunglasses", price: 25));

account.printAccount();
```

此时运行应用将看到以下输出：

```
Purchase Red Hat, Price $10.00
Purchase Scarf, Price $20.00
Purchase Sunglasses + giftwrap, Price $27.00
Total due: $57.00
```

尽管这些子类可以实现我们想要的功能，却没有满足业务需求，即顾客无法对这些选项进行混合。一个子类只能表示一个选项，如果顾客同时想要礼品包装服务和配送服务，就无法表示了。显然，为了表示这个组合还要再创建一个子类，如代码清单14-6所示。

代码清单14-6   在Options.swift文件中添加一个子类以表示礼品服务组合

```
class PurchaseWithGiftWrap : Purchase {
    override var description:String { return "\(super.description) + giftwrap"; }
    override var totalPrice:Float { return super.totalPrice + 2;}
}

class PurchaseWithRibbon : Purchase {
    override var description:String { return "\(super.description) + ribbon"; }
    override var totalPrice:Float { return super.totalPrice + 1; }
}

class PurchaseWithDelivery : Purchase {
    override var description:String { return "\(super.description) + delivery"; }
    override var totalPrice:Float { return super.totalPrice + 5; }
}

class PurchaseWithGiftWrapAndDelivery : Purchase {
    override var description:String {
        return "\(super.description) + giftwrap + delivery"; }
    override var totalPrice:Float { return super.totalPrice + 5 + 2; }
}
```

这只是众多可能出现的组合中的一种。为了给顾客提供所有可能的组合，需要为下列所有组合创建一个Purchase类的子类。

❑ Gift wrap（礼品包装）

❑ Ribbon（彩带）

❑ Delivery（礼品配送）

❑ Gift wrap + Ribbon（礼品包装 + 彩带）

❑ Gift wrap + Delivery（礼品包装 + 礼品配送）

❑ Ribbon + Delivery（彩带 + 礼品配送）

14

❑ Gift wrap + Ribbon + Delivery（礼品包装 + 彩带 + 礼品配送 ）

随着服务选项的增加，子类数量将不断增加，因为我们必须为所有可能出现的组合创建一个
Purchase类的子类。子类数量的不断增加将增加出错的风险，并会让项目变得难以维护。举个例子，
如果某个选项的价格变了，那么就要修改一大批类，而且还很容易漏改了某些应该修改的类。

14.3   装饰器模式

装饰器模式通过创建装饰器类解决了上述组合问题，装饰器类是指用于封装原始类并改变其行为
的类。装饰器类向外界提供的API与其所封装的原类相同，而且为了创建其他组合，装饰器还可以封
装其他装饰器。图14-1描绘的即为装饰器模式。

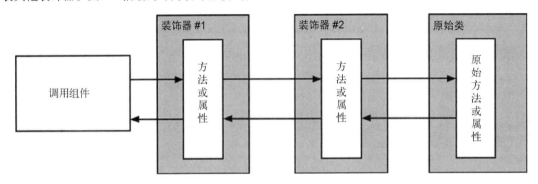

图14-1   装饰器模式

装饰器向外界提供的方法和属性与原来的类一模一样，因此可以在不修改调用组件的情况下用它
们替换原来的类。装饰器通常会调用它们所封装的类的方法和属性，正如图14-1所示。鉴于所有相关
对象暴露的方法和属性都一样，因此装饰器也不知晓它所封装的是原始类的实例还是另一个装饰器。

14.4   实现装饰器模式

为了实现装饰器模式，需要继承那个无法修改的类，以创建一个拥有该类所有方法和属性的类，
这样才可以无缝替换原来的那个类。装饰器类中需要定义一个用于存储被封装对象的私有属性，从而
为外界提供该对象的基本功能。代码清单14-7演示了如何使用装饰器替换上一节中实现的各个子类。

代码清单14-7   在Options.swift文件中定义Decorator类

```
class BasePurchaseDecorator : Purchase {
    private let wrappedPurchase:Purchase;

    init(purchase:Purchase) {
        wrappedPurchase = purchase;
        super.init(product: purchase.description, price: purchase.totalPrice);
    }
}

class PurchaseWithGiftWrap : BasePurchaseDecorator {
```

```
      override var description:String { return "\(super.description) + giftwrap"; }
      override var totalPrice:Float { return super.totalPrice + 2;}
}

class PurchaseWithRibbon : BasePurchaseDecorator {
      override var description:String { return "\(super.description) + ribbon"; }
      override var totalPrice:Float { return super.totalPrice + 1; }
}

class PurchaseWithDelivery : BasePurchaseDecorator {
      override var description:String { return "\(super.description) + delivery"; }
      override var totalPrice:Float { return super.totalPrice + 5; }
}
```

为了减少重复，代码中定义了一个继承自Purchase类、名为BasePurchaseDecorator的类。同时，还在其中定义了一个接收Purchase对象，并将其保存在私有属性中的初始化器。

每个装饰器都继承了Purchase中的变量和初始化器，同时重写了其中的description和totalPrice属性。装饰器的属性对应的是其封装的Purchase对象的属性，装饰器会对原属性的返回值进行处理，然后将处理结果返回给调用组件。举个例子，上述调用组件访问装饰器的totalPrice属性时，装饰器首先会获取被封装的对象的价格，然后加上顾客所选的礼品服务价格，最后才将计算结果返回给调用组件。

提示　有时装饰器封装的对象是由协议定义的，实现类也不会暴露给你，但这并不会影响实现装饰器模式的方式。装饰器可以循序该协议，然后封装同样遵循该协议的对象即可。

装饰器继承自Purchase类，同时定义了一个接收Purchase对象的初始化器。这样就可以通过多个装饰器的配合来创建多种对象组合，如代码清单14-8所示。

代码清单14-8　在main.swift文件中使用装饰器类

```
let account = CustomerAccount(name:"Joe");

account.addPurchase(Purchase(product: "Red Hat", price: 10));
account.addPurchase(Purchase(product: "Scarf", price: 20));
account.addPurchase(PurchaseWithDelivery(purchase:
                    PurchaseWithGiftWrap(purchase:
                      Purchase(product: "Sunglasses", price:25))));

account.printAccount();
```

上述代码创建了一个Purchase对象，以表示一个购买墨镜的行为。然后，将这个对象传给装饰器PurchaseWithGiftWrap的初始化器。接着，将上一步获得的装饰器对象传给装饰器PurchaseWith-Delivery的初始化器。最后，将这个经过两次装饰的Purchase对象添加到顾客的账户中。我并未对Purchase类或者CustomerAccount类进行任何修改，但是从应用的输出可以看出，通过装饰器我们实现了对多种礼品服务组合的支持。

```
Purchase Red Hat, Price $10.00
Purchase Scarf, Price $20.00
Purchase Sunglasses + giftwrap + delivery, Price $32.00
```

14

```
Total due: $62.00
```

应用输出的购买行为描述中包含了顾客选择的礼品服务，并且这些服务的费用也在总价中得到了体现。

14.5 装饰器模式的变体

装饰器模式主要有两种变体，后续的几个小节将对这些变体做进一步介绍。

14.5.1 创建具有新功能的装饰器

前面几节中介绍的装饰器对外呈现的API，与其装饰的对象提供的API并无不同。也就是说，装饰器对于被装饰的对象的使用者而言是不可见的。这也使得应用可以在不做修改的情况下增加新功能，比如前面的礼品服务选项。

这里要介绍的第一种变体，就是使用装饰器为原对象增加新的方法或者属性。这种做法增强了装饰器的灵活性，但同时也减小了其适用范围。为了演示这一点，下面向示例项目中添加一个名为Discounts.swift的文件，并定义相关装饰器，如代码清单14-9所示。

代码清单14-9 Discounts.swift的内容

```
class DiscountDecorator: Purchase {
    private let wrappedPurchase:Purchase;

    init(purchase:Purchase) {
        self.wrappedPurchase = purchase;
        super.init(product: purchase.description, price: purchase.totalPrice);
    }

    override var description:String {
        return super.description;
    }

    var discountAmount:Float {
        return 0;
    }

    func countDiscounts() -> Int {
        var total = 1;
        if let discounter = wrappedPurchase as? DiscountDecorator {
            total += discounter.countDiscounts();
        }
        return total;
    }
}

class BlackFridayDecorator : DiscountDecorator {

    override var totalPrice:Float {
        return super.totalPrice - discountAmount;
    }
```

```swift
    override var discountAmount:Float {
        return super.totalPrice * 0.20;
    }
}

class EndOfLineDecorator : DiscountDecorator {

    override var totalPrice:Float {
        return super.totalPrice - discountAmount;
    }

    override var discountAmount:Float {
        return super.totalPrice * 0.70;
    }
}
```

上述代码定义了一个名为DiscountDecorator的装饰器，它封装了Purchase对象，并对外暴露了该对象的description和totalPrice属性。此外，该装饰器还定义了一个名为discountAmount的属性，用于表示产品的折后价。totalPrice属性的实现中也用到了discountAmount属性，前者基于后者计算产品的最终价格。countDiscounts方法则可以判断产品是否适用折扣优惠，并将所有折扣应用到产品的价格计算上。

此外，上述代码还在DiscountDecorator的基础上派生出了两个装饰类，以表示不同的销售条件。代码清单14-10演示了这些装饰器的使用方法。

代码清单14-10　在main.swift中使用Discount Decorators

```swift
let account = CustomerAccount(name:"Joe");

account.addPurchase(Purchase(product: "Red Hat", price: 10));
account.addPurchase(Purchase(product: "Scarf", price: 20));
account.addPurchase(EndOfLineDecorator(purchase:
    BlackFridayDecorator(purchase: PurchaseWithDelivery(purchase:
        PurchaseWithGiftWrap(purchase:Purchase(product: "Sunglasses", price:25))))));

account.printAccount();
```

上述代码同时使用了EndOfLineDecorator和BlackFridayDecorator两个折扣，运行应用将看到以下输出：

```
Purchase Red Hat, Price $10.00
Purchase Scarf, Price $20.00
Purchase Sunglasses + giftwrap + delivery, Price $7.68
Total due: $37.68
```

这几个新的装饰器并没有修改产品的描述信息，但是却将产品的价格从32美元降到了25.60美元。

1. 使用新增功能

新的装饰器提供的countDiscounts方法，可以让外界获取到某次购买行为所使用的折扣数量，如代码清单14-11所示。

代码清单14-11　在main.swift文件中展示使用的折扣数量

```swift
let account = CustomerAccount(name:"Joe");
```

```
account.addPurchase(Purchase(product: "Red Hat", price: 10));
account.addPurchase(Purchase(product: "Scarf", price: 20));
account.addPurchase(EndOfLineDecorator(purchase:
    BlackFridayDecorator(purchase: PurchaseWithDelivery(purchase:
        PurchaseWithGiftWrap(purchase:Purchase(product: "Sunglasses", price:25))))));

account.printAccount();

for p in account.purchases {
    if let d = p as? DiscountDecorator {
        println("\(p) has \(d.countDiscounts()) discounts");
    } else {
        println("\(p) has no discounts");
    }
}
```

上述代码先检查CustomerAccount对象中存储的某次购买行为是否为DiscountDecorator类的实例,如果是则调用其countDiscounts方法。运行应用将在控制台输出以下内容:

```
Purchase Red Hat, Price $10.00
Purchase Scarf, Price $20.00
Purchase Sunglasses + giftwrap + delivery, Price $7.68
Total due: $37.68
Red Hat has no discounts
Scarf has no discounts
Sunglasses + giftwrap + delivery has 2 discounts
```

2. 具有新功能的装饰器的局限性

为原对象增加新功能的装饰器的适用范围比较小。为了向外界暴露新功能,装饰器的每个实例都至少需要一个组件了解它,这些组件可以是调用组件,在多个装饰器嵌套的情况下,也可以是另一个装饰器。

上述用于表示折扣的装饰器,使用时如果顺序不同,产生的结果也会不同。在代码清单14-11中,两种折扣都是直接作用于总价的,即包含了礼品服务的费用,如下所示:

```
...
account.addPurchase(EndOfLineDecorator(purchase:
    BlackFridayDecorator(purchase: PurchaseWithDelivery(purchase:
        PurchaseWithGiftWrap(purchase:Purchase(product: "Sunglasses", price:25))))));
...
```

代码清单14-12演示了如何让折扣只作用于产品价格,而不对礼品服务的收费产生影响。

代码清单14-12 在 main.swift 文件中修改装饰器的使用方式

```
let account = CustomerAccount(name:"Joe");

account.addPurchase(Purchase(product: "Red Hat", price: 10));
account.addPurchase(Purchase(product: "Scarf", price: 20));
account.addPurchase(EndOfLineDecorator(purchase:
    PurchaseWithDelivery(purchase:PurchaseWithGiftWrap(purchase:
        BlackFridayDecorator(purchase:
    Purchase(product: "Sunglasses", price:25))))));
```

```
account.printAccount();

for p in account.purchases {
    if let d = p as? DiscountDecorator {
        println("\(p) has \(d.countDiscounts()) discounts");
    } else {
        println("\(p) has no discounts");
    }
}
```

上述代码里的BlackFridayDecorator只对墨镜的价格产生影响，对礼品服务的收费并无影响。此时运行应用将看到以下输出：

```
Purchase Scarf, Price $20.00
Purchase Sunglasses + giftwrap + delivery, Price $8.10
Total due: $38.10
Red Hat has no discounts
Scarf has no discounts
Sunglasses + giftwrap + delivery has 1 discounts
```

显然，价格计算是正确的，同时也可以看到总结中只输出了一个折扣信息。这是因为礼品服务并没有使用与折扣相关的装饰器，也不了解这些装饰器的功能。

尽管不太灵活，但这并不意味着不能使用装饰器来为对象添加新功能。只是在这么做的时候要慎重考虑，并评估将对应用其他部分带来哪些影响，特别是在已经使用了其他装饰器的情况下。

14.5.2　合并多个装饰器

到目前为止，本章定义的装饰器类都比较简单，这是为了将重点放在解释此模式的工作原理上，以演示如何选用装饰器和在不修改它所装饰的类的情况下使用装饰器。

装饰器不一定非得简单，而且无论原来的类实现了什么方法，定义了什么属性，都可以使用装饰器。另一个常见的变体是合并多个装饰器，这样可以同时对对象做多种修改。代码清单14-13演示了如何将前面的多个礼品服务装饰器合并到一个类中。

> **注意**　装饰器虽然可以随意创建自己的方法实现和定义属性，但是这些方法和属性所执行的任务应该与原类保持一致。就示例项目而言，根据totalPrice属性计算出税费算是一种好的实现，基于同样的属性计算并返回产品库存水平，就不能算是好的实现。装饰器的作用应该是增强或者拓展原始类的功能，而不是给现有的API渗透功能。

代码清单14-13　在Options.swift文件中用一个装饰器实现对多种购买选项的表示

```
class GiftOptionDecorator : Purchase {
    private let wrappedPurchase:Purchase;
    private let options:[OPTION];

    enum OPTION {
        case GIFTWRAP;
        case RIBBON;
```

```
            case DELIVERY;
    }

    init(purchase:Purchase, options:OPTION...) {
        self.wrappedPurchase = purchase;
        self.options = options;
        super.init(product: purchase.description, price: purchase.totalPrice);
    }

    override var description:String {
        var result = wrappedPurchase.description;
        for option in options {
            switch (option) {
                case .GIFTWRAP:
                    result = "\(result) + giftwrap";
                case .RIBBON:
                    result = "\(result) + ribbon";
                case .DELIVERY:
                    result = "\(result) + delivery";
            }
        }
        return result;
    }

    override var totalPrice:Float {
        var result = wrappedPurchase.totalPrice;
        for option in options {
            switch (option) {
                case .GIFTWRAP:
                    result += 2;
                case .RIBBON:
                    result += 1;
                case .DELIVERY:
                    result += 5;
            }
        }
        return result;
    }
}
```

上述代码依然是一个装饰器，它能够选择性地修改Purchase对象的行为，而且还支持创建礼品服务组合。不同的是，它将多种选项合并到了一个类中。代码清单14-14演示了新装饰器的使用方法。

提示　在小项目中，我个人倾向于使用多个独立的装饰器类。因为这样更加优雅，实现起来也比较简单。不过，对于比较复杂的项目而言，使用多个独立的装饰器不便于维护，所以将多个相关联的装饰器合并会比较合适。个人觉得，合并之后的装饰器虽然不够优雅，但是比较容易维护。

代码清单14-14　在main.swift文件中使用合并装饰器

```
let account = CustomerAccount(name:"Joe");

account.addPurchase(Purchase(product: "Red Hat", price: 10));
account.addPurchase(Purchase(product: "Scarf", price: 20));
account.addPurchase(EndOfLineDecorator(purchase: BlackFridayDecorator(purchase:
        GiftOptionDecorator(purchase: Purchase(product: "Sunglasses", price:25),
```

```
        options: GiftOptionDecorator.OPTION.GIFTWRAP,
            GiftOptionDecorator.OPTION.DELIVERY))));

account.printAccount();

for p in account.purchases {
    if let d = p as? DiscountDecorator {
        println("\(p) has \(d.countDiscounts()) discounts");
    } else {
        println("\(p) has no discounts");
    }
}
```

因为要将所有代码挤在一页纸上,所以上述代码看起来有点丑陋,但是其效果与前面介绍的独立装饰器的效果是一样的。

14.6 装饰器模式的陷阱

在实现装饰器模式时有两个陷阱需要注意,第一个是使用Swift extension来装饰对象。装饰器模式的一个主要特征是装饰是选择性地应用到单个对象上的,而extension则是修改所有某个类型的对象。

副作用陷阱

当使用装饰器来装饰对象,但是做的事情却超出了装饰原对象的方法和属性时,你就掉入了第二个陷阱。这种做法是很诱人的,比如在实现一个用于表示配送服务的装饰器时,你很可能会忍不住在其中加入自动发货的功能。

这就是所谓的副作用,因为这个功能并非原来那个对象所具有的功能。副作用引起的问题往往比它们解决的问题要多得多。

具有副作用的装饰器非常难维护,尤其是在团队开发中。因为某个团队成员看到你的Delivery-Decorator类时,并不会想到它除了装饰原对象,还做了其他的事情。此外,如果其他成员在应用的其他地方复用或者修改了这个装饰器,还可能会引起配送方面的问题。

保持装饰器类的功能的专注性,一个装饰器所处理的行为应该是相关联的,对于其他的行为,比如这里的配送行为,最好使用一个单独的类。

14.7 Cocoa 中使用装饰器模式的实例

Cocoa使用装饰器模式的实例中,最有名的莫过于滚动窗口(scrolling windows)。Cocoa并没有为每个UI组件单独定义滚动条和滚动机制,而是使用NSClipView装饰这类对象,然后再用NSScrollView装饰NSClipView对象。NSScrollView负责展示滚动条,处理用户交互,以及通过NSClipView来决定将UI组件的哪个部分展现给用户。

14.8 在示例项目中使用装饰器模式

为了更好地认识装饰器模式,下面将把它应用到SportsStore应用中的Product类上。实现的功能是,

14

降低Soccer类目下的所有产品的价格，并提高库存总量少于4件的产品的价格。

14.8.1　准备示例应用

　　这里并不需要过多的准备，因此将继续使用13章使用的SportsStore项目。

提示　别忘了，本书所有的示例项目的源码都可以在Apress.com免费下载。

14.8.2　创建装饰器

　　一旦理解了装饰器模式的原理，创建一个装饰器类的过程将会非常简单。首先，向SportsStore项目添加一个名为ProductDecorators.swift的文件，代码清单14-15列出了该文件的内容。

代码清单14-15　ProductDecorators.swift的内容

```swift
class PriceDecorator : Product {
    private let wrappedProduct:Product;

    required init(name:String, description:String, category:String,
            price:Double, stockLevel:Int) {
        fatalError("Not supported");
    }

    init(product:Product) {
        self.wrappedProduct = product;
        super.init(name: product.name, description: product.productDescription,
            category: product.category, price: product.price,
                stockLevel: product.stockLevel);
    }
}

class LowStockIncreaseDecorator : PriceDecorator {

    override var price:Double {
        var price = wrappedProduct.price;
        if (stockLevel <= 4) {
            price = price * 1.5;
        }
        return price;
    }
}

class SoccerDecreaseDecorator : PriceDecorator {
    override var price:Double {
        return super.wrappedProduct.price * 0.5;
    }
}
```

　　PriceDecorator类是其他装饰器的基类，同时它也是Product的子类。Product类定义了一个用required关键字修饰的初始化器，因此虽然PriceDecorator不需要使用该方法，也必须将其添加到PriceDecorator类中。上述代码中使用了一个名为fatalError的函数，这样就不用实现required关键字修饰的初始化器了。然后，创建一个新的初始化器用于接收将要装饰的Product对象。

　　LowStockIncreaseDecorator和SoccerDecreaseDecorator这两个类都是装饰器类，它们重写了产品的price属性，以实现对产品价格的修改。

14.8.3　使用装饰器

　　为了在产品创建的时候就对其进行装饰，需要修改ProductDataStore类中的loadData方法，具体如代码清单14-16所示。

代码清单14-16　在ProductDataStore.swift文件中使用装饰器

```
...
private func loadData() -> [Product] {

    var products = [Product]();

    for product in productData {
        var p:Product = LowStockIncreaseDecorator(product: product);
        if (p.category == "Soccer") {
            p = SoccerDecreaseDecorator(product: p);
        }

        dispatch_async(self.networkQ, {() in
            let stockConn = NetworkPool.getConnection();
            let level = stockConn.getStockLevel(p.name);
            if (level != nil) {
                p.stockLevel = level!;
                dispatch_async(self.uiQ, {() in
                    if (self.callback != nil) {
                        self.callback!(p);
                    }
                })
            }
            NetworkPool.returnConnecton(stockConn);
        });
        products.append(p);
    }
    return products;
}
...
```

　　代码中使用LowStockIncreaseDecorator类装饰了所有Product对象，而SoccerDecreaseDecorator类则只应用到了Soccer类目下的Product对象上。这么做之后，所有Soccer类目下的产品的价格将会永久降低，而其他产品的价格则会在其库存总量降至低于5件时得到提升。

14.9　总结

　　本章讲解了装饰器模式，并演示了如何使用此模式在运行时改变对象的行为。装饰器模式非常实用，尤其是在无法修改类的代码的时候。此模式使得拓展应用变得简单，即使是拓展使用了第三方框架和旧框架的应用。下一章将研究组合模式，使用组合模式可以让用户对单个对象和组合对象的使用具有一致性。

14

第 15 章

组合模式

组合模式的应用范围并没有本书介绍的其他设计模式那么广，但是由于它能够让包含多种不同类型的对象的数据结构具有一致性，因此它也是一种重要的设计模式。表15-1列出了组合模式的相关信息。

表15-1　组合模式的相关信息

问　　题	答　　案
是什么	组合模式能够将对象以树形结构组织起来，使得外界对单个对象和组合对象的使用具有一致性
有什么优点	组合模式所带来的一致性是指，调用组件使用这些以树形结构组织起来对象时更加简单，无需了解其中各个不同类型的对象的细节信息
何时使用此模式	当操作的数据具有一个含有叶子结点（leaf node）和一组对象的树形结构时，就可以使用这个模式
何时应避免使用此模式	此模式只适用于树这种数据结构
如何确定是否正确实现了此模式	当使用这个树形结构的调用组件能够通过同一个类或者协议来使用树中包含的所有的对象时，就说明你正确地实现了此模式
有哪些常见陷阱	此模式最适合应用于创建之后就不再需要修改的树形结构。如果通过此模式增加修改树形结构的功能，那此模式的优点就不复存在了
有哪些相关的模式	许多结构型模式都有类似的实现，只是目的不同。在选用本书此部分介绍的设计模式时，要确保选择的模式是你想要的

15.1　准备示例项目

准备过程与前面几章差不多，首先创建一个名为Composite的OS X命令行工具。然后，向示例项目中添加一个名为CarParts.swift文件，其内容如代码清单15-1所示。

代码清单15-1　文件CarParts.swift的内容

```
class Part {
    let name:String;
    let price:Float;

    init(name:String, price:Float) {
        self.name = name; self.price = price;
    }
}
```

```
class CompositePart {
    let name:String;
    let parts:[Part];

    init(name:String, parts:Part...) {
        self.name = name; self.parts = parts;
    }
}
```

上述代码定义了两个类，用于表示修车所需的零配件。Part类代表的是一种汽车零部件，比如火花塞或者轮胎。CompositePart类代表的是由其他更小的部件组成的零部件，比如车轮是由轮胎、合金和固定螺母等组成的。CompositePart类使用一个包含一组Part对象的数组来表示其组成部分。除了上述文件，还需向项目中添加一个名为Orders.swift的文件，其内容如代码清单15-2所示。

代码清单15-2　文件Orders.swift的内容

```
import Foundation

class CustomerOrder {
    let customer:String;
    let parts:[Part];
    let compositeParts:[CompositePart];

    init(customer:String, parts:[Part], composites:[CompositePart]) {
        self.customer = customer;
        self.parts = parts;
        self.compositeParts = composites;
    }

    var totalPrice:Float {
        let partReducer = {(subtotal:Float, part:Part) -> Float in
            return subtotal + part.price};

        var total = reduce(parts, 0, partReducer);

        return reduce(compositeParts, total, {(subtotal, cpart) -> Float in
            return reduce(cpart.parts, subtotal, partReducer);
        });
    }

    func printDetails() {
        println("Order for \(customer): Cost: \(formatCurrencyString(totalPrice))");
    }

    func formatCurrencyString(number:Float) -> String {
        let formatter = NSNumberFormatter();
        formatter.numberStyle = NSNumberFormatterStyle.CurrencyStyle;
        return formatter.stringFromNumber(number) ?? "";
    }
}
```

CustomerOrder类表示的是一个由Part和CompositePart对象组成的订单。printDetails方法的功能是输出顾客的名字和通过totalPrice属性获得的订单总价。代码清单15-3列出了main.swift文件中用于创建和操作CustomerOrder对象的代码。

代码清单15-3   文件main.swift的内容

```swift
let doorWindow = CompositePart(name: "DoorWindow", parts:
    Part(name: "Window", price: 100.50),
    Part(name: "Window Switch", price: 12));

let door = CompositePart(name: "Door", parts:
    Part(name: "Window", price: 100.50),
    Part(name: "Door Loom", price: 80),
    Part(name: "Window Switch", price: 12),
    Part(name: "Door Handles", price: 43.40));

let hood = Part(name: "Hood", price: 320);

let order = CustomerOrder(customer: "Bob", parts: [hood],
    composites: [door, doorWindow]);
order.printDetails();
```

例子中顾客的名字为Bob，他的订单包含了一扇门、一个门窗和一个引擎罩。运行应用将输出以下内容：

```
Order for Bob: Cost: $668.40
```

15.2   此模式旨在解决的问题

上述示例应用中的几个类暴露了两个不同的问题，两个都是由于在一个订单中使用不同类表示汽车配件造成的。

第一个问题是我们受限于一个简单的部件结构。在代码清单15-3中，为了创建一个表示汽车门的CompositePart对象，必须先创建一个表示车窗的Part对象，然后再创建另一个表示车窗开关的Part对象。尽管车门包含了车窗，但是必须另外创建一个表示车窗的Part对象。这种局限意味着，必须同时维护两组零部件组合，即使其中一组是另一组的超集。

第二个问题是，操作零部件的类不仅要了解CompositePart和Part对象的细节，还要知道它们之间的关系。可以从CustomerAccount类中看出这个问题，该类中有很大一部分代码是用来计算其所包含的所有Part对象的总价的。

```swift
...
var totalPrice:Float {
    let partReducer = {(subtotal:Float, part:Part) -> Float in
        return subtotal + part.price};

    var total = reduce(parts, 0, partReducer);

    return reduce(compositeParts, total, {(subtotal, cpart) -> Float in
        return reduce(cpart.parts, subtotal, partReducer);
    });
}
...
```

使用这些零部件的调用组件需要了解Part和CompositePart类之间的关系，这意味着我们必须在所有相关调用组件中重复这类代码。

15.3   组合模式

组合模式通过将对象组织成树形结构解决了上述问题，并使用协议让调用组件对单个对象和组合对象的使用具有一致性。将协议呈现给调用组件，组件就无需了解哪些对象是单个的，哪些对象是集合的。

这种协议也可以用在组合对象中，因此可以无缝地将其他表示单个对象和对象组合的对象组织在一起。图15-1描绘了使用组合模式组织对象的方式。不过，要想更好地理解此模式，最好的方式还是通过实例演示。因此，接下来我们将实现组合模式。

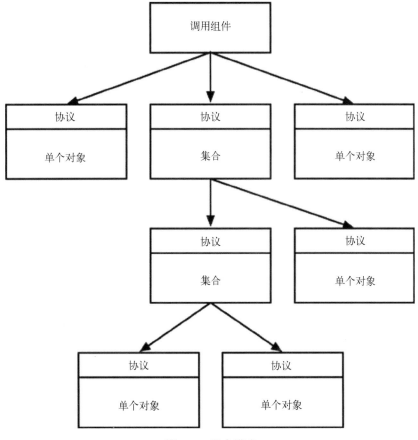

图15-1   组合模式

15.4   实现组合模式

在树形数据结构中，用于表示单个对象的对象被称为叶子节点。此外，用于表示集合的对象被称为composite。叶子节点和composite都要实现相同的协议，这样才能将集合的组成细节隐藏起来，即对使用这些集合的组件不可见。

　　实现此模式的第一步是定义一个协议，这也是此模式的核心所在。代码清单15-4列出了示例项目中使用的协议的定义，以及为了遵循此协议Part和CompositePart类所应做的修改。

代码清单15-4　在CarParts.swift 文件中定义并使用协议

```
protocol CarPart {
    var name:String { get };
    var price:Float { get };
}

class Part : CarPart {
    let name:String;
    let price:Float;

    init(name:String, price:Float) {
        self.name = name; self.price = price;
    }
}

class CompositePart : CarPart {
    let name:String;
    let parts:[CarPart];

    init(name:String, parts:CarPart...) {
        self.name = name; self.parts = parts;
    }

    var price:Float {
        return reduce(parts, 0, {subtotal, part in
            return subtotal + part.price;
        });
    }
}
```

　　CarPart协议定义了name和price属性，刚好对应Part类中定义的属性。也就是说，Part类所需做的修改很小，只需声明遵循此协议即可。

　　CompositePart类所需做的修改就比较大了。有一点很重要，那就是要确保composite对象操作的是协议而非遵循协议的类。也就是说，需要移除对Part类的引用，并用CarPart协议进行替换。除此之外，还需要定义一个协议中指定的price属性，其实现使用了全局函数reduce，以计算其所包含的所有CarPart对象的价格总和。

使用此模式

　　下一步是更新操作叶子节点和composite对象的类，以让它们依赖于协议而非实现类。代码清单15-5列出了CustomerOrder类中应做的修改。

代码清单15-5　在Orders.swift文件中使用协议

```
import Foundation

class CustomerOrder {
    let customer:String;
```

```
    let parts:[CarPart];

    init(customer:String, parts:[CarPart]) {
        self.customer = customer;
        self.parts = parts;
    }

    var totalPrice:Float {
        return reduce(parts, 0, {subtotal, part in
            return subtotal + part.price});
    }

    func printDetails() {
        println("Order for \(customer): Cost: \(formatCurrencyString(totalPrice))");
    }

    func formatCurrencyString(number:Float) -> String {
        let formatter = NSNumberFormatter();
        formatter.numberStyle = NSNumberFormatterStyle.CurrencyStyle;
        return formatter.stringFromNumber(number) ?? "";
    }
}
```

CustomerOrder不再需要了解叶子节点和composite的细节，它只与CartPart协议打交道。这种修改主要影响了totalPrice属性，现在它只需直接将各个CarPart对象的价格加起来即可得出订单的总价值。

最后一步是修改 main.swift文件，以创建和复用composite对象，如代码清单15-6所示。

代码清单15-6 在main.swift文件中复用Composite对象

```
let doorWindow = CompositePart(name: "DoorWindow", parts:
    Part(name: "Window", price: 100.50),
    Part(name: "Window Switch", price: 12));

let door = CompositePart(name: "Door", parts:
    doorWindow,
    Part(name: "Door Loom", price: 80),
    Part(name: "Door Handles", price: 43.40));

let hood = Part(name: "Hood", price: 320);

let order = CustomerOrder(customer: "Bob", parts: [hood, door, doorWindow]);
order.printDetails();
```

注释　上述代码中负责创建数据结构的代码，依然需要了解叶子节点和composite对象之间的区别，以创建出正确的树形结构。组合模式影响的是使用树形结构的调用组件，使用此模式之后它们就不再需要了解不同类型对象之间的区别了。

现在可以直接创建一个composite对象，然后将其作为参数传给另一composite对象的初始化器，而不用重复创建车窗所需的部件对应的对象。这意味着，可以在同一个地方改变一组组成车窗的零部件对象。此时运行应用，它输出的内容与使用组合模式之前并无不同。

```
Order for Bob: Cost: $668.40
```

15.5　组合模式的陷阱

组合模式适合用于管理结构固定的树形结构。如果使用了组合模式，但又对已经创建的树形结构进行修改，那就会遇到一个陷阱。代码清单15-7对CompositePart类做了一些修改，使得它支持对树形结构进行修改。

代码清单15-7　在CarParts.swift文件中新增修改组合对象的特性

```
...
class CompositePart : CarPart {
    let name:String;
    private var parts:[CarPart];

    init(name:String, parts:CarPart...) {
        self.name = name; self.parts = parts;
    }

    var price:Float {
        return reduce(parts, 0, {subtotal, part in
            return subtotal + part.price;
        });
    }

    func addPart(part:CarPart) {
        parts.append(part);
    }

    func removePart(part:CarPart) {
        for index in 0 ..< parts.count {
            if (parts[index].name  == part.name) {
                parts.removeAtIndex(index);
                break;
            }
        }
    }
}
...
```

代码中的改变并不复杂，只是重新定义了用于存储CarPart对象的数组常量，并添加了addPart和removePart两个方法。不过，如果调用组件想对数据进行修改，比如添加或者删除CarPart对象，就需要知道CompositePart类定义了addPart和removePart方法，并且还需要了解CompositePart和Part这两个类之间的区别。

代码清单15-7中的修改导致的问题抵消了组合模式带来的益处。一种常见的解决方式是，将相关的方法提取到协议中，以协调子节点和组合对象，如代码清单15-8所示。

代码清单15-8　在CarParts.swift文件中协调API

```
protocol CarPart {

    var name:String { get };
    var price:Float { get };

    func addPart(part:CarPart) -> Void;
    func removePart(part:CarPart) -> Void;
```

```
}
class Part : CarPart {
    let name:String;
    let price:Float;

    init(name:String, price:Float) {
        self.name = name; self.price = price;
    }

    func addPart(part: CarPart) {
        // do nothing
    }

    func removePart(part: CarPart) {
        // do nothing
    }
}
class CompositePart : CarPart {
    // ...statements omitted for brevity...
}
```

这种方案并不能很好的解决问题，因为Part类无法实现addPart和removePart这两个方法。我们认为调用这两个方法的组件可以对数据进行修改，但是事实是这两个方法什么也没做，结果就是产生错误或导致数据丢失。

15.6 Cocoa 中使用组合模式的实例

组合模式在Cocoa框架中最为重要的应用，体现在定义了应用界面布局通用行为的UIView这个类中。视图层级中的单个视图对象可能是叶子节点（比如UILabel），也可能是包含了其他视图集合的composite对象（比如UITableView和控制器）。

15.7 在 SportsStore 应用中使用此模式

为了在SportsStore应用中使用组合模式，我们需要先创建一个由一组单个产品对象组成的产品集合，以表示一个可以整体出售的产品套件。

15.7.1 准备示例应用

作为准备，首先要简化Product类，去除一些前文中使用的特性。代码清单15-9列出了改变之后的Product类。

代码清单15-9 在Product.swift文件中简化Product类

```
import Foundation

class Product : NSObject, NSCopying {
    private(set) var name:String;
    private(set) var productDescription:String;
    private(set) var category:String;
```

```
        private var stockLevelBackingValue:Int = 0;
        private var priceBackingValue:Double = 0;

        required init(name:String, description:String, category:String, price:Double,
            stockLevel:Int) {
                self.name = name;
                self.productDescription = description;
                self.category = category;
                super.init();
                self.price = price;
                self.stockLevel = stockLevel;
        }

        var stockLevel:Int {
            get { return stockLevelBackingValue;}
            set { stockLevelBackingValue = max(0, newValue);}
        }

        private(set) var price:Double {
            get { return priceBackingValue;}
            set { priceBackingValue = max(1, newValue);}
        }

        var stockValue:Double {
            get {
                return price * Double(stockLevel);
            }
        }

        func copyWithZone(zone: NSZone) -> AnyObject {
            return Product(name: self.name, description: self.description,
                category: self.category, price: self.price,
                stockLevel: self.stockLevel);
        }

        class func createProduct(name:String, description:String, category:String,
            price:Double, stockLevel:Int) -> Product {

            return Product(name:name, description: description, category: category,
                price: price, stockLevel: stockLevel);
        }
    }
```

这里删除了Product.swift文件中与特定类目产品相关的子类代码，同时简化了Product类，去除了与销售税和向上销售相关的代码（皆由子类提供支持）。

15.7.2   定义组合类

当将组合模式应用到一个现有的应用时，并不一定可以创建一个叶子节点和composite对象都可以遵循的协议。对于无法创建协议的情况，一般可以将现有的类当作通用功能的定义和叶子节点的模板。这样就可以将composite类定义为这些类的子类，如代码清单15-10所示。

代码清单15-10   在Product.swift文件中定义Composite类

```
import Foundation

class Product : NSObject, NSCopying {
```

```
        // ...statements omitted for brevity...
}

class ProductComposite : Product {
    private let products:[Product];

    required init(name:String, description:String, category:String,
            price:Double, stockLevel:Int) {
        fatalError("Not implemented");
    }

    init(name:String, description:String, category:String, stockLevel:Int,
            products:Product...) {
        self.products = products;
        super.init(name: name, description: description, category: category,
            price: 0, stockLevel: stockLevel);
    }

    override var price:Double {
        get { return reduce(products, 0, {total, p in return total + p.price}); }
        set { /* do nothing */ }
    }
}
```

这种方式虽然没有使用协议这么优雅，但是它最小化了实现此模式所需的改变。ProductComposite类继承了Product类，同时维护着一个用于存储Product对象的不可变数组。Product类的price属性被重写了，现在将根据组合中所有产品的价格计算得出其值。

15.7.3 使用此模式

最后一步是为SportsStore应用的产品目录添加一个产品组合。代码清单15-11列出了ProductData-Store类中的变化。

代码清单15-11 在ProductDataStore.swift文件中定义产品组合

```
import Foundation

final class ProductDataStore {
    var callback:((Product) -> Void)?;
    private var networkQ:dispatch_queue_t
    private var uiQ:dispatch_queue_t;
    lazy var products:[Product] = self.loadData();

    init() {
        networkQ = dispatch_get_global_queue(DISPATCH_QUEUE_PRIORITY_BACKGROUND, 0);
        uiQ = dispatch_get_main_queue();
    }

    private func loadData() -> [Product] {
        // ...statements omitted for brevity...
    }

    private var productData:[Product] = [
        ProductComposite(name: "Running Pack",
            description: "Complete Running Outfit", category: "Running",
                stockLevel: 10, products:
            Product.createProduct("Shirt", description: "Running Shirt",
```

```
            category: "Running", price: 42, stockLevel: 10),
        Product.createProduct("Shorts", description: "Running Shorts",
            category: "Running", price: 30, stockLevel: 10),
        Product.createProduct("Shoes", description: "Running Shoes",
            category: "Running", price: 120, stockLevel: 10),
        ProductComposite(name: "Headgear", description: "Hat, etc",
            category: "Running", stockLevel: 10, products:
            Product.createProduct("Hat", description: "Running Hat",
                category: "Running", price: 10, stockLevel: 10),
            Product.createProduct("Sunglasses", description: "Glasses",
                category: "Running", price: 10, stockLevel: 10))
        ),
    Product.createProduct("Kayak", description:"A boat for one person",
        category:"Watersports", price:275.0, stockLevel:0),
    Product.createProduct("Lifejacket",
        description:"Protective and fashionable",
        category:"Watersports", price:48.95, stockLevel:0),

    // ...statements omitted for brevity...
}
```

这里定义了一个名为Running Pack的新产品，它是一个由多个产品组成的产品组合。新产品中有一个名为Headgear的产品，它本身也是一个产品组合。此时运行应用将可以看到新增的产品目录，如图15-2所示。

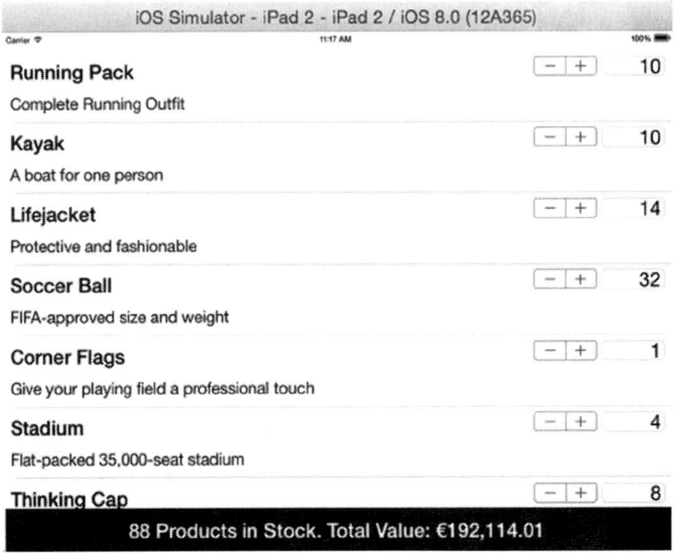

图15-2　SportsStore应用的产品目录

15.8　总结

本章中我们学习了组合模式，使用此模式可以将多种不同的对象组合成一个树形的数据结构，并使它具有一致性。在第16章，我们将探讨外观模式，一个将复杂的常见任务API简化的模式。

第 16 章

外观模式

外观模式一般用于简化一个或者多个类提供的API，以让常见任务可以更简便地执行。同时，也可以让与API相关的复杂代码集中于一处。表16-1列出了外观模式的相关信息。

表16-1 外观模式的相关信息

问　题	答　案
是什么	外观模式可简化复杂的常见任务API的使用
有什么优点	使用此模式，可以将与API使用相关的复杂代码集中于一处，这不仅可以将API变化带来的影响最小化，还能够简化使用API的调用组件的代码
何时使用此模式	如果多个类需要协作，但彼此之间无相互兼容的API可用时，便可使用外观模式
何时应避免使用此模式	如果你的目标是将一个组件集成到应用中，那就不应该使用外观模式。更好的选择是适配器模式
如何确定是否正确实现了此模式	如果使用此模式之后，调用组件执行常见任务时对底层对象和相关数据类型不存在依赖，则说明你正确地实现了此模式
有哪些常见陷阱	实现外观模式时常见的一个陷阱是，对外泄露了底层对象的细节。也就是说，调用组件依然对底层的类或相关数据类型存在依赖，后两者出现变化时，前者也要做相应变更
有哪些相关的模式	许多结构型模式都有类似的实现，只是目的不同。在选用本书此部分介绍的设计模式时，要确保选择的模式是你想要的

16.1　准备示例项目

为了演示，这里创建了一个名为Facade的OS X命令行工具项目。下面将创建三个以海盗为主题的类。首先，创建一个名为TreasureMap.swift的文件，其内容如代码清单16-1所示。

代码清单16-1 文件TreasureMap.swift的内容

```swift
class TreasureMap {

    enum Treasures {
        case GALLEON; case BURIED_GOLD; case SUNKEN_JEWELS;
    }

    struct MapLocation {
        let gridLetter: Character;
        let gridNumber: UInt;
    }

    func findTreasure(type:Treasures) -> MapLocation {
```

```
        switch type {
            case .GALLEON:
                return MapLocation(gridLetter: "D", gridNumber: 6);
            case .BURIED_GOLD:
                return MapLocation(gridLetter: "C", gridNumber: 2);
            case .SUNKEN_JEWELS:
                return MapLocation(gridLetter: "F", gridNumber: 12);
        }
    }
}
```

TreasureMap类定义了一个名为findTreasure的方法，其接受一个参数，类型为名为Treasures的枚举类型，其返回值则是一个表示藏宝点的MapLocation对象。接下来要创建是一个名为PirateShip.swift的文件，其内容如代码清单16-2所示。

代码清单16-2   文件PirateShip.swift的内容

```
import Foundation;

class PirateShip {

    struct ShipLocation {
        let NorthSouth:Int;
        let EastWest:Int;
    }

    var currentPosition:ShipLocation;
    var movementQueue = dispatch_queue_create("shipQ", DISPATCH_QUEUE_SERIAL);

    init() {
        currentPosition = ShipLocation(NorthSouth: 5, EastWest: 5);
    }

    func moveToLocation(location:ShipLocation, callback:(ShipLocation) -> Void) {
        dispatch_async(movementQueue, {() in
            self.currentPosition = location;
            callback(self.currentPosition);
        });
    }
}
```

如其名称所示，PirateShip类表示船只，它可以移动到不同的地点。至于地点，则使用结构体ShipLocation表示，将相关地点对象传给PirateShip对象的moveToLocation方法即可改变船只所在的地点。船只移动到不同的地点需要耗费一定的时间，因此方法moveToLocation的实现是异步的，并利用回调在船只到达指定地点时发送通知。异步实现是基于GCD和block实现的，本书第7章对此也有相关介绍。在上述代码中，并没有对移动船只的操作进行延迟，因此回调会立即执行，就本章而言这样的实现已经足以满足需求。毕竟，本章的重点是处理复杂API。最后要创建的是一个名为PirateCrew.swift的文件，其内容如代码清单16-3所示。

代码清单16-3   文件PirateCrew.swift的内容

```
import Foundation;

class PirateCrew {
    let workQueue = dispatch_queue_create("crewWorkQ", DISPATCH_QUEUE_SERIAL);
```

```
enum Actions {
    case ATTACK_SHIP; case DIG_FOR_GOLD; case DIVE_FOR_JEWELS;
}

func performAction(action:Actions, callback:(Int) -> Void) {
    dispatch_async(workQueue, {() in
        var prizeValue = 0;
        switch (action) {
            case .ATTACK_SHIP:
                prizeValue = 10000;
            case .DIG_FOR_GOLD:
                prizeValue = 5000;
            case .DIVE_FOR_JEWELS:
                prizeValue = 1000;
        }
        callback(prizeValue);
    });
}
}
```

PirateCrew类表示船员，可以通过其performAction方法给船员分配任务。船员所需执行的任务用Actions枚举表示。这些任务也是异步实现的，当任务完成时会执行回调方法。回调方法接受一个整型值，该值表示的是船员完成某项任务之后获得的财富。

16.2　此模式旨在解决的问题

示例项目中的三个类必须一起使用，才能让海盗获得收益。TreasureMap类提供了藏宝地点的相关信息，PirateShip类提供了运输劳动力所需的工具，PirateCrew类提供了指挥劳动力的方式。

这些类必须按照一定的顺序使用。从地图上获得藏宝地点之前移动船只，没有任何意义。同样的，在船只将船员运送到指定地点之前分配任务也是毫无意义的。

更糟糕的是，这些类的输入和输出所使用的数据类型都不同。TreasureMap类使用的坐标数据类型与PirateShip类使用的不同，而且它使用的枚举也与PirateCrew类不同。此外，这些类定义的方法的特性也不尽相同，一些立即输出结果，一些则是异步的。

这就为协调这些类，让海盗获取财富带来了一定的复杂度。代码清单16-4列出了文件main.swift的内容。

代码清单16-4　文件main.swift的内容

```
import Foundation;

let map = TreasureMap();
let ship = PirateShip();
let crew = PirateCrew();

let treasureLocation = map.findTreasure(TreasureMap.Treasures.GALLEON);

// convert from map to ship coordinates
let sequence:[Character] = ["A", "B", "C", "D", "E", "F", "G"];
let eastWestPos = find(sequence, treasureLocation.gridLetter);
let shipTarget = PirateShip.ShipLocation(NorthSouth:
    Int(treasureLocation.gridNumber), EastWest: eastWestPos!);
```

```
// relocate ship
ship.moveToLocation(shipTarget, callback: {location in
    // get the crew to work
    crew.performAction(PirateCrew.Actions.ATTACK_SHIP, {prize in
        println("Prize: \(prize) pieces of eight");
    });
});

NSFileHandle.fileHandleWithStandardInput().availableData;
```

　　文件main.swift中的代码创建了地图对象、船只对象和船员对象，并按顺序使用这些对象完成了对这艘载有财宝的船只的攻击。上述代码对TreasureMap类和PirateShip类使用的坐标数据进行了转换，以确保船员获得的指令中的坐标与目标船只在地图上的坐标一致。这里使用闭包来实现异步回调，以保证在船只到达指定地点之后才给船员下达任务命令。此外，船员获得的财富也是通过回调方法获得的。

提示　代码清单16-4使用了NSFileHandle类，使用它是为了防止应用在PirateShip对象和PirateCrew对象的异步方法执行完成之前退出。应用并不会等待异步的GCD操作完成，使用NSFileHandle等待控制台输入数据的方式，可以让应用持续执行。

　　上述代码比较复杂，而且这种复杂会出现在任何需要使用TreasureMap、PirateShip和PirateCrew这三类对象的地方。如果这三类对象中的任何一类做了修改，或者它们使用的数据类型发生了变化，或者它们之间的关系出现了变动，所有使用到它们的地方都要做相应的变更。这种依赖不仅会导致错误出现，还会让代码变得难以测试。此时运行应用将输出以下内容：

```
Prize: 10000 pieces of eight
```

16.3　外观模式

　　外观模式通过创建一个将所有复杂集中于一处的类的方式，为外界提供简化之后的API，如图16-1所示。

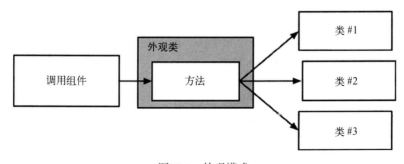

图16-1　外观模式

外观类负责做完背后的苦力活，让调用组件无需了解底层的类之间的关系，以及它们使用的数据类型，即可使用它们提供的功能。底层的类发生了变化，只需让外观类知道即可。使用此模式之后，可以简化调用组件的代码，它们也可以更加专注于想要实现的目标。

16.4　实现外观模式

外观模式实现起来很简单，只需定义一个为调用组件使用复杂类提供简单API的类即可。外观类不能暴露底层类的任何细节，也不应要求调用组件了解底层的类。代码清单16-5列出了文件Facade.swift的内容，其中定义了外观类。

代码清单16-5　文件Facade.swift的内容

```swift
import Foundation

enum TreasureTypes {
    case SHIP; case BURIED; case SUNKEN;
}

class PirateFacade {
    private let map = TreasureMap();
    private let ship = PirateShip();
    private let crew = PirateCrew();

    func getTreasure(type:TreasureTypes) -> Int? {

        var prizeAmount:Int?;

        // select the treasure type
        var treasureMapType:TreasureMap.Treasures;
        var crewWorkType:PirateCrew.Actions;

        switch (type) {
            case .SHIP:
                treasureMapType = TreasureMap.Treasures.GALLEON;
                crewWorkType = PirateCrew.Actions.ATTACK_SHIP;
            case .BURIED:
                treasureMapType = TreasureMap.Treasures.BURIED_GOLD;
                crewWorkType = PirateCrew.Actions.DIG_FOR_GOLD;
            case .SUNKEN:
                treasureMapType = TreasureMap.Treasures.SUNKEN_JEWELS;
                crewWorkType = PirateCrew.Actions.DIVE_FOR_JEWELS;
        }

        let treasureLocation = map.findTreasure(treasureMapType);

        // convert from map to ship coordinates
        let sequence:[Character] = ["A", "B", "C", "D", "E", "F", "G"];
        let eastWestPos = find(sequence, treasureLocation.gridLetter);
        let shipTarget = PirateShip.ShipLocation(NorthSouth:
            Int(treasureLocation.gridNumber), EastWest: eastWestPos!);

        let semaphore = dispatch_semaphore_create(0);

        // relocate ship
        ship.moveToLocation(shipTarget, callback: {location in
```

```
        self.crew.performAction(crewWorkType, {prize in
            prizeAmount = prize;
            dispatch_semaphore_signal(semaphore);
        });
    });

    dispatch_semaphore_wait(semaphore, DISPATCH_TIME_FOREVER)
    return prizeAmount;
    }
}
```

PirateFacade类定义了一个名为getTreasure的方法，这是TreasureMap、PirateShip和PirateCrew这三个类的外观。其中的getTreasure方法的实现变化虽然不多，但是有两个变化相当重要。

第一个重要变化是，PirateFacade需要根据TreasureTypes来确定所需完成的工作和要寻找的财宝类型。尽管可以根据外观背后的类定义的某一个枚举来确定这些信息，但是这么做会对其中一个类产生依赖，这显然是应该避免的。在外观类中定义一个枚举，就可以彻底隐藏外观背后的类的实现细节。

另一个重要变化是，getTreasure方法是同步的，它会在外观背后的类中的异步方法执行完成之前阻塞线程。这不是实现外观模式的必要步骤，外观模式可以很好地支持异步方法，但是为了彻底隐藏底层实现细节，这里使用GCD信号量对线程进行了阻塞（本书第7章介绍了GCD信号量）。

应用外观模式

为了在main.swift中使用外观模式，需要对其代码做些修改，如代码清单16-6所示。

代码清单16-6   在main.swift中使用外观模式

```
let facade = PirateFacade();
let prize = facade.getTreasure(TreasureTypes.SHIP);
if (prize != nil) {
    println("Prize: \(prize!) pieces of eight");
}
```

从上述代码可以看出，所有使用TreasureMap、PirateShip和PirateCrew这三个类时可能出现的所有麻烦都被隐藏了，任何组件需要使用这些类，只需与外观类打交道。此时运行应用将在Xcode控制台输出以下内容：

```
Prize: 10000 pieces of eight
```

16.5   外观模式之变体

前一小节中创建的外观类是一个不透明外观（opaque façade），也就是说，这个外观没有向调用组件暴露底层对象的任何实现细节。外观模式的另一种实现，也就是它的变体，是实现一个透明的外观（transparent façade）。这种实现中，底层对象的细节会被部分或者完全暴露给调用组件，以满足调用组件更高级、更精细的控制。在Swift中，透明外观类很简单，只需允许调用组件访问其用于存储底层对象的属性，如代码清单16-7所示。

代码清单16-7 在文件Facade.swift中创建一个透明外观

```
import Foundation

enum TreasureTypes {
    case SHIP; case BURIED; case SUNKEN;
}

class PirateFacade {
    let map = TreasureMap();
    let ship = PirateShip();
    let crew = PirateCrew();

    func getTreasure(type:TreasureTypes) -> Int? {
        // ...statements omitted for brevity...
    }
}
```

上述代码去掉了map、ship和crew这三个属性的前面的private修饰符,这样调用组件就可以直接访问这些对象了,而不用依赖getTreasure方法,如代码清单16-8所示。

代码清单16-8 在main.swift文件中使用透明外观

```
import Foundation;

let facade = PirateFacade();
let prize = facade.getTreasure(TreasureTypes.SHIP);
if (prize != nil) {
    facade.crew.performAction(PirateCrew.Actions.DIVE_FOR_JEWELS,
        callback: {secondPrize in
            println("Prize: \(prize! + secondPrize) pieces of eight");
        });
}

NSFileHandle.fileHandleWithStandardInput().availableData;
```

通过直接访问外观类的crew属性,可以在不调用getTreasure方法的情况下发出第二个指令。这是一种高级操作,大多数时候海盗攻击完一艘船之后,就会继续前行,但在这个例子中他们还会在同一地点搜寻沉入海底的宝物。使用透明外观,就可以在不增加外观类的复杂度的情况下处理这种高级的、不寻常的情况。

这种方案的缺点是,它破坏了外观类提供的分离效果。文件main.swift中的代码在这个例子中表示的是调用组件,现在它需要了解PirateCrew类的实现细节,比如它对枚举Actions的依赖,再比如performAction方法是异步的。因此,应该谨慎使用,并尽量少用透明外观模式这个变体。此时运行应用将输出以下内容。

```
Prize: 11000 pieces of eight
```

16.6 外观模式的陷阱

在实现外观模式时只会遇到一个陷阱,即不经意地将底层对象的实现细节暴露给调用组件。对于不透明外观类而言，暴露任何细节都是不合适的。外观类应该隐藏所有细节，包括相关的数据类型、自定义错误信息，以及任何会在调用组件与外观类隐藏的对象之间造成依赖的细节。

　　对于透明外观类而言，情况则复杂一些，毕竟它主动暴露了一些实现细节。因此，在决定暴露哪些细节时要格外仔细地考虑，而且要尽一切可能最小化依赖程度。

注意　在时间比较紧迫，又要做一些调整时，常常会使用透明外观模式这个变体。如果为了尽快交付产品，需要在实现外观模式时做一些妥协，也不是不可以。但是千万不要假装本来就应该使用透明外观模式，否则只会惹上更多的麻烦。时间实在不够了，就先这么做，交付了产品再说。不过，等你有时间了一定要仔细重构代码。

16.7　Cocoa 中使用外观模式的实例

　　Cocoa框架中多处使用了外观模式，其中最为常见的是UITextView类，它为一组复杂的用于管理文本展示的类提供了一个透明的外观。作为演示，下面创建一个名为TextFacade.playground的Playground，其内容如代码清单16-9所示。

代码清单16-9　文件TextFacade.playground的内容

```
import UIKit

let textView = UITextView(frame: CGRectMake(0, 0, 200, 100));
textView.text = "The Quick Brown Fox";

textView;
```

UITextView类提供了一个简单的用于展示文本的API。为了让UITextView在Playground中正常显示，需要指定其frame。如果不是在Playground中，只需设置其text属性即可实现展示文本的目的。图16-2展示了文本的默认展示方式。

×   textView;

The Quick Brown Fox

图16-2　基于UITextView的基本文本视图

　　UITextView类是一个透明外观，因此可以通过修改其背后的对象的属性，对文本的展示方式做更多的配置。比如，我们可以通过layoutManager属性访问NSLayoutManager类的实例。NSLayoutManager类提供了多种配置选项，包括是否显示隐藏字符。在代码清单16-10中，利用透明外观直接访问NSLayoutManager对象，改变隐藏字符的可见性。

代码清单16-10　在文件TextFacade.playground中使用高级特性

```
import UIKit

let textView = UITextView(frame: CGRectMake(0, 0, 200, 100));
textView.text = "The Quick Brown Fox";
```

```
textView.layoutManager.showsInvisibleCharacters = true;

textView;
```

上述代码将NSLayoutManager对象的showInvisibleCharacters属性设置为true，其效果如图16-3所示。

图16-3　配置相关高级选项之后的效果

多数时候，应用并不需要显示隐藏字符，因此UITextView外观类提供的功能基本可以满足一般需求。对于确实需要显示隐藏字符的情形，调用组件也可以利用UITextView的透明特性对其进行配置，尽管这会使其对NSLayoutManager类产生依赖。

16.8　在 SportsStore 应用中使用外观模式

接下来，我们将在SportsStore应用中使用外观模式，以简化格式化产品库存总值的过程。目前，为了实现库存总值的格式化需要完成多个步骤。以下是ViewController类中displayStockTotal方法的实现。

```
...
func displayStockTotal() {
    let finalTotals:(Int, Double) = productStore.products.reduce((0, 0.0),
        {(totals, product) -> (Int, Double) in
            return (
                totals.0 + product.stockLevel,
                totals.1 + product.stockValue
            );
        });

    var factory = StockTotalFactory.getFactory(StockTotalFactory.Currency.EUR);
    var totalAmount = factory.converter?.convertTotal(finalTotals.1);
    var formatted = factory.formatter?.formatTotal(totalAmount!);

    totalStockLabel.text = "\(finalTotals.0) Products in Stock. "
        + "Total Value: \(formatted!)";
}
...
```

为了展示库存总值，调用组件首先需要获得一个工厂对象，然后还需要用到一个转换器对象和格式化对象，才能将库存总值转换成可以展现给用户的字符串。下面我们将创建一个简单的外观，将这些细节全部隐藏起来。

16.8.1　准备示例应用

本章无需做任何准备，直接继续使用15章使用的SportsStore项目即可。

提示 记住，无需自己从头完成示例项目的编码，本书所有示例项目的源代码都可以在 Apress.com 下载。

16.8.2 创建外观类

首先，在项目中添加一个名为StockTotalFacade.swift的文件，其内容如代码清单16-11所示。

代码清单16-11 文件StockTotalFacade.swift的内容

```
class StockTotalFacade {

    enum Currency {
        case USD; case GBP; case EUR;
    }

    class func formatCurrencyAmount(amount:Double, currency: Currency) -> String? {
        var stfCurrency:StockTotalFactory.Currency;
        switch (currency) {
            case .EUR:
                stfCurrency = StockTotalFactory.Currency.EUR;
            case .GBP:
                stfCurrency = StockTotalFactory.Currency.GBP;
            case .USD:
                stfCurrency = StockTotalFactory.Currency.USD;
        }
        let factory = StockTotalFactory.getFactory(stfCurrency);
        let totalAmount = factory.converter?.convertTotal(amount);
        if (totalAmount != nil) {
            let formattedValue = factory.formatter?.formatTotal(totalAmount!);
            if (formattedValue != nil) {
                return formattedValue!;
            }
        }
        return nil;
    }
}
```

代码清单16-11定义了一个名为StockTotalFacade的不透明的外观类（façade class），其中定义了一个名为Currency的枚举和一个名为formatCurrencyAmount的类方法，这样就可以实现货币转换和字符串格式化。

16.8.3 使用外观类

使用外观类非常简单，只需修改ViewController类中的displayStockTotal方法即可，如代码清单16-12所示。

代码清单16-12 在文件ViewController.swift中使用外观类

```
...
func displayStockTotal() {
    let finalTotals:(Int, Double) = productStore.products.reduce((0, 0.0),
```

```
        {(totals, product) -> (Int, Double) in
            return (
                totals.0 + product.stockLevel,
                totals.1 + product.stockValue
            );
        });

    let formatted = StockTotalFacade.formatCurrencyAmount(finalTotals.1,
        currency: StockTotalFacade.Currency.EUR);

    totalStockLabel.text = "\(finalTotals.0) Products in Stock. "
        + "Total Value: \(formatted!)";
}
...
```

16

上述代码将与处理工厂对象、转换器对象和格式化对象相关的代码移除了，并使用外观类实现了相应功能。修改之后，应用依然可以正常转换和展现产品库存总值，如图16-4所示，但是现在ViewController类只对外观类存在依赖，对外观类背后的对象则没有任何依赖。

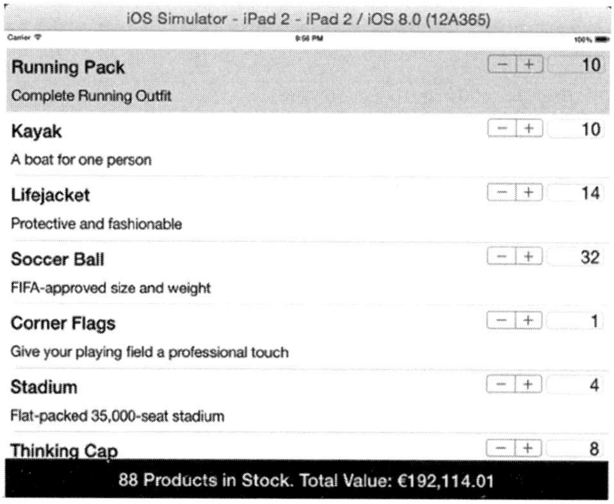

图16-4　使用外观类计算产品库存总值

16.9　总结

本章探讨了外观模式，并使用它简化一个或者多个类提供的API，以让常见任务可以更简便地执行。外观模式简化了调用组件使用的API，其效果是将复杂的代码集中于一处。外观模式可以使用不透明外观，也可以使用透明外观，这是两种隐藏底层复杂细节的方式。不透明外观隐藏所有复杂的细节，而透明外观则允许调用组件访问部分或者全部底层对象，以完成高级任务。在第17章，我们将学习通过在对象间共享数据，减少应用内存使用量的享元模式。

第 17 章 享元模式

当一组相似的对象依赖相同的数据集合时，就可以使用享元模式。享元模式可以让这些对象共享同一个数据集合，而不是为每个对象创建一个数据集合，这就节省了内存开销。表17-1列出了享元模式的相关信息。

表17-1　享元模式的相关信息

问　　题	答　　案
是什么	享元模式可以在多个调用组件之间共享数据对象
有什么优点	享元模式可以减少创建数据对象的内存开销和工作量。共享数据的调用组件数目越多，使用此模式带来的好处越明显
何时使用此模式	如果你可以辨别和分离多个调用组件之间使用的数据中相同的部分，就可以使用此模式
何时应避免使用此模式	如果没有可以共享的数据集合，或者可以共享的数据数目较小且容易创建，则不应使用此模式
如何确定是否正确实现了此模式	如果所有的调用组件都依赖于同一组不可变的共享的数据对象（一般称为外部数据），并且各个组件自身有一套表示自身状态的数据（一般称为内部数据），则说明你正确地实现了此模式。调用组件可以安全地并发修改自身内部的数据，但不能修改外部数据
有哪些常见陷阱	实现此模式常见的陷阱包括：不小心创建多个外部数据集合、未对内部数据做并发操作保护、允许修改外部数据的操作，以及过度优化创建外部数据的操作
有哪些相关的模式	许多结构型模式都有类似的实现，只是目的不同。在选用本书此部分介绍的设计模式时，要确保选择的模式是你想要的

17.1　准备示例项目

为了演示本章知识，需要创建一个名为Flyweight的OS X命令行工具项目。首先，创建一个名为Spreadsheet.swift的文件，其内容如代码清单17-1所示。

代码清单17-1　文件Spreadsheet.swift的内容

```
func == (lhs: Coordinate, rhs: Coordinate) -> Bool {
    return lhs.col == rhs.col && lhs.row == rhs.row;
}

class Coordinate : Hashable, Printable {
    let col:Character;
    let row:Int;
```

```
    init(col:Character, row:Int) {
        self.col = col; self.row = row;
    }

    var hashValue: Int {
        return description.hashValue;
    }

    var description: String {
        return "\(col)(\row)";
    }
}

class Cell {
    var coordinate:Coordinate;
    var value:Int;

    init(col:Character, row:Int, val:Int) {
        self.coordinate = Coordinate(col: col, row: row);
        self.value = val;
    }
}

class Spreadsheet {
    var grid = Dictionary<Coordinate, Cell>();

    init() {

        let letters:String = "ABCDEFGHIJKLMNOPQRSTUVWXYZ";
        var stringIndex = letters.startIndex;
        let rows = 50;

        do {
            let colLetter = letters[stringIndex];
            stringIndex = stringIndex.successor();
            for rowIndex in 1 ... rows {
                let cell = Cell(col: colLetter, row: rowIndex, val: rowIndex);
                grid[cell.coordinate] = cell;
            }
        } while (stringIndex != letters.endIndex);
    }

    func setValue(coord: Coordinate, value:Int) {
        grid[coord]?.value = value;
    }

    var total:Int {
        return reduce(grid.values, 0,
            {total, cell in return total + cell.value});
    }
}
```

Spreadsheet类中有一个Dictionary（字典）类型的属性，用于存储一组Cell（单元格）对象，每个Cell对应的键是一个Coordinate（坐标）对象。Coordinate对象中保存了Cell所在的行和列，比如A45，其中A表示Cell所在的列，45则是行，根据这些信息便可创建一个表格。Cell存储的是一个Int（整型）值，而且它还存储了这个值对应的坐标信息。Spreadsheet类在初始化器中创建了一个26列50行的表格，并将每个单元格的索引作为单元格的值。setValue这个方法可以修改给定坐标的单元格的属性value的值，通过计算属性total则可以获得所有表格中所有值的总和。

提示　全局函数==的功能是判断两个坐标对象是否相等，有了这个函数我们就可以将坐标对象作为
　　　字典的键。

17.2　此模式旨在解决的问题

享元模式可以解决重复创建大量相同对象的问题，这不仅可以减少内存消耗，还可以提升应用的
运行速度。上一节中的Spreadsheet类为表格中的每个位置单独创建了一个单元格对象和坐标对象，这
意味着每个表格对象都将产生大量对象。代码清单17-2中的代码很好地展现了这个问题。

代码清单17-2　文件main.swift的内容

```swift
let ss1 = Spreadsheet();
ss1.setValue(Coordinate(col: "A", row: 1), value: 100);
ss1.setValue(Coordinate(col: "J", row: 20), value: 200);
println("SS1 Total: \(ss1.total)");

let ss2 = Spreadsheet();
ss2.setValue(Coordinate(col: "F", row: 10), value: 200);
ss2.setValue(Coordinate(col: "G", row: 23), value: 250);
println("SS2 Total: \(ss2.total)");

println("Cells created: \(ss1.grid.count + ss2.grid.count)");
```

上述代码首先创建了两个Spreadsheet对象，并为每个单元格赋值，最后输出了这些值的和。然
后，分别将这两个Spreadsheet对象维护的字典中保存的Cell对象的个数输出来。运行应用将输出以
下内容：

```
SS1 Total: 33429
SS2 Total: 33567
Cells created: 2600
```

可以看到，尽管上述操作相当简单，但是却产生了大量的Cell对象，而且大多数对象的值都是一
样的，即在它们初始化时配置的默认值。

17.3　享元模式

上一节创建的2600个Cell对象，每一个都需要耗费一定的时间去创建，而且还会占用相应的内存空
间。使用享元模式可以识别和分离出类似的对象中通用的数据，并让这些对象共享这部分数据，以将
CPU和内存占用降到最低。换句话说，对于相同的对象，创建一个即可。图17-1所描绘的即为享元模式。

在享元模式中，调用组件往往依赖大量数据对象。在示例项目中，调用组件就是Spreadsheet对象，
而它们依赖的是Cell数据对象。

此模式使用一个享元对象（flyweight object）来管理调用组件所需的数据对象。享元对象将数据
对象分为内部数据对象和外部数据对象两类。外部数据对象是所有调用组件通用的，而内部数据对象

则是每个调用组件所独有的。

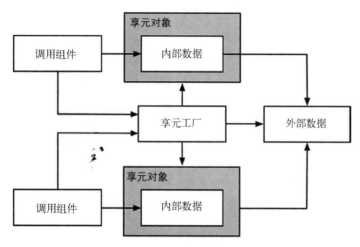

图17-1 享元模式

享元模式通过在享元对象之间共享外部数据对象的方式，将对象创建的成本最小化。也就是说，所有的调用组件共享一套数据对象。因为这些对象是共享的，因此外部数据对象是不可变的，享元对象或者调用组件都不能对其进行修改。

不过，内部数据对象是不能共享的，因此享元模式的效果受内部数据对象与外部数据对象的数量比例所影响。

享元工厂为调用组件提供了一套获取享元对象的机制，并负责为调用组件提供可以访问外部数据的享元对象。

17.4 实现享元模式

这里选择表格作为本章的例子，因为它给实现享元模式带来了一定的挑战。对于一个刚刚创建的表格对象而言，每个Cell对象都是相同的，因此可以将它们视为外部数据对象。对于输入到表格中的值而言，每个都是独一无二的，因此它们是内部数据。在实现此模式时，应尽可能无缝完成内部数据与外部数据的转换。

17.4.1 创建 Flyweight 协议

尽管非必须但是这里还是创建了一个协议，因为这样便于在应用的不同生命周期引入不同的实现。此外，使用协议可以让我们更加关注暴露给调用组件的数据，因为必须对其属性和方法一一进行定义。代码清单17-3列出了示例项目中的Flyweight.swift的内容。

代码清单17-3 文件Flyweight.swift的内容

```
import Foundation;
```

```
protocol Flyweight {
    subscript(index:Coordinate) -> Int? { get set };
    var total:Int { get };
    var count:Int { get };
}
```

Spreadsheet类中的数据对象存储在字典中，这点在Flyweight协议中有所体现。协议中定义的subscript可以根据给定的Coordinate获取对应的值，通过协议中的count属性则可以获得内部数据对象的数量。(这个属性并非实现此模式所必须的，但是后面会用这个属性来展示享元模式的作用。)

使用Flyweight协议的类，并不需要了解分离外部数据和内部数据的细节，因此这里还定义了一个属性total，用来计算内部Cell对象的value属性的值的和。

17.4.2 创建 FlyweightImplementation 类

然后，创建一个名为FlyweightImplementation的类，并让其遵循Flyweight协议。这个类的责任是管理内部数据，并且它还可以通过享元工厂访问外部数据。代码清单17-4列出了该实现类的代码。

代码清单17-4 在文件Flyweight.swift中定义FlyweightImplementation类

```
import Foundation;

protocol Flyweight {
    subscript(index:Coordinate) -> Int? { get set };
    var total:Int { get };
    var count:Int { get };
}

class FlyweightImplementation : Flyweight  {
    private let extrinsicData:[Coordinate: Cell];
    private var intrinsicData:[Coordinate: Cell];

    private init(extrinsic:[Coordinate: Cell]) {
        self.extrinsicData = extrinsic;
        self.intrinsicData = Dictionary<Coordinate, Cell>();
    }

    subscript(key:Coordinate) -> Int? {
        get {
            if let cell = intrinsicData[key] {
                return cell.value;
            } else {
                return extrinsicData[key]?.value;
            }
        }
        set (value) {
            if (value != nil) {
                intrinsicData[key] = Cell(col: key.col,
                    row: key.row, val: value!);
            }
        }
    }

    var total:Int {
        return reduce(extrinsicData.values, 0, {total, cell in
            if let intrinsicCell = self.intrinsicData[cell.coordinate] {
```

```
            return total + intrinsicCell.value;
        } else {
            return total + cell.value
        }
    });
}

var count:Int {
    return intrinsicData.count;
}
}
```

> **提示** 享元模式不会修改外部数据，也不允许调用组件修改外部数据。这是享元模式非常重要的一
> 个特征，允许对外部数据进行修改也是人们在实现享元模式时常犯的一个错误。

FlyweightImplementation类遵循Flyweight协议，其初始化器接受一个参数——外部数据字典。这里的内部数据其实是在外部数据外面包了一层，如果根据给定的Coordinate获取不到对应的内部Cell对象，将返回外部数据对象。在设置新值时，则会创建一个Cell对象作为内部数据的一部分。

> **注释** 并不是所有的内部数据都要与外部数据一一对应。享元模式完全可以管理与外部数据毫无关
> 联的内部数据。鉴于此，一般会把外部数据放在调用组件中，让享元模式只关注那些与外部
> 数据具有某些关联的内部数据值。

17.4.3 增加并发保护

享元模式并没有对享元对象的使用方式加以限制，因此调用组件从享元工厂获得一个对象之后可以随意使用。这就可能会引起其他模式都存在的并发访问问题，即多个线程可能会共享一个享元对象，这样就可能会出现多个线程同时修改一个对象的内部数据的情况。为了保证内部数据不被损坏，产生不一致的结果，需要修改FlyweightImplementation类，为其加上并发保护。代码清单17-5演示了使用GCD保护数据的方法。

代码清单17-5　在文件Flyweight.swift中增加并发保护

```
...
class FlyweightImplementation : Flyweight {
    private let extrinsicData:[Coordinate: Cell];
    private var intrinsicData:[Coordinate: Cell];
    private let queue:dispatch_queue_t;

    private init(extrinsic:[Coordinate: Cell]) {
        self.extrinsicData = extrinsic;
        self.intrinsicData = Dictionary<Coordinate, Cell>();
        self.queue = dispatch_queue_create("dataQ", DISPATCH_QUEUE_CONCURRENT);
    }

    subscript(key:Coordinate) -> Int? {
        get {
            var result:Int?;
```

```
            dispatch_sync(self.queue, {() in
                if let cell = self.intrinsicData[key] {
                    result = cell.value;
                } else {
                    result = self.extrinsicData[key]?.value;
                }
            });
            return result;
        }
        set (value) {
            if (value != nil) {
                dispatch_barrier_sync(self.queue, {() in
                    self.intrinsicData[key] = Cell(col: key.col,
                        row: key.row, val: value!);
                });
            }
        }
    }
}

var total:Int {
    var result = 0;
    dispatch_sync(self.queue, {() in
        result = reduce(self.extrinsicData.values, 0, {total, cell in
            if let intrinsicCell = self.intrinsicData[cell.coordinate] {
                return total + intrinsicCell.value;
            } else {
                return total + cell.value
            }
        });
    });
    return result;
}

var count:Int {
    var result = 0;
    dispatch_sync(self.queue, {() in
        result = self.intrinsicData.count;
    });
    return result;
}
}
...
```

在同一时刻，读操作是可以多线程并发的，写操作则只允许一个线程执行。上述代码定义了一个
GCD队列，并使用dispatch_sync函数来执行读操作，即不会修改内部数据的操作，包括通过subscript
读取值和读取total和count属性的值。在使subscript设置值时，则使用了dispatch_barrier_sync函数，
这样可以确保在修改某个内部数据值时，不会执行其他修改操作。

17.4.4   创建 FlyweightFactory 类

最后一个必须创建的类是FlyweightFactory类，调用组件将使用它来获取可以访问外部数据的享元
对象。代码清单17-6列出了该类的定义。

代码清单17-6   在文件Flyweight.swift中创建FlyweightFactory类

```
import Foundation;
```

```
protocol Flyweight {
    subscript(index:Coordinate) -> Int? { get set };
    var total:Int { get };
    var count:Int { get };
}

extension Dictionary {
    init(setupFunc:(() -> [(Key, Value)])) {
        self.init();
        for item in setupFunc() {
            self[item.0] = item.1;
        }
    }
}

class FlyweightFactory {

    class func createFlyweight() -> Flyweight {
        return FlyweightImplementation(extrinsic: extrinsicData);
    }

    private class var extrinsicData:[Coordinate: Cell] {
        get {
            struct singletonWrapper {
                static let singletonData = Dictionary<Coordinate, Cell> (
                    setupFunc: {() in
                        var results = [(Coordinate, Cell)]();
                        let letters:String = "ABCDEFGHIJKLMNOPQRSTUVWXYZ";
                        var stringIndex = letters.startIndex;
                        let rows = 50;
                        do {
                            let colLetter = letters[stringIndex];
                            stringIndex = stringIndex.successor();
                            for rowIndex in 1 ... rows {
                                let cell = Cell(col: colLetter, row: rowIndex,
                                    val: rowIndex);
                                results.append((cell.coordinate, cell));
                            }
                        } while (stringIndex != letters.endIndex);
                        return results;
                    }
                );
            }
            return singletonWrapper.singletonData;
        }
    }
}

class FlyweightImplementation : Flyweight {
    // ...statements omitted for brevity...
}
```

　　FlyweightFactory类定义了一个名为createFlyweight的类方法，其返回值为一个遵循Flyweight协议的对象。createFlyweight方法的实现很简单，直接使用传进来的外部数据对象实例化一个FlyweightImplementation对象。上述代码在创建外部数据对象时，使用了第6章讲解的单例模式。这么做是为了确保以惰性、线程安全的方式创建外部数据对象。

为了填充字典，上述代码定义了一个extension，其初始化器接受一个函数参数。该函数的作用是生成一个由键和值组成的元组，用于填充字典。这么做是为了弥补Swift在类变量方面的缺陷，同时也是为了确保在初始化单例时可以使用外部数据填充字典。

17.4.5　应用享元模式

最后一步是修改Spreadsheet类，以让其使用享元对象来管理数据，如代码清单17-7所示。

代码清单17-7　在Spreadsheet.swift文件中使用享元对象

```
func == (lhs: Coordinate, rhs: Coordinate) -> Bool {
    return lhs.col == rhs.col && lhs.row == rhs.row;
}

class Coordinate : Hashable, Printable {
    // ...statements omitted for brevity...
}

class Cell {
    // ...statements omitted for brevity...
}

class Spreadsheet {
    var grid:Flyweight;

    init() {
        grid = FlyweightFactory.createFlyweight();
    }

    func setValue(coord: Coordinate, value:Int) {
        grid[coord] = value;
    }

    var total:Int {
        return grid.total;
    }
}
```

Spreadsheet类从享元工厂获得了一个享元对象，并使用它实现了自己的API。代码清单17-8中列出了main.swift中的微小改动，这些改动是为了在计算Cell对象的数量时能将外部数据对象考虑在内，以确保计数的准确性。

代码清单17-8　在文件main.swift中计算外部Cell对象的数量

```
let ss1 = Spreadsheet();
ss1.setValue(Coordinate(col: "A", row: 1), value: 100);
ss1.setValue(Coordinate(col: "J", row: 20), value: 200);
println("SS1 Total: \(ss1.total)");

let ss2 = Spreadsheet();
ss2.setValue(Coordinate(col: "F", row: 10), value: 200);
ss2.setValue(Coordinate(col: "G", row: 23), value: 250);
println("SS2 Total: \(ss2.total)");

println("Cells created: \(1300 + ss1.grid.count + ss2.grid.count)");
```

此时运行应用将输出以下内容：

```
SS1 Total: 33429
SS2 Total: 33567
Cells created: 1304
```

使用享元模式可以让所有的Spreadsheet对象共享同一组外部数据对象，而且随着Spreadsheet对象数量的增加其效果会更加明显。

17.5　享元模式之变体

写时复制技术（copy-on-write）其实是享元模式的变体，这种技术是指在调用组件修改其所用对象之前一直使用外部数据对象。在修改时，外部数据将会被复制一份，然后再对其进行修改，这时享元对象也不再使用外部数据对象。根据应用的需要，可以复制外部数据的部分或者全部。可以说，写时复制技术将享元模式和第5章讲解的原型模式组合在了一起。为了演示，这里创建了一个名为CopyOnWrite.playground的文件，代码清单17-9列出了其内容。

代码清单17-9　文件CopyOnWrite.playground的内容

```
import Foundation;

class Owner : NSObject, NSCopying {
    var name:String;
    var city:String;

    init(name:String, city:String) {
        self.name = name; self.city = city;
    }

    func copyWithZone(zone: NSZone) -> AnyObject {
        println("Copy");
        return Owner(name: self.name, city: self.city);
    }
}

class FlyweightFactory {

    class func createFlyweight() -> Flyweight {
        return Flyweight(owner: ownerSingleton);
    }

    private class var ownerSingleton:Owner {
        get {
            struct singletonWrapper {
                static let singleon = Owner(name: "Anonymous", city: "Anywhere");
            }
            return singletonWrapper.singleon;
        }
    }
}

class Flyweight {
    private let extrinsicOwner:Owner;
```

```
private var intrinsicOwner:Owner?;

init(owner:Owner) {
    self.extrinsicOwner = owner;
}

var name:String {
    get {
        return intrinsicOwner?.name ?? extrinsicOwner.name;
    }
    set (value) {
        decoupleFromExtrinsic();
        intrinsicOwner?.name = value;
    }
}

var city:String {
    get {
        return intrinsicOwner?.city ?? extrinsicOwner.city;
    }
    set (value) {
        decoupleFromExtrinsic();
        intrinsicOwner?.city = value;
    }
}

private func decoupleFromExtrinsic() {
    if (intrinsicOwner == nil) {
        intrinsicOwner = extrinsicOwner.copyWithZone(nil) as? Owner;
    }
}
}
```

FlyweightFactory类在定义外部对象Owner时也使用了单例模式，后者将被用于创建Flyweight对象。Flyweight的name和city这两个属性在其setter方法被调用之前，将使用外部对象Owner提供的值。为了创建一个内部副本，这里使用了原型模式，以复制外部对象。一旦某个属性的setter方法被调用，Flyweight将不再继续使用外部数据对象。

17.6   享元模式的陷阱

在实现享元模式时会遇到几个常见的陷阱。享元模式与其他模式，尤其是与第7章讲解的对象池模式相比，并不能算特别复杂。但是如果在实现此模式时考虑不周，其所带来的问题将多过其所解决的问题。

17.6.1   陷阱一：重复的外部数据

在实现享元模式时，最容易掉进去的陷阱是创建过多的外部数据对象，这个错误会大大削弱享元模式的效果。在Swift中很容易发生这个问题，因为在Swift中创建类变量并不容易，而且通过结构体来实现也具有一定的局限性。必须确保外部数据的创建过程是单例对象实例化过程的一部分，而且还要保证这个过程是线程安全的。正是因为这个原因，上述代码为字典类创建了一个extension，以使用闭包来完成外部数据的填充。

17.6.2 陷阱二：可变的外部数据

如果你允许调用组件修改外部数据对象，将会引起两个问题，即并发操作导致数据损坏和享元对象获得的数据不一致。享元对象使用的外部数据对象必须是不可变的，允许对其进行修改是一个常见的错误，且往往会导致一些古怪的行为和运行时错误。

17.6.3 陷阱三：并发访问

正如本章前文所述，享元模式并不对享元对象的使用方式做限制。因此，在多线程环境下对内部数据加上并发保护是非常重要的。在实现并发保护时，不一定要用前文所用的方式，甚至可以不使用GCD，但是你必须实现某种形式的保护，因为许多单线程的应用在某个时刻会变成多线程的应用。

提示 你无需对外部数据进行保护，因为它们应该不可变。如果外部数据遇到了并发问题，说明实现享元模式的方式有缺陷。

17.6.4 陷阱四：过度优化

在优化对象创建的过程时，很容易出现过度优化。这种问题最常见的形式是，外部数据对象所代表的值是由一个可预测的算法生成的。在示例应用中，将每个Cell对象的默认值配置为该行的索引。也就是说，我们可以进一步修改享元工厂的实现，让其在收到请求时才根据该行的索引实时创建Cell对象。

这种做法有几个问题。首先是灵活度比较低。在真实项目中，用于生成值的算法，很少会像示例应用中使用的那么简单。如果使用的是一个比较复杂的算法，要对其进行修改并不容易。

第二个问题是，享元类和调用组件必须可以在不了解对象是按需实时创建的情况下，完成其任务。就示例应用而言，这意味着允许享元类在不创建所有所需对象的情况下获得Cell对象的数量和这些Cell的value属性的值的和。享元工厂只有在对外部数据有深入了解的情况下才能提供这些信息，而这又会进一步提升代码的复杂度，降低代码的灵活度。

我个人的建议是，承认共享同一组外部数据对象已经是一种足够好的优化，进一步优化所能产生的效益非常小，而且会大幅增加代码复杂度和维护风险。

17.6.5 陷阱五：误用

最后一个陷阱就是在不需要使用享元模式的时候误用享元模式。为了让使用享元模式带来的额外的开发和测试时间花得值得，应该在有一组相似的对象依赖大量通用的数据对象时再使用享元模式。如果外部数据对象数量不大，或者创建那些对象所需耗费的资源不多，那么也就不值得花费过多的精力去实现享元模式。

17.7 Cocoa 中使用享元模式的实例

Cocoa框架在多处使用了享元模式，其中最有意思的一处是在代表数值的NSNumber类中。如果两个

NSNumber对象所表示的值是一样的，其值将被当作外部数据来处理。对于不了解这种行为的开发者而言，一不小心就容易掉到陷阱里面去。为了演示这里创建了一个名为Numbers.playground的文件，代码清单17-10列出了其内容。

代码清单17-10　文件Numbers.playground的内容

```
import Foundation;

let num1 = NSNumber(int: 10);
let num2 = NSNumber(int: 10);

println("Comparison: \(num1 == num2)");
println("Identity:   \(num1 === num2)");
```

上述代码创建了两个NSNumber对象，两者的值都是整数10。接着输出了对两者进行相等性和同一性判断的结果，控制台的输出如下：

```
Comparison: true
Identity: true
```

相等性判断的结果也许符合预期，但是同一性判断的结果就可能会让你吃一惊。Cocoa为了节省存储NSNumber对象所需的内存空间，共享了值相同的对象。许多编程语言在处理字符串时都使用了这种被称为字符串驻留(String Interning)的技术，以减少存储字符串所需的内存空间，并加快字符串的比较速度。Cocoa在实现NSString类时也使用了字符串驻留技术，但是在Swift中使用NSString类比较麻烦，所以这里使用NSNumber类作为例子。

17.8　在 SportsStore 应用中使用享元模式

SportsStore应用中有一个名为NetworkConnection的类，用于模拟查询库存水平数据的网络请求。每个NetworkConnection实例中都含有一个用于响应请求的存储着库存水平值的字典，以下为该类的定义：

```
...
class NetworkConnection {

    private let stockData: [String: Int] = [
        "Kayak" : 10, "Lifejacket": 14, "Soccer Ball": 32,"Corner Flags": 1,
        "Stadium": 4, "Thinking Cap": 8, "Unsteady Chair": 3,
        "Human Chess Board": 2, "Bling-Bling King":4
    ];

    func getStockLevel(name:String) -> Int? {
        NSThread.sleepForTimeInterval(Double(rand() % 2));
        return stockData[name];
    }
}
...
```

这一节将在NetworkConnection类中使用享元模式，以让所有的NetworkConnection对象共享相同的字典对象。尽管这里使用的字典创建过程简单，占用的内存也不多，但是用于演示享元模式的使用还是可以的。

17.8.1 准备示例应用

这一章无需做任何准备，直接使用第16章中的SportsStore项目即可。

17.8.2 创建 Flyweight 协议和实现类

在实现享元模式时，一般过程都是这样的：首先定义一个供调用组件使用的协议，然后创建享元实现类。依照这个顺序好处在于，可以专注于协议中供外界使用的API，并在实现类中分离内部数据和外部数据。下面创建一个名为NetworkConnectionFlyweight.swift的文件，以在SportsStore项目中实现享元模式，代码清单17-11为该文件内容。

代码清单17-11　文件NetworkConnectionFlyweight.swift的内容

```
protocol NetConnFlyweight {

    func getStockLevel(name:String) -> Int?;
}

class NetConnFlyweightImpl : NetConnFlyweight {
    private let extrinsicData:[String: Int];

    private init(data:[String: Int]) {
        self.extrinsicData = data;
    }

    func getStockLevel(name: String) -> Int? {
        return extrinsicData[name];
    }
}
```

此模式的实现相当简单，这里选择通过方法，而不是通过提供可以访问字典的属性的方式，向外界暴露数据。这么做的好处在于，可以在不修改协议（以及使用该协议的调用组件）的情况下，改变数据的存储方式。同时，这么做还可以确保外部数据不会被意外地修改（如果允许直接访问外部数据对象，很有可能会出现这种情况）。

17.8.3 创建享元工厂

协议和实现类定义完成之后，接下来需要做的是定义享元工厂及其管理的外部数据。代码清单17-12列出了享元工厂类的定义。

代码清单17-12　在文件NetworkConnectionFlyweight.swift中定义享元工厂类

```
protocol NetConnFlyweight {

    func getStockLevel(name:String) -> Int?;
}

class NetConnFlyweightImpl : NetConnFlyweight {
    // ...statements omitted for brevity...
}

class NetConnFlyweightFactory {
```

```
class func createFlyweight() -> NetConnFlyweight {
    return NetConnFlyweightImpl(data: stockData);
}

private class var stockData:[String: Int] {
    get {
        struct singletonWrapper {
            static let singleton = ["Kayak" : 10, "Lifejacket": 14,
                "Soccer Ball": 32,"Corner Flags": 1, "Stadium": 4,
                "Thinking Cap": 8, "Unsteady Chair": 3,
                "Human Chess Board": 2, "Bling-Bling King":4
            ];
        }
        return singletonWrapper.singleton;
    }
}
}
```

上述代码中的NetConnFlyweightFactory类使用了单例模式，以确保外部数据只创建一次。此外，上述代码还定义了createFlyweight方法，其功能是使用外部数据创建实现类的实例。

17.8.4   应用享元模式

最后一步是更新NetworkConnection类，让其使用享元模式和共享一个不可变的内部数据对象数组，具体如代码清单17-13所示。

代码清单17-13   在文件NetworkConnection.swift中使用享元模式

```
import Foundation

class NetworkConnection {
    private let flyweight:NetConnFlyweight;

    init() {
        self.flyweight = NetConnFlyweightFactory.createFlyweight();
    }

    func getStockLevel(name:String) -> Int? {
        NSThread.sleepForTimeInterval(Double(rand() % 2));
        return self.flyweight.getStockLevel(name);
    }
}
```

上述代码移除了数据数组，并修改了getStockLevel方法的实现，以让其通过享元对象获取数据对象。

17.9   总结

本章我们学习了使用享元模式在一组对象之间共享外部数据，以节省内存开销和避免重复创建大量相同的数据对象的方法。第18章我们将学习代理模式，研究如何使用一个对象来代表资源或者另一个对象。

第 18 章

代理模式

本章将介绍代理模式，当需要使用代理对象来代替对象或资源时，即可使用此模式。代理模式的使用方式主要有三种，本章将对它们一一进行讲解。表18-1列出了代理模式的相关信息。

表18-1 代理模式的相关信息

问　　题	答　　案
是什么	代理模式的核心是一个对象——代理对象，此对象可以用于代表其他资源，比如另一个对象或者一种远程服务调用组件在代理对象上进行操作，反过来作用于底层资源
有什么优点	使用代理模式可以对代理对象所代表的资源进行深层次的管理，当想要拦截或者对某种操作进行调整时，此模式会非常实用
何时使用此模式	代理模式的使用场景主要有三种：一是定义一个面向网页或者RESTful服务等远程资源的接口、二是管理开销比较大的操作的执行过程，最后一个是为其他对象的属性和方法加上访问控制
何时应避免使用此模式	如果遇到的问题不属于上述三种情形之一，则不应使用此模式。相反，可以使用其他结构型模式
如何确定是否正确实现了此模式	当代理对象可用于操作其所代表的资源时，你就正确地实现了此模式
有哪些常见的陷阱	在实现代理模式时唯一会遇到的陷阱是，在使用代理模式为对象提供访问控制时，允许外界直接实例化其所代理的类
有哪些相关的模式	许多结构型模式的实现都差不多，但是它们的意图是不同的。在做选择时要确保从本书此部分选择了适合你的模式

18.1 准备示例项目

为了演示，首先需要创建一个名为Proxy的Xcode OS X命令行工具项目。代码清单18-1列出了示例项目中的main.swift文件的内容。

代码清单18-1 main.swift文件的内容

```
import Foundation;

func getHeader(header:String) {
    let url = NSURL(string: "http://www.apress.com");
    let request = NSURLRequest(URL: url!);
    NSURLSession.sharedSession().dataTaskWithRequest(request,
        completionHandler: {data, response, error in
        if let httpResponse = response as? NSHTTPURLResponse {
            if let headerValue
```

```
                  = httpResponse.allHeaderFields[header] as? NSString {
                println("\(header): \(headerValue)");
            }
        }
    }).resume();
}

let headers = ["Content-Length", "Content-Encoding"];
for header in headers {
    getHeader(header);
}

NSFileHandle.fileHandleWithStandardInput().availableData;
```

文件main.swift中的代码主要做了一件事，即对Apress的主页发起了HTTP请求，并在调试控制台输出Content-Length和Content-Encoding的值。此时运行应用将在控制台输出以下内容：

```
Content-Encoding: gzip
Content-Length: 13960
```

你看到的输出顺序可能与上面的不同，因为Foundation框架中执行HTTP请求的类是异步、并发执行的。也就是说，上述请求返回的顺序是任意的，因此输出到调试控制台的顺序也是不确定的。事实上，运行上述代码后看到的输出基本上会与上面的不一样，因为Apress时不时会更新一下其网站主页。

18.2　此模式旨在解决的问题

代理模式可以解决三类问题，后续小节将分别对它们进行讲解。

18.2.1　远程对象问题

当你需要处理通过网络获取的资源时，比如获取一个网页或者使用RESTful服务，就会遇到远程对象问题。上述main.swift文件中的代码的功能是获取一个网页，但是该代码并没有将功能（获取HTTP响应头）和执行请求的机制（NSURL、NSURLRequest和NSURLSession）分离开。上述代码根本没有抽象或者封装可言，修改其实现将对其使用方式造成影响。如果这种代码用在所有需要获取HTTP响应头的地方，修改的影响面将会非常大。

18.2.2　开销大的问题

像HTTP请求这样的任务，一般会被归为开销大的操作。这个“大”是指这类操作的各个方面耗费的资源多，比如需要进行的计算总量、所需内存、设备电池的开销、占用的带宽，以及用户所需等待的时间等。

就IITTP请求而言，主要的开销是时间、带宽和服务器为了响应请求所进行的工作。文件main.swift中的代码并没有对HTTP请求的方式进行优化，以最小化该操作的开销，也没有考虑此操作对用户、网络和处理请求的服务器的影响。

18.2.3 访问控制问题

当将一个只允许单用户使用的框架集成到一个多用户的应用中，就会出现对象访问控制的问题。由于你无法修改源代码，或者应用的其他方面对该框架存在依赖，因此不能通过修改框架来支持多用户。同时，你也不能让任意用户执行该对象封装的方法。

18.3 代理模式

当一个对象被用于表示某种资源时，就可以使用代理模式。到后面你就会发现，这里所说的资源可以是某种抽象的东西，比如一个网页、或者应用本地的东西（如另一个对象）。图18-1是代理模式的普通形式。

图18-1 代理模式

代理模式的普通形式缺乏针对性，因为它适用的场景非常多。为了更加具体的讲解此模式，在接下来的几个小节中，我们将会使用此模式解决前文提到的三类常见问题。

18.3.1 解决远程对象问题

使用代理模式来表示远程对象和资源的做法起源于CORBA这样的分布式系统，这种系统使用本地的，与远程对象具体相同功能的对象来表示远程的对象。这里的本地对象就是一个代理，调用本地的对象的某个方法，将导致远程对象的对应方法被调用。CORBA负责代理对象与远程对象的映射，并对参数和结果进行处理。

目前CORBA已不再被广泛使用，但是随着HTTP传输协议成为标准和RESTful服务的流行，代理模式流传了下来。代理模式可用于简化远程资源的处理，隐藏远程资源提供的功能的实现细节。这也正是设计模式所擅长的：通过对功能的抽象，实现在改变功能的实现机制时，无需修改功能的使用方式，并将多个功能打包起来以避免在多个地方重复实现相同的功能。图18-2描绘了使用代理表示远程资源的方式。

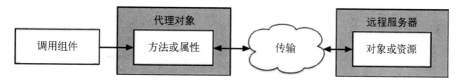

图18-2 使用代理模式表示远程资源

代理对象隐藏了访问远程资源的细节，直接将数据呈现出来，在本例中数据就是HTTP响应头的值。示例应用在使用了代理模式之后，访问远程资源的代码就可以统一放到一个类中，这样即使对其实现进行修改，比如使用不同的Cocoa类去发起请求，也不用修改使用该代理的组件。

18.3.2   解决操作开销大的问题

使用代理对操作与其使用进行解耦，可以最小化开销。就上述例应用而言，可以将获取多个响应头的值的操作合并成一个请求，如图18-3所示。

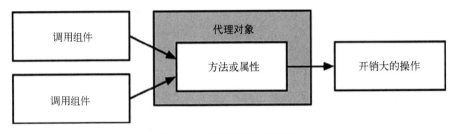

图18-3   使用代理合并操作

显然，我可以刻意让示例项目适合使用此模式。不过，开销高的操作确实可以合并，或者延迟到所需开销比较小的时候再进行。

18.3.3   解决访问限制问题

代理还可以用于封装对象，以加强其使用限制，如图18-4所示。

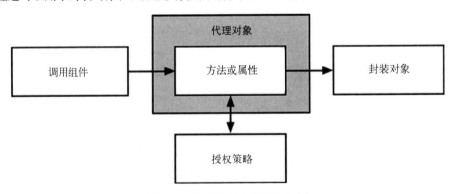

图18-4   使用代理实现访问限制

代理通常会与其封装的对象同时遵循一个共同的协议，也就是说，代理对象可以在不修改调用组件的情况下无缝替换原对象。代理对象会拦截所有访问其代理的对象的属性和方法的请求，只有满足访问控制政策的请求才会得到后续处理。

18.4 实现代理模式

根据所需解决的问题的不同，代理模式可以有不一样的实现方式。在后面的小节中，将针对前面提到的三类常见问题逐一给出对应的实现。

18.4.1 实现远程对象代理

实现用于访问远程对象的代理模式的关键在于，对远程操作的执行机制和为调用组件提供的功能进行分离。

对于一些应用而言，这意味着要对调用组件隐藏网络传输细节和协议。如果代理对象表示的是一种RESTful服务，那么代理对象可能就会隐藏HTTP传输细节，以及一组操作远程数据对象所需的URL。

这里选择读取HTTP头的值作为本章的例子，是为了说明一种情景，即由于HTTP传输的方式是给定的，因此并不能隐藏。不过，这里使用代理对象将Foundation框架中的类执行HTTP请求和获取响应头的值的过程给隐藏了。

1. 定义代理协议

在实现面向远程对象的代理模式时，并不是一定要定义一个协议，但是这么做可以让我们的思路更加清晰。这不仅可以让我在决定暴露哪些功能方面做出更合理的决策，还可以在出现新的需求时方便地给出另一种实现。为了定义代理协议，需要向示例项目添加一个名为Proxy.swift的文件，并在其中定义一个表示网络请求的协议，其内容如代码清单18-2所示。

代码清单18-2　文件Proxy.swift的内容

```
protocol HttpHeaderRequest {

    func getHeader(url:String, header:String) -> String?;
}
```

上述HttpHeaderRequest协议中定义了名为getHeader的方法，它接受两个参数，一个是请求的URL，另一个是HTTP头的名称。需要注意的是，HttpHeaderRequest返回的结果是同步的，而非使用回调。远程代理对象拥有很大的自由去决定如何呈现它们的功能。我们则可以定义一个代理对象，将请求使用的Foundation框架类是异步的这一事实隐藏起来。

2. 定义代理实现类

下一步是定义一个遵循该协议，并实现远程对象访问机制的类。这个代理类将负责发起HTTP请求，并获取相关响应头的值，其内容如代码清单18-3所示。

代码清单18-3　在Proxy.swift文件中定义实现类

```
import Foundation;

protocol HttpHeaderRequest {

    func getHeader(url:String, header:String) -> String?;
}

class HttpHeaderRequestProxy : HttpHeaderRequest {
    private let semaphore = dispatch_semaphore_create(0);
```

```
func getHeader(url: String, header: String) -> String? {

    var headerValue:String?;

    let nsUrl = NSURL(string: url);
    let request = NSURLRequest(URL: nsUrl!);
    NSURLSession.sharedSession().dataTaskWithRequest(request,
        completionHandler: {data, response, error in
            if let httpResponse = response as? NSHTTPURLResponse {
                headerValue = httpResponse.allHeaderFields[header] as? NSString;
            }
            dispatch_semaphore_signal(self.semaphore);
    }).resume();
    dispatch_semaphore_wait(self.semaphore, DISPATCH_TIME_FOREVER);
    return headerValue;
    }
}
```

HttpHeaderRequestProxy类遵循HttpHeaderRequest协议，它是请求行为的代理。getHeader方法的实现使用的类与本章开头使用的类是同一组Foundation框架类，不过这里使用了（我们熟悉的）GCD信号量以将Cocoa类异步的本质隐藏起来。

提示　不提倡在真实项目中将异步请求封装在同步方法中，尤其是在Swift闭包使处理异步响应变得简单的情况下。这里这么做是为了演示代理模式的特点，即代理可以自由选择在何种程度上暴露实现细节。

---

3. 使用远程对象代理

这里所要做的就是更新main.swift文件中的代码，将直接发起HTTP请求的代码替换成使用代理对象的方式，如代码清单18-4所示。

代码清单18-4　在main.swift文件中使用代理对象

```
import Foundation;

let url = "http://www.apress.com";
let headers = ["Content-Length", "Content-Encoding"];

let proxy = HttpHeaderRequestProxy();

for header in headers {
    if let val = proxy.getHeader(url, header:header) {
        println("\(header): \(val)");
    }
}

NSFileHandle.fileHandleWithStandardInput().availableData;
```

更新之后的代码依然需要发起同样多的请求，并且仍然使用同一组Foundation类执行请求。然而，将其中的逻辑封装成一个代理意味着，我们可以在应用的其他地方发起类似的请求，而无需在每个需要请求的地方重复相同实现逻辑。如你所期望的，如果现在对HTTP请求的执行方式进行修改，使用此协议的组件并不需要做对应的修改。

18.4.2 实现开销大的操作的代理

在优化昂贵资源的使用和最小化开销大的操作的数量时，可以使用的策略有很多。最常见的做法包括缓存和懒加载，以及使用其他设计模式，比如第17章介绍的享元模式。

在这里的示例应用中，开销最大的操作是HTTP请求。因此，就示例应用而言减少HTTP请求的数量带来的效益相当可观。减少请求后，应用响应速度会更快，占用更少的带宽（如果设备使用的是蜂窝网络的话，这点就很重要了。），并且可以减小服务器的压力。

就本章示例应用而言，最显而易见的优化方式是使用一个请求获取到多个相关响应头的值。这个方案虽然很简单，但是实现它所需做的努力并不会比其他优化方式更少。代码清单18-5列出了代理协议和实现类需要修改的内容。

代码清单18-5 优化Proxy.swift文件的HTTP请求

```swift
import Foundation;

protocol HttpHeaderRequest {

    func getHeader(url:String, header:String) -> String?;
}

class HttpHeaderRequestProxy : HttpHeaderRequest {
    private let queue = dispatch_queue_create("httpQ", DISPATCH_QUEUE_SERIAL);
    private let semaphore = dispatch_semaphore_create(0);
    private var cachedHeaders = [String:String]();

    func getHeader(url: String, header: String) -> String? {

        var headerValue:String?;

        dispatch_sync(self.queue, {() in
            if let cachedValue = self.cachedHeaders[header] {
                headerValue = "\(cachedValue) (cached)";
            } else {
                let nsUrl = NSURL(string: url);
                let request = NSURLRequest(URL: nsUrl!);
                NSURLSession.sharedSession().dataTaskWithRequest(request,
                    completionHandler: {data, response, error in
                        if let httpResponse = response as? NSHTTPURLResponse {
                            let headers
                                = httpResponse.allHeaderFields as [String: String];
                            for (name, value) in headers {
                                self.cachedHeaders[name] = value;
                            }
                            headerValue
                                = httpResponse.allHeaderFields[header] as? NSString;
                        }
                        dispatch_semaphore_signal(self.semaphore);
                }).resume();
                dispatch_semaphore_wait(self.semaphore, DISPATCH_TIME_FOREVER);
            }
        });
        return headerValue;
    }
}
```

18

在上述代码中，getHeader方法对响应头做了缓存，后续请求将直接读取缓存，这样就有效减少了HTTP请求的数量。此时运行应用便可发现，其中一个值是从缓存中获取的：

```
Content-Length: 13960
Content-Encoding: gzip (cached)
```

HttpHeaderRequestProxy修改之后，依赖GCD队列来确保一个请求在读取缓存时，另一个请求的回调不会去更新缓存。

延迟操作

另一个常见的实现是尽量延迟开销较大的操作，因为有时用户可能会取消该操作，或者该操作并非必须。

这种方式的优点是可以避免一些不必要的开销比较大的操作，缺点是需要修改现有的API，以支持调用组件发出开始执行相关操作的信号。代码清单18-6列出了修改之后的代理及其协议，修改之后将延迟相关HTTP请求。

代码清单18-6　在文件Proxy.swift中延迟HTTP请求

```swift
import Foundation;

protocol HttpHeaderRequest {
    init(url:String);
    func getHeader(header:String, callback:(String, String?) -> Void );
    func execute();
}

class HttpHeaderRequestProxy : HttpHeaderRequest {
    let url:String;
    var headersRequired:[String: (String, String?) -> Void];

    required init(url: String) {
        self.url = url;
        self.headersRequired = Dictionary<String, (String, String?) -> Void>();
    }

    func getHeader(header: String, callback: (String, String?) -> Void) {
        self.headersRequired[header] = callback;
    }

    func execute() {
        let nsUrl = NSURL(string: url);
        let request = NSURLRequest(URL: nsUrl!);
        NSURLSession.sharedSession().dataTaskWithRequest(request,
            completionHandler: {data, response, error in
                if let httpResponse = response as? NSHTTPURLResponse {
                    let headers = httpResponse.allHeaderFields as [String: String];
                    for (header, callback) in self.headersRequired {
                        callback(header, headers[header]);
                    }
                }
        }).resume();
    }
}
```

上述代码修改了代理的使用方式，修改之后调用组件可以根据需要调用getHeader方法，并通过回调获取相关HTTP响应头的值。这里暴露了背后执行HTTP请求的类的异步本质，因为这个特征符合延迟请求的需求。

当所有的请求响应头及其回调都注册完成之后，执行请求的方法将会被调用，以执行请求和触发回调。如果用户在执行方法被调用之前取消了操作，则不会执行相关的HTTP请求，从而避免了不必要的开销。对HttpHeaderRequest协议进行修改之后，调用组件将被迫进行对应的改变，如代码清单18-7所示。

代码清单18-7 在main.swift文件中使用修改后的协议

```
import Foundation;

let url = "http://www.apress.com";
let headers = ["Content-Length", "Content-Encoding"];

let proxy = HttpHeaderRequestProxy(url: url);

for header in headers {
    proxy.getHeader(header, callback: {header, val in
        if (val != nil) {
            println("\(header): \(val!)");
        }
    });
}

proxy.execute();

NSFileHandle.fileHandleWithStandardInput().availableData;
```

此时运行应用将在控制台看到如下输出：

```
Content-Encoding: gzip
Content-Length: 13960
```

18.4.3 实现访问限制代理

用于限制对象的访问权限的代理，通常是对限制对象进行封装，这也为其他代理类型的实现方式提供了一种思路。

1. 创建授权源

第一步是定义一个授权源，用于检查访问权限。访问权限检查与代理分离，有利于代理采用其所封装的对象现有的API。也就是说，不用在应用中到处暴露授权策略细节，即可实现访问控制。为了实现这一点，需要向示例项目添加一个名为Auth.swift的文件，其内容如代码清单18-8所示。

代码清单18-8 文件Auth.swift的内容

```
class UserAuthentication {
    var user:String?;
    var authenticated:Bool = false;
```

```swift
    private init() {
        // do nothing - stops instances being created
    }

    func authenticate(user:String, pass:String) {
        if (pass == "secret") {
            self.user = user;
            self.authenticated = true;
        } else {
            self.user = nil;
            self.authenticated = false;
        }
    }

    class var sharedInstance:UserAuthentication {
        get {
            struct singletonWrapper {
                static let singleton = UserAuthentication();
            }
            return singletonWrapper.singleton;
        }
    }
}
```

UserAuthentication类使用了单例模式,为外界提供了简单的授权验证机制。这里的验证非常简单,简单到只要输入一个内容为secret(秘密)的密码即可通过验证。在真实项目中,验证服务通常是由远程服务提供的,远程服务可能也有自己的代理。就这个例子而言,只要通过本地验证即可发起HTTP请求。

2. 创建代理对象

接下来需要定义一个加入了授权策略的代理对象,以无缝替换代理对象所封装的对象,如代码清单18-9所示。

代码清单18-9　在Proxy.swift文件中定义访问限制代理类

```swift
import Foundation;

protocol HttpHeaderRequest {

    init(url:String);
    func getHeader(header:String, callback:(String, String?) -> Void );
    func execute();
}

class AccessControlProxy : HttpHeaderRequest {
    private let wrappedObject: HttpHeaderRequest;

    required init(url:String) {
        wrappedObject = HttpHeaderRequestProxy(url: url);
    }

    func getHeader(header: String, callback: (String, String?) -> Void) {
        wrappedObject.getHeader(header, callback: callback);
    }

    func execute() {
        if (UserAuthentication.sharedInstance.authenticated) {
```

```
            wrappedObject.execute();
        } else {
            fatalError("Unauthorized");
        }
    }
}

private class HttpHeaderRequestProxy : HttpHeaderRequest {
    let url:String;
    var headersRequired:[String: (String, String?) -> Void];

    // ...methods omitted for brevity...
}
```

在上述代码中，AccessControlProxy类遵循了HttpHeaderRequest协议，它其实是对HttpHeader-RequestProxy对象的封装（并没有什么规定禁止将代理对象作为其他代理对象的替代品）。Access-ControlProxy中execute方法的实现中调用了UserAuthentication中的方法，以检查访问者是否通过了验证。如果用户通过了验证，则会调用被封装的对象的execute方法，反之，则会调用fatalException方法。

提示　注意，上述代码在HttpHeaderRequestProxy中使用了private关键字。如果可以绕过代理直接创建其背后的类的实例，那实现访问限制也就没有意义了。

---

3. 使用代理

最后一步是更新调用组件，让其使用新定义的代理类。在真实项目中，一般会创建一个工厂方法将代理类的实现细节隐藏起来（参见第9章），但这里就不这么做了，直接实例化一个代理对象即可，如代码清单18-10。

代码清单18-10　在main.swift文件中使用访问限制代理

```
import Foundation;

let url = "http://www.apress.com";
let headers = ["Content-Length", "Content-Encoding"];

let proxy = AccessControlProxy(url: url);

for header in headers {
    proxy.getHeader(header, callback: {header, val in
        if (val != nil) {
            println("\(header): \(val!)");
        }
    });
}

UserAuthentication.sharedInstance.authenticate("bob", pass: "secret");
proxy.execute();

NSFileHandle.fileHandleWithStandardInput().availableData;
```

注意，上述代码中在调用execute方法之前提供了用户的验证信息。在真实的项目中，这种信息一般都是在应用启动时从用户那里获取的，验证和授权状态对需要执行受限行为的组件是不可知的。

18.5 代理模式之变体

代理类可以用来做引用计数，这在需要对资源进行积极的管理，或者需要在引用计数达到某个值（通常是零）时执行某项操作时非常实用。为了演示这种代理，需要创建另一个Xcode OS X命令行项目，并将其命名为ReferenceCounting。然后在该项目中创建一个名为NetworkRequest.swift的文件，其内容如代码清单18-11所示。

代码清单18-11　文件NetworkRequest.swift的内容

```swift
import Foundation;

protocol NetworkConnection {
    func connect();
    func disconnect();
    func sendCommand(command:String);
}

class NetworkConnectionFactory {
    class func createNetworkConnection() -> NetworkConnection {
        return NetworkConnectionImplementation();
    }
}

private class NetworkConnectionImplementation : NetworkConnection {
    typealias me = NetworkConnectionImplementation;

    func connect() { me.writeMessage("Connect"); }
    func disconnect() { me.writeMessage("Disconnect"); }

    func sendCommand(command:String) {
        me.writeMessage("Command: \(command)");
        NSThread.sleepForTimeInterval(1);
        me.writeMessage("Command completed: \(command)");
    }

    private class func writeMessage(msg:String) {
        dispatch_async(self.queue, {() in
            println(msg);
        });
    }

    private class var queue:dispatch_queue_t {
        get {
            struct singletonWrapper {
                static let singleton = dispatch_queue_create("writeQ",
                    DISPATCH_QUEUE_SERIAL);
            }
            return singletonWrapper.singleton;
        }
    }
}
```

NetworkConnection协议定义了几个方法，使用这些方法可以模拟网络连接。使用connect方法可以建立连接，sendCommand方法则可用于向服务器发送请求，当任务完成时可以调用disconnect方法关闭连接。

NetworkConnectionImplementation类遵循了上述协议，并实现了其定义的方法，这里的实现比较简单，只是在控制台输出模拟信息。这里定义GCD队列时使用了单例模式，这个队列将在NctworkConnectionImplementation类的所有实例之间共享，以确保两个对象同时在控制台输出模拟信息时不会出现错乱。sendCommand的实现中加入了一秒的延时，以模拟服务端在执行其发出的指令。

上述代码还使用了工厂方法模式，外界可以通过工厂方法获取NetworkConnectionImplementation对象。这里使用了private关键字修饰NetworkConnectionImplementation类，表示其可访问范围仅限于定义该类的文件内。代码清单18-12列出的是文件main.swift的内容，其中新增了模拟网络请求的语句。

代码清单18-12　文件main.swift的内容

```
import Foundation;

let queue = dispatch_queue_create("requestQ", DISPATCH_QUEUE_CONCURRENT);

for count in 0 ..< 3 {

    let connection = NetworkConnectionFactory.createNetworkConnection();

    dispatch_async(queue, {() in
        connection.connect();
        connection.sendCommand("Command: \(count)");
        connection.disconnect();
    });
}

NSFileHandle.fileHandleWithStandardInput().availableData;
```

上述代码创建了三个网络请求对象，并分别调用其connect方法以建立连接。然后，调用其sendCommand方法将任务指令发送给服务器。最后，调用其disconnection方法关闭连接。此时运行应用将输出与下面内容类似的信息：

```
Connect
Connect
Connect
Command: Command: 0
Command: Command: 1
Command: Command: 2
Command completed: Command: 0
Command completed: Command: 1
Command completed: Command: 2
Disconnect
Disconnect
Disconnect
```

你所看到的信息也许有所不同，因为服务端处理这些连接顺序可能不太一样。这些输出中值得注意的地方是，这些网络连接有所重叠，且每个任务指令都单独使用了一个连接。

实现引用计数代理

在上述情形中，可以使用引用计数代理来管理一个网络连接的生命周期，这样就可以在多个请求之间共享一个网络连接。代码清单18-13列出了引用计数代理类的定义。

代码清单18-13　在文件NetworkRequest.swift总定义引用计数代理类

```
import Foundation;

protocol NetworkConnection {
    func connect();
    func disconnect();
    func sendCommand(command:String);
}

class NetworkConnectionFactory {
    class func createNetworkConnection() -> NetworkConnection {
        return connectionProxy;
    }

    private class var connectionProxy:NetworkConnection {
        get {
            struct singletonWrapper {
                static let singleton = NetworkRequestProxy();
            }
            return singletonWrapper.singleton;
        }
    }
}

private class NetworkConnectionImplementation : NetworkConnection {
    typealias me = NetworkConnectionImplementation;

    // ...methods omitted for brevity...
}

class NetworkRequestProxy : NetworkConnection {
    private let wrappedRequest:NetworkConnection;
    private let queue = dispatch_queue_create("commandQ", DISPATCH_QUEUE_SERIAL);
    private var referenceCount:Int = 0;
    private var connected = false;

    init() {
        wrappedRequest = NetworkConnectionImplementation();
    }

    func connect() { /* do nothing */ }
    func disconnect() { /* do nothing */ }

    func sendCommand(command: String) {
        self.referenceCount++;
        dispatch_sync(self.queue, {() in
            if (!self.connected && self.referenceCount > 0) {
                self.wrappedRequest.connect();
                self.connected = true;
            }
            self.wrappedRequest.sendCommand(command);
            self.referenceCount--;
            if (self.connected && self.referenceCount == 0) {
                self.wrappedRequest.disconnect();
                self.connected = false;
            }
        }
```

```
            });
        }
    }
```

这里更新了工厂方法类，更新之后在创建NetworkRequestProxy对象时将使用单例模式。Network-RequestProxy遵循NetworkRequest协议，其实质是在NetworkConnectionImplementation对象上封装了一层。

这种引用计数代理的作用是，将connect和disconnect方法从调用组件手中接管过来，并在有待发送指令的情况下维持网络连接的生命。上述代码使用了GCD顺序队列，以确保同一时刻只会处理一个指令，且引用计数不会受到并发访问的影响。此时运行应用将输出与以下内容类似的信息：

```
Connect
Command: Command: 0
Command completed: Command: 0
Command: Command: 1
Command completed: Command: 1
Command: Command: 2
Command completed: Command: 2
Disconnect
```

从上述输出可以看出，目前所有指令任务共享了一个网络连接（只有一组Connect和Disconnect信息），且服务端按顺序依次处理了这些请求。这种代理以一种开销较大的操作，替换了另一种开销大的操作。若不使用代理，开销大的主要原因是多个并发请求触发了多个网络连接，增加了服务端的负担，延长了完成整体工作所需要的时间。使用代理的主要作用是：用带宽和服务器的承载能力换取用户的时间。

18.6 代理模式的陷阱

在实现代理模式时会遇到哪些陷阱，取决于如何实现此模式。不过，只要不将代理类的实现细节暴露给调用组件就可以避免一些常见的问题。对于远程对象代理而言，所要做的就是确保不泄露访问远程对象的机制。对于用于管理开销较大的操作的代理而言，则应避免将减小开销的具体细节暴露出来。对于访问限制代理而言，则应注意防止调用组件绕过代理直接访问其背后的对象。

使用代理模式实现引用计数主要会遇到两种陷阱。第一种是使用代理来管理对象的生命周期。应该让Swift内置的自动引用计数（Automatic Reference Counting，ARC）来管理对象的生命周期，这样才能确保对象在失去用处时及时被销毁。

第二种是使用代理去实现并发保护，比如使用线程锁和信号量。如果你使用的编程语言不支持并发，这么做是可以理解的，但是Swift支持使用Grand Central Dispatch在更高一层上管理并发。即使你不喜欢GCD，还可以使用一些底层的并发机制。因此，自己实现并发代码十分不明智，而且非常危险，基本不可能正确地实现。如果你认为应该创建自己的并发保护机制，那么你要么没有理解Swift内置的特性，要么对你的项目所面临问题的理解出现了问题。

18.7　Cocoa 中使用代理模式的实例

Cocoa框架通过NSProxy类对代理模式提供了卓越的支持，但它只有Objective-C程序员可以使用，在Swift中是无法使用的。

在 Objective-C中，你并不是在调用方法，而是给对象发送消息。在大多数情况下，这种区别的意义并不是太大，而且许多Objective-C程序员都不知道这里面的区别。NSProxy对象可用于接收消息和将信息转发给它所代理的资源或对象，这为我们在运行时修改和重定向信息提供了一个很好的机制。

可惜的是，上述特性Swift都不支持，而且试图在Swift中创建NSProxy的子类会出现编译错误，因为无法在子类中调用super.init（原因是NSProxy没有定义初始化器）。

18.8　在 SportsStore 应用中使用代理模式

为了演示如何在SportsStore应用中使用代理模式，首先需要创建一个表示远程服务器上的数据的代理对象。然后使用代理对象发送库存水平的更新信息，并将应用启动时初始化库存数据的代码整理到一个地方。

18.8.1　准备示例应用

这一章不需要做额外的准备，直接使用第17章中的SportsStore项目即可。别忘了，你可以到Apress.com下载本书中所有示例项目的源代码，包括每一章对应的SportsStore版本的代码。

18.8.2　定义协议、工厂方法和代理类

正如本章前文所述，创建代理并非必须定义一个协议，但是我个人通常会这么做。这部分因为个人习惯，但更主要的是因为这么做可以明确地分离代理类和暴露给调用组件的功能。代码清单18-14列出了SportsStore项目中的Proxy.swift的内容。

代码清单18-14　文件Proxy.swift的内容

```
protocol StockServer {

    func getStockLevel(product:String, callback: (String, Int) -> Void);
    func setStockLevel(product:String, stockLevel:Int);
}

class StockServerFactory {

    class func getStockServer() -> StockServer {
        return server;
    }

    private class var server:StockServer {
        struct singletonWrapper {
            static let singleton:StockServer = StockServerProxy();
        }
        return singletonWrapper.singleton;
    }
```

```
}
class StockServerProxy : StockServer {

    func getStockLevel(product: String, callback: (String, Int) -> Void) {
        // TODO - implement this method
    }

    func setStockLevel(product: String, stockLevel: Int) {
        // TODO - implement this method
    }
}
```

上述代码定义了一个名为StockServer的协议，并在其中定义了getStockLevel和setStockLevel两个方法。上述代码还定义了StockServerProxy类，它将作为远程服务器的代理。StockServerFactory类则是代理与协议之间的胶水，它使用单例模式为调用组件提供代理对象的单例。这里暂时没有实现代理方法，待其他部分的修改完成之后，便会完善代理类。

18.8.3 更新 ProductDataStore 类

ProductDataStore类为应用提供了产品数据，是非常适合使用代理对象的地方。下面我们就将对NetworkConnection和NetworkPool类的直接访问替换成通过代理访问。代码清单18-15列出了Product-DataStore类的修改，改变之后ProductDataStore类将通过代理对象来获取其初始库存总值数据。

代码清单18-15 在文件ProductDataStore.swift中集成代理

```
import Foundation

final class ProductDataStore {
    var callback:((Product) -> Void)?;
    private var networkQ:dispatch_queue_t
    private var uiQ:dispatch_queue_t;
    lazy var products:[Product] = self.loadData();

    init() {
        networkQ = dispatch_get_global_queue(DISPATCH_QUEUE_PRIORITY_BACKGROUND, 0);
        uiQ = dispatch_get_main_queue();
    }

    private func loadData() -> [Product] {

        var products = [Product]();

        for product in productData {
            var p:Product = LowStockIncreaseDecorator(product: product);
            if (p.category == "Soccer") {
                p = SoccerDecreaseDecorator(product: p);
            }

            dispatch_async(self.networkQ, {() in
                StockServerFactory.getStockServer().getStockLevel(p.name,
                    callback: { name, stockLevel in
                        p.stockLevel = stockLevel;
                        dispatch_async(self.uiQ, {() in
                            if (self.callback != nil) {
```

```
                                    self.callback!(p);
                                }
                            })
                        });
                });
                products.append(p);
            }
            return products;
        }

        private var productData:[Product] = [
            ProductComposite(name: "Running Pack",
                description: "Complete Running Outfit", category: "Running",
                    stockLevel: 10, products:
        // ...statements omitted for brevity...
    }
```

更新之后，loadData方法通过代理对象来获取数据。代码清单18-16列出了更新之后的getStock-Level方法，该方法修改之后将通过NetworkPool和NetworkConnection获取库存数据。

代码清单18-16　在文件Proxy.swift中实现getStockLevel方法

```
...
class StockServerProxy : StockServer {

    func getStockLevel(product: String, callback: (String, Int) -> Void) {
        let stockConn = NetworkPool.getConnection();
        let level = stockConn.getStockLevel(product);
        if (level != nil) {
            callback(product, level!);
        }
        NetworkPool.returnConnecton(stockConn);
    }

    func setStockLevel(product: String, stockLevel: Int) {
        // TODO - implement this method
    }
}
...
```

18.8.4　发送库存更新

为了使用代理来发送库存更新信息，需要修改NetworkConnection类，具体修改方式如代码清单18-17所示。

代码清单18-17　文件NetworkConnection.swift的内容

```
import Foundation

class NetworkConnection {
    private let flyweight:NetConnFlyweight;

    init() {
        self.flyweight = NetConnFlyweightFactory.createFlyweight();
    }

    func getStockLevel(name:String) -> Int? {
```

```
            NSThread.sleepForTimeInterval(Double(rand() % 2));
            return self.flyweight.getStockLevel(name);
        }

        func setStockLevel(name:String, level:Int) {
            println("Stock update: \(name) = \(level)");
        }
    }
```

这里并不存在真实的服务器，因此setStockLevel方法的实现只是将相关信息输出到控制台。
NetworkConnection类更新之后，就可以继续完善前面创建的代理类了，具体如代码清单18-18所示。

代码清单18-18　在文件Proxy.swift中完善代理类

```
...
class StockServerProxy : StockServer {

    func getStockLevel(product: String, callback: (String, Int) -> Void) {
        let stockConn = NetworkPool.getConnection();
        let level = stockConn.getStockLevel(product);
        if (level != nil) {
            callback(product, level!);
        }
        NetworkPool.returnConnecton(stockConn);
    }

    func setStockLevel(product: String, stockLevel: Int) {
        let stockConn = NetworkPool.getConnection();
        stockConn.setStockLevel(product, level: stockLevel);
        NetworkPool.returnConnecton(stockConn);
    }
}
...
```

最后一步是用户在ViewController中触发修改时调用代理的setStockLevel方法，如代码清单18-19
所示。

代码清单18-19　在文件ViewController.swift中使用代理

```
...
@IBAction func stockLevelDidChange(sender: AnyObject) {
    if var currentCell = sender as? UIView {
        while (true) {
            currentCell = currentCell.superview!;
            if let cell = currentCell as? ProductTableCell {
                if let product = cell.product? {
                    if let stepper = sender as? UIStepper {
                        product.stockLevel = Int(stepper.value);
                    } else if let textfield = sender as? UITextField {
                        if let newValue = textfield.text.toInt()? {
                            product.stockLevel = newValue;
                        }
                    }
                    cell.stockStepper.value = Double(product.stockLevel);
                    cell.stockField.text = String(product.stockLevel);
                    productLogger.logItem(product);

                    StockServerFactory.getStockServer()
                        .setStockLevel(product.name, stockLevel: product.stockLevel);
```

```
            }
            break;
        }
    }
    displayStockTotal();
    }
}
...
```

这里在stockLevelDidChange方法中添加了一条语句，以让其使用代理来更新库存水平信息。在此实现中使用代理的作用是：这样（模拟）网络连接类的实现细节只有代理类知道，当它发生变化时也不用更新ProductDataStore或者ViewController类。为了测试修改的效果，可以运行应用并修改其中一个产品的库存水平，之后便可在控制台看到与以下内容相似的信息：

```
Stock update: Thinking Cap = 9
```

18.9　总结

这一章我们学习了代理模式，以及使用代理对象代替对象或资源的方法。本章讲解了三种不同的使用代理的方式，并为每种方式提供了一个示例。在本书的下一个部分，我们将学习行为型模式，使用这类模式可以增加对象之间交互的灵活性。

Part 4

第四部分

行为型模式

本部分内容

第 19 章　责任链模式

当多个对象可以响应一个请求，而又不想将这些对象的细节暴露给调用组件时，便可以使用责任链模式。表19-1列出了责任链模式的相关信息。

表19-1　责任链模式的相关信息

问　　题	答　　案
是什么	责任链模式负责组织管理一序列能够对调用组件的请求做出响应的对象。这里所说的对象序列被称为责任链，责任链中的每个对象都可能被用于处理某个请求。请求在这个链上传递，直到链上的某一个对象决定处理此请求，或者到达链的尾部
有什么优点	发出请求的调用组件并不知道责任链上的哪一个对象最终处理了它的请求，这使得系统可以在不影响调用组件的情况下动态地重新组织、拓展和简化责任链上的对象的排列顺序，以实现最优排列
何时使用此模式	当多个对象可以响应一个请求，而最终只有一个对象会处理请求时，即可使用此模式
何时应避免使用此模式	当只有一个对象可以处理请求，或者调用组件需要自行选择处理对象时，不应使用此模式
如何确定是否正确实现了此模式	当多个可以响应请求的对象被排成一列，并可轮流响应请求时，就说明你正确地实现了此模式。责任链上的对象，除了持有链上下一个对象的链接之外，并不需要知道链上其他对象的细节
有哪些常见陷阱	开发者在实现此模式时常犯的一个错误就是，将责任链上对象的细节暴露给链上其他对象，或者调用组件
有哪些相关的模式	责任链模式与第20章讲解的命令模式（Command Pattern）有一些共同之处

19.1　准备示例项目

为了演示本章知识点，我们需要创建一个名为ChainOfResp的Xcode命令行工具项目。创建完成之后，在项目中新建一个名为Message.swift的文件，其内容如代码清单19-1所示。

代码清单19-1　文件Message.swift的内容

```
struct Message {
    let from:String;
    let to:String;
    let subject:String;
}
```

这里定义了一个名为Message的结构体，其中定义了几个常量，用于表示普通Message（信息）对象所具有的属性，分别为信息的发送者、接收者和信息的主题。上述代码并没有定义用于表示信息内容的常量，因为演示责任链模式用不到它。代码清单19-2列出了文件Transmitters.swift的内容，这个文件中定义了两个用于处理和传送Message对象的消息传送类。

代码清单19-2　文件Transmitters.swift的内容

```
class LocalTransmitter {

    func sendMessage(message: Message) {
        println("Message to \(message.to) sent locally");
    }
}

class RemoteTransmitter {

    func sendMessage(message: Message) {
        println("Message to \(message.to) sent remotely");
    }
}
```

这两个类表示的是消息传送的两种机制，一种是在公司内部传递，另一种是在更大范围内的传送。上述两个类都定义了一个名为sendMessage的方法，其功能是处理Message对象。为了演示责任链模式并不需要实现信息的路由，因此这里的sendMessage方法的功能只是在Xcode控制台输出相关内容。代码清单19-3显示了我添加到main.swift文件中的代码使用的示例类。

代码清单19-3　文件main.swift的内容

```
let messages = [
    Message(from: "bob@example.com", to: "joe@example.com",
        subject: "Free for lunch?"),
    Message(from: "joe@example.com", to: "alice@acme.com",
        subject: "New Contracts"),
    Message(from: "pete@example.com", to: "all@example.com",
        subject: "Priority: All-Hands Meeting"),
];

let localT = LocalTransmitter();
let remoteT = RemoteTransmitter();

for msg in messages {
    if let index = find(msg.from, "@") {
        if (msg.to.hasSuffix(msg.from[Range<String.Index>(start:
                index, end: msg.from.endIndex)])) {
            localT.sendMessage(msg);
        } else {
            remoteT.sendMessage(msg);
        }
    } else {
        println("Error: cannot send message to \(msg.from)");
    }
}
```

上述代码定义了一个数组，用于存储一组Message对象。然后，使用一个for循环处理这些Message对象，根据消息的发送者和接收者的邮件地址的后缀是否相同，在LocalTransmitter和Remote-Transmitter这两个对象中选择一个合适的处理者。运行示例应用将输出以下内容：

```
Message to joe@example.com sent locally
Message to alice@acme.com sent remotely
Message to all@example.com sent locally
```

19.2   此模式旨在解决的问题

上述示例应用的问题在于，使用消息传送类的组件必须了解消息传送类的细节，才知道应该使用哪个类。这不仅会使得添加新的消息处理类变得困难，也会使修改现有消息处理类之间的关系，以及测试和维护代码变得相当麻烦。为了演示这个问题，下面新建了一个消息传送类，如代码清单19-4所示。

代码清单19-4   在文件Transmitters.swift中定义新的消息传送类

```swift
class LocalTransmitter {

    func sendMessage(message: Message) {
        println("Message to \(message.to) sent locally");
    }
}

class RemoteTransmitter {

    func sendMessage(message: Message) {
        println("Message to \(message.to) sent remotely");
    }
}

class PriorityTransmitter {
    func sendMessage(message: Message) {
        println("Message to \(message.to) sent as priority");
    }
}
```

为了更好地处理Message对象，必须修改调用组件以让其了解并知道何时应该使用Priority-Transmitter类。代码清单19-5列出了修改之后的main.swift，在真实项目中可能需要对整个应用进行修改。

代码清单19-5   在文件main.swift使用新定义的消息传送类

```swift
let messages = [
    Message(from: "bob@example.com", to: "joe@example.com",
        subject: "Free for lunch?"),
    Message(from: "joe@example.com", to: "alice@acme.com",
        subject: "New Contracts"),
    Message(from: "pete@example.com", to: "all@example.com",
        subject: "Priority: All-Hands Meeting"),
];

let localT = LocalTransmitter();
let remoteT = RemoteTransmitter();
let priorityT = PriorityTransmitter();
```

```
for msg in messages {
    if (msg.subject.hasPrefix("Priority")) {
        priorityT.sendMessage(msg);
    } else it let index = find(msg.from, "@") {
        if (msg.to.hasSuffix(msg.from[Range<String.Index>(start:
                index, end: msg.from.endIndex)])) {
            localT.sendMessage(msg);
        } else {
            remoteT.sendMessage(msg);
        }
    } else {
        println("Error: cannot send message to \(msg.from)");
    }
}
```

这些改变并不复杂，但是调用组件需要对各个消息传送类之间的关系了解得如此深入明显是有问题的。

19.3　责任链模式

责任链模式通过链式的方式将这些消息传送类组织起来，解决了上述问题，这也是此模式名字的由来。每个消息传送类的实例都是责任链上的一个链，它们都可以检查Message对象，并判断自己是否可以处理其请求。如果责任链上的某个链可以处理Message对象的请求，它就会承担起这个责任。如果不能处理，它就会将请求传递给责任链上的下一个链，直到该请求得到响应，或者到达责任链的尽头。图19-1描绘的即为责任链模式。

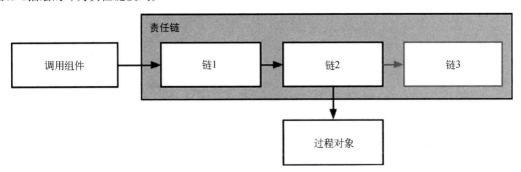

图19-1　责任链模式

调用组件只会与责任链上的第一个对象产生交互，它对其后面的链，以及它们依据哪些原则判断自己是否可以响应请求并不了解。图19-1描绘的是一个有三个链的责任链，其中第二个链最终处理了请求。在这种情形中，责任链中的第三个链并没有参与处理过程，也对调用组件发起的请求毫不知情。

19.4　实现责任链模式

实现责任链模式的关键在于对调用组件隐藏责任链上单个链的实现细节，而使用协议或者基类可以很好地实现这一目的。就个人而言，我倾向于使用基类，因为这样可以使用可选属性来表示下一个链，而使用协议则无法实现这一点。代码清单19-6列出的是在transmitter类中定义和应用的基类的内容。

```swift
class Transmitter {
    var nextLink:Transmitter?;

    required init() {}

    func sendMessage(message:Message) {
        if (nextLink != nil) {
            nextLink!.sendMessage(message);
        } else {
            println("End of chain reached. Message not sent");
        }
    }

    private class func matchEmailSuffix(message:Message) -> Bool {
        if let index = find(message.from, "@") {
            return message.to.hasSuffix(message.from[Range<String.Index>(start:
                index, end: message.from.endIndex)]);
        }
        return false;
    }
}

class LocalTransmitter : Transmitter {

    override func sendMessage(message: Message) {
        if (Transmitter.matchEmailSuffix(message)) {
            println("Message to \(message.to) sent locally");
        } else {
            super.sendMessage(message);
        }
    }
}

class RemoteTransmitter : Transmitter {

    override func sendMessage(message: Message) {
        if (!Transmitter.matchEmailSuffix(message)) {
            println("Message to \(message.to) sent remotely");
        } else {
            super.sendMessage(message);
        }
    }
}

class PriorityTransmitter : Transmitter {

    override func sendMessage(message: Message) {
        if (message.subject.hasPrefix("Priority")) {
            println("Message to \(message.to) sent as priority");
        } else {
            super.sendMessage(message);
        }
    }
}
```

基类Transmitter定义了消息传送类的基本行为,包括将请求传递给责任链上的下一个链。代码清单19-6还定义了一个用于检查e-mail后缀的方法。此外,基类中还有一个用required关键字修饰的初始化器，这是为了在下一节中可以基于类型创建对应的消息传送类。

　　每个消息传送类都派生自Transmitter类，并重写了基类的sendMessage方法。每个消息传送类的实现中都有用于判断自己是否能够响应某个请求的代码，如果它不能响应则会调用基类的sendMessage方法，以将请求传递给责任链上的下一个链。如果到达责任链末端，请求仍未被处理则会输出错误信息。

19.4.1 创建并使用责任链

　　下一步是创建一个责任链，首先实例化需要用到的对象，然后将它们按顺序组织起来，请求到达时它们将按照此顺序判断自己是否可以处理相关Message对象。本书第二部分介绍设计模式有好几个都可以用来创建责任链，但是为了保持简单，这里将直接使用一个类方法来创建责任链。代码清单19-7展示了加入创建责任链的方法之后的Transmitter类。

代码清单19-7　在文件Transmitters.swift中加入创建责任链的方法

```
...
class Transmitter {
    var nextLink:Transmitter?;

    required init() {}

    func sendMessage(message:Message) {
        if (nextLink != nil) {
            nextLink!.sendMessage(message);
        } else {
            println("End of chain reached. Message not sent");
        }
    }

    class func createChain() -> Transmitter? {

        let transmitterClasses:[Transmitter.Type] = [
            PriorityTransmitter.self,
            LocalTransmitter.self,
            RemoteTransmitter.self
        ];

        var link:Transmitter?;

        for tClass in transmitterClasses.reverse() {
            let existingLink = link;
            link = tClass();
            link?.nextLink = existingLink;
        }

        return link;
    }

    private class func matchEmailSuffix(message:Message) -> Bool {
        if let index = find(message.from, "@") {
            return message.to.hasSuffix(message.from[Range<String.Index>(start:
                index, end: message.from.endIndex)]);
        }
        return false;
    }
}
...
```

上述代码创建了一个数组来存储Transmitter的类型,这样添加新的类型或者改变它们的顺序就变得简单了。在创建责任链时,从数组中的最后一个链开始,遍历整个数组,并按此顺序组织这些链。

提示   在创建责任链中的对象时并不需要使用元类型,上述方法是表示责任链中有一组对象类型最为清晰的方式。当然,也可以直接创建相关对象,并显式地对其nextLink属性进行赋值。

19.4.2 使用责任链模式

最后一步是使用责任链来处理一组Message对象。代码清单19-8列出了文件main.swift所应做的修改。

代码清单19-8   在文件main.swift中使用责任链

```
let messages = [
    Message(from: "bob@example.com", to: "joe@example.com",
        subject: "Free for lunch?"),
    Message(from: "joe@example.com", to: "alice@acme.com",
        subject: "New Contracts"),
    Message(from: "pete@example.com", to: "all@example.com",
        subject: "Priority: All-Hands Meeting"),
];

if let chain = Transmitter.createChain() {
    for msg in messages {
        chain.sendMessage(msg);
    }
}
```

使用责任链模式可以简化调用组件的实现代码,同时哪个对象将负责处理Message对象这些细节也可以被隐藏起来。当我们需要给应用添加新的消息传送类时,可以直接修改Transmitter 类的createChain方法,调用组件无需做任何修改。此时运行应用将输出以下内容:

```
Message to joe@example.com sent locally
Message to alice@acme.com sent remotely
Message to all@example.com sent as priority
```

19.5   责任链模式之变体

责任链模式有好几种变体,后面几个小节将对它们一一进行介绍。

19.5.1   使用工厂方法模式

目前,调用Transmitters.createChain方法的组件得到的责任链都是一样的。不过,通过组合使用责任链模式与工厂方法模式或者抽象工厂模式(分别在第9章和第10章做了介绍),便可根据不同的请求返回不同的责任链。代码清单19-9列出了Transmitter类中的改变,修改之后它就支持配置不同的责任链了。

代码清单19-9　在文件Transmitters.swift中加入对不同责任链的支持

```
...
class func createChain(localOnly:Bool) -> Transmitter? {

    let transmitterClasses:[Transmitter.Type]
        = localOnly ? [PriorityTransmitter.self, LocalTransmitter.self]
        : [PriorityTransmitter.self, LocalTransmitter.self, RemoteTransmitter.self];

    var link:Transmitter?;

    for tClass in transmitterClasses.reverse() {
        let existingLink = link;
        link = tClass();
        link?.nextLink = existingLink;
    }

    return link;
}
...
```

想要实现对不同责任链的支持，方法有很多种，但是这里选择的方法是给createChain方法添加一个参数。这样调用组件就可以指明，责任链是否只会被用于处理公司内部传递的消息。这个参数的作用是用于决定是否要在责任链中包含RemoteTransmitter对象，不过调用组件是不会知道其中的区别的。代码清单19-10演示了如何使用localOnly这个参数。

代码清单19-10　在文件main.swift中指明责任链的配置

```
let messages = [
    Message(from: "bob@example.com", to: "joe@example.com",
        subject: "Free for lunch?"),
    Message(from: "joe@example.com", to: "alice@acme.com",
        subject: "New Contracts"),
    Message(from: "pete@example.com", to: "all@example.com",
        subject: "Priority: All-Hands Meeting"),
];

if let chain = Transmitter.createChain(true) {
    for msg in messages {
        chain.sendMessage(msg);
    }
}
```

上述代码在调用createChain时传入了local Only值的true属性，这意味着前面创建的一组Message对象中有一个是不会被处理的。运行应用即可看到效果，运行后将会输出以下内容：

```
Message to joe@example.com sent locally
End of chain reached. Message not sent
Message to all@example.com sent as priority
```

19.5.2　责任链响应反馈

此时调用组件并不知道责任链是否对其请求进行了响应。责任链模式的另一种变体就是加上反馈，告知调用组件请求的响应情况，这样责任链也就不至于变成黑洞。代码清单19-11列出了为提供反馈而添加的代码。

代码清单19-11 在文件Transmitters.swift中加入响应反馈

```
class Transmitter {
    var nextLink:Transmitter?;

    required init() {}

    func sendMessage(message:Message) -> Bool {
        if (nextLink != nil) {
            return nextLink!.sendMessage(message);
        } else {
            println("End of chain reached. Message not sent");
            return false;
        }
    }

    // ...methods omitted for brevity...
}

class LocalTransmitter : Transmitter {

    override func sendMessage(message: Message) -> Bool {
        if (Transmitter.matchEmailSuffix(message)) {
            println("Message to \(message.to) sent locally");
            return true;
        } else {
            return super.sendMessage(message);
        }
    }
}

class RemoteTransmitter : Transmitter {

    override func sendMessage(message: Message) -> Bool {
        if (!Transmitter.matchEmailSuffix(message)) {
            println("Message to \(message.to) sent remotely");
            return true;
        } else {
            return super.sendMessage(message);
        }
    }
}

class PriorityTransmitter : Transmitter {

    override func sendMessage(message: Message) -> Bool {
        if (message.subject.hasPrefix("Priority")) {
            println("Message to \(message.to) sent as priority");
            return true;
        } else {
            return super.sendMessage(message);
        }
    }
}
```

责任链中的各个链只知道自己是否可以处理某个消息对象，对于其他对象是否可以处理则不甚了解。这种隔离的结果是响应反馈只有两种，一种是没有链响应请求，这种情况需要对责任链的中的对象全部检查一遍，另一种是某个链响应了请求并处理了消息。代码清单19-12在main.swift文件中演示了如何使用sendMessage方法返回的结果。

代码清单19-12　获取责任链的响应

```
let messages = [
    Message(from: "bob@example.com", to: "joe@example.com",
        subject: "Free for lunch?"),
    Message(from: "joe@example.com", to: "alice@acme.com",
        subject: "New Contracts"),
    Message(from: "pete@example.com", to: "all@example.com",
        subject: "Priority: All-Hands Meeting"),
];

if let chain = Transmitter.createChain(true) {
    for msg in messages {
        let handled = chain.sendMessage(msg);
        println("Message sent: \(handled)");
    }
}
```

此时运行应用将输出以下内容，从这些内容可看出调用组件可以获取请求的响应情况：

```
Message to joe@example.com sent locally
Message sent: true
End of chain reached. Message not sent
Message sent: false
Message to all@example.com sent as priority
Message sent: true
```

19.5.3　通知责任链中的其他链

在责任链模式的标准实现中，在请求被响应前，责任链中的链会逐一收到请求。请求被响应之后，位于响应请求的链之后的链，对于请求是不知情的。

有一种基于责任链模式标准实现的变体，它在接收到请求时会通知责任链中所有的链，即使是在请求已经被响应的情况下也会通知响应者后面的链。这种变体我个人很少用到，但是当你需要让其他链知道有请求时，可以使用这种变体。代码清单19-13列出了Transmitter类及其子类为实现这种变体所做的改变。

代码清单19-13　在文件Transmitters.swift中添加通知

```
class Transmitter {
    var nextLink:Transmitter?;

    required init() {}

    func sendMessage(message:Message, handled: Bool = false) -> Bool {
        if (nextLink != nil) {
            return nextLink!.sendMessage(message, handled: handled);
        } else if (!handled) {
```

```
            println("End of chain reached. Message not sent");
        }
        return handled;
    }

    // ...methods omitted for brevity...
}

class LocalTransmitter : Transmitter {

    override func sendMessage(message: Message, var handled:Bool) -> Bool {
        if (!handled && Transmitter.matchEmailSuffix(message)) {
            println("Message to \(message.to) sent locally");
            handled = true;
        }
        return super.sendMessage(message, handled: handled);
    }
}

class RemoteTransmitter : Transmitter {

    override func sendMessage(message: Message, var handled: Bool) -> Bool {
        if (!handled && !Transmitter.matchEmailSuffix(message)) {
            println("Message to \(message.to) sent remotely");
            handled = true;
        }
        return super.sendMessage(message, handled: handled);
    }
}

class PriorityTransmitter : Transmitter {
    var totalMessages = 0;
    var handledMessages = 0;

    override func sendMessage(message: Message, var handled:Bool) -> Bool {
        totalMessages++;
        if (!handled && message.subject.hasPrefix("Priority")) {
            handledMessages++;
            println("Message to \(message.to) sent as priority");
            println("Stats: Handled \(handledMessages) of \(totalMessages)");
            handled = true;
        }
        return super.sendMessage(message, handled: handled);
    }
}
```

　　在上述代码中，我们修改了sendMessage的方法定义，为其新增了一个参数handled。该参数表示责任链中的某个链当前是否收到了请求，或者收到了另一个链已经接受请求的通知。为了记录PriorityTransmitter对象处理了哪些请求，以及其处理的请求的数量，上述代码还对 Priority Transmitter类做了修改。此时运行应用将输出以下内容：

```
Message to joc@cxample.com sent locally
Message sent: true
End of chain reached. Message not sent
Message sent: false
Message to all@example.com sent as priority
Stats: Handled 1 of 3
```

```
Message sent: true
```

19.6　此模式的陷阱

在实现责任链模式时，唯一会遇到的一个陷阱是不小心将责任链中的对象的细节暴露给调用组件或责任链中的其他对象。责任链模式只有在将其细节局限在一个方法或者类中，才能达到预期的效果。将责任链的实现细节暴露给外界，会让外界对责任链的某种配置产生依赖，导致后期修改责任链的配置时困难重重。因此，必须确保呈现给调用组件的是一个基类或者一个协议，并且在配置责任链中的链的nextLink属性时使用同样的基类或者协议。

如果你实现的是需要返回结果给调用组件的变体，那么必须确保在返回结果时没有将责任链的细节包含在结果中。当返回的结果的数据类型为基本类型（比如示例项目中使用了布尔类型）时，责任链模式的效果是最好的。如果你使用了比较复杂的类型，切记不要把响应请求的链的引用包含在返回结果中。

19.7　Cocoa 中使用责任链模式的实例

Cocoa框架中使用责任链模式来处理用户界面事件。所有的UI组件都是派生自UIResponder类（在OS X平台上是NSResponder类）。每个UI组件都是责任链中的链，它们的位置反映的是其在界面组件层级关系中的位置，层级顶端是责任链中的最后一个链。

当用户与组件交互时，比如点击鼠标，Cocoa就会将交互事件发送给责任链中对应的链，这个链表示的是用户点击的那个组件。该组件可以选择响应并处理事件，若不处理，事件将在责任链上传递，直到找到愿意处理该事件的组件，或者到达了责任链的末端（此时说明应用不想或不需要处理该事件，因此事件将会被忽略）。

19.8　在 SportsStore 应用中使用责任链模式

为了演示在SportsStore应用中使用责任链模式，我们需要定义一组用于格式化展示产品的TableViewCell的背景色的类。

19.8.1　准备示例应用

这里将继续使用第18章使用的SportsStore项目，无需其他准备。

19.8.2　定义责任链及其链

这里的责任链将由一组根据产品类别配置TableViewCell背景色的对象组成。为了实现责任链模式，我们首先需要在项目中创建一个名为FormatterChain.swift的文件，其内容如代码清单19-14所示。

代码清单19-14　文件FormatterChain.swift的内容

```swift
import UIKit;

class CellFormatter {
    var nextLink:CellFormatter?;

    func formatCell(cell: ProductTableCell) {
        nextLink?.formatCell(cell);
    }

    class func createChain() -> CellFormatter {
        let formatter = ChessFormatter();
        formatter.nextLink = WatersportsFormatter();
        formatter.nextLink?.nextLink = DefaultFormatter();
        return formatter;
    }
}

class ChessFormatter : CellFormatter {
    override func formatCell(cell: ProductTableCell) {
        if (cell.product?.category == "Chess") {
            cell.backgroundColor = UIColor.lightGrayColor();
        } else {
            super.formatCell(cell);
        }
    }
}

class WatersportsFormatter : CellFormatter {
    override func formatCell(cell: ProductTableCell) {
        if (cell.product?.category == "Watersports") {
            cell.backgroundColor = UIColor.greenColor();
        } else {
            super.formatCell(cell);
        }
    }
}

class DefaultFormatter : CellFormatter {
    override func formatCell(cell: ProductTableCell) {
        cell.backgroundColor = UIColor.yellowColor();
    }
}
```

此模式的所有实现看起来都差不多，上述代码与本章前文所使用的例子也有相似之处。上述代码首先定义了一个名为CellFormatter的基类，其中定义了一个类方法。该方法负责创建责任链，并提供了责任链上传递事件的默认实现。此责任链中的链都是派生自CellFormatter类的，它们根据产品的类别决定是否响应相关请求，而它们的功能则是根据请求为TableViewCell配置背景色。DefaultFormatter类必须用于创建责任链中的最后一个链，它将把TableViewCell的背景色配置为黄色。代码清单19-15演示了在ViewController中使用责任链模式的方式。

代码清单19-15　在ViewController中使用责任链模式

```swift
...
func tableView(tableView: UITableView,
    cellForRowAtIndexPath indexPath: NSIndexPath) -> UITableViewCell {
```

```
let product = productStore.products[indexPath.row];
let cell = tableView.dequeueReusableCellWithIdentifier("ProductCell")
    as ProductTableCell;

cell.product = productStore.products[indexPath.row];
cell.nameLabel.text = product.name;
cell.descriptionLabel.text = product.productDescription;
cell.stockStepper.value = Double(product.stockLevel);
cell.stockField.text = String(product.stockLevel);

CellFormatter.createChain().formatCell(cell);

return cell;
}
...
```

此时运行应用即可看到使用责任链模式之后的效果。虽然最终的配色比较艳俗，但是清晰的显示了责任链中的哪个链响应了哪个TableViewCell的请求，如图19-2所示。

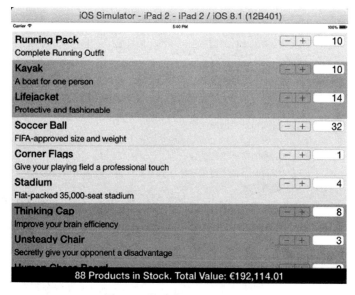

图19-2　格式化TableViewCell

19.9　总结

本章讲解了责任链模式，解释了使用此模式在不暴露选取对象的过程，以及被选中的对象的细节的情况下，在一组对象中寻找可以响应某个请求的对象的方式。第20章，我们将学习命令模式，使用此模式可以将执行某个方法的细节封装起来。

第 20 章 命令模式

命令模式提供了一种封装方法调用细节的机制，基于这种机制我们可以实现延迟方法调用或者替换调用该方法的组件。表20-1列出了命令模式的相关信息。

表20-1　命令模式的相关信息

问　　题	答　　案
是什么	命令模式提供了一种封装方法调用细节的机制，基于这种机制我们可以实现延迟方法调用或者替换调用该方法的组件
有什么优点	命令模式适用的场景非常多，其中最常见的一个场景是实现撤销操作和创建宏
何时使用此模式	如果你想让组件在不了解方法所使用的对象，其中调用了哪些方法，或方法所需的参数的情况下调用该方法的话，便可使用此模式
何时应避免使用此模式	正常的方法调用不应使用此模式
如何确定是否正确实现了此模式	如果一个组件可以在不了解一个对象或者方法本身的情况下，使用命令调用该对象的方法，就说明你正确地实现了此模式
有哪些常见陷阱	在实现此模式时，最主要的一个陷阱是要求组件在调用对象的方法时，了解该对象或者方法的实现细节
有哪些相关的模式	使用备忘录模式可以捕获一个对象的整个内部状态，并且可以根据捕获的快照恢复到原来的状态

20.1　准备示例项目

为了演示命令模式，首先需要创建一个名为Command的Xcode OS X命令行工具项目。然后，在该项目中创建一个名为Calculator.swift的文件，其内容如代码清单20-1所示。

代码清单20-1　文件Calculator.swift的内容

```
class Calculator {
    private(set) var total = 0;

    func add(amount:Int) {
        total += amount;
    }

    func subtract(amount:Int) {
        total -= amount;
    }

    func multiply(amount:Int) {
```

```
            total = total * amount;
    }

    func divide(amount:Int) {
            total = total / amount;
    }
}
```

Calculator类中定义了一个整型的存储属性total，外界可通过调用add、subtract、multiple和divide方法修改其值。代码清单20-2列出了文件main.swift的内容，该文件通过调用Calculator对象的多个方法，最终计算出了total的值。

代码清单20-2　文件main.swift的内容

```
let calc = Calculator();
calc.add(10);
calc.multiply(4);
calc.subtract(2);

println("Total: \(calc.total)");
```

此时运行应用将输出以下内容：

```
Total: 38
```

20.2　此模式旨在解决的问题

当需要将方法调用包装成一个对象，以延迟方法调用，或者让其他组件在对其实现细节不了解的情况下进行调用时，便可使用命令模式。

假设你正在开发一款应用，而且需要让两个组件对同一个对象执行某些操作，比如示例应用中的Calculator对象。图20-1描绘了该应用的基本结构，在此结构中每个组件都会调用更新Calculator对象的total属性值的方法。

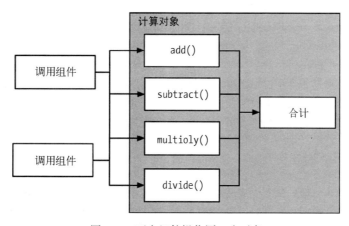

图20-1　两个组件操作同一个对象

现在再假设你需要实现撤销上一步操作的功能。实现这个功能的一种方式是，让每个组件记住其所执行的操作，这样以后如果有需要便可撤销。这么做的问题在于，调用组件对其他组件执行的操作并不知情，在这种情况下撤销操作可能会损坏目标对象，因为操作的撤销顺序有可能是错的。

也可以让调用组件之间去协调解决上述问题，但是这就在组件之间产生了耦合，增加了程序的复杂度。我们需要的是一种可以让组件独立完成撤销操作的方式，这样就可以渐进式地回滚目标对象的状态，而命令模式则正好可以帮我们实现这一目标。

20.3   命令模式

命令模式可将方法调用封装成一个对象，这可以很好地解决撤销操作和20.5节中提到的一系列类似的问题。图20-2描绘的即为命令模式。

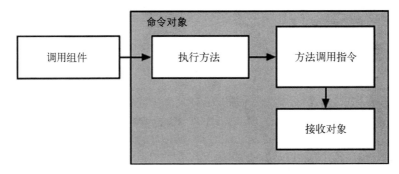

图20-2   命令模式

命令模式的核心是命令对象（command object），通常简称为命令。在其内部实现中，命令对象持有一个命令接收者对象的引用，并知道如何调用接收者的相关方法。在示例应用中，接收者对象就是 Calculator 类的实例。方法调用指令应包含所应调用的方法的细节信息，比如方法名（add、subtract、multiply或divide）和参数值。

接收者和调用指令是命令私有的，不应允许使用该命令的调用组件去访问。命令对象唯一可供公开访问的是execution方法。当调用组件需要执行相关命令时（即调用接收者对象的相关方法并传入对应参数值），直接调用execution方法即可。在命令模式的语境中，调用组件通常被称为调用者（invoker），因为它负责调用命令的execution方法。

这听起来或许有点抽象，不过不必担忧。命令模式的应用场景非常广泛，看到它的实际应用时就能理解它了。有一点比较重要，那就是在调用者调用execution方法之前，其中的调用指令是不会被执行的。如果能记住这一点，那么当你看到命令模式的具体实现时，就能很好的理解它。

20.4   实现命令模式

对于大多数人而言，理解命令模式最简单的方式是使用它去解决一个具体的问题。在接下来的几个小节中，将使用命令模式在示例应用中实现撤销操作的功能。要想理解此模式的实现，或许需要多看几遍其代码。不过，希望你能坚持看下去，因为命令模式值得花费时间去理解。

20.4.1 定义 Command 协议

实现命令模式的第一步是定义一个为调用者提供execution方法的协议。为此，需要在示例项目中创建一个名为Commands.swift的文件，其内容如代码清单20-3所示。

代码清单20-3 文件Commands.swift的内容

```
protocol Command {
    func execute();
}
```

命令对象允许调用者执行命令，但是不允许它查看命令接收者或者方法调用的细节。为此，代码清单20-3中定义的Command协议只定义了一个execute方法，而未进一步披露任何信息。

提示 使用execute作为执行命令的方法的名称是一个惯例，不过你可以根据自己的喜欢使用任何名称。

20.4.2 定义 Command 实现类

使用Swift实现命令模式的实现类非常简单，因为可以使用闭包来表示执行接收者的方法的指令。代码清单20-4列出了示例项目中的实现类的定义。

代码清单20-4 在文件Commands.swift File中定义Command实现类

```
protocol Command {
    func execute();
}

class GenericCommand<T> : Command {
    private var receiver: T;
    private var instructions: T -> Void;

    init(receiver:T, instructions: T -> Void) {
        self.receiver = receiver; self.instructions = instructions;
    }

    func execute() {
        instructions(receiver);
    }

    class func createCommand(receiver:T, instuctions: T -> Void) -> Command {
        return GenericCommand(receiver: receiver, instructions: instuctions);
    }
}
```

上述代码定义了一个名为GenericCommand的通用实现类，该类中定义了几个私有属性用于存储接收者对象和方法调用指令。该类遵循了Command协议，且其execute方法调用了接收者对象的instructions方法。此外，代码清单20-4还定义了一个名为createCommand的类方法，其功能是创建一个GenericCommand类的实例。

20.4.3 使用命令模式

为了使用命令模式,需要对Calculator类做些拓展。我们需要在Calculator类中加入一个数组,用于存储一组之前执行的操作。代码清单20-5列出了相关修改。

代码清单20-5 在文件Calculator.swift中加入撤销操作

```
class Calculator {
    private(set) var total = 0;
    private var history = [Command]();

    func add(amount:Int) {
        addUndoCommand(Calculator.subtract, amount: amount);
        total += amount;
    }

    func subtract(amount:Int) {
        addUndoCommand(Calculator.add, amount: amount);
        total -= amount;
    }

    func multiply(amount:Int) {
        addUndoCommand(Calculator.divide, amount: amount);
        total = total * amount;
    }

    func divide(amount:Int) {
        addUndoCommand(Calculator.multiply, amount: amount);
        total = total / amount;
    }

    private func addUndoCommand(method:Calculator -> Int -> Void, amount:Int) {
        self.history.append(GenericCommand<Calculator>.createCommand(self,
            instuctions: {calc in
                method(calc)(amount);
            }));
    }

    func undo() {
        if self.history.count > 0 {
            self.history.removeLast().execute();
            // temporary measure - executing the command adds to the history
            self.history.removeLast();
        }
    }
}
```

> **提示** 在这个例子中,接收者自己负责执行相关命令。这并不是实现命令模式所必须的,20.5节将对此做演示。

上述四个操作(add、subtract等)都调用了addUndoCommand方法,并将要撤销该操作的方法和相关参数传给addUndoCommand方法。addUndoCommand方法负责创建命令对象,并将其保存到一个名为history的数组中。代码清单20-5还定义了一个名为undo的方法,其功能是将最近的一个操作从数组中删除并执行该操作，然后返回还原到上一个状态之后的Calculator对象。目前，执行一个undo命令之后将会向history数组添加一个新的命令，而这并不是我们想要的结果。为此，上述代码在undo方法执行完一个命令之后，会将history数组中的最后一个命令对象删除。这只是临时解决方案，下一节将不再使用此方案。

使用方法引用

在代码清单20-5中，我们将一个方法的引用作为参数传给了addUndoCommand方法，如下所示：

```
...
addUndoCommand(Calculator.add, amount: amount);
...
```

此方法的第一个参数是Calculator类定义的add方法的引用，为了让它可以接收方法引用需要将addUndoCommand方法定义成下面这样：

```
...
private func addUndoCommand(method:Calculator -> Int -> Void, amount:Int) {
...
```

上述名为method的参数的类型被定义成了一个接收一个Calculator对象并返回另一个函数的函数。第二个函数接收一个Int，但不返回结果这也许有点难以理解，但是这与Swift实例方法的底层实现相符。请看下面这段代码：

```
class Printer {
    func printMessage(message:String) {
        println(message);
    }
}
let printerObject = Printer();
printerObject.printMessage("Hello");
```

上述代码定义了一个名为Printer的类，其中定义了一个名为printMessage的方法。为了使用Printer类，上述代码创建了一个Printer对象，并使用此对象调用printMessage方法。上述代码的最后一条语句的结构是这样的：

```
<object reference>.<instance method name>(<argument value>)
```

这是调用一个方法的常规方式，不过还可以使用另一种方式：

```
...
Printer.printMessage(printerObject)("Hello");
...
```

这与通过对象引用来调用方法的效果是一样的。以下是这种调用方式的结构：

```
<class>.<instance method name>(<object reference>)(<argument value>)
```

柯里化（Currying）是把接受多个参数的函数变换成接受一个单一参数(最初函数的第一个参数)的函数，并且返回接受余下的参数且返回结果的新函数的过程。在上述例子中，第一个函数返回一个科里化的函数，后者再调用指定对象的实例方法。这么做的好处是，对象引用将被当作参数传给第一个函数，也就是说可以动态选择命令的接收者，并把方法引用当作对象来传递。当你想改变命令的目标对象时，前面所说的特点就显得非常重要了（具体例子参见20.5节）。

20.4.4   添加并发保护

本章开头谈及了几个问题，其中包括多个组件操作单个Calculator对象的问题。鉴于当前
Calculator类中新增了一个数组，有必要加入并发保护，以防止出现数据损坏的情况。代码清单20-6
演示了使用GCD为history数组添加并发保护的方法。

代码清单20-6   在文件Calculator.swift中添加并发保护

```
import Foundation;

class Calculator {
    private(set) var total = 0;
    private var history = [Command]();
    private var queue = dispatch_queue_create("arrayQ", DISPATCH_QUEUE_SERIAL);
    private var performingUndo = false;

    func add(amount:Int) {
        addUndoCommand(Calculator.subtract, amount: amount);
        total += amount;
    }

    func subtract(amount:Int) {
        addUndoCommand(Calculator.add, amount: amount);
        total -= amount;
    }

    func multiply(amount:Int) {
        addUndoCommand(Calculator.divide, amount: amount);
        total = total * amount;
    }

    func divide(amount:Int) {
        addUndoCommand(Calculator.multiply, amount: amount);
        total = total / amount;
    }

    private func addUndoCommand(method:Calculator -> Int -> Void, amount:Int) {
        if (!performingUndo) {
            dispatch_sync(self.queue, {() in
                self.history.append(GenericCommand<Calculator>.createCommand(self,
                    instuctions: {calc in
                        method(calc)(amount);
                    }));
            });
        }
    }

    func undo() {
        dispatch_sync(self.queue, {() in
            if self.history.count > 0 {
                self.performingUndo = true;
                self.history.removeLast().execute();
                self.performingUndo = false;
            }
        });
    }
}
```

注释　在实现命令模式时，并不一定需要添加并发保护，但是建议加上。随着应用趋于成熟，调用组件调用的接收者的方法将会越来越多，并发访问发生数据损坏的可能性也就越大。

上述代码创建了一个串行队列，并在addUndoCommand和undo方法中使用dispatch_sync方法来保证history数组不会被并发修改。此外，这里还添加了一个名为performingUndo的变量，当执行undo命令时其值将会被设为true，以避免addUndoCommand方法在同一时刻往history数组添加命令。

提示　使用变量来标识当前是否在执行undo命令，可防止应用锁死。GCD不支持递归锁，也就是说，如果一个方法调用了dispatch_sync函数，同时该函数又处于队列中的另一个dispatch_sync函数中的话，应用就会卡死。第二个dispatch_async函数会阻塞线程直到第一个dispatch_async函数执行完成，而第一个dispatch_async函数又在等待第二个dispatch_async函数执行完成，这是一个非常经典的并发编程错误。

20.4.5　使用撤销操作的功能

最后一步是在Calculator类中加入撤销操作，如代码清单20-7所示。

代码清单20-7　在文件main.swift中使用撤销功能

```swift
let calc = Calculator();
calc.add(10);
calc.multiply(4);
calc.subtract(2);
println("Total: \(calc.total)");

for _ in 0 ..< 3 {
    calc.undo();
    println("Undo called. Total: \(calc.total)");
}
```

上述代码使用一个for循环调用了三次Calculator对象的undo方法，依次将其total属性的值输出到控制台。此时运行应用将输出以下内容：

```
Total: 38
Undo called. Total: 40
Undo called. Total: 10
Undo called. Total: 0
```

20.5　命令模式之变体

命令模式的应用范围非常广，不过一般情况下只会遇到此模式的三种变体，接下来的几个小节将对它们一一进行介绍。

20.5.1　创建复合命令

Calculator对象中的命令只能撤销一个操作，其实使用Command协议还可以创建执行多个操作的复合命令，即使用一个命令封装两个或多个命令。代码清单20-8定义了一个遵循Command协议的类，并在其中封装了多个命令。

代码清单20-8　在文件Commands.swift中封装多个命令

```
protocol Command {
    func execute();
}

class CommandWrapper : Command {
    private let commands:[Command];

    init(commands:[Command]) {
        self.commands = commands;
    }

    func execute() {
        for command in commands {
            command.execute();
        }
    }
}

class GenericCommand<T> : Command {
    private var receiver: T;
    private var instructions: T -> Void;

    init(receiver:T, instructions: T -> Void) {
        self.receiver = receiver; self.instructions = instructions;
    }

    func execute() {
        instructions(receiver);
    }

    class func createCommand(receiver:T, instuctions: T -> Void) -> Command {
        return GenericCommand(receiver: receiver, instructions: instuctions);
    }
}
```

CommandWrapper类定义了一个常量数组用于存储一组Command对象，在使用时这些对象将按顺序执行。代码清单20-9演示了在Calculator类中使用CommandWrapper给undo命令创建快照的方式。

代码清单20-9　在文件Calculator.swift中创建复合命令

```
import Foundation;

class Calculator {

    // ...properties and methods omitted for brevity...

    func getHistorySnaphot() -> Command? {
        var command:Command?;
        dispatch_sync(queue, {() in
```

```
            command = CommandWrapper(commands: self.history.reverse());
        });
        return command;
    }
}
```

代码清单20-9中的getHistorySnapshot方法的返回值是一个Command对象，此对象可撤销之前的所有操作。在该方法中，我们创建了一个CommandWrapper类的实例，并复制了一份当前的命令对象数组。（关于Swift和Cocoa数组是如何分别复制的，可参见第5章。）

提示　上述代码在将命令数组传给CommandWrapper的初始化器时将其顺序反转了一下。这是因为Calculator类在处理该数组时是从后往前处理的，而CommandWrapper类则是从前往后处理的。反转该数组的顺序意味着，这组undo命令将会按照单个执行undo命令时的顺序去执行。

在代码清单20-10中，我们修改了main.swift文件，以使用复合命令。

代码清单20-10　在文件main.swift中使用复合命令

```
let calc = Calculator();
calc.add(10);
calc.multiply(4);
calc.subtract(2);

let snapshot = calc.getHistorySnaphot();
println("Pre-Snapshot Total: \(calc.total)");
snapshot?.execute();
println("Post-Snapshot Total: \(calc.total)");
```

此时运行示例应用将输出下面所示的内容。从这些输出也可以看出，这些undo命令确实通过复合命令逐个地执行了：

```
Pre-Snapshot Total: 38
Post-Snapshot Total: 0
```

20.5.2　将命令当作宏来用

命令常被用于创建宏，使用宏可以让不同的接收者对象执行同一组操作。当把命令当作对象来用时，命令接收者必须传给execute方法，而不是传给命令对象的初始化器。代码清单20-11对Commands.swift做了一些修改，修改之后命令接收者对象将被以参数的形式传给execute方法。

代码清单20-11　在Commands.swift文件中修改Command协议和相关实现类

```
protocol Command {
    func execute(receiver:Any);
}

class CommandWrapper : Command {
    private let commands:[Command];

    init(commands:[Command]) {
```

```
        self.commands = commands;
    }

    func execute(receiver:Any) {
        for command in commands {
            command.execute(receiver);
        }
    }
}

class GenericCommand<T> : Command {
    private var instructions: T -> Void;

    init(instructions: T -> Void) {
        self.instructions = instructions;
    }

    func execute(receiver:Any) {
        if let safeReceiver = receiver as? T {
            instructions(safeReceiver);
        } else {
            fatalError("Receiver is not expected type");
        }
    }

    class func createCommand(instuctions: T -> Void) -> Command {
        return GenericCommand(instructions: instuctions);
    }
}
```

上述代码给Command协议中定义的execute增加了一个Any类型的参数。另外，为了保证传入对象的类型符合要求，我们在GenericCommand类中的execute方法对其类型做了判断，如果类型不符将调用全局的fatalError函数。这么做并不太合适，因为这样会在运行时而不是编译时触发错误。不过，由于在Swift中创建和使用泛型协议很麻烦，因此只能这么做。

在代码清单20-12中，你可以看到Calculator类的undo功能被移除了，并使用命令宏替换了相关功能。

代码清单20-12　在文件Calculator.swift中使用命令宏

```
import Foundation;

class Calculator {
    private(set) var total = 0;
    private var history = [Command]();
    private var queue = dispatch_queue_create("arrayQ", DISPATCH_QUEUE_SERIAL);

    func add(amount:Int) {
        addMacro(Calculator.add, amount: amount);
        total += amount;
    }

    func subtract(amount:Int) {
        addMacro(Calculator.subtract, amount: amount);
        total -= amount;
    }

    func multiply(amount:Int) {
        addMacro(Calculator.multiply, amount: amount);
```

```
        total = total * amount;
    }

    func divide(amount:Int) {
        addMacro(Calculator.divide, amount: amount);
        total = total / amount;
    }

    private func addMacro(method:Calculator -> Int -> Void, amount:Int) {
        dispatch_sync(self.queue, {() in
            self.history.append(GenericCommand<Calculator>.createCommand(
                { calc in method(calc)(amount); }
            ));
        });
    }

    func getMacroCommand() -> Command? {
        var command:Command?;
        dispatch_sync(queue, {() in
            command = CommandWrapper(commands: self.history);
        });
        return command;
    }
}
```

修改之后，每个操作都会调用addMacro方法，将Calculator对象执行过的操作保存起来。这与之前的做法的最重要的区别在于，当前的做法没有将Calculator对象本身包含在由getMacroCommand方法创建的Command对象。相反，当前每个命令对象都存有操作方法及其所需参数等信息，命令的接收者由调用组件来指定。代码清单20-13在main.swift文件中演示了命令宏的使用方式。

代码清单20-13 在main.swift文件中创建并使用命令宏

```
let calc = Calculator();
calc.add(10);
calc.multiply(4);
calc.subtract(2);

println("Calc 1 Total: \(calc.total)");

let macro = calc.getMacroCommand();

let calc2 = Calculator();
macro?.execute(calc2);
println("Calc 2 Total: \(calc2.total)");
```

上述代码先对一个Calculator对象执行了一系列操作，然后将这些命令组成的命令宏应用到另一个Calculator对象上，让其执行相同的操作。运行应用将输出以下内容：

```
Calc 1 Total: 38
Calc 2 Total: 38
```

20.5.3 将闭包作为命令

命令模式明确说明需要使用一个命令对象，本章到目前为止的所有实现都使用了命令对象。然而，命令对象本质上只是一个容器，里面装的是方法的调用的细节，即调用方法所需的参数值，以及目标对象（可选）。事实上，并非必须定义Command协议和相关实现类，上述信息都可以封装到Swift的闭包当中。

　　我个人更加倾向于使用命令对象。因为这样可以让此模式的目的更加明显，写出来的代码也更加容易阅读和方便维护。当然，也许你不这么认为。下面我们就对Calculator类做些修改，让其不再依赖Command协议和GenericCommand类，并使用闭包来表示命令，如代码清单20-14所示。

代码清单20-14　在文件Calculator.swift中使用闭包形式的命令

```swift
import Foundation;

class Calculator {
    private(set) var total = 0;
    typealias CommandClosure = (Calculator -> Void);
    private var history = [CommandClosure]();
    private var queue = dispatch_queue_create("arrayQ", DISPATCH_QUEUE_SERIAL);

    func add(amount:Int) {
        addMacro(Calculator.add, amount: amount);
        total += amount;
    }

    func subtract(amount:Int) {
        addMacro(Calculator.subtract, amount: amount);
        total -= amount;
    }

    func multiply(amount:Int) {
        addMacro(Calculator.multiply, amount: amount);
        total = total * amount;
    }

    func divide(amount:Int) {
        addMacro(Calculator.divide, amount: amount);
        total = total / amount;
    }

    private func addMacro(method:Calculator -> Int -> Void, amount:Int) {
        dispatch_sync(self.queue, {() in
            self.history.append({ calc in  method(calc)(amount)});
        });
    }

    func getMacroCommand() -> (Calculator -> Void) {
        var commands = [CommandClosure]();
        dispatch_sync(queue, {() in
            commands = self.history
        });
        return { calc in
            if (commands.count > 0) {
                for index in 0 ..< commands.count {
                    commands[index](calc);
                }
            }
        };
    }
}
```

代码清单20-14的修改并不大，但是写这种代码相当费脑筋。因为要分清哪些变量要改哪些不用，并且还要弄清楚是否需要将Calculator -> Int -> Void这种结构科里化成Calculator -> Void或者Int -> Void。

如果偏向于使用这种方式实现命令模式，那这里有一点值得学习，你也许已经注意到这里使用typealias关键字定义了一个用于表示数组类型的别名CommandClosure。

```
...
typealias CommandClosure = (Calculator -> Void);
private var history = [CommandClosure]();
...
```

Swift编译器并不擅长处理将闭包做为数组的类型，但是使用别名可以很好地避免不必要的麻烦。代码清单20-15演示了基于闭包的Calculator类的使用方式。

代码清单20-15 在文件main.swift中使用基于闭包的Calculator类

```
let calc = Calculator();
calc.add(10);
calc.multiply(4);
calc.subtract(2);
println("Calc 1 Total: \(calc.total)");

let macro = calc.getMacroCommand();

let calc2 = Calculator();
macro(calc2);
println("Calc 2 Total: \(calc2.total)");
```

唯一需要改变的是将调用Command对象的execute方法的地方，改成直接调用getMacroCommand方法返回的闭包。运行应用将输出下面所示的内容，从输出可以看出使用闭包的效果与使用命令对象的效果是一样的：

```
Calc 1 Total: 38
Calc 2 Total: 38
```

20.6 命令模式的陷阱

命令模式实现起来并不难，只要没有将命令接收者对象，或者方法调用指令暴露给调用组件就不会有什么问题。至于实现细节，如果命令可能被多个调用组件使用，则应该加上并发保护。此外，还应确保你所定义的闭包操作的对象是目标对象。

20.7 Cocoa 中使用命令模式的实例

Foundation框架中有一个名为NSInvocation的类，使用它可在Objective-C中实现命令模式。不过，由于Swift和Objective-C调用方法的方式有所不同，NSInvocation类并不能在Swift中使用。NSUndoManager类为实现命令模式提供了另一种途径，下一节将对此做演示。

20.8　在 SportsStore 应用中使用命令模式

我们将使用命令模式来为SportsStore应用添加一个撤销库存水平调整操作的功能。iOS内置了一个易用的、基于命令模式的撤销操作管理框架。

20.8.1　准备示例项目

在iOS中，标准的触发撤销操作的机制是摇动设备。为了使用命令模式，我们需要在应用中添加接收设备摇动通知的代码。代码清单20-16列出了ViewController类的内容。

代码清单20-16　在文件ViewController.swift中添加对摇动事件的支持

```
class ViewController: UIViewController, UITableViewDataSource {

    @IBOutlet weak var totalStockLabel: UILabel!
    @IBOutlet weak var tableView: UITableView!

    let productStore = ProductDataStore();

    override func viewDidLoad() {
        super.viewDidLoad()
        displayStockTotal();
        let bridge = EventBridge(callback: updateStockLevel);
        productStore.callback = bridge.inputCallback;
    }

    override func motionEnded(motion: UIEventSubtype, withEvent event: UIEvent) {
        if (event.subtype == UIEventSubtype.MotionShake) {
            println("Shake motion detected");
        }
    }

    // ...methods omitted for brevity...
}
```

上述代码重写了motionEnded方法，以便检查探测到的设备motion事件的类型，如果是摇动事件则在Xcode控制台输出一条信息。为了验证效果，可以运行SportsStore应用并在模拟器的Hardware菜单中选择Shake Gesture。你将在Xcode控制台看到以下输出：

```
Shake motion detected
```

20.8.2　实现撤销功能

实现命令模式最直接的方式就是使用NSUndoManager类。NSUndoManager由遵循NSResponder协议的UI组件的undoManager属性自动管理，也就是说，我们不用自行创建NSUndoManager实例。使用NSUndoManager需要分两步走，第一步是注册用户请求撤销操作时需要调用的命令。代码清单20-17演示了对ViewController类做的改变。

代码清单20-17　在文件ViewController.swift中注册撤销操作命令

```
...
@IBAction func stockLevelDidChange(sender: AnyObject) {
    if var currentCell = sender as? UIView {
        while (true) {
            currentCell = currentCell.superview!;
            if let cell = currentCell as? ProductTableCell {
                if let product = cell.product? {

                    let dict = NSDictionary(objects: [product.stockLevel],
                        forKeys: [product.name]);

                    undoManager?.registerUndoWithTarget(self,
                        selector: "undoStockLevel:",
                        object: dict);

                    if let stepper = sender as? UIStepper {
                        product.stockLevel = Int(stepper.value);
                    } else if let textfield = sender as? UITextField {
                        if let newValue = textfield.text.toInt()? {
                            product.stockLevel = newValue;
                        }
                    }
                    cell.stockStepper.value = Double(product.stockLevel);
                    cell.stockField.text = String(product.stockLevel);
                    productLogger.logItem(product);

                    StockServerFactory.getStockServer()
                        .setStockLevel(product.name,
                            stockLevel: product.stockLevel);
                }
                break;
            }
        }
        displayStockTotal();
    }
}

func undoStockLevel(data:[String:Int]) {
    let productName = data.keys.first;
    if (productName != nil) {
        let stockLevel = data[productName!];
        if (stockLevel != nil) {

            for nproduct in productStore.products {
                if nproduct.name == productName! {
                    nproduct.stockLevel = stockLevel!;
                }
            }

            updateStockLevel(productName!, level: stockLevel!);
        }
    }
}
...
```

undoManager属性是一个可选类型。注册命令需要使用registerUndoWithTarget方法，此方法的参数是命令的接收者，需要调用的方法，以及传给该方法的参数对象。

```
...
undoManager?.registerUndoWithTarget(self, selector: "undoStockLevel:", object: dict);
...
```

这里将视图控制器作为命令的接收者，并指定了一个名为undoStockLevel的方法。至于该方法所需的参数，这里创建了一个存有被修改的产品的名称和该产品原来的库存水平的NSDictionary对象。

NSUndoManager暴露了其与Objective-C的渊源。我们在指定所需调用的方法的名称时，在方法名字中包含了一个冒号，如下所示：

```
...
undoManager?.registerUndoWithTarget(self, selector: "undoStockLevel:", object: dict);
...
```

这与Objective-C中选取方法的方式有关，若省略冒号将在执行命令时引发异常。另一个需要注意的问题是，在传递参数时这里使用了NSDictionary对象，因为该方法不支持Swift内置的字典。由于undo命令只能提供一个对象，而updateStockLevel需要两个参数，因此NSUndoManager不能直接调用该方法，需要我们另外定义一个undoStockLevel方法。此方法的功能是将NSDictionary对象的数据解包出来，然后传给updateStockLevel方法以更新产品的库存水平。

触发撤销命令

调用registerUndoWithTarget方法将创建一个命令，当用户摇动设备时将会触发此命令。代码清单20-18列出了ViewController类中motionEnded方法的最新实现。

代码清单20-18   在文件ViewController.swift中触发撤销命令

```
...
override func motionEnded(motion: UIEventSubtype, withEvent event: UIEvent) {
    if (event.subtype == UIEventSubtype.MotionShake) {
        println("Shake motion detected");
        undoManager?.undo();
    }
}
...
```

NSUndoManager类定义的undo方法会执行registerUndoWithTarget方法最新创建的撤销命令。为了验证效果，可以运行应用并修改某个产品的库存水平，然后在iOS模拟器的Hardware菜单中选择Shake Gesture。此时你之前所做的修改将会被撤销，如图20-3所示。

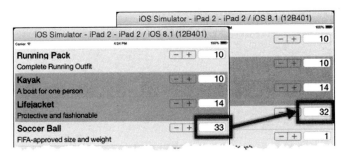

图20-3   撤销修改

20.9 总结

本章学习了命令模式，此模式为我们提供了一种封装方法调用细节的机制，基于这种机制我们可以实现延迟方法调用或者替换调用该方法的组件。此外，本章还演示了如何使用命令模式实现撤销操作的功能，以及如何创建命令宏以代替一系列的调用指令。在第21章，我们将探讨中介者模式，并研究如何使用它来管理多组对象之间的通信。

20

中介者模式

使用中介者模式可以简化和合理化对象之间的通信。此模式是知名度最小的模式，但是却解决了一个非常常见的问题，并且可以大幅简化应用设计的复杂度。表21-1列出了中介者模式的相关信息。

表21-1　中介者模式的相关信息

问　题	答　案
是什么	中介者模式通过引入中介者对象的方式简化了同类对象之间的通信
有什么优点	使用中介者模式之后，对象无需与其他对象保持联系，只需与中介者对象交互
何时使用此模式	当你在处理一组相互间需要自由通信的对象时，便可使用此模式
何时应避免使用此模式	如果你需要让一个对象给一组互不相关的对象发送通知时，则不应使用此模式。相反，应该使用第22章介绍的观察者模式
如何确定是否正确实现了此模式	如果每个对象都对其他同类对象一无所知，只需要与中介者对象交互，就说明你正确地实现了此模式
有哪些常见陷阱	中介者不应允许同类对象直接访问彼此的数据，否则这些对象之间将产生依赖
有哪些相关的模式	中介者模式与第22章介绍的观察者模式密切相关，且两者常常配合使用

21.1　准备示例项目

为了演示本章知识，这里首先需要创建一个名为Mediator的Xcode命令行工具项目。然后在项目中创建一个名为Airplane.swift的文件，其内容如代码清单21-1所示。

代码清单21-1　文件Airplane.swift的内容

```swift
struct Position {
    var distanceFromRunway:Int;
    var height:Int;
}

func == (lhs:Airplane, rhs:Airplane) -> Bool {
    return lhs.name == rhs.name;
}

class Airplane : Equatable {
    var name:String;
    var currentPosition:Position;
    private var otherPlanes:[Airplane];
```

```
    init(name:String, initialPos:Position) {
        self.name = name;
        self.currentPosition = initialPos;
        self.otherPlanes = [Airplane]();
    }

    func addPlanesInArea(planes:Airplane...) {
        for plane in planes {
            otherPlanes.append(plane);
        }
    }

    func otherPlaneDidLand(plane:Airplane) {
        if let index = find(otherPlanes, plane) {
            otherPlanes.removeAtIndex(index);
        }
    }

    func otherPlaneDidChangePosition(plane:Airplane) -> Bool {
        return plane.currentPosition.distanceFromRunway
                == self.currentPosition.distanceFromRunway
            && abs(plane.currentPosition.height
                - self.currentPosition.height) < 1000;
    }

    func changePosition(newPosition:Position) {
        self.currentPosition = newPosition;
        for plane in otherPlanes {
            if (plane.otherPlaneDidChangePosition(self)) {
                println("\(name): Too close! Abort!");
                return;
            }
        }
        println("\(name): Position changed");
    }

    func land() {
        self.currentPosition = Position(distanceFromRunway: 0, height: 0);
        for plane in otherPlanes {
            plane.otherPlaneDidLand(self);
        }
        println("\(name): Landed");
    }
}
```

Airplane类表示的是飞行器接近机场时的状态，结构体Position表示的是其当前位置。同一时刻可能还有其他飞机准备降落在同一个机场，因此每个Airplane对象都需要不停地追踪其周围的飞机的状态，以确保与其他飞机保持合理的距离。下面在文件main.swift中添加创建和操作Airplane对象的代码，如代码清单21-2所示。

代码清单21-2　文件main.swift的内容

```
// initial setup
let british = Airplane(name: "BA706", initialPos: Position(distanceFromRunway: 11, height: 21000));

// plane approaches airport
british.changePosition(Position(distanceFromRunway: 8, height: 10000));
british.changePosition(Position(distanceFromRunway: 2, height: 5000));
```

```
british.changePosition(Position(distanceFromRunway: 1, height: 1000));
// plane lands
british.land();
```

上述代码创建了一个表示英国航空公司航班的Airplane对象，并多次调用其changePosition方法，以模拟其正向飞机场靠近的状态。最后，调用该对象的land方法。此时运行示例应用将输出以下内容：

```
BA706: Position changed
BA706: Position changed
BA706: Position changed
BA706: Landed
```

21.2　此模式旨在解决的问题

当出现多个准备降落在机场的Airplane对象时，示例应用就会出问题了。下面在文件main.swift中添加两个Airplane对象，如代码清单21-3所示。

代码清单21-3　在文件main.swift中添加Airplane对象

```
// initial setup
let british = Airplane(name: "BA706", initialPos:
    Position(distanceFromRunway: 11, height: 21000));

// new plane arrives
let american = Airplane(name: "AA101", initialPos: Position(distanceFromRunway: 12, height: 22000));
british.addPlanesInArea(american);
american.addPlanesInArea(british);

// plane approaches airport
british.changePosition(Position(distanceFromRunway: 8, height: 10000));
british.changePosition(Position(distanceFromRunway: 2, height: 5000));
british.changePosition(Position(distanceFromRunway: 1, height: 1000));

// new plane arrives
let cathay = Airplane(name: "CX200", initialPos: Position(distanceFromRunway: 13, height: 22000));
british.addPlanesInArea(cathay);
american.addPlanesInArea(cathay);
cathay.addPlanesInArea(british, american);

// plane lands
british.land();

// plane moves too close
cathay.changePosition(Position(distanceFromRunway: 12, height: 22000));
```

此时运行应用将输出以下内容：

```
BA706: Position changed
BA706: Position changed
BA706: Position changed
BA706: Landed
CX200: Too close! Abort!
```

　　目前只有三个Airplane对象，但是main.swift文件中的代码的复杂度已经大幅提升，因为每个Airplane对象都要追踪其他Airplane对象的状态。Airplane对象中用于追踪其他Airplane对象状态，以及用于管理对象间通信的代码，在整个应用的代码量中占了相当大的比例。上述做法的结果是，一组Airplane对象互相知晓彼此的状态，并通过调用彼此的方法来通信，如图21-1所示。

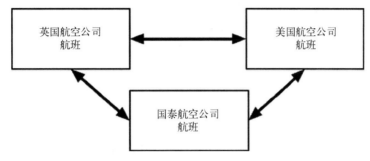

图21-1　对象间通信的问题

　　随着Airplane对象的数量的增加，上述问题也会变得越发严重，因为每个Airplane对象必须了解所有其他Airplane对象的状态。这种做法在Airplane对象之间造成了非常复杂的依赖关系，在给新增的Airplane对象建立与其他对象的连接时非常容易出现遗漏。如图21-2所示。

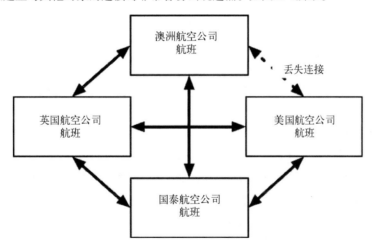

图21-2　忘记建立对象间连接的后果

　　这种疏漏的后果相当严重，因为当一个功能依赖于丢失的链接时，它自身会作为一个问题呈现出来。在上述场景中，除非澳航航班试图进入美国航班占据的飞行空间，否则changePosition方法中防止飞机相撞的代码都能正常运作。如果澳航航班进入了美国航班占据的飞行空间，防撞代码将无法检查美国航班的位置，防撞机制将会失效。

21.3　中介者模式

中介者模式通过引入一个中介者对象，简化两个或者多个同类对象之间的通信的方式，很好地解决了上述问题。中介者对象负责追踪这些对象的状态，并协助对象进行通信从而解除了对象之间的依赖，避免了由于忘记与其他对象建立连接引起的问题，降低了应用的整体复杂度。图21-3描绘了中介者模式化解上述问题的方式。

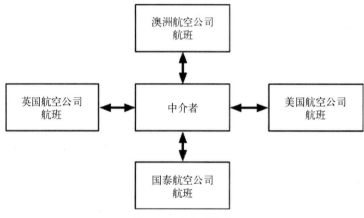

图21-3　中介者模式

每个Airplane对象都需要与中介者交互，而不是其他Airplane对象。Airplane对象将信息发给中介者，中介者负责管理其他Airplane对象，并将消息转发给它们。中介者不仅减少了应用内的依赖，而且还确保了所有信息都能够分发给所有其他对象，避免了漏掉某个对象的问题。

21.4　实现中介者模式

中介者模式的核心是一对协议：一个协议定义对象自身提供的功能，另一个定义中介者提供的功能。接下来我们就创建一个名为Mediator.swift的文件，并在其中定义这两个协议，如代码清单21-4所示。

代码清单21-4　文件Mediator.swift的内容

```
protocol Peer {
    var name:String {get};
    func otherPlaneDidChangePosition(position:Position) -> Bool;
}

protocol Mediator {
    func registerPeer(peer:Peer);
    func unregisterPeer(peer:Peer);
    func changePosition(peer:Peer, pos:Position) -> Bool;
}
```

Peer协议定义了一个name属性，用于区分不同的目的。同时，还定义了一个名为otherPlaneDid-ChangePosition的方法，当某架飞机想要移动时，需要先调用此方法检查是否可以安全移动。Mediator

协议定义了三个方法，registerPeer和unregisterPeer方法用于添加和删除中介者管理的对象，changePosition内部调用了中介者管理的对象的otherPlanChangePosition方法。

21.4.1　定义 Meditator 类

下一步是定义一个遵循Mediator协议的类，并使用它来协调对象之间的交流。代码清单21-5为该类的定义。

代码清单21-5　在Mediator.swift文件中定义实现类

```
protocol Peer {
    var name:String {get};
    func otherPlaneDidChangePosition(position:Position) -> Bool;
}

protocol Mediator {
    func registerPeer(peer:Peer);
    func unregisterPeer(peer:Peer);
    func changePosition(peer:Peer, pos:Position) -> Bool;
}

class AirplaneMediator : Mediator {
    private var peers:[String:Peer];

    init() {
        peers = [String:Peer]();
    }

    func registerPeer(peer: Peer) {
        self.peers[peer.name] = peer;
    }

    func unregisterPeer(peer: Peer) {
        self.peers.removeValueForKey(peer.name);
    }

    func changePosition(peer:Peer, pos:Position) -> Bool {
        for storedPeer in peers.values {
            if (peer.name != storedPeer.name
                && storedPeer.otherPlaneDidChangePosition(pos)) {
                    return true;
            }
        }
        return false;
    }
}
```

AirplaneMediator类的实现很简单，其中定义了一个用于存储Peer对象的字典。changePosition方法必须保证其调用者不会在其位置发生变化时调用其otherPlaneDidchangePosition方法，使用字典可以简化changePosition方法的实现。

21.4.2　遵循 Peer 协议

下一步是更新Airplane类，让其遵循Peer协议。此外，更新之后Airplane类将不再关注其他Airplane

对象，如代码清单21-6所示。

代码清单21-6　让Airplane类遵循Peer协议

```
struct Position {
    var distanceFromRunway:Int;
    var height:Int;
}

class Airplane : Peer {
    var name:String;
    var currentPosition:Position;
    var mediator:Mediator;

     init(name:String, initialPos:Position, mediator: Mediator) {
        self.name = name;
        self.currentPosition = initialPos;
        self.mediator = mediator;
        mediator.registerPeer(self);
    }

    func otherPlaneDidChangePosition(position:Position) -> Bool {
        return position.distanceFromRunway
                == self.currentPosition.distanceFromRunway
            && abs(position.height - self.currentPosition.height) < 1000;
    }

    func changePosition(newPosition:Position) {
        self.currentPosition = newPosition;
        if (mediator.changePosition(self, pos: self.currentPosition) == true) {
            println("\(name): Too close! Abort!");
            return;
        }
        println("\(name): Position changed");
    }

    func land() {
        self.currentPosition = Position(distanceFromRunway: 0, height: 0);
        mediator.unregisterPeer(self);
        println("\(name): Landed");
    }
}
```

　　上述修改的整体效果就是让Airplane更加专注于其自身的状态，至于它与其他Airplane对象之间的关系则由中介者代为管理。代码清单21-7中更新main.swift文件，让其使用中介者。

代码清单21-7　在main.swift文件中使用中介者

```
let mediator:Mediator = AirplaneMediator();

// initial setup
let british = Airplane(name: "BA706", initialPos:
    Position(distanceFromRunway: 11, height: 21000), mediator:mediator);

// new plane arrives
let american = Airplane(name: "AA101", initialPos: Position(distanceFromRunway: 12, height: 22000),
mediator:mediator);

// plane approaches airport
```

```
british.changePosition(Position(distanceFromRunway: 8, height: 10000));
british.changePosition(Position(distanceFromRunway: 2, height: 5000));
british.changePosition(Position(distanceFromRunway: 1, height: 1000));

// new plane arrives
let cathay = Airplane(name: "CX200", initialPos: Position(distanceFromRunway: 13, height: 22000),
mediator:mediator);

// plane lands
british.land();

// plane moves too close
cathay.changePosition(Position(distanceFromRunway: 12, height: 22000));
```

更新之后，创建新的Airplane对象就不需要通知所有其他Airplane对象了，因为中介者会自动追踪它们的状态，并确保所有需要建立的连接都在使用之前完成建立。此时运行应用将在控制台输出以下内容：

```
BA706: Position changed
BA706: Position changed
BA706: Position changed
BA706: Landed
CX200: Too close! Abort!
```

21.4.3 实现并发保护

与本书讲解的其他模式类似，实现中介者模式时也要考虑它所管理的对象之间是否会出现并发通信的情况，或者那些对象是否会同时调用registered和unregistered方法。虽然不是所有的应用都存在这种情况，但是如果可能出现并发的情况，那就必须实现并发保护，下面将对此进行详细介绍。

1. 在中介者中实现并发保护

在中介者中实现并发保护，可以确保其所管理的对象不被损坏，同时保证中介者的方法返回的结果是一致的。代码清单21-8演示了在中介者类中使用GCD实现并发保护的方式。

代码清单21-8　在文件Mediator.swift中实现并发保护

```
import Foundation;

protocol Peer {
    var name:String {get};
    func otherPlaneDidChangePosition(position:Position) -> Bool;
}

protocol Mediator {
    func registerPeer(peer:Peer);
    func unregisterPeer(peer:Peer);
    func changePosition(peer:Peer, pos:Position) -> Bool;
}

class AirplaneMediator : Mediator {
    private var peers:[String:Peer];
    private let queue = dispatch_queue_create("dictQ", DISPATCH_QUEUE_CONCURRENT);

    init() {
```

21

```
        peers = [String:Peer]();
    }

    func registerPeer(peer: Peer) {
        dispatch_barrier_sync(self.queue, { () in
            self.peers[peer.name] = peer;
        });
    }

    func unregisterPeer(peer: Peer) {
        dispatch_barrier_sync(self.queue, { () in
            let removed = self.peers.removeValueForKey(peer.name);
        });
    }

    func changePosition(peer:Peer, pos:Position) -> Bool {
        var result = false;
        dispatch_sync(self.queue, { () in
            for storedPeer in self.peers.values {
                if (peer.name != storedPeer.name
                    && storedPeer.otherPlaneDidChangePosition(pos)) {
                        result = true;
                }
            }
        });
        return result;
    }
}
```

　　我们需要实现这样的效果，即除非需要对字典对象进行修改，否则就允许多个操作同时读取它的值。上述代码使用了一个并发的GCD队列，并使用dispatch_sync函数来执行读操作。在registerPeer和unregisterPeer方法中则使用dispatch_barrier_sync函数，以确保同一时刻只有一个线程在修改字典对象。

提示　值得注意的是，上述代码在unregisterPeer方法中将removeValueForKey方法的返回值赋值给了一个常量。Swift会将removeValueForKey方法的返回值当作闭包的返回值，这会引起问题，因为将闭包传给GCD时是不应该有返回值的。将该方法的返回值赋值给一个常量，可避免此问题。

---

2. 在Airplane对象中实现并发保护

　　中介者中的并发保护并未对Airplane对象的实现进行任何假设，并允许多个操作同时调用otherPlanDidChangePosition方法。这就意味着，我们需要修改Airplane类，以保护Airplane对象内部状态数据的完整性，如代码清单21-9所示。

代码清单21-9　在文件Airplane.swift中添加并发保护

```
import Foundation

struct Position {
    var distanceFromRunway:Int;
    var height:Int;
}
```

```
class Airplane : Peer {
    var name:String;
    var currentPosition:Position;
    var mediator:Mediator;
    let queue = dispatch_queue_create("posQ", DISPATCH_QUEUE_CONCURRENT);

    init(name:String, initialPos:Position, mediator: Mediator) {
        self.name = name;
        self.currentPosition = initialPos;
        self.mediator = mediator;
        mediator.registerPeer(self);
    }

    func otherPlaneDidChangePosition(position:Position) -> Bool {
        var result = false;
        dispatch_sync(self.queue, {() in
            result = position.distanceFromRunway
                    == self.currentPosition.distanceFromRunway
                && abs(position.height - self.currentPosition.height) < 1000;
        });
        return result;
    }

    func changePosition(newPosition:Position) {
        dispatch_barrier_sync(self.queue, {() in
            self.currentPosition = newPosition;
            if (self.mediator.changePosition(self, pos:
                    self.currentPosition) == true) {
                println("\(self.name): Too close! Abort!");
                return;
            }
            println("\(self.name): Position changed");
        });
    }

    func land() {
        dispatch_barrier_sync(self.queue, { () in
            self.currentPosition = Position(distanceFromRunway: 0, height: 0);
            self.mediator.unregisterPeer(self);
            println("\(self.name): Landed");
        });
    }
}
```

上述代码实现的并发保护，允许多个操作并发调用otherPlaneDidChangePosition，但是change-Position和land方法则使用了dispatch_barrier_sync进行限制，以确保同一时刻只有一个修改操作在执行。

21.5　中介者模式之变体

中介模式的标准实现的重心在于管理多个同类对象之间的关系，而其常见变体则对中介者的角色做了拓展，接下来的几个小节将对此进行详细介绍。

21.5.1　将更多的逻辑置于中介者中

这里要介绍的第一个变体是，在中介者实现类中添加相关逻辑，以更积极地管理同类对象之间的信息流动或实现更多功能。为了演示这一变体，我们需要减少中介者的changePosition方法涉及的同类对象的数量。为了实现这一目的，可以在中介者中加入过滤的功能，将与正在尝试降落的飞机距离较远的飞机过滤掉（前提为所有的飞机都在往同一个方向飞行，且目标机场相同）。第一步是拓展由Peer协议暴露的信息，以允许中介者访问其位置数据，如代码清单21-10所示。

代码清单21-10　在文件Mediator.swift中暴露额外的信息

```
...
protocol Peer {
    var name:String {get};
    var currentPosition:Position {get};
    func otherPlaneDidChangePosition(position:Position) -> Bool;
}
...
```

在将currentPosition属性暴露给外界之后，中介者就可以更加有针对性地确定调用哪个对象的方法，如代码清单21-11所示。

代码清单21-11　有针对性地选取目标对象

```
...
func changePosition(peer:Peer, pos:Position) -> Bool {
    var result = false;
    dispatch_sync(self.queue, { () in

        let closerPeers = self.peers.values.filter({p in
            return p.currentPosition.distanceFromRunway
                <= pos.distanceFromRunway;
        });

        for storedPeer in closerPeers {
            if (peer.name != storedPeer.name
                    && storedPeer.otherPlaneDidChangePosition(pos)) {
                result = true;
            }
        }
    });
    return result;
}
...
```

上述代码使用filter方法将距离比较远的飞机过滤掉，然后再调用剩下的对象的otherPlane-DidChangePosition方法。此时运行应用将输出下面所示的内容，与前一个例子类似。

```
BA706: Position changed
BA706: Position changed
BA706: Position changed
BA706: Landed
CX200: Too close! Abort!
```

这个变体的优点在于有效减少了方法的调用次数，而这可以加快改变飞机位置的速度。此方法的缺点是将一个行为的逻辑写进了中介者，如果后续对应用做了拓展，需要管理离开飞机场的飞机，而不仅仅是降落的飞机，那就需要修改中介者。

21.5.2 通用化中介者与其管理的对象之间的关系

在中介者模式的标准实现中，中介者需要对其所管理的对象的方法有所了解，以便在需要的时候调用对应的方法。因此，中介者类的复用率比较低。

如果你需要在应用中使用多个中介者，可以使用另一个变体，即通用化中介者与其管理的对象之间的关系，创建一个对其所管理的对象毫无了解的中介者类。通用化的方式具体有两种，它们各自有自己的局限性，接下来的几个小节将对此进行介绍。

1. 使用命令模式实现中介者的通用化

第一种方式结合了中介者模式和命令模式，并让中介者扮演在第20章介绍的调用者的角色。代码清单21-12定义了一个通用化的、基于命令的中介者类。

代码清单21-12　在文件CommandMediator.swift中定义通用化的中介者

```swift
protocol CommandPeer {
    var name:String { get };
}

class Command {
    let function:CommandPeer -> Any;

    init(function:CommandPeer -> Any) {
        self.function = function;
    }

    func execute(peer:CommandPeer) -> Any {
        return function(peer);
    }
}

class CommandMediator {
    private var peers = [String:CommandPeer]();

    func registerPeer(peer:CommandPeer) {
        peers[peer.name] = peer;
    }

    func unregisterPeer(peer:CommandPeer) {
        peers.removeValueForKey(peer.name);
    }

    func dispatchCommand(caller:CommandPeer, command:Command) -> [Any] {
        var results = [Any]();
        for peer in peers.values {
            if (peer.name != caller.name) {
                results.append(command.execute(peer));
            }
        }
        return results;
    }
}
```

为了辅助实现Command类，同时也是为了根据name属性防止中介者执行其创建的对象的命令，需要让相关的对象都遵循CommandPeer协议。

注意　为了保持简单，在实现CommandMediator类时并没有添加并发保护。使用命令模式并不能保护对象集合，如果存在并发访问的情况还是需要添加并发保护的。具体信息请参见21.4.3节的内容。

Command类表示对象需要执行的命令。正如你在第20章所见，定义和执行命令的方式有很多种。这里使用的方式是由中介者来调用命令，并将对应的对象传给命令的execute方法。这里之所以选择这种方式，是因为我们需要捕捉命令执行的结果，并将这些结果放到一个数组中呈现给调用该命令的对象。

CommandMediator类是标准实现的中介者的一种变体，该类定义了一个名为dispatchCommand的方法。该方法接收一个Command对象，并将CommandPeer对象一一传给其execute方法。命令执行的结果将被收集到一个数组中，然后这个数组会被返回给调用该命令的对象。

更新之后的Airplane类使用了基于命令的中介者，如代码清单21-13所示。

代码清单21-13　在文件Airplane.swift中使用CommandMediator

```
import Foundation

struct Position {
    var distanceFromRunway:Int;
    var height:Int;
}

class Airplane : CommandPeer {
    var name:String;
    var currentPosition:Position;
    var mediator:CommandMediator;
    let queue = dispatch_queue_create("posQ", DISPATCH_QUEUE_CONCURRENT);

    init(name:String, initialPos:Position, mediator: CommandMediator) {
        self.name = name;
        self.currentPosition = initialPos;
        self.mediator = mediator;
        mediator.registerPeer(self);
    }

    func otherPlaneDidChangePosition(position:Position) -> Bool {
        var result = false;
        dispatch_sync(self.queue, {() in
            result = position.distanceFromRunway
                    == self.currentPosition.distanceFromRunway
                && abs(position.height - self.currentPosition.height) < 1000;
        });
        return result;
    }

    func changePosition(newPosition:Position) {
        dispatch_barrier_sync(self.queue, {() in
            self.currentPosition = newPosition;

            let c = Command(function: {peer in
                if let plane = peer as? Airplane {
                    return plane.otherPlaneDidChangePosition (self.currentPosition);
                } else {
                    fatalError("Type mismatch");
```

```
        }
    });

    let allResults = self.mediator.dispatchCommand(self, command: c);
    for result in allResults {
        if result as? Bool == true {
            println("\(self.name): Too close! Abort!");
            return;
        }
    }
    println("\(self.name): Position changed");
    });
}

func land() {
    dispatch_barrier_sync(self.queue, { () in
        self.currentPosition = Position(distanceFromRunway: 0, height: 0);
        self.mediator.unregisterPeer(self);
        println("\(self.name): Landed");
    });
}
}
```

上述代码创建了一个可以处理任何一组遵循CommandPeer协议的类的实例的中介者，这里需要注意的是Command对象需要对执行命令的对象的类型做出判断。任何对象都可以发送命令，意味着所有这些对象都要继承同一个基类，而且无法使用CommandMediator类在不同类型的对象之间进行协调，即便它们都是遵循CommandPeer协议的类的实例。

Airplane类中的changePosition方法创建了一个命令，该命令首先会尝试将涉及的对象转换为Airplane类，然后调用其otherPlaneDidChangePosition方法。如果类型转换出现了问题，则执行全局函数fatalError，因为在这种情况下中介者的行为是未定义的。

最后一步改变是在main.swift中创建一个CommandMediator类的实例，如代码清单21-14所示。

代码清单21-14　在文件main.swift中创建一个CommandMediator类的实例

```
let mediator = CommandMediator();

// initial setup
let british = Airplane(name: "BA706", initialPos:
    Position(distanceFromRunway: 11, height: 21000), mediator:mediator);

// new plane arrives
let american = Airplane(name: "AA101", initialPos:
    Position(distanceFromRunway: 12, height: 22000), mediator:mediator);

// plane approaches airport
british.changePosition(Position(distanceFromRunway: 8, height: 10000));
british.changePosition(Position(distanceFromRunway: 2, height: 5000));
british.changePosition(Position(distanceFromRunway: 1, height: 1000));

// new plane arrives
let cathay = Airplane(name: "CX200", initialPos:
    Position(distanceFromRunway: 13, height: 22000), mediator:mediator);

// plane lands
british.land();
```

```
// plane moves too close
cathay.changePosition(Position(distanceFromRunway: 12, height: 22000));
```

为了测试修改的效果可运行应用，应用将输出以下内容，可见修改并未影响输出：

```
BA706: Position changed
BA706: Position changed
BA706: Position changed
BA706: Landed
CX200: Too close! Abort!
```

2. 使用发消息的方式实现中介者的通用化

另一种方式是锁定涉及对象的一个方法，然后提供充分的信息，以获得所需的结果。使用这种方式就不需要猜测对象的类型了，并且还能使用同一个中介者管理不同类型的对象。不过，使用这种方式要求所有对象都要对可能接收到的消息有相同的了解，这本身也是一个问题。为了实现基于消息的中介者，首先需要创建一个协议和实现类。下面就在示例项目中创建一个名为MessageMediator.swift的文件，其内容如代码清单21-15所示。

代码清单21-15　文件MessageMediator.swift的内容

```
protocol MessagePeer {
    var name:String { get };
    func handleMessage(messageType:String, data:Any?) -> Any?;
}

class MessageMediator {
    private var peers = [String:MessagePeer]();

    func registerPeer(peer:MessagePeer) {
        peers[peer.name] = peer;
    }

    func unregisterPeer(peer:MessagePeer) {
        peers.removeValueForKey(peer.name);
    }

    func sendMessage(caller:MessagePeer, messageType:String, data:Any) -> [Any?] {
        var results = [Any?]();
        for peer in peers.values {
            if (peer.name != caller.name) {
                results.append(peer.handleMessage(messageType, data: data));
            }
        }
        return results;
    }
}
```

MessagePeer协议定义了一个name属性，中介者使用这个属性来识别消息的发送者。此外，协议中还定义了一个名为handleMessage的方法，该方法接收两个参数：一个是表示消息类型的字符串，另一个是可选Any类型的数据。相关对象将利用这两个参数的值来调用对应的方法。MessageMediator类负责管理所有对象的状态，而且还定义了一个名为sendMessage的方法，对象可以调用此方法给其他对象发送消息。中介者对象负责收集这些对象返回的值，然后将它们收集到一个数组中并返回给调用组件。

下面就在Airplane类中演示使用基于消息的中介者的方式，具体内容代码清单21-16所示。

代码清单21-16　在文件Airplane.swift中使用基于消息的中介者

```swift
import Foundation

struct Position {
    var distanceFromRunway:Int;
    var height:Int;
}

class Airplane : MessagePeer {
    var name:String;
    var currentPosition:Position;
    var mediator:MessageMediator;
    let queue = dispatch_queue_create("posQ", DISPATCH_QUEUE_CONCURRENT);

    init(name:String, initialPos:Position, mediator: MessageMediator) {
        self.name = name;
        self.currentPosition = initialPos;
        self.mediator = mediator;
        mediator.registerPeer(self);
    }

    func handleMessage(messageType: String, data: Any?) -> Any? {
        var result:Any?;
        switch (messageType) {
            case "changePos":
                if let pos = data as? Position {
                    result = otherPlaneDidChangePosition(pos);
                }
            default:
                fatalError("Unknown message type");
        }
        return result;
    }

    func otherPlaneDidChangePosition(position:Position) -> Bool {
        var result = false;
        dispatch_sync(self.queue, {() in
            result = position.distanceFromRunway
                    == self.currentPosition.distanceFromRunway
                && abs(position.height - self.currentPosition.height) < 1000;
        });
        return result;
    }

    func changePosition(newPosition:Position) {
        dispatch_barrier_sync(self.queue, {() in
            self.currentPosition = newPosition;

            let allResults = self.mediator.sendMessage(self,
                messageType: "changePos", data: newPosition);
            for result in allResults {
                if result as? Bool == true {
                    println("\(self.name): Too close! Abort!");
                    return;
                }
            }
        })
    }
```

```
        println("\(self.name): Position changed");
    });
}

func land() {
    dispatch_barrier_sync(self.queue, { () in
        self.currentPosition = Position(distanceFromRunway: 0, height: 0);
        self.mediator.unregisterPeer(self);
        println("\(self.name): Landed");
    });
}
}
```

使用这种方式的优势是Airplane类不需要了解其他对象，但是这也是有代价的，那就是需要确保所有相关对象都理解同一组消息类型，并能以一致的方式响应这些消息。这在复杂应用中实现起来比听起来要难多了，而且随着应用复杂度的提升，多个对象处理消息的方式可能会有所不同。最后一步是在main.swift文件中使用MessageMediator类，如代码清单21-17所示。

代码清单21-17　在main.swift文件中使用MessageMediator类

```
let mediator = MessageMediator();

// initial setup
let british = Airplane(name: "BA706", initialPos:
    Position(distanceFromRunway: 11, height: 21000), mediator:mediator);

// new plane arrives
let american = Airplane(name: "AA101", initialPos:
    Position(distanceFromRunway: 12, height: 22000), mediator:mediator);

// plane approaches airport
british.changePosition(Position(distanceFromRunway: 8, height: 10000));
british.changePosition(Position(distanceFromRunway: 2, height: 5000));
british.changePosition(Position(distanceFromRunway: 1, height: 1000));

// new plane arrives
let cathay = Airplane(name: "CX200", initialPos:
    Position(distanceFromRunway: 13, height: 22000), mediator:mediator);

// plane lands
british.land();

// plane moves too close
cathay.changePosition(Position(distanceFromRunway: 12, height: 22000));
```

21.6　中介者模式的陷阱

在实现中介者模式时，需要避免将某个对象的详情暴露给其他对象。中介者应该隐藏其所管理的对象的信息，不能让其他对象直接定位或者依赖其他对象，即要保证所有对象都通过中介者来通信。如果你实现的方法有返回值，则应保证该对象没有将self当作结果来返回，如果返回了self则应保证中介者没有将该引用传给调用命令的对象。程序员都喜欢捷径，允许对象之间直接通信，懒惰的程序员就可以绕过中介者，但是这就破坏了此模式的实现。

单协议陷阱

另一个陷阱是让Airplane对象与中介者遵循同一个协议，这样一来Airplane对象就不知道中介者的存在，以为与自己交互的是一个与自己同类的对象。这似乎是一个很聪明的想法，但是会导致代码混乱且难以理解，因为中介者的方法与对象暴露出来的方法只有在极少数情况下才可能一一对应。因此，建议分别为对象和中介者定义一个协议，这样实现类就不用实现"幽灵"方法，或者在这些方法之间进行映射。

21.7 Cocoa 中使用中介者模式的实例

Foundation框架中的NSNotificationCenter本身就是一个中介者，使用它可以在对象之间发送通知。NSNotificationCenter类是一个基于消息的中介者，该类允许对象指定它想要接收的消息的类型，还能限制发送消息的对象，只是不支持获取对象的响应。消息只能在一个方向流动。为了演示NSNotificationCenter类的使用，下面创建一个名为Notfications.playground的文件，其内容如代码清单21-18所示。

代码清单21-18　文件Notifications.playground的内容

```
import Foundation;

let notifier = NSNotificationCenter.defaultCenter();

@objc class NotificationPeer {
    let name:String;

    init(name:String) {
        self.name = name;
        NSNotificationCenter.defaultCenter().addObserver(self,
            selector: "receiveMessage:", name: "message", object: nil);
    }

    func sendMessage(message:String) {
        NSNotificationCenter.defaultCenter().postNotificationName("message",
            object: message);
    }

    func receiveMessage(notification:NSNotification) {
        println("Peer \(name) received message: \(notification.object)");
    }
}

let p1 = NotificationPeer(name: "peer1");
let p2 = NotificationPeer(name: "peer2");
let p3 = NotificationPeer(name: "peer3");
let p4 = NotificationPeer(name: "peer4");

p3.sendMessage("Hello!");
```

注释　NSNotificationCenter类还实现了观察者模式，第22章将讲解此模式。

NSNotificationCenter类的实例可以通过类属性defaultCenter获取，使用它即可完成发送和接收消息的配置。如果需要注册接收某个通知使用addObserver方法即可，如下所示：

```
...
NSNotificationCenter.defaultCenter().addObserver(self,
            selector: "receiveMessage:", name: "message", object: nil);
...
```

该方法的第一个参数是接收消息的对象，上述代码将其设置为当前对象。另一个参数selector用于指定接收消息的方法，用Objective-C选择器的风格表示，也就是说要在方法名后面加上一个冒号。参数name则是用于指定对象想接收的消息，而object可以用来将消息限制在来自指定来源的消息。这里将object的值设置为nil，表示愿意接收所有name为"message"的消息，而不管其来源为何。

提示　参数selector中指定的方法必须使用@objc修饰，或者位于用@objc修饰的类之中。

发送消息时使用postNotificationName方法，并指明消息的标签和需要传递给接收者的对象，如下所示：

```
...
NSNotificationCenter.defaultCenter()
        .postNotificationName("message", object: message);
...
```

在Playground中，定义了一个名为NotificationPeer的类，并在该类中调用addObserver方法注册接收消息。发送消息则使用sendMessage方法，该方法将给消息加上标签，并通过NSNotificationCenter将消息发出。

在注册为消息接收者时，selector参数对应的方法必须接收一个NSNotification类型的参数。此参数用于表示消息，同时定义了表21-2中所示的属性。

表21-2　NSNotification类定义的属性

属 性 名	描 述
name	用于标记消息的标签，在上述例子中其值被设置为message
object	与消息相关的数据对象，在上述例子中使用的是传给sendMessage方法的消息参数，可选
userInfo	以字典表示的数据值，通过postNotificationName方法传给消息接收者，可选

在Playground中，我们创建了四个NotificationPeer对象。调用其中一个对象的sendMessage方法，将在控制台输出以下内容：

```
Peer peer1 received message: Optional(Hello!)
Peer peer2 received message: Optional(Hello!)
Peer peer3 received message: Optional(Hello!)
Peer peer4 received message: Optional(Hello!)
```

NSNotificationCenter类非常实用，不过不能获取对象的响应在很多项目中都会是一个限制。因此，我一般会自己实现一个替代品，具体参见21.5节。

21.8　在 SportsStore 应用中使用中介者模式

　　本章所使用的SportsStore应用暂时不能使用中介者模式。我们将在第22章演示中介者模式和命令模式配合使用的方式，这两个模式通常一起使用。

21.9　总结

　　本章讲解了中介者模式，并演示了使用它处理对象之间的通信，以简化应用的方式，并保证同类对象不会被遗漏。第22章将介绍观察者模式，使用观察者模式可以在对象发生变化时通知其他对象。

21

第 22 章
观察者模式

观察者模式定义了一种一对多的依赖关系，让一个或多个观察者对象监听其所关心的主题对象。这个主题对象在自身状态发生变化时，会给所有观察者对象发送通知。使用观察者模式可以让大量多组对象在较少依赖的情况下实现合作，因此这个模式被广泛应用。只要你使用现代UI框架开发过一款应用，就很可能使用过此模式。表22-1列出了观察者模式的相关信息。

表22-1 观察者模式的相关信息

问 题	答 案
是什么	使用观察者模式可以让一个对象在不对另一个对象产生依赖的情况下，注册并接收该对象发出的通知
有什么优点	此模式允许发送通知的对象在不了解通知接收者如何处理通知的情况下，以一种统一的方式给接收者发送通知，这有效降低了应用的设计难度
何时使用此模式	当一个对象需要在不依赖另一个对象的情况下，接收到另一个对象发生变化的通知时，即可使用此模式
何时应避免使用此模式	除非通知的发送者与接收者在功能上不存在相互依赖的关系，否则就不应使用此模式。在两者没有依赖关系的情况下，即使移除通知的接收者，通知的发送者也能正常运作
如何确定是否正确实现了此模式	如果一个对象可以在不对发送通知的对象产生依赖的情况下，正常地接收通知就说明你正确地实现了观察者模式
有哪些常见陷阱	最大的陷阱就是在实现此模式时，让发送通知的对象与接收通知的对象产生依赖
有哪些相关的模式	无

22.1 准备示例项目

为了演示本章知识，首先需要创建一个名为Observer的Xcode OS X命令行工具项目，并在该项目中创建一个名为SystemComponents.swift的文件，其内容如代码清单22-1所示。

代码清单22-1 文件SystemComponents.swift的内容

```
class ActivityLog {
    func logActivity(activity:String) {
        println("Log: \(activity)");
    }
}

class FileCache {
    func loadFiles(user:String) {
```

```
        println("Load files for \(user)");
    }
}

class AttackMonitor {
    var monitorSuspiciousActivity: Bool = false {
        didSet {
            println("Monitoring for attack: \(monitorSuspiciousActivity)");
        }
    }
}
```

　　上述代码定义了三个表示通用应用组件的类。这三个类只是用于演示观察者模式，因此没必要实现具体的功能，只需在控制台写相关的信息即可，以表明它们已被使用。ActivityLog类表示的是一个监控所有系统事件的日志系统，FileCache类表示的是用户文件缓存，而AttackMonitor类则表示监控系统可疑行为的安全服务。下面创建一个名为Authentication.swift的文件，并在其中使用上述系统组件，具体内容如代码清单22-2所示。

代码清单22-2　文件Authentication.swift的内容

```
class AuthenticationManager {
    private let log = ActivityLog();
    private let cache = FileCache();
    private let monitor = AttackMonitor();

    func authenticate(user:String, pass:String) -> Bool {
        var result = false;
        if (user == "bob" && pass == "secret") {
            result = true;
            println("User \(user) is authenticated");
            // call system components
            log.logActivity("Authenticated \(user)");
            cache.loadFiles(user);
            monitor.monitorSuspiciousActivity = false;
        } else {
            println("Failed authentication attempt");
            // call system components
            log.logActivity("Failed authentication: \(user)");
            monitor.monitorSuspiciousActivity = true;
        }
        return result;
    }
}
```

　　AuthenticationManager类表示的是基于密码的用户验证服务。调用组件将用户的密码信息传给authenticate方法，此方法将对用户进行验证并在控制台输出相关信息。为了保持应用的简单，只需一个固定的用户名密码对即可通过AuthenticationManager类的验证，用户名和密码分别为bob和secret。代码清单22-3演示了在main.swift文件中使用AuthenticationManager类的方式。

代码清单22-3　文件main.swift的内容

```
let authM = AuthenticationManager();

authM.authenticate("bob", pass: "secret");
println("-----");
authM.authenticate("joe", pass: "shhh");
```

AuthenticationManager类的authenticate的方法负责检查用户验证信息的正确性并完成用户授权。验证一旦通过，该类将会调用相关方法为用户配置系统：输出日志，加载用户的文件并关闭安全监控。文件main.swift中的代码调用了authenticate方法两次，一次提供了正确的验证信息，另一次则提供了错误的验证信息。运行应用将输出以下内容：

```
User bob is authenticated
Log: Authenticated bob
Load files for bob
Monitoring for attack: false
-----
Failed authentication attempt
Log: Failed authentication: joe
Monitoring for attack: true
```

22.2   此模式旨在解决的问题

上述例子中的代码结构在真实项目中是非常常见的，不少应用中都存在这种在某些事件发生之后，引发一系列后续操作的情况。在示例应用中，起始事件是用户验证请求，后续操作则是输出日志、加载文件和配置监控服务，如图22-1所示。

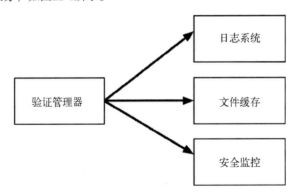

图22-1   一个初始事件引发一系列后续操作

目前这种情况的问题是，处理初始事件的类，例子中是AuthenticationManager类，必须了解执行后续操作的类和这些操作如何执行等细节信息。如果一个系统组件发生了变化，Authentication-Manager类也要做相应的修改，这又会引发本书一直在讨论和尝试解决的维护和测试方面的问题。此外，这种方式还会导致验证相关的代码散布在应用的各个地方，这就让AuthenticationManager类变得非常复杂和难以维护。

22.3   观察者模式

观察者模式通过将对象分成主题对象和观察者对象的方式来改变对象之间的关系。主题对象负责管理一组相关的对象和观察者对象，并在一些重要的改变和动作发生时给它们发送通知。在示例应用中，主题对象是AuthenticationManager对象，观察者对象则是系统组件对象。

如果没有使用观察者模式，当验证成功或者失败时AuthenticationManager类需要知道调用哪些组件，要对这些组件做哪些修改，以及如何执行这些修改。

观察者模式重塑了这种模型，使用此模式之后主题对象只负责通知观察者初始事件发生了，至于该如何响应这些改变则由观察者自己决定。主题对象无需了解观察者需要做哪些事情，也不用管它们怎么做，只需要知道它们希望收到某些重要事件的通知。

观察者模式对观察者对象接收通知的方式进行了标准化，以保证主题对象无需了解观察者对象。每个主题对象只需要知道有观察者希望收到通知，主题对象所要做的也只是调用观察者定义的相应方法（通常名为notify）。图22-2描绘了观察者模式，不过想要直观体验此模式的效果，最佳方式还是动手实现一次。

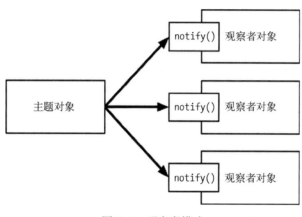

图22-2　观察者模式

22.4　实现观察者模式

实现观察者模式的关键在于使用协议定义主题对象和观察者对象之间的交互方式。下面就创建一个名为Observer.swift的文件，并定义Observer协议，如代码清单22-4所示。

代码清单22-4　文件Observer.swift的内容

```swift
protocol Observer : class {
    func notify(user:String, success:Bool);
}

protocol Subject {
    func addObservers(observers:Observer...);
    func removeObserver(observer:Observer);
}
```

从协议的名称可以直观地看出遵循它们的类在观察者模式中的角色。遵循Observer协议的类实现notify方法之后，便可接收遵循Subject协议的类发出的通知。在观察者模式中，主题对象负责管理它的观察者对象，因此Subject协议中定义了addObservers和removeObserver两个方法，为观察者对象提供了注册和解除注册主题对象通知的途径。值得注意的是，addObservers方法可以接收多个Observer对象。在22.4.4节中，你会看到前面这种做法将会让配置主题对象变得更加简单。

提示　上述代码在定义Observer协议时使用了class关键字。这是为了在遵循Subject协议的类中管理观察者对象时，方便地比较实现了Observer协议的对象，如代码清单22-5所示。

22.4.1　创建 SubjectBase 类

在观察者模式中，由主题对象负责管理其观察者。为了避免重复编写创建和管理观察者对象的代码，我们可以创建一个基类用于管理观察者，并为实现类提供一个可用于发送通知的方法。鉴于Swift中的集合不是线程安全的，且外界有可能会并发地访问观察者对象集合，因此这里使用了GCD来保护观察者对象集合，如代码清单22-5所示。

代码清单22-5　在文件Observer.swift中定义SubjectBase类

```
import Foundation;

protocol Observer : class {
    func notify(user:String, success:Bool);
}

protocol Subject {
    func addObservers(observers:Observer...);
    func removeObserver(observer:Observer);
}

class SubjectBase : Subject {
    private var observers = [Observer]();
    private var collectionQueue = dispatch_queue_create("colQ",
        DISPATCH_QUEUE_CONCURRENT);

    func addObservers(observers: Observer...) {
        dispatch_barrier_sync(self.collectionQueue, { () in
            for newOb in observers {
                self.observers.append(newOb);
            }
        });
    }

    func removeObserver(observer: Observer) {
        dispatch_barrier_sync(self.collectionQueue, { () in
            self.observers = filter(self.observers, {$0 !== observer});
        });
    }

    func sendNotification(user:String, success:Bool) {
        dispatch_sync(self.collectionQueue, { () in
            for ob in self.observers {
                ob.notify(user, success: success);
            }
```

```
        });
    }
}
```

22.4.2　遵循 Subject 协议

下一步是更新AuthenticationManager类，让其遵循Subject协议并移除其中直接引用系统组件的相关代码。更新之后的AuthenticationManager类将依赖上一节定义的SubjectBase类，如代码清单22-6所示。

代码清单22-6　　在文件Authentication.swift中使用观察者模式

```
class AuthenticationManager: SubjectBase {

    func authenticate(user:String, pass:String) -> Bool {
        var result = false;
        if (user == "bob" && pass == "secret") {
            result = true;
            println("User \(user) is authenticated");
        } else {
            println("Failed authentication attempt");
        }
        sendNotification(user, success: result);
        return result;
    }
}
```

上述代码的效果是简化了AuthenticationManager类，使得其将重心放在了验证用户上面。之前直接引用单个组件的代码被替换成了一行调用sendNotification方法的代码。该方法将逐一调用通过SubjectBase提供的addObservers方法注册成为观察者的对象的notify方法。

22.4.3　遵循 Observer 协议

下一步是更新组件类，让其遵循Observer协议，这样就能接收到通知了，如代码清单22-7所示。

代码清单22-7　　在SystemComponents.swift文件中遵循Observer协议

```
class ActivityLog : Observer {

    func notify(user: String, success: Bool) {
        println("Auth request for \(user). Success: \(success)");
    }

    func logActivity(activity:String) {
        println("Log: \(activity)");
    }
}

class FileCache : Observer {

    func notify(user: String, success: Bool) {
        if (success) {
            loadFiles(user);
        }
```

```
    }
    func loadFiles(user:String) {
        println("Load files for \(user)");
    }
}

class AttackMonitor : Observer {

    func notify(user: String, success: Bool) {
        monitorSuspiciousActivity = !success;
    }

    var monitorSuspiciousActivity: Bool = false {
        didSet {
            println("Monitoring for attack: \(monitorSuspiciousActivity)");
        }
    }
}
```

更新之后，这些组件类将自己负责处理验证成功或者失败之后的操作，实现了与Authentication-Manager类解耦。

22.4.4   使用观察者模式

最后一步是在main.swift文件中创建观察者对象，并将它们注册为主题对象的观察者，如代码清单22-8所示。

代码清单22-8   在文件main.swift中使用观察者模式

```
let log = ActivityLog();
let cache = FileCache();
let monitor = AttackMonitor();

let authM = AuthenticationManager();
authM.addObservers(log, cache, monitor);

authM.authenticate("bob", pass: "secret");
println("-----");
authM.authenticate("joe", pass: "shhh");
```

上述代码创建了几个观察者对象，并将它们传给AuthenticationManager的addObservers方法。AuthenticationManager类只能通过Observer协议及其定义的notify方法来处理观察者对象，对于这些观察者类的实现，以及调用它们的notify方法将会执行哪些操作，AuthenticationManager都是不知情的。此时运行应用将输出以下内容：

```
User bob is authenticated
Auth request for bob. Success: true
Load files for bob
Monitoring for attack: false
-----
Failed authentication attempt
Auth request for joe. Success: false
Monitoring for attack: true
```

　　使用Observer协议之后，可以方便地扩展应用，而不用修改主题对象。添加新的观察者，只需调用主题对象的addObservers方法并将观察者对象传过去即可。

22.5　观察者模式之变体

　　观察者模式有几个实用的变体，后续小节将对此一一介绍。

22.5.1　通知的通用化

　　上一节创建的观察者模式的标准实现的目的是处理验证请求，这一点从Observer协议定义的notify方法也可以看出来。

```
...
func notify(user:String, success:Bool);
...
```

　　这个notify方法只能用于处理验证请求通知，当同一个应用中存在多个主题对象时就会出现问题。因为它们需要分别定义自己的Observer协议和notify方法。

　　一个常见变体是实现Observer协议的通用化，这样它能处理更加广泛的通知类型，通知也可以来自不同的主题对象。最稳健的做法是定义一个表示通知的类，并将通知的类型和相关的数据封装起来，如图22-3所示。

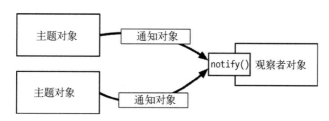

图22-3　一个可接收多个主题对象的通知的观察者

　　代码清单22-9演示了如何在示例应用中添加通知对象。

代码清单22-9　在文件Observer.swift中添加通知对象

```
import Foundation;

enum NotificationTypes : String {
    case AUTH_SUCCESS = "AUTH_SUCCESS";
    case AUTH_FAIL = "AUTH_FAIL";
}

struct Notification {
    let type:NotificationTypes;
    let data:Any?;
}

protocol Observer : class {
    func notify(notification:Notification);
}
```

```
protocol Subject {
    func addObservers(observers:Observer...);
    func removeObserver(observer:Observer);
}

class SubjectBase : Subject {
    private var observers = [Observer]();
    private var collectionQueue = dispatch_queue_create("colQ",
        DISPATCH_QUEUE_CONCURRENT);

    func addObservers(observers: Observer...) {
        dispatch_barrier_sync(self.collectionQueue, { () in
            for newOb in observers {
                self.observers.append(newOb);
            }
        });
    }

    func removeObserver(observer: Observer) {
        dispatch_barrier_sync(self.collectionQueue, { () in
            self.observers = filter(self.observers, {$0 !== observer});
        });
    }

    func sendNotification(notification:Notification) {
        dispatch_sync(self.collectionQueue, { () in
            for ob in self.observers {
                ob.notify(notification);
            }
        });
    }
}
```

上述代码定义了一个名为Notification的结构体，其内容为NotificationTypes枚举值。同时，此结构体中还有一个名为data的可选常量，需要时可通过它给观察者传数据。上述代码还更新了Observer协议，将其中的notify方法接收的参数的类型改成了Notification。此外，SubjectBase类的sendNotification方法接收的参数类型也改成了Notification。代码清单22-10列出了更新之后的观察者对象类。

提示 通知的类型不一定要用枚举值来表示，还可以使用字符串来给通知命名。我通常会使用枚举值，因为这样可以减小写错通知名称的概率。在比较大的项目中我一般会使用字符串，因为当多个开发者在同一个项目中定义不同的通知时，使用单个枚举将会变得相当麻烦。

代码清单22-10 在SystemComponents.swift文件中使用更新之后的Observer协议

```
class ActivityLog : Observer {

    func notify(notification:Notification) {
        println("Auth request for \(notification.type.rawValue) "
            + "Success: \(notification.data!)");
    }
}
```

```
      func logActivity(activity:String) {
          println("Log: \(activity)");
      }
}

class FileCache : Observer {

    func notify(notification:Notification) {
        if (notification.type == NotificationTypes.AUTH_SUCCESS) {
            loadFiles(notification.data! as String);
        }
    }

    func loadFiles(user:String) {
        println("Load files for \(user)");
    }
}

class AttackMonitor : Observer {

    func notify(notification: Notification) {
        monitorSuspiciousActivity
        = (notification.type == NotificationTypes.AUTH_FAIL);
    }

    var monitorSuspiciousActivity: Bool = false {
        didSet {
            println("Monitoring for attack: \(monitorSuspiciousActivity)");
        }
    }
}
```

最后，更新主题对象类，让其使用Notification结构体，如代码清单22-11所示。

代码清单22-11　在AuthenticationManager.swift文件中使用Notification对象

```
class AuthenticationManager : SubjectBase {

    func authenticate(user:String, pass:String) -> Bool {
        var nType = NotificationTypes.AUTH_FAIL;
        if (user == "bob" && pass == "secret") {
            nType = NotificationTypes.AUTH_SUCCESS;
            println("User \(user) is authenticated");
        } else {
            println("Failed authentication attempt");
        }
        sendNotification(Notification(type: nType, data: user));
        return nType == NotificationTypes.AUTH_SUCCESS;
    }
}
```

此时运行示例应用将输出以下内容：

```
User bob is authenticated
Auth request for AUTH_SUCCESS Success: bob
Load files for bob
Monitoring for attack: false
-----
Failed authentication attempt
```

```
Auth request for AUTH_FAIL Success: joe
Monitoring for attack: true
```

Notification对象的缺陷

上述改变看起来很小，但是此变体却存在潜在的陷阱。观察者对象必须知道与通知一起传过来的数据的类型，同时主题对象必须按照观察者的要求传输指定类型的数据。

在示例应用中，主题对象（AuthenticationManager）在发送发起验证请求的用户的名字时，使用的数据类型是字符串。观察者对象除了必须知道主题对象使用的数据类型，还要明白数据值的意义。当两个主题对象使用相同类型的通知，但是附带的数据类型不同时，就会出现问题。当数据类型相同，但数据值表示的意义不同时，则更加危险。

避免此类问题的最佳方式是为每个通知定义一个子类，以明确关联数据的意义。这么做并不能防止恶意使用，但确实可以防止意外产生的问题。下面就在示例应用中为每个通知创建一个子类，如代码清单22-12所示。

代码清单22-12 在文件Observers.swift中定义Notification子类

```swift
import Foundation;

enum NotificationTypes : String {
    case AUTH_SUCCESS = "AUTH_SUCCESS";
    case AUTH_FAIL = "AUTH_FAIL";
    case SUBJECT_CREATED = "SUBJECT_CREATE";
    case SUBJECT_DESTROYED = "SUBJECT_DESTROYED";
}

class Notification {
    let type:NotificationTypes;
    let data:Any?;

    init(type:NotificationTypes, data:Any?) {
        self.type = type; self.data = data;
    }
}

class AuthenticationNotification: Notification {

    init(user:String, success:Bool) {
        super.init(type: success ? NotificationTypes.AUTH_SUCCESS
            : NotificationTypes.AUTH_FAIL, data: user);
    }

    var userName : String? {
        return self.data? as String?;
    }

    var requestSuccessed : Bool {
        return self.type == NotificationTypes.AUTH_SUCCESS;
    }
}

protocol Observer : class {
    func notify(notification:Notification);
}
```

```
protocol Subject {
    func addObservers(observers:Observer...);
    func removeObserver(observer:Observer);
}

class SubjectBase : Subject {
    // ...statements omitted for brevity...
}
```

上述代码将Notification从结构体改成了类，这样就可以创建其子类AuthenticationNotification了。然后，在其中定义一个计算属性，用于更好地呈现属性的值。

你可以创建更加专门化的Observer协议，专门用于分发通知相关的对象。不过，这会导致从多个主题对象接收多种类型通知的实现类的代码变得复杂和难以测试。相比之下，我个人更倾向于使用通用的Observer协议，让实现类自己去判断接收到的通知的类型，如代码清单22-13所示。

代码清单22-13 在文件SystemComponents.swift中接收与Notification关联的对象

```
...
class FileCache : Observer {
    func notify(notification:Notification) {
        if let authNotification = notification as? AuthenticationNotification {
            if (authNotification.requestSuccessed         && authNotification.userName != nil) {
                loadFiles(authNotification.userName!);
            }
        }
    }

    func loadFiles(user:String) {
        println("Load files for \(user)");
    }
}
...
```

使用这个方法之后，观察者对象仍然可以通过一个方法接收任意通知，但同时也可以根据需要检查通知的具体类型。文件SystemComponents.swift中的另外两个类，并没有检查Authentication-Notification这个类型，但是依然正常地接收和处理了AuthenticationManager类发送的通知。

22.5.2 使用弱引用

在Swift中对象默认使用强引用，这就可能导致一个奇怪的情形，即主题对象是唯一对观察者有强引用的对象，导致观察者始终无法被释放。这种情形非常危险，因为早就应该被释放的观察者可能会继续响应通知，这就会引发一些意料之外的行为，还有可能导致其他对象无法释放。

Swift支持弱引用，可以用于修饰没有机会将自己从主题对象中解除注册的观察者对象。Swift不能直接使用弱引用的对象，因此需要再包一层，如代码清单22-14所示。

代码清单22-14 在文件Observer.swift中使用weak修饰观察者对象

```
import Foundation;

// ...statements omitted for brevity...

private class WeakObserverReference {
```

```
    weak var observer:Observer?;

    init(observer:Observer) {
        self.observer = observer;
    }
}

class SubjectBase : Subject {
    private var observers = [WeakObserverReference]();
    private var collectionQueue = dispatch_queue_create("colQ",
        DISPATCH_QUEUE_CONCURRENT);

    func addObservers(observers: Observer...) {
        dispatch_barrier_sync(self.collectionQueue, { () in
            for newOb in observers {
                self.observers.append(WeakObserverReference(observer: newOb));
            }
        });
    }

    func removeObserver(observer: Observer) {
        dispatch_barrier_sync(self.collectionQueue, { () in
            self.observers = filter(self.observers, { weakref in
                return weakref.observer != nil && weakref.observer !== observer;
            });
        });
    }

    func sendNotification(notification:Notification) {
        dispatch_sync(self.collectionQueue, { () in
            for ob in self.observers {
                ob.observer?.notify(notification);
            }
        });
    }
}
```

上述代码定义了一个名为WeakObserverReference的类，它的作用是通过使用weak关键词对弱引用的观察者对象进行封装。WeakObserverRerence对象由SubjectBase类管理的集合持有，且是强引用，故不会被销毁，即使它们所指向的弱引用的观察者对象被释放了，它们也不会被销毁。

22.5.3   处理生命周期较短的主题对象

观察者模式的标准实现是建立在应用将在某个阶段处于稳定状态这个假设之上的。在这个状态下，观察者对象和主题对象都已经创建完成并彼此关联，使得通知可在应用运行期间稳定流动。

当然上述情况并不是常态，此模式一个常见的变体就是让观察者自动接收生命周期较短的主题对象的通知。在主题对象生命周期较短的情形下，就需要在新的主题对象创建完成时通知观察者对象。处理这种情况较好的一种方式是，结合观察者模式和第21章介绍的中介者模式。中介者模式提供了一种机制，基于这种机制主题对象可以在自己创建完成时通知观察者对象，这有点像元观察者模式（meta-observer pattern）。实现这个模式的第一步是定义两类新通知，分别用于表示主题对象创建完成和销毁，如代码清单22-15所示。

代码清单22-15　在文件Observer.swift中定义新的通知类型

```
...
enum NotificationTypes : String {
    case AUTH_SUCCESS = "AUTH_SUCCESS";
    case AUTH_FAIL = "AUTH_FAIL";
    case SUBJECT_CREATED = "SUBJECT_CREATE";
    case SUBJECT_DESTROYED = "SUBJECT_DESTROYED";
}
...
```

为了处理生命周期较短的主题对象的通知，还需要在项目中创建一个名为MetaObserver.swift的文件，并在其中定义所需的类和协议，如代码清单22-16所示。

代码清单22-16　文件MetaObserver.swift的内容

```
protocol MetaObserver : Observer {
    func notifySubjectCreated(subject:Subject);
    func notifySubjectDestroyed(subject:Subject);
}

class MetaSubject : SubjectBase, MetaObserver {

    func notifySubjectCreated(subject: Subject) {
        sendNotification(Notification(type: NotificationTypes.SUBJECT_CREATED,
            data: subject));
    }

    func notifySubjectDestroyed(subject: Subject) {
        sendNotification(Notification(type: NotificationTypes.SUBJECT_DESTROYED,
            data: subject));
    }

    class var sharedInstance:MetaSubject {
        struct singletonWrapper {
            static let singleton = MetaSubject();
        }
        return singletonWrapper.singleton;
    }

    func notify(notification:Notification) {
        // do nothing - required for Observer conformance
    }
}

class ShortLivedSubject : SubjectBase {

    override init() {
        super.init();
        MetaSubject.sharedInstance.notifySubjectCreated(self);
    }

    deinit {
        MetaSubject.sharedInstance.notifySubjectDestroyed(self);
    }
}
```

这个变体的核心是MetaObserver协议，此协议扩展了Observer协议并添加了两个新方法，当生命周期较短的对象创建完成和被销毁时将会调用这两个方法。我们需要一个追踪元观察者和给它们发通知的机制，因此上述代码基于MetaSubject类创建了一个中介者对象。MetaSubject派生自SubjectBase
类，因此继承了它线程安全的特性。此外，MetaSubject还遵循了MetaObserver协议，因此可以在其创
建完成和被销毁时通知外界。上述代码最后定义了一个ShortLivedSubject类，此类派生自SubjectBase
并实现了一个构造器和析构器，这两个方法将在该对象创建和销毁时调用MetaSubject的通知方法。下
面就在AuthenticationManager类使用这个新功能，如代码清单22-17所示。

代码清单22-17   在文件Authentication.swift中创建生命周期较短的主题对象

```
class AuthenticationManager : ShortLivedSubject {

    func authenticate(user:String, pass:String) -> Bool {
        var nType = NotificationTypes.AUTH_FAIL;
        if (user == "bob" && pass == "secret") {
            nType = NotificationTypes.AUTH_SUCCESS;
            println("User \(user) is authenticated");
        } else {
            println("Failed authentication attempt");
        }
        sendNotification(Notification(type: nType, data: user));
        return nType == NotificationTypes.AUTH_SUCCESS;
    }
}
```

只需要改变基类，因为所有相关行为都继承自父类。代码清单22-18演示了将普通观察者转变成元
观察者的方式。

代码清单22-18   在文件SystemComponents.swift中创建元观察者

```
...
class AttackMonitor : MetaObserver {

    func notifySubjectCreated(subject: Subject) {
        if (subject is AuthenticationManager) {
            subject.addObservers(self);
        }
    }

    func notifySubjectDestroyed(subject: Subject) {
        subject.removeObserver(self);
    }

    func notify(notification: Notification) {
        monitorSuspiciousActivity
            = (notification.type == NotificationTypes.AUTH_FAIL);
    }

    var monitorSuspiciousActivity: Bool = false {
        didSet {
            println("Monitoring for attack: \(monitorSuspiciousActivity)");
        }
    }
}
...
```

上述代码中的notifySubjectCreated方法的功能是检查新创建的主题对象的类型，当其类型为
AuthenticationManager时注册相关通知。最后一步是改变观察者的创建方式，并在main.swift文件中应

用元观察者，如代码清单22-19所示。

代码清单22-19　在main.swift文件中应用元观察者

```swift
// create meta observer
let monitor = AttackMonitor();
MetaSubject.sharedInstance.addObservers(monitor);

// create regular observers
let log = ActivityLog();
let cache = FileCache();

let authM = AuthenticationManager();
// register only the regular observers
authM.addObservers(cache, monitor);

authM.authenticate("bob", pass: "secret");
println("-----");
authM.authenticate("joe", pass: "shhh");
```

上述代码中的AttackMonitor对象被注册成为MetaSubject对象的元观察者。这确保了主题对象创建完成时AttackMonitor可选择注册并接收到相关通知。此时运行应用将在控制台输出下面所示的内容，从中可看出元观察者收到了来自主题对象的通知：

```
Monitoring for attack: false
User bob is authenticated
Monitoring for attack: false
-----
Failed authentication attempt
Monitoring for attack: true
```

22.6　观察者模式的陷阱

观察模式的标准实现并没有什么大的陷阱，只要确保观察者只能通过notify方法接收通知，且主题对象不会尝试将观察者转换成其实现类型即可。

在创建观察者模式的变体时，应分清主题对象和观察者对象各自的责任。在实现变体时，稍不谨慎就可能会模糊了主题对象和观察对象之间的界线，从而增加了模式的复杂度。

22.7　Cocoa 中使用观察者模式的实例

Cocoa框架中有好几个使用观察者模式的实例。在第21章，我们将NSNotificationCenter类作为中介者协议的例子，其实这个类也实现了观察者模式。同时这也是本章前文用于处理生命周期较短的主题对象的组合。事实上，主题对象的创建和销毁，还可以使用NSNotificationCenter来通知元观察者。本章将使用NSNotificationCenter，以在SportsStore应用中使用中介者模式和观察者模式。

22.7.1　用户界面事件

在Cocoa中使用观察者模式的框架中，开发者接触得最多的是UI框架。在UI框架中，用户交互和

UI组件状态的变化都是以事件表示的，而事件不过是通知的别称而已。在Cocoa框架中，不同类别的事件有不同的协议，这些事件各自实现了一个与22.4节中定义的notify对等的方法。作为例子，下面在SportsStore应用中添加一个处理iOS设备摇动事件的方法：

```
...
override func motionEnded(motion: UIEventSubtype, withEvent event: UIEvent) {
    if (event.subtype == UIEventSubtype.MotionShake) {
        println("Shake motion detected");
        undoManager?.undo();
    }
}
...
```

这里的motionEnded方法是UIResponder协议定义的，ViewController类的基类遵循了此协议。UI通知并不是通过一个notify方法发出的，相反，UIResponder协议为每个主要的用户交互定义了一些方法。UIEventSubtype这个枚举表示的是执行的事件的类型。在所有使用了UI组件的应用中，都会遇到事件，只是通常情况下你只负责实现观察者，并将UI组件作为主题对象。

22.7.2　观察属性变化

Objective-C有一个特性叫作键值观察（KVO），对象可使用这一特性观察另一个对象的属性变化。Swift对象之间也可以使用KVO来通信，前提是两个对象都派生自NSObject，而且在定义可能会被观察的属性时需要使用dynamic关键字。

为了演示在Swift中使用KVO的方式，这里创建了一个新的命令行工具项目，并将其命名为KVO。此项目的main.swift文件的代码如代码清单22-20所示。

代码清单22-20　在文件main.swift中使用KVO

```
import Foundation;

class Subject : NSObject {
    dynamic var counter = 0;
}

class Observer : NSObject {

    init(subject:Subject) {
        super.init();
        subject.addObserver(self, forKeyPath: "counter",
            options: NSKeyValueObservingOptions.New, context: nil);
    }

    override func observeValueForKeyPath(keyPath: String, ofObject object: AnyObject,
        change: [NSObject : AnyObject], context: UnsafeMutablePointer<Void>) {

        println("Notification: \(keyPath) = \(change[NSKeyValueChangeNewKey]!)");
    }
}

let subject = Subject();
let observer = Observer(subject: subject);
subject.counter++;
subject.counter = 22;
```

上述代码中的Subject类使用dynamic关键字定义了一个名为counter的变量，它就是后面需要使用KVO进行观察的属性。使用dynamic关键字可以防止编译器对该属性的实现做优化，这样KVO才能在运行时使用对应的计算属性替换它，才能在属性发生变化时发出通知。

Observer类使用addObserver注册了其感兴趣的属性的变化，如下所示：

```
...
subject.addObserver(self, forKeyPath: "counter",
    options: NSKeyValueObservingOptions.New, context: nil);
...
```

通过addObserver方法的参数可以指明需要观察的属性，且可用NSKeyValueObservingOptions枚举值表明需要在通知包含的值。上述代码指明通知中应包含新值，即应包含新赋给subject的值。

对象的属性发生变化时将给观察者的observeValueForKeyPath方法发送通知，通知中包含有变化的属性以及其新值。在这个例子中，我们将在变化发生时输出发生变化的属性的名称及其值到控制台，运行应用将输出以下内容：

```
Notification: counter = 1
Notification: counter = 22
```

22.8　在 SportsStore 应用中使用此模式

本章将使用NSNotificationCenter类在SportsStore应用中同时使用中介者和观察者模式。

22.8.1　准备示例应用

这里无需做准备，直接使用第20章中的项目即可。别忘了，可以到Apress.com下载本书所有例子的源代码。

22.8.2　应用观察者模式

这里将在Product类中使用观察者模式，以让Product对象成为主题对象并在其库存水平变化时发出通知。这里将不会定义协议和类，而是使用NSNotificationCenter类来处理通知，并让NSNotification-Center类扮演主题对象和观察者对象之间的中介者的身份。代码清单22-21列出了Product类中的变化。

代码清单22-21　在文件Product.swift中发送通知

```
...
var stockLevel:Int {
    get { return stockLevelBackingValue;}
    set {
        stockLevelBackingValue = max(0, newValue);
        NSNotificationCenter.defaultCenter().postNotificationName("stockUpdate",
            object: self);
```

```
    }
  }
  ...
```

使用NSNotificationCenter类的优势在于，可以用很小的成本给应用加上通知，但还是要保持谨慎，以确保应用的不同部分发送的通知不会产生冲突。在Product类添加完通知之后，我们就可以在需要的地方观察库存水平信息了。代码清单22-22中的代码对ProductTableCell类做了一些修改，以在接到库存水平变化通知时更新其UI组件。

代码清单22-22　在文件ViewController.swift中响应通知

```
...
class ProductTableCell : UITableViewCell {

    @IBOutlet weak var nameLabel: UILabel!
    @IBOutlet weak var descriptionLabel: UILabel!
    @IBOutlet weak var stockStepper: UIStepper!
    @IBOutlet weak var stockField: UITextField!

    var product:Product?;

    required init(coder aDecoder: NSCoder) {
        super.init(coder: aDecoder);
        NSNotificationCenter.defaultCenter().addObserver(self,
            selector: "handleStockLevelUpdate:", name: "stockUpdate", object: nil);
    }

    func handleStockLevelUpdate(notification:NSNotification) {
        if let updatedProduct = notification.object as? Product {
            if updatedProduct.name == self.product?.name {
                stockStepper.value = Double(updatedProduct.stockLevel);
                stockField.text = String(updatedProduct.stockLevel);
            }
        }
    }
}
...
```

在接收到Product的库存水平发生变化时，ProductTableCell类将配置UIStepper和UITextField的值。也就是说，现在可以将ViewController类的stockLevelDidChange方法中显示修改UI组件的语句移除了，如代码清单22-23所示。

代码清单22-23　删除ViewController.swift中相关的语句

```
...
@IBAction func stockLevelDidChange(sender: AnyObject) {
    if var currentCell = sender as? UIView {
        while (true) {
            currentCell = currentCell.superview!;
            if let cell = currentCell as? ProductTableCell {
                if let product = cell.product? {

                    let dict = NSDictionary(objects: [product.stockLevel],
                        forKeys: [product.name]);

                    undoManager?.registerUndoWithTarget(self,
                        selector: "undoStockLevel:", object: dict);
```

```
            if let stepper = sender as? UIStepper {
                product.stockLevel = Int(stepper.value);
            } else if let textfield = sender as? UITextField {
                if let newValue = textfield.text.toInt()? {
                    product.stockLevel = newValue;
                }
            }

//          cell.stockStepper.value = Double(product.stockLevel);
//          cell.stockField.text = String(product.stockLevel);
            productLogger.logItem(product);

            StockServerFactory.getStockServer()
                .setStockLevel(product.name,
                    stockLevel: product.stockLevel);
        }
        break;
    }
}
displayStockTotal();
}
}
...
```

22.9　总结

　　本章介绍了观察者模式，此模式实现了一个对象接收其他对象的变化通知的过程的标准化。观察者模式是一个强大的工具，因为它可以让组件之间在不形成紧耦合的情况下进行协作。这不仅让代码更容易测试，还让修改组件的过程变得简单。第23章将研究备忘录模式，我们可以使用它来管理一个对象的状态。

22

备忘录模式

23

备忘录模式与本书第20章介绍的命令模式紧密相关，但它们之间也有一个重要区别，即前者的用处是捕捉一个对象的完整状态，以便在后期对其进行重置。表23-1列出了备忘录模式的相关信息。

表23-1　备忘录模式的相关信息

问　　题	答　　案
是什么	备忘录模式可以捕获一个对象的完整状态，并将其保存到一个备忘录对象中，以后可以根据备忘录重置对象的状态
有什么优点	使用备忘录模式无需记录和使用单独的撤销命令即可彻底重置一个对象的状态
何时使用此模式	当你需要在未来的某个时间点，将一个对象的状态恢复到某个"完善"的状态时，即可使用此模式
何时应避免使用此模式	只有需要将一个对象恢复到较早前的状态时，才应使用此模式。如果只是想撤销最近执行的几个操作，可以使用第20章介绍的命令模式
如何确定是否正确实现了此模式	如果一个对象可以以某个时刻为起点，将对象的状态恢复到较早前的状态，就说明你正确地实现了此模式
有哪些常见陷阱	最常见的陷阱就是，没能完整地捕捉对象的状态，或者没能完整地恢复对象状态
有哪些相关的模式	备忘录模式与命令模式的思想是一样的

23.1　准备示例项目

为了演示本章知识，首先需要创建一个名为Memento的Xcode的命令行工具项目，并在此项目中创建一个名为Ledger.swift的文件，其内容如代码清单23-1所示。

代码清单23-1　文件Ledger.swift的内容

```
class LedgerEntry {
    let id:Int;
    let counterParty:String;
    let amount:Float;

    init(id:Int, counterParty:String, amount:Float) {
        self.id = id; self.counterParty = counterParty; self.amount = amount;
    }
}

class LedgerCommand {
```

```
    private let instructions:Ledger -> Void;
    private let receiver:Ledger;

    init(instructions:Ledger -> Void, receiver:Ledger) {
        self.instructions = instructions; self.receiver = receiver;
    }

    func execute() {
        self.instructions(self.receiver);
    }
}

class Ledger {
    private var entries = [Int:LedgerEntry]();
    private var nextId = 1;
    var total:Float = 0;

    func addEntry(counterParty:String, amount:Float) -> LedgerCommand {
        let entry = LedgerEntry(id: nextId++, counterParty: counterParty, amount: amount);
        entries[entry.id] = entry;
        total += amount;
        return createUndoCommand(entry);
    }

    private func createUndoCommand(entry:LedgerEntry) -> LedgerCommand {
        return LedgerCommand(instructions: {target in
            let removed = target.entries.removeValueForKey(entry.id);
            if (removed != nil) {
                target.total -= removed!.amount;
            }
        }, receiver: self);
    }

    func printEntries() {
        for id in entries.keys.array.sorted(<) {
            if let entry = entries[id] {
                println("#\(id): \(entry.counterParty) $\(entry.amount)");
            }
        }
        println("Total: $\(total)");
        println("----");
    }
}
```

  Ledger类表示的是银行用于记录账户交易记录的分类账簿，不过是极度简化之后的版本。Ledger类定义了一个名为addEntry的方法。此方法接收两个参数，一个是表示交易另一方的counterparty，另一个表示交易金额的amount，它将使用这两个参数创建一个LedgerEntry对象。每调用一次addEntry方法，都会将LedgerEntry对象保存到entries字典中，并以一个唯一的ID作为索引。

  Ledger类支持使用命令模式来实现撤销操作的功能。调用addEntry方法将返回一个LedgerCommand对象，调用LedgerCommand对象的execute方法将把对应的LedgerEntry对象从字典中移除。Ledger还定义了一个名为total的属性，加入或者撤销LedgerEntry对象将会更新其值。代码清单23-2演示了在main.swift文件中使用Ledger类的方法。

代码清单23-2 文件main.swift的内容

```
let ledger = Ledger();
```

```
ledger.addEntry("Bob", amount: 100.43);
ledger.addEntry("Joe", amount: 200.20);
let undoCommand = ledger.addEntry("Alice", amount: 500);
ledger.addEntry("Tony", amount: 20);

ledger.printEntries();
undoCommand.execute();
ledger.printEntries();
```

文件main.swift中的代码创建了一个Ledger对象，并调用其addEntry方法创建了四条记录。代码清单23-2将Ledger对象的内容输出到了控制台，然后对其中一条记录执行了撤销命令，并再次将Ledger对象的内容输出控制台。此时运行应用将在控制台输出以下内容：

```
#1: Bob $100.43
#2: Joe $200.2
#3: Alice $500.0
#4: Tony $20.0
Total: $820.63
----
#1: Bob $100.43
#2: Joe $200.2
#4: Tony $20.0
Total: $320.63
```

23.2　此模式旨在解决的问题

在示例应用中我们使用在第20章中介绍的命令模式为Ledger类实现了操作撤销功能。我个人喜欢命令模式，因为它非常强大且灵活，但是这里使用这一模式实现的撤销功能在一些应用中还存在一些缺陷。

在目前的情况下，我们只能撤销单个操作。在执行交易方为Alice的LedgerEntry的撤销命令时，只会撤销一次addEntry操作。也就是说，我们无法将Ledger对象恢复到早期状态，以便移除我曾撤销的和所有后续的记录。前面所说的撤销操作只撤销了交易方为Alice的记录，而交易方为Tony的记录则没有被移除。

在一些应用中，撤销单个操作无法满足需求，有时可能需要将对象恢复到特定的状态，即所谓的回退对象的状态。这在处理交易数据，比如前面的账簿数据时是非常常见的。为了保证应用及其数据的完整性，需要支持回退到某个状态或快照的功能。

实现上述功能的一种方案是将所有撤销命令记录下来，并在收到撤销命令时以逆序的方式执行其撤销操作，如代码清单23-3所示。

代码清单23-3　手动回退Ledger对象的状态

```
let ledger = Ledger();

ledger.addEntry("Bob", amount: 100.43);
ledger.addEntry("Joe", amount: 200.20);
let aliceUndoCommand = ledger.addEntry("Alice", amount: 500);
```

```
let tonyUndoCommand = ledger.addEntry("Tony", amount: 20);

ledger.printEntries();
tonyUndoCommand.execute();
aliceUndoCommand.execute();
ledger.printEntries();
```

这种方式比较混乱，因为这要求一个组件对所有撤销命令都要有访问权限并了解这些命令的执行顺序。如果多个组件操作一个Ledger对象，要实现这一点是比较麻烦的。每个组件只能知道一部分撤销命令，且其执行顺序没法知道。

简而言之，试图使用单个撤销命令回退或者重置一个对象的状态是有问题的。我们需要的是一个更加灵活的、不依赖调用组件去记录所需执行的改变，就能将对象回退到一个特定状态的方案。

23.3 备忘录模式

备忘录模式中有两个参与者，即原发器（originator）和管理者（caretaker）。原发器为需要回退状态的对象，比如示例应用中的Ledger对象。管理者则负责告诉原发器将状态回退到哪一刻的状态，也就是示例应用的main.swift文件中代码。

原发器为管理者提供了一个备忘录对象，此对象中保存了将原发器回退到早期状态所需的指令和数据。备忘录对象的细节是对管理者对象隐藏的，即管理者不能修改或者操作备忘录对象中保存的状态。在未来的某个时间点，管理者会将备忘录对象返回给原发器，原发器基于备忘录中的指令和数据恢复自己的状态。图23-1描绘的即为备忘录模式。

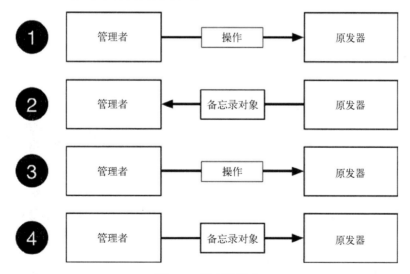

图23-1 备忘录模式

理解备忘录模式最为简单的方式是，专注在图23-1所示的该模式的四个主要阶段上。

在第一个阶段，管理者对原发器执行一些常规的操作，每个操作都会修改后者的状态。在第二个阶段，管理者向原发器请求一个备忘录对象。创建备忘录对象的操作并不会改变原发器的状态，它只是捕获了原发器当前的状态，以便在未来回退到该状态。

在第三个阶段，管理者对原发器执行进一步的操作，也会进一步地修改后者的状态。在第四个阶段，也就是最后一个阶段，管理者将备忘录对象返回给原发器，原发器可使用它将原发器的对象的状态恢复到备忘录对象被创建时的状态。

备忘录模式通过将原发器对象的状态快照封装成一个对象的方式，避免了使用撤销命令来回退对象状态带来的问题。管理者无需记录已经执行的操作，也不用担心其他组件执行的操作，它只需在原发器希望回退状态时将备忘录对象返回给原发器即可。

备忘录模式明显比较灵活。除了原来那个管理者，其他组件也可以使用备忘录对象，不仅可以使用备忘录对象反复回退对象的状态，还可以将一个对象的状态转移给另一个对象。

23.4   实现备忘录模式

备忘录模式的实现是建立在两个协议的基础上：一个是针对原发器的协议，另一个是面向备忘录的协议。管理者只是一个使用原发器提供的功能的调用组件，因此并不需要为其定义一个协议。代码清单23-4列出了文件Memento.swift的内容，正如我在示例项目中添加的那样。

代码清单23-4   文件Memento.swift的内容

```
import Foundation

protocol Memento {
    // no methods or properties defined
}

protocol Originator {
    func createMemento() -> Memento;
    func applyMemento(memento:Memento);
}
```

Memento协议没有定义任何方法或者属性，因为它所有的实现都是私有的，也就是说这个协议的唯一功能是表明该对象是一个备忘录对象。

Originator协议定义了两个方法，其中createMemento方法负责生成一个保存对象当前状态的备忘录对象，applyMemento方法则负责依据备忘录对象中的指令和数据将原发器恢复回退到相应的状态。

23.4.1   实现 Memento 类

只要满足两个基本条件，原发器可以自行决定备忘录的实现细节。第一个条件是不能允许管理者以任何方式修改备忘录对象中保存的状态。第二个条件是备忘录对象应一直可用，不管原发器当前处于何种状态。

在实践中，这表示原发器要么保存了一个静态的对象状态数据快照，要么维护了一组用于重置对象的操作，后一种情况比较像第20章介绍的命令宏。具体实现如代码清单23-5所示。（为了保持例子的简单，这里删除了撤销命令相关的代码，命令模式和备忘录模式没有理由不能在同一个应用中共存。）

代码清单23-5   在文件Ledger.swift中创建备忘录和原发器

```
import Foundation
```

```
class LedgerEntry {
    let id:Int;
    let counterParty:String;
    let amount:Float;

    init(id:Int, counterParty:String, amount:Float) {
        self.id = id; self.counterParty = counterParty; self.amount = amount;
    }
}

class LedgerMemento : Memento {
    private let entries = [LedgerEntry]();
    private let total:Float;
    private let nextId:Int;

    init(ledger:Ledger) {
        self.entries = ledger.entries.values.array;
        self.total = ledger.total;
        self.nextId = ledger.nextId;
    }

    func apply(ledger:Ledger) {
        ledger.total = self.total;
        ledger.nextId = self.nextId;
        ledger.entries.removeAll(keepCapacity: true);
        for entry in self.entries {
            ledger.entries[entry.id] = entry;
        }
    }
}

class Ledger : Originator {
    private var entries = [Int:LedgerEntry]();
    private var nextId = 1;
    var total:Float = 0;

    func addEntry(counterParty:String, amount:Float) {
        let entry = LedgerEntry(id: nextId++, counterParty: counterParty, amount: amount);
        entries[entry.id] = entry;
        total += amount;
    }

    func createMemento() -> Memento {
        return LedgerMemento(ledger: self);
    }

    func applyMemento(memento: Memento) {
        if let m = memento as? LedgerMemento {
            m.apply(self);
        }
    }

    func printEntries() {
        for id in entries.keys.array.sorted(<) {
            if let entry = entries[id] {
                println("#\(id): \(entry.counterParty) $\(entry.amount)");
            }
        }
        println("Total: $\(total)");
```

```
        println("----");
    }
}
```

备忘录要能够配置或者重建原发器的状态的方方面面，这一点非常重要。在代码清单23-5中，这表示我们需要直接配置nextId和total属性，并填充entries字典。

23.4.2   使用备忘录对象

最后一步是在main.swift文件中获取并使用备忘录对象，main.swift文件在示例应用中扮演的是管理者的角色，如代码清单23-6所示。

代码清单23-6   在文件main.swift中使用备忘录对象

```
let ledger = Ledger();

ledger.addEntry("Bob", amount: 100.43);
ledger.addEntry("Joe", amount: 200.20);

let memento = ledger.createMemento();

ledger.addEntry("Alice", amount: 500);
ledger.addEntry("Tony", amount: 20);

ledger.printEntries();

ledger.applyMemento(memento);

ledger.printEntries();
```

上述代码将Ledger对象恢复到了早期的状态，运行应用将输出以下内容：

```
#1: Bob $100.43
#2: Joe $200.2
#3: Alice $500.0
#4: Tony $20.0
Total: $820.63
----
#1: Bob $100.43
#2: Joe $200.2
Total: $300.63
```

上述做法的效果与使用撤销命令的效果是一样的，但是上述实现更加健壮和灵活。

23.5   备忘录模式之变体

备忘录模式唯一一个变体是将原发器的状态持久化，以将其状态永久地保存起来。这个变体允许备忘录对象将数据发送到远程服务器，或者存储到数据库中直到再次需要它的时候。

可以使用任何适合你的项目的数据格式，我个人倾向于使用JSON，因为在表示对象方面这个格式已经成为事实上的标准了，尤其是在网路服务领域。苹果通过NSJSONSerialization类对JSON处理提供了支持，但是将一个Swift对象转换成JSON，或者将JSON转换成Swift对象的过程非常麻烦。代码清单23-7在LedgerMemento类中演示了使用JSON数据表示对象状态数据的方式。

代码清单23-7 在Ledger.swift文件中使用JSON表示对象的状态

```
...
class LedgerMemento : Memento {
    let jsonData:String?;

    init(ledger:Ledger) {
        self.jsonData = stringify(ledger);
    }

    init(json:String?) {
        self.jsonData = json;
    }

    private func stringify(ledger:Ledger) -> String? {

        var dict = NSMutableDictionary();
        dict["total"] = ledger.total;
        dict["nextId"] = ledger.nextId;
        dict["entries"] = ledger.entries.values.array;
        var entryArray = [NSDictionary]();
        for entry in ledger.entries.values {
        var entryDict = NSMutableDictionary();
            entryArray.append(entryDict);
            entryDict["id"] = entry.id;
            entryDict["counterParty"] = entry.counterParty;
            entryDict["amount"] = entry.amount;
        }
        dict["entries"] = entryArray;

        if let jsonData = NSJSONSerialization.dataWithJSONObject(dict,
                options: nil, error: nil) {
            return NSString(data: jsonData, encoding: NSUTF8StringEncoding);
        }
        return nil;
    }

    func apply (ledger:Ledger) {

        if let data = jsonData?.dataUsingEncoding(NSUTF8StringEncoding,
                    allowLossyConversion: false) {
            if let dict = NSJSONSerialization.JSONObjectWithData(data, options: nil,
                    error: nil) as? NSDictionary {
                    ledger.total = dict["total"] as Float;
                ledger.nextId = dict["nextId"] as Int;
                ledger.entries.removeAll(keepCapacity: true);
                if let entryDicts = dict["entries"] as? [NSDictionary] {
                    for dict in entryDicts {
                        let id = dict["id"] as Int;
                        let counterParty = dict["counterParty"] as String;
                        let amount = dict["amount"] as Float;
                        ledger.entries[id] = LedgerEntry(id: id,
                            counterParty: counterParty, amount: amount);
                    }
                }
            }
        }
    }
```

23

```
    }
  }
  ...
```

不幸的是，NSJSONSerialization类只能处理Foundation框架中的类，也就是说，必须将Ledger对象的状态数据转换成NSMutableDictionary，其中每个项目中都包含键值对如上述代码所示。为了表示一个交易记录，上述代码创建了一组NSMutableDictionary对象，并以键值对的方式将id、counterParty和amount属性保存起来。生成的JSON字符串格式化之后是这样的：

```
{ "total": 300.63,
  "nextId": 3,
  "entries": [
    { "id": 2, "counterParty": "Joe", "amount": 200.2 },
    { "id": 1,"counterParty": "Bob", "amount": 100.43}]
}
```

解析JSON字符串以重建Ledger对象的状态的过程也相当复杂。首先需要将字符串转换成字典，然后再提取其中的数据。总的来说，这个过程不仅麻烦而且容易出错。不过，Swift未来应该会对JSON提供更好的支持，因为作为一个数据格式，JSON已经变得非常重要。代码清单23-8演示了在main.swift文件中使用JSON数据重建原发器对象状态的方式。

代码清单23-8   在文件main.swift中使用持久化之后的备忘录对象

```
let ledger = Ledger();

ledger.addEntry("Bob", amount: 100.43);
ledger.addEntry("Joe", amount: 200.20);

let memento = ledger.createMemento() as LedgerMemento;

let newMemento = LedgerMemento(json: memento.jsonData);
ledger.applyMemento(newMemento);

ledger.printEntries();
```

上述代码使用了两个LedgerMemento对象，以演示如何使用JSON作为对象状态的持久化表示。此时运行应用将在控制台输出以下内容：

```
#1: Bob $100.43
#2: Joe $200.2
Total: $300.63
```

23.6   备忘录模式的陷阱

实现备忘录模式的问题，多数是在实现此模式时不遵循本章前文列出的两条原则引起的。因为不遵守那两条原则意味着管理者可以改变备忘录保存的状态数据，或者备忘录无法正确地恢复原发器的各个方面。只要在实现备忘录模式时遵守这两条原则，一般不会遇到什么问题。

　　如果选择使用JSON作为持久化备忘录的数据格式，应该进行严谨的测试。如代码清单23-7所示，即便是为一个简单的对象生成和解析备忘录的持久化表示都是不简单的，产生的代码也比较复杂。

23.7　Cocoa 中使用备忘录模式的实例

　　Cocoa框架通过NSCoding协议提供了一种备忘录模式的实现。原发器对象只需遵循该协议，便可使用NSCoder对象生成对象状态快照。通过继承NSCoder类，可以为不同的数据格式提供支持，也可以直接使用内建的实现。代码清单23-9对Ledger类做了修改，以让其遵循该协议。

代码清单23-9　在文件Ledger.swift中遵循NSCoding协议

```
import Foundation;

class LedgerEntry {
    let id:Int;
    let counterParty:String;
    let amount:Float;

    init(id:Int, counterParty:String, amount:Float) {
        self.id = id; self.counterParty = counterParty; self.amount = amount;
    }
}

class LedgerMemento : Memento {

    let data:NSData;

    init(data:NSData) { self.data = data;}
}

class Ledger : NSObject, Originator, NSCoding {
    private var entries = [Int:LedgerEntry]();
    private var nextId = 1;
    var total:Float = 0;

    override init() {
        // do nothing - required to allow instances
        // to be created without a coder
    }

    required init(coder aDecoder: NSCoder) {
        self.total = aDecoder.decodeFloatForKey("total");
        self.nextId = aDecoder.decodeIntegerForKey("nextId");
        self.entries.removeAll(keepCapacity: true);
        if let entryArray = aDecoder.decodeDataObject()
                as AnyObject? as? [NSDictionary] {
            for entryDict in entryArray {
                let id = entryDict["id"] as Int;
                let counterParty = entryDict["counterParty"] as String;
                let amount = entryDict["amount"] as Float;
                self.entries[id] = LedgerEntry(id: id, counterParty: counterParty,
                    amount: amount);
            }
        }
    }
```

23

```
func encodeWithCoder(aCoder: NSCoder) {
    aCoder.encodeFloat(total, forKey: "total");
    aCoder.encodeInteger(nextId, forKey: "nextId");
    var entriesArray = [NSMutableDictionary]();
    for entry in self.entries.values {
        var dict = NSMutableDictionary();
        dict["id"] = entry.id;
        dict["counterParty"] = entry.counterParty;
        dict["amount"] = entry.amount;
        entriesArray.append(dict);
    }
    aCoder.encodeObject(entriesArray);
}

func createMemento() -> Memento {
    return LedgerMemento(data:
        NSKeyedArchiver.archivedDataWithRootObject(self));
}

func applyMemento(memento: Memento) {
    if let lmemento = memento as? LedgerMemento {
        if let obj = NSKeyedUnarchiver.unarchiveObjectWithData(lmemento.data)
            as? Ledger {
            self.total = obj.total;
            self.nextId = obj.nextId;
            self.entries = obj.entries;
        }
    }
}

func addEntry(counterParty:String, amount:Float) {
    let entry = LedgerEntry(id: nextId++, counterParty: counterParty,
        amount: amount);
    entries[entry.id] = entry;
    total += amount;
}

func printEntries() {
    for id in entries.keys.array.sorted(<) {
        if let entry = entries[id] {
            println("#\(id): \(entry.counterParty) $\(entry.amount)");
        }
    }
    println("Total: $\(total)");
    println("----");
}
}
```

注释　苹果提供的对象持久化方式并不只有NSCoding协议这一种。还可以使用Core Data框架来操作和
持久化数据。维基百科对Core Data做了概要性的介绍，感兴趣的读者可参见http://en.wikipedia.
org/wiki/Core_Data。

　　使用NSCoding协议意味着将原发器的状态编码成NSData对象，因此第一步就是要使用
LedgerMemento类对NSData对象进行封装。我们不想将原发器用于表示其状态的技术暴露给管理者，实

现这一目标最简单的方式是继续使用Memento协议。

一个遵循NSCoding协议的类，必须派生自NSObject类，恰好NSObject类提供了一些创建备忘录所必须的特性。该协议定义了一个名为encodeWithEncoder的方法，使用这一方法可以创建一个备忘录。与本章使用JSON序列化数据的方式类似，此方式也必须以键值对的方式表示原发器的内部状态。从encodeWithEncoder方法的实现中也可以看到不少相似之处，只是将对象添加到备忘录时使用的是编码器的方法而已。

在Originator协议中定义的方法createMemento的实现中，我们通过下面所示的方式选择用于表示数据的编码器：

```
...
func createMemento() -> Memento {
    return LedgerMemento(data: NSKeyedArchiver.archivedDataWithRootObject(self));
}
...
```

NSKeyedArchiver是NSCoder内置的一个编码器，调用其archivedDataWithRootObject方法可将原发器的状态编码成NSData对象。上述代码在LedgerMemente中封装，并将编码之后的对象作为方法的返回值。

NSCoding协议指定了一个解码备忘录对象所必须的初始化器。该初始化器并没有使用备忘录恢复一个现有对象的状态，而是基于该备忘录创建了一个新的原发器对象。因此，下面显示了在applyMemento方法中对相关数据进行的复制，如下所示：

```
...
func applyMemento(memento: Memento) {
    if let lmemento = memento as? LedgerMemento {
        if let obj = NSKeyedUnarchiver.unarchiveObjectWithData(lmemento.data)
              as? Ledger {
            self.total = obj.total;
            self.nextId = obj.nextId;
            self.entries = obj.entries;
        }
    }
}
...
```

上述必须实现的初始化器将会在我们调用NSKeyedUnarchiver类的unarchiveObjectWithData方法时被调用，此方法会解码该备忘录对象并读取其中的键值对以提取出其中保存的状态数据。代码清单23-10列出了main.swift文件中使用修改之后备忘录对象的代码。

代码清单23-10　在main.swift文件中使用备忘录对象

```
let ledger = Ledger();

ledger.addEntry("Bob", amount: 100.43);
ledger.addEntry("Joe", amount: 200.20);

let memento = ledger.createMemento();

ledger.applyMemento(memento);

ledger.printEntries();
```

此时运行应用将输出以下内容：

```
#1: Bob $100.43
#2: Joe $200.2
Total: $300.63
```

23.8   在 SportsStore 中使用备忘录模式

这一节将结合命令模式和备忘录模式实现撤销功能，以替换第20章实现的可以重置整个应用的撤销功能。

备忘录模式的实现大多是创建和返回快照，但这只是实现备忘录模式的其中一种方式。如前文所示，备忘录的工作方式完全取决于如何实现此模式，它不一定要保存对象的数据。我们还可以使用备忘录触发其他类型的操作，包括撤销用户执行的修改和重载对象的原始数据。在这种情况下，备忘录可以是一个命令，然后由这个命令去调用相关方法以重置应用的数据。

23.8.1   准备示例项目

为了使用此模式，需要在应用中创建一个负责重置数据和撤销用户操作的ProductDataStore类，具体如代码清单23-11所示。

代码清单23-11   在文件ProductDataStore.swift中添加重置方法

```
import Foundation

final class ProductDataStore {
    var callback:((Product) -> Void)?;
    private var networkQ:dispatch_queue_t
    private var uiQ:dispatch_queue_t
    lazy var products:[Product] = self.loadData();

    init() {
        networkQ = dispatch_get_global_queue(DISPATCH_QUEUE_PRIORITY_BACKGROUND, 0);
        uiQ = dispatch_get_main_queue();
    }

    func resetState() {

        self.products = loadData();
    }

    // ...method and statements omitted for brevity...
}
```

23.8.2   实现备忘录模式

为了给应用添加重置功能，只需定义一个方法，然后在用户摇动设备时让NSUndoManager调用此方法。这个方法同时又会调用代码清单23-11中定义的resetState方法，代码清单23-12演示了在ViewController类中做的改变。

代码清单23-12　在文件ViewController.swift添加重置应用的功能

```
...
class ViewController: UIViewController, UITableViewDataSource {

    @IBOutlet weak var totalStockLabel: UILabel!
    @IBOutlet weak var tableView: UITableView!

    let productStore = ProductDataStore();

    // ...methods omitted for brevity...

    @IBAction func stockLevelDidChange(sender: AnyObject) {
        if var currentCell = sender as? UIView {
            while (true) {
                currentCell = currentCell.superview!;
                if let cell = currentCell as? ProductTableCell {
                    if let product = cell.product? {
//                      let dict = NSDictionary(objects: [product.stockLevel],
//                          forKeys: [product.name]);

                        undoManager?.registerUndoWithTarget(self,
                            selector: "resetState",
                            object: nil);

                        if let stepper = sender as? UIStepper {
                            product.stockLevel = Int(stepper.value);
                        } else if let textfield = sender as? UITextField {
                            if let newValue = textfield.text.toInt()? {
                                product.stockLevel = newValue;
                            }
                        }
//                      cell.stockStepper.value = Double(product.stockLevel);
//                      cell.stockField.text = String(product.stockLevel);
                        productLogger.logItem(product);

                        StockServerFactory.getStockServer()
                            .setStockLevel(product.name,
                                stockLevel: product.stockLevel);
                    }
                    break;
                }
            }
            displayStockTotal();
        }
    }

func resetState() {

self.productStore.resetState();

    }

//  func undoStockLevel(data:[String:Int]) {
//      let productName = data.keys.first;
//      if (productName != nil) {

//          let stockLevel = data[productName!];
//          if (stockLevel != nil) {
```

```
//                for nproduct in productStore.products {
//                    if nproduct.name == productName! {
//                        nproduct.stockLevel = stockLevel!;
//                    }
//                }
//
//                updateStockLevel(productName!, level: stockLevel!);
//            }
//        }
//    }

    func displayStockTotal() {
        let finalTotals:(Int, Double) = productStore.products.reduce((0, 0.0),
            {(totals, product) -> (Int, Double) in
                return (
                    totals.0 + product.stockLevel,
                    totals.1 + product.stockValue
                );
            });

        let formatted = StockTotalFacade.formatCurrencyAmount(finalTotals.1,
            currency: StockTotalFacade.Currency.EUR);

        totalStockLabel.text = "\(finalTotals.0) Products in Stock. "
            + "Total Value: \(formatted!)";
    }
}
...
```

上述代码修改了NSUndoManager的回调的方法，以让其在用户摇动设备时触发resetState方法，重新加载产品数据以撤销用户的所有修改操作。此时运行应用，修改产品的库存水平，然后在iOS模拟器的Hardware菜单中选择Shake Gesture便可发现所有修改都被重置了。

23.9　总结

本章讲解了使用备忘录模式描述和重置对象状态的方式。此模式并不常用，而且常常处于更通用的命令模式的阴影之下，但是其描述整个对象的状态的功能是非常强大的。第24章将讲解策略模式，使用此模式可以在不修改或继承原有类的情况下对其进行扩展。

第 24 章

策略模式

使用策略模式可以在不修改，或者不继承一个类的情况下扩展其功能。如果你需要向第三方开发者提供开发框架，且框架中关键的几个类发生任意变化时（不管变化有多小），都需要进行广泛、高成本的测试和验证流程的话，那么使用策略模式会让你受益无穷。表24-1列出了策略模式的相关信息。

表24-1　策略模式的相关信息

问　题	答　案
是什么	策略模式通过让一组算法对象遵循一个定义明确的协议的方式，使得我们可以在不修改原有类的情况下扩展其功能
有什么优点	策略模式允许第三方开发者在不修改原有类的情况下改变类的行为。某些类在修改之后，需要经历复杂而漫长的验证过程，使用此模式可以有效降低这种修改的成本
何时使用此模式	当你需要在不修改原有类的情况下改变类的行为时，即可使用此模式
何时应避免使用此模式	没有理由不用此模式
如何确定是否正确实现了此模式	如果可以在不修改类的情况下，通过定义和使用一个新策略的方式扩展一个类，就说明你正确地实现了此模式
有哪些常见陷阱	无。实现此模式非常简单
有哪些相关的模式	策略模式常与访问者模式配合使用

24.1　准备示例项目

为了演示本章知识，首先需要创建一个名为Strategy的Xcode OS X命令行工具项目。然后，在该项目中创建一个名为Sequence.swift的文件，并在其中定义一个类，如代码清单24-1所示。

代码清单24-1　文件Sequence.swift的内容

```
class Sequence {
    private var numbers:[Int];

    init(_ numbers:Int...) {
        self.numbers = numbers;
    }

    func addNumber(value:Int) {
        self.numbers.append(value);
    }
```

24

```
    func compute() -> Int {
        return numbers.reduce(0, combine: {$0 + $1});
    }
}
```

Sequence类中定义了一个数组,并在初始化器中初始化,外界可调用addNumber方法添加数值。此外,该类中还有一个compute方法,其功能是使用reduce函数计算数组中所有值的和并将结果返回。代码清单24-2列出了更新之后的main.swift的代码,其中演示了Sequence类的使用方法。

代码清单24-2　文件main.swift的内容

```
let sequence = Sequence(1, 2, 3, 4);
sequence.addNumber(10);
sequence.addNumber(20);

let sum = sequence.compute();
println("Sum: \(sum)");
```

上述代码创建了一个Sequence对象,调用其addNumber方法两次,然后调用compute方法计算出该对象中保存的数值的总和,并将结果输出到控制台。运行应用将输出以下内容:

```
Sum: 40
```

24.2　此模式旨在解决的问题

Sequence类中定义了一个简单的算法,即当外界调用compute方法时,该方法将使用reduce函数计算出数组中保存的所有数值的和。

如果现在想给Sequence类添加另一个算法,有两个方法可供选择。一个是修改Sequence类的代码,在现有算法的基础上添加一个新的算法。另一个方法是创建一个子类,让它覆盖现有算法,并有效地取代它。

通过修改或继承现有类的方式来添加新特性,违反了开闭原则,即类应该对于扩展是开放的,但是对于修改是封闭的。换句话说,最好可以在不修改或者继承现有类的情况下为其增加新功能。

修改或继承现有类本质上并没有什么大问题,但是对于一些项目而言,在将修改的代码部署到生产系统中之前,可能需要执行广泛的单元测试,系统测试和集成测试。在一些强调质量而非上线时间的公司中,这种测试流程可能是监管条例或者公司政策所要求的。为了给本章营造场景,需要修改Sequence类的代码以新增一个算法,如代码清单24-3所示。

代码清单24-3　在文件Sequence.swift中定义新的算法

```
enum ALGORITHM {
    case ADD; case MULTIPLY;
}

class Sequence {
    private var numbers:[Int];

    init(_ numbers:Int...) {
```

```
        self.numbers = numbers;
    }

    func addNumber(value:Int) {
        self.numbers.append(value);
    }

    func compute(algorithm:ALGORITHM) -> Int {
        switch (algorithm) {
            case .ADD:
                return numbers.reduce(0, combine: {$0 + $1});
            case .MULTIPLY:
                return numbers.reduce(1, combine: {$0 * $1});
        }
    }
}
```

新增算法的方法有很多，但是代码清单24-3选择了定义一个枚举值来指定算法，这样就可以使用compute方法中的switch语句来选择算法。在一个重视测试和验证过程的项目中，添加一个乘法算法就可能需要耗费数周时间进行测试。为了保证完整性，还需要更新文件main.swift中对应的代码，以使用Sequence的新功能，如代码清单24-4所示。

代码清单24-4 在文件main.swift中使用Sequence的新功能

```
let sequence = Sequence(1, 2, 3, 4);
sequence.addNumber(10);
sequence.addNumber(20);

let sum = sequence.compute(ALGORITHM.ADD);
println("Sum: \(sum)");

let multiply = sequence.compute(ALGORITHM.MULTIPLY);
println("Multiply: \(multiply)");
```

此时运行应用将输出以下内容：

```
Sum: 40
Multiply: 4800
```

24.3 策略模式

策略模式通过定义一个不同算法类都可以遵循的协议的方式，实现了对开闭原则的支持。使用策略模式可以在不修改原有类的情况下，添加新的算法或者在运行时选择和切换算法。图24-1所描绘的即为策略模式。

在策略模式中，可扩展的类被称为上下文类（context class）。环境类并不直接实现某个功能，而是委托遵循策略协议的类去实现。策略模式不需要指明如何选取某个具体的策略，最常见的做法是让调用组件去做选择。

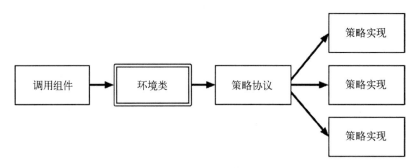

图24-1　策略模式

24.4　实现策略模式

策略模式的核心是用于指定算法的协议，下面就在示例项目中创建一个名为Strategies.swift的文件，并在其中定义一个协议，如代码清单24-5所示。

代码清单24-5　文件Strategies.swift的内容

```
protocol Strategy {
    func execute(values:[Int]) -> Int;
}
```

上述代码定义的Strategy协议，除了规定了算法的输入和输出，并没有对算法的其他方面做任何限制。在这个例子中，输入是一个整型数组，输出是一个整型值。

24.4.1　定义策略和环境类

下一步是定义为应用的每一种算法定义一个策略类，如代码清单24-6所示。

代码清单24-6　在文件Strategies.swift中定义策略类

```
protocol Strategy {
    func execute(values:[Int]) -> Int;
}

class SumStrategy: Strategy {

    func execute(values: [Int]) -> Int {
        return values.reduce(0, combine: {$0 + $1});
    }
}

class MultiplyStrategy: Strategy {

    func execute(values: [Int]) -> Int {
        return values.reduce(1, combine: {$0 * $1});
    }
}
```

上述代码定义了两个策略，一个是计算数组中的值的和，另一个则是计算乘积，两者都遵循了

Strategy协议。代码清单24-7演示了在环境类中使用策略协议的方式。此外，这里还定义了一个名为compute的方法，此方法接收一个Strategy类型的参数，可使用传入的策略对象将直接实现的算法替换成策略委托的方式。

代码清单24-7　在文件Sequence.swift中使用策略

```
final class Sequence {
    private var numbers:[Int];

    init(_ numbers:Int...) {
        self.numbers = numbers;
    }

    func addNumber(value:Int) {
        self.numbers.append(value);
    }

    func compute(strategy:Strategy) -> Int {
        return strategy.execute(self.numbers);
    }
}
```

在实现策略模式时，主要目标是定义一个无需修改或者继承的环境类。上述代码除了修改了compute方法，还在class前面加了一个final关键字。

24.4.2　使用策略模式

最后一步是修改调用组件，以让其完成策略的选择。在实现策略模式时，这里采用了最常见的方式，即由调用组件来创建策略实现类的实例，并将其传给环境类，如代码清单24-8所示。

代码清单24-8　在文件main.swift中选择和使用策略

```
let sequence = Sequence(1, 2, 3, 4);
sequence.addNumber(10);
sequence.addNumber(20);

let sumStrategy = SumStrategy();
let multiplyStrategy = MultiplyStrategy();

let sum = sequence.compute(sumStrategy);
println("Sum: \(sum)");

let multiply = sequence.compute(multiplyStrategy);
println("Multiply: \(multiply)");
```

此时运行应用将输出以下内容：

```
Sum: 40
Multiply: 4800
```

24.5　策略模式之变体

Swift对闭包的支持使得我们可以方便地将策略定义成闭包，而不用定义成遵循特定协议的对象。使用闭包的优势在于，调用组件可以定义自己的属性和方法以实现更加复杂的策略。使用闭包也有弊端，即降低了代码的可读性，而且以对象的形式在应用中传递闭包需要注意很多细节问题。

一个更加中庸一点的做法是，创建一个遵循策略协议的类，但类的实现依赖闭包。下面就对Strategies.swift文件做些修改，以实现一个这样的类，如代码清单24-9所示。

代码清单24-9　在Strategies.swift文件中定义一个闭包策略类

```
protocol Strategy {

    func execute(values:[Int]) -> Int;
}

class ClosureStrategy : Strategy {
    private let closure:[Int] -> Int;

    init(_ closure:[Int] -> Int) {
        self.closure = closure;
    }

    func execute(values: [Int]) -> Int {
        return self.closure(values);
    }
}

class SumStrategy: Strategy {

    func execute(values: [Int]) -> Int {
        return values.reduce(0, combine: {$0 + $1});
    }
}

class MultiplyStrategy: Strategy {

    func execute(values: [Int]) -> Int {
        return values.reduce(1, combine: {$0 * $1});
    }
}
```

ClosureStrategy类遵循Strategy协议，且其初始化器接收一个闭包类型的参数，其execute方法的实现将使用此闭包。代码清单24-10演示了在main.swift文件中使用ClosureStrategy类的方式。

代码清单24-10　在main.swift文件中使用闭包策略

```
let sequence = Sequence(1, 2, 3, 4);
sequence.addNumber(10);
sequence.addNumber(20);

let sumStrategy = SumStrategy();
let multiplyStrategy = MultiplyStrategy();

let sum = sequence.compute(sumStrategy);
println("Sum: \(sum)");
```

```
let multiply = sequence.compute(multiplyStrategy);
println("Multiply: \(multiply)");

let filterThreshold = 10;
let cstrategy = ClosureStrategy({values in
    return values.filter({ $0 < filterThreshold }).reduce(0, {$0 + $1});
});
let filteredSum = sequence.compute(cstrategy);
println("Filtered Sum: \(filteredSum)");
```

上述代码使用ClosureStrategy类新增了一个filterThreshold常量，然后使用它去选取符合要求的数值子集，并计算这些数值的和。此时运行应用将输出以下内容：

```
Sum: 40
Multiply: 4800
Filtered Sum: 10
```

24.6　策略模式的陷阱

策略模式实现简单，使用方式也不难，因此实现此模式时一般不会遇到什么陷阱。

24.7　Cocoa 中使用策略模式的实例

Cocoa框架对策略模式的使用非常广泛，以支持在不修改和继承框架类的情况对其行为进行扩展。Cocoa框架中实现的策略模式主要有两类：一类是由协议定义的，另一类是由选择器定义的。在后续小节中，将对Cocoa框架中的这两类实例进行讲解。

24.7.1　Cocoa 框架中基于协议的策略

Cocoa框架使用协议定义UI组件的策略，一个典型的例子是使用协议来定义生成UITableView单元格的策略。UITableView依赖一个遵循UITableViewDataSource协议的类，去实现相关策略并提供数据。在这种情况下，第三方开发者就可以在不修改或者继承UITableView类的情况下，修改或者继承UITableView类的行为。为了简单地演示这一实现，这里创建了一个名为ProtocolStrategy的Playground文件，并在其中实现了部分代码，如代码清单24-11所示。

代码清单24-11　文件ProtocolStrategy.playground的内容

```
import UIKit

class DataSourceStrategy : NSObject, UITableViewDataSource {
    let data:[Printable];

    init(_ data:Printable...) {
        self.data = data;
    }

    func tableView(tableView: UITableView,
```

24

```
                numberOfRowsInSection section: Int) -> Int {
            return data.count;
        }

    func tableView(tableView: UITableView,
            cellForRowAtIndexPath indexPath: NSIndexPath) -> UITableViewCell {

            let cell = UITableViewCell();
            cell.textLabel.text = data[indexPath.row].description;
            return cell;

        }
    }

    let dataSource = DataSourceStrategy("London", "New York", "Paris", "Rome");
    let table = UITableView(frame: CGRectMake(0, 0, 400, 200));
    table.dataSource = dataSource;
    table.reloadData();

    // required for display in assistant editor
    table;
```

上述代码定义了一个遵循UITableViewDataSource协议，名为DataSourceStrategy的类。同时实现了两个必须实现的方法，以将数组中的Printable对象提供给UITableView。代码清单24-11创建了一个DataSourceStrategy对象，并将其作为数据源返回给了UITableView对象，其效果如图24-2所示。

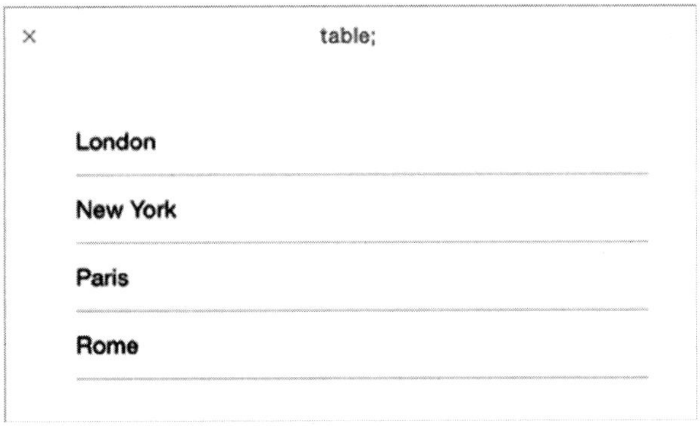

图24-2   使用基于协议的UIKit策略

24.7.2　Cocoa 中基于选择器的策略

并不是所有的Cocoa类都需要依赖协议才能定义策略。一些类就会使用选择器来指明扩展一个类的功能所需的方法。为了演示，这里创建了一个名为electorStrategy.playground的文件，其内容如代码清单24-12所示。

代码清单24-12　文件SelectorStrategy.playground的内容

```
import Foundation;

@objc class City {
```

```
    let name:String;

    init(_ name:String) {
        self.name = name;
    }

    func compareTo(other:City) -> NSComparisonResult {
        if (self.name == other.name) {
            return NSComparisonResult.OrderedSame;
        } else if (self.name < other.name) {
            return NSComparisonResult.OrderedDescending;
        } else {
            return NSComparisonResult.OrderedAscending;
        }
    }
}

let nsArray = NSArray(array: [City("London"), City("New York"), City("Paris"), City("Rome")]);
let sorted = nsArray.sortedArrayUsingSelector("compareTo:");

for city in sorted {
    println(city.name);
}
```

　　NSArray类可以使用一个选择器对数组进行排序，排序的策略则由选择器对应的方法负责定义。代码清单24-12定义了一个City对象，此对象有一个名为compareTo的方法。这个compareTo方法接收一个City对象，并将其与当前的City实例进行比较，然后返回一个来自NSComparisonResult枚举的枚举值。

　　上述代码还定义了一个用于存储City对象的数组，并调用数组的sortedArrayUsingSelector方法对数组进行排序。排序方法使用的是定义了City对象比较策略的compareTo方法。然后，将排序之后的数组的内容输出到控制台，如下所示：

```
Rome
Paris
New York
London
```

24.8　在 SportsStore 应用中使用策略模式

　　SportsStore应用已经在使用策略模式了，因为ViewController类为了给其UITableView组件提供数据，已经实现了UITableViewDataSource协议。

```
...
class ViewController: UIViewController, UITableViewDataSource {
...
```

24.9　总结

　　本章介绍了策略模式，使用此模式可以在不修改，或者不继承一个类的情况下扩展其功能。第25章将讲解访问者模式，使用访问者模式可以在不修改，或者不继承的情况下扩展一组类的行为。

访问者模式

使用访问者模式，可以在不修改类的源码和不创建新的子类的情况下扩展类的行为，这点与策略模式有点类似。与策略模式不同的是，访问者模式的适用对象是各类对象的集合。表25-1列出了访问者模式的相关信息。

表25-1　访问者模式的相关信息

问　　题	答　　案
是什么	使用访问者模式，可以在不修改类的源码和不创建新的子类的情况下扩展类的行为
有什么优点	当你想将一组类作为框架的一部分提供给第三方开发者，而又不想让第三方开发者修改其源码时，就可以使用此模式。对于修改核心类之后，需要执行复杂的测试流程的项目，此模式也是非常实用的
何时使用此模式	当有多个类需要管理一组各不相同的对象，而又想对这些对象执行一些操作时，就可以使用此模式
何时应避免使用此模式	当所有的对象都是同一个类型，或者可以方便的修改相关的类时，就没必要使用此模式
如何确定是否正确实现了此模式	当访问者类可以通过定义能够处理一个集合中的所有对象的方法，来扩展相关集合中的对象所属的类的行为时，就说明你正确地实现了此模式
有哪些常见陷阱	在实现此模式时唯一的陷阱就是，试图不用双分派技术，此技术的具体介绍参见"理解双分派技术"边栏
有哪些相关的模式	第24章介绍的策略模式符合开闭原则，而访问者模式则提供了支持此原则的另一种方式

25.1　准备示例项目

为了演示本章知识，下面我们将创建一个名为Visitor的OS X命令行工具项目。然后，在该项目中新建一个名为Shapes.swift的文件，其内容如代码清单25-1所示。

代码清单25-1　文件Shapes.swift的内容

```swift
import Foundation;

class Circle {
    let radius:Float;

    init(radius:Float) {
        self.radius = radius;
    }
```

```
    }

class Square {
    let length:Float;

    init(length:Float) {
        self.length = length;
    }
}

class Rectangle {
    let xLen:Float;
    let yLen:Float;

    init(x:Float, y:Float) {
        self.xLen = x;
        self.yLen = y;
    }
}

class ShapeCollection {
    let shapes:[Any];

    init() {
        shapes = [
            Circle(radius: 2.5), Square(length: 4), Rectangle(x: 10, y: 2)
        ];
    }

    func calculateAreas() -> Float {
        return shapes.reduce(0, combine: {total, shape in
            if let circle = shape as? Circle {
                println("Found Circle");
                return total + (3.14 * powf(circle.radius, 2));
            } else if let square = shape as? Square {
                println("Found Square");
                return total + powf(square.length, 2);
            } else if let rect = shape as? Rectangle {
                println("Found Rectangle");
                return total + (rect.xLen * rect.yLen);
            } else {
                // unknown type - do nothing
                return total;
            }
        });
    }
}
```

上述代码定义了三个分别表示圆形、正方形和长方形的类，以及一个用于管理图形对象集合的类 ShapeCollection。ShapeCollection类中有一个名为calculateAreas的方法，其功能为遍历对象集合中的图形对象，并计算出它们的面积之和。下面将在main.swift中对此进行演示，main.swift的内容如代码清单25-2所示。

代码清单25-2　文件main.swift的内容

```
let shapes = ShapeCollection();
let area = shapes.calculateAreas();
println("Area: \(area)");
```

此时运行应用将输出以下内容：

```
Found Circle
Found Square
Found Rectangle
Area: 55.625
```

25.2   此模式旨在解决的问题

在示例应用中，ShapeCollection类管理着一个基类不同，也没有遵循相同协议的对象的集合。为了对集合中的对象进行某些操作，需要将它们一一转换成对应的类型，这就难免会写出一堆条件语句，比如下面这个calculateAreas方法。

```
...
func calculateAreas() -> Float {
    return shapes.reduce(0, combine: {total, shape in
        if let circle = shape as? Circle {
            println("Found Circle");
            return total + (3.14 * powf(circle.radius, 2));
        } else if let square = shape as? Square {
            println("Found Square");
            return total + powf(square.length, 2);
        } else if let rect = shape as? Rectangle {
            println("Found Rectangle");
            return total + (rect.xLen * rect.yLen);
        } else {
            // unknown type - do nothing
            return total;
        }
    });
}
...
```

每次添加新特性都必须修改ShapeCollection类或者创建其子类，并创建另一组条件语句将集合中的对象转换成对应的类型。这不仅会增加项目的测试难度和复杂度，还会产生一些重复、僵化和易错的代码。代码清单25-3演示了给ShapeCollection类添加新功能的方法。

代码清单25-3   在文件Shapes.swift中给ShapeCollection类添加新方法

```
...
class ShapeCollection {
    let shapes:[Any];

    init() {
        shapes = [
            Circle(radius: 2.5), Square(length: 4), Rectangle(x: 10, y: 2)
        ];
    }

    func calculateAreas() -> Float {
        return shapes.reduce(0, combine: {total, shape in
            if let circle = shape as? Circle {
                println("Found Circle");
```

```
                return total + (3.14 * powf(circle.radius, 2));
            } else if let square = shape as? Square {
                println("Found Square");
                return total + powf(square.length, 2);
            } else if let rect = shape as? Rectangle {
                println("Found Rectangle");
                return total + (rect.xLen * rect.yLen);
            } else {
                // unknown type - do nothing
                return total;
            }
        });
    }

    func countEdges() -> Int {

        return shapes.reduce(0, combine: {total, shape in
            if let circle = shape as? Circle {
                println("Found Circle");
                return total + 1;
            } else if let square = shape as? Square {
                println("Found Square");
                return total + 4;
            } else if let rect = shape as? Rectangle {
                println("Found Rectangle");
                return total + 4;
            } else {
                // unknown type - do nothing
                return total;
            }
        });
    }
}
...
```

此新方法名为countEdges，其功能是计算集合中对象的边数的和。代码清单25-4列出了修改之后的main.swift文件的内容，其中新增了测试新方法的代码。

代码清单25-4 在文件main.swift中使用新方法

```
let shapes = ShapeCollection();
let area = shapes.calculateAreas();
println("Area: \(area)");
println("---");
let edges = shapes.countEdges();
println("Edges: \(edges)");
```

此时运行应用将输出以下内容：

```
Found Circle
Found Square
Found Rectangle
Area: 55.625
---
Found Circle
Found Square
Found Rectangle
Edges: 9
```

每次添加需要遍历集合中对象的新功能时，都要面对同样的问题，产生同样丑陋的代码。

25.3　访问者模式

访问者模式通过将操作对象的算法分离到一个单独的对象，并在该对象中定义能够处理集合中各类对象的方法的方式解决了上述问题。这样应用就可以在运行时选择合适的算法，也就是说，我们可以在不修改或者继承对象管理类的情况下，定义新的行为，从而符合了本书第 23 章所说的开闭原则（Open-Closed Principle，OCP）。

在使用此模式时，要确保独立出来的那个对象中，有用于处理集合中每种类型的对象的方法。这样就可以避免写出一堆用于类型判断和转换的代码，直接依赖 Swift 内置的类型管理特性去选择合适的方法来处理集合中的对象即可。图 25-1 描绘了访问者模式。

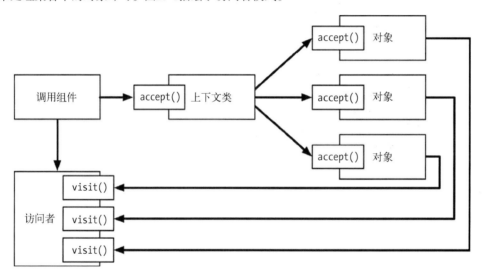

图25-1　访问者模式

访问者类中定义了多个名为 visit 的方法，每个方法分别负责处理下上文类管理的对象集合中的一种类型的对象。调用组件为下上文类提供访问者，上下文类则会把它传递给集合中的对象定义的 accept 方法。集合中的对象在接收到访问者之后，将会调用 visit 方法，Swift 会根据对象的类型选择合适的方法，这种技术被称为双分派（Double Dispatch）。如果你不太理解这种双重方法调用，也无需过于担心。在下一节中，你将看到具体的实现代码，到时你就会明白了。此外，附注还将说明使用双分派的原因。

25.4　实现访问者模式

在实现访问者模式时，首先需要创建几个定义访问者的协议，并确保集合类会实现 accept 方法。下面创建了一个名为 Visitor.swift 的文件，用于定义这几个协议，其内容如代码清单 25-5 所示。

代码清单25-5　文件Visitor.swift的内容

```
import Foundation;

protocol Shape {
    func accept(visitor:Visitor);
}

protocol Visitor {
    func visit(shape:Circle);
    func visit(shape:Square);
    func visit(shape:Rectangle);
}
```

Shape协议定义了accept方法，Visitor协议则定义了几个visit方法，每个方法分别对应一种图形。这几个方法是实现双分派的关键。

双分派

双分派奠定了访问者模式的基础，它依赖于Swift根据参数类型选择对应的方法。为了帮助理解，可以看看下面几个协议和类：

```
...
protocol MyProtocol {
    func dispatch(handler:Handler);
}

class FirstClass : MyProtocol {
    func dispatch(handler: Handler) {
        handler.handle(self);
    }
}

class SecondClass : MyProtocol {
    func dispatch(handler: Handler) {
        handler.handle(self)
    }
}
...
```

上述代码中，FirstClass和SecondClass两者都遵循MyProtocol协议。协议中定义dispatch方法，然后对应的类去实现该方法，这是双分派技术的关键。不过，理解双分派技术的最佳方式是看看不用它会怎么样。下面是dispatch方法接收的Handler类的定义：

```
...
class Handler {
    func handle(arg:MyProtocol) {
        println("Protocol");
    }

    func handle(arg:FirstClass) {
        println("First Class");
    }

    func handle(arg:SecondClass) {
        println("Second Class");
```

25

```
        }
    }
    ...
```

设想一下，如果我们像下面那样创建一个由FirstClass和SecondClass对象组成的数组，然后将它们传递给Handler对象，会发生什么？

```
...
let objects:[MyProtocol] = [FirstClass(), SecondClass()];
let handler = Handler();

for object in objects {
    handler.handle(object);
}
...
```

这是一个普通的单派发，这里直接调用了Handler对象的方法，并将数组中对象一一传给了该方法。为了将FirstClass对象和SecondClass对象存储在同一个数组，我们必须将数组的类型定义为MyProtocol。然而，这么做将会影响Swift选取的handle方法的版本，从以下输出也可看出这一点：

```
Protocol
Protocol
```

两个对象的类型都被当作数组的类型了。为了实现双分派，必须将上述for循环中的方法调用，改成下面这样：

```
...
for object in objects {
    object.dispatch(handler);
}
...
```

使用dispatch方法之后，对象将在其内部Handler.handle方法，而传给该放的对象则是self。这样就可以在调用handle方法传入最为明确的对象类型。此时，运行应用将输出以下内容：

```
First Class
Second Class
```

在对象内部调用handle方法，可以给该方法提供最为明确的对象类型，而无需进行任何类型转换操作。这正是访问者模式的技术核心。

25.4.1 遵循 Shape 协议

下一步是更新Shape类，让其遵循Shape协议。每个Shape类都实现了一个相同的accept方法，如代码清单25-6所示。

代码清单25-6 遵循Shape协议

```
import Foundation;

class Circle : Shape {
    let radius:Float;
```

```
        init(radius:Float) {
            self.radius = radius;
        }

        func accept(visitor: Visitor) {
            visitor.visit(self);
        }
    }

    class Square : Shape {
        let length:Float;

        init(length:Float) {
            self.length = length;
        }

        func accept(visitor: Visitor) {
            visitor.visit(self);
        }
    }

    class Rectangle : Shape {
        let xLen:Float;
        let yLen:Float;

        init(x:Float, y:Float) {
            self.xLen = x;
            self.yLen = y;
        }

        func accept(visitor: Visitor) {
    visitor.visit(self);
        }
    }

    class ShapeCollection {
    let shapes:[Shape];

        init() {
            shapes = [
                Circle(radius: 2.5), Square(length: 4), Rectangle(x: 10, y: 2)
            ];
        }

        func accept(visitor: Visitor) {
            for shape in shapes {
                shape.accept(visitor);
            }
        }
    }
```

提示　上述代码直接修改了图形类，让其遵循Shape协议。不过，别忘了你还可以使用Swift的extension特性来让类遵循协议，使用这种方法就不用修改该类了。

此外，上述代码还在ShapeCollection类中新增了一个accept方法。该方法接收一个Visitor对象，并调用对象集合中的每个对象的accept方法，这里将对象集合改成了一个Shape类型的数组。

25.4.2　创建访问者

完成了基础配置之后，我们就可以创建用于处理shape对象集合的访问者类了，如代码清单25-7所示。

代码清单25-7　在文件Visitor.swift中定义访问者类

```swift
import Foundation;

protocol Shape {
    func accept(visitor:Visitor);
}

protocol Visitor {
    func visit(shape:Circle);
    func visit(shape:Square);
    func visit(shape:Rectangle);
}

class AreaVisitor : Visitor {
    var totalArea:Float = 0;

    func visit(shape: Circle) {
        totalArea += (3.14 * powf(shape.radius, 2));
    }

    func visit(shape: Square) {
        totalArea += powf(shape.length, 2);
    }

    func visit(shape: Rectangle) {
        totalArea += (shape.xLen * shape.yLen);
    }
}

class EdgesVisitor : Visitor {
    var totalEdges = 0;

    func visit(shape: Circle) {
        totalEdges += 1;
    }

    func visit(shape: Square) {
        totalEdges += 4;
    }

    func visit(shape: Rectangle) {
        totalEdges += 4;
    }
}
```

使用了双分派之后，就可以确保集合中的每个对象调用的visit方法的版本都是正确的。这意味着可以直接访问某个类型的对象的属性，而不用进行类型转换。

25.4.3　使用访问者

最后一步是更新调用组件，以便创建和使用Visitor对象。代码清单25-8列出了更新之后的main.swift的内容。

代码清单25-8   在文件main.swift中使用访问者

```
let shapes = ShapeCollection();
let areaVisitor = AreaVisitor();
shapes.accept(areaVisitor);
println("Area: \(areaVisitor.totalArea)");
println("---");
let edgeVisitor = EdgesVisitor();
shapes.accept(edgeVisitor);
println("Edges: \(edgeVisitor.totalEdges)");
```

此时运行应用将输出以下内容：

```
Area: 55.625
---
Edges: 9
```

如果需要添加新的算法，只需创建新的访问者，并将其传递给accept方法即可。使用这种方式，可以在不修改集合类或者继承集合类的情况下，创建新的行为和功能。

25.5   访问者模式之变体

访问者模式并无常见变体。

25.6   访问模式的陷阱

在实现访问者模式时，唯一可能遇到的陷阱是试图不使用双分派技术。尽管双分派技术看起来很奇怪，但是不使用它是无法实现访问者模式的。

25.7   Cocoa 中使用访问者模式的实例

Cocoa框架中并无使用访问模式的实例。

25.8   在 SportsStore 应用中使用访问者模式

SportsStore应用并无适合使用访问者模式的场景。

25

25.9   总结

本章介绍了访问者模式，并讲解了如何使用它在不修改或者继承集合类的情况下扩展集合类的行为。第26章将讲解模板方法模式，使用此模式可以选择性地替换相关算法的步骤。

模板方法模式

<big>**26**</big>

使用模板方法模式可以根据不同的需求改变算法中的某些步骤的实现，当你需要实现一些默认行为同时又想允许其他开发者对其进行修改时，即可使用此模式。此模式虽然简单、容易理解和实现，但使用广泛，在大多数公共框架（包括苹果提供的）中都可以发现其身影。表26-1列出了模板方法模式的相关信息。

表26-1　模板方法模式的相关信息

问　题	答　案
是什么	使用模板方法可以允许第三方开发者，以创建子类或者定义闭包的方式，替换一个算法的某些步骤的具体实现
有什么优点	在开发允许其他开发者进行扩展和定制的框架时，此模式非常实用
何时使用此模式	使用此模式可以选择性地允许外界在不修改原有类的情况下，修改任意算法中的某些步骤的具体实现
何时应避免使用此模式	如果可以修改整个算法就不必使用此模式，但可以选用本书此部分介绍的其他模式
如何确定是否正确实现了此模式	如果外界可以在不修改原有类的情况下，选择性地修改任意算法中的某些步骤的具体实现，就说明你正确地实现了此模式
有哪些常见陷阱	无
有哪些相关的模式	此模式的目标有部分与第24章的策略模式和第25章介绍的访问者模式类似

26.1　准备示例项目

为了演示本章知识，我们首先需要创建一个名为TemplateMethod的Xcode OS X命令行工具项目。然后，在该项目中创建一个名为Donors.swift的文件，其内容如代码清单26-1所示。

代码清单26-1　文件Donors.swift的内容

```
struct Donor {
    let title:String;
    let firstName:String;
    let familyName:String;
    let lastDonation:Float;

    init (_ title:String, _ first:String, _ family:String, _ last:Float) {
        self.title = title;
        self.firstName = first;
        self.familyName = family;
        self.lastDonation = last;
```

```
        }
    }

class DonorDatabase {
    private var donors:[Donor];

    init() {
        donors = [
            Donor("Ms", "Anne", "Jones", 0),
            Donor("Mr", "Bob", "Smith", 100),
            Donor("Dr", "Alice", "Doe", 200),
            Donor("Prof", "Joe", "Davis", 320)];
    }

    func generateGalaInvitations(maxNumber:Int) -> [String] {

        // step 1 - filter out non-donors
        var targetDonors:[Donor] = donors.filter({$0.lastDonation > 0});

        // step 2 - order donors by last donation
        targetDonors.sort({ $0.lastDonation > $1.lastDonation});

        // step 3 - limit the number of invitees
        if (targetDonors.count > maxNumber) {
            targetDonors = Array(targetDonors[0..<maxNumber]);
        }

        // step 4 - generate the invitations
        return targetDonors.map({ donor in
            return "Dear \(donor.title). \(donor.familyName)";
        })
    }
}
```

　　本章示例项目是为一家假想的慈善机构开发的一款用于招揽捐赠者的应用。一个Donor对象代表一位捐赠者，这些对象由一个名为DonorDatabase的类负责管理。

　　DonorDatabase类定义了一个generateGalaInvitations方法，此方法将根据Donor对象的信息生成一份慈善义演邀请函。代码清单26-2列出了文件main.swift中用于批量生成邀请函的代码。

代码清单26-2　文件main.swift的内容

```
let donorDb = DonorDatabase();

let galaInvitations = donorDb.generateGalaInvitations(2);
for invite in galaInvitations {
    println(invite);
}
```

此时运行示例应用将在Xcode控制台输出以下内容：

```
Dear Prof. Davis
Dear Dr. Doe
```

26.2   此模式旨在解决的问题

生成邀请函的算法包含以下四个步骤。

(1) 过滤出不曾捐过款的捐赠者。

(2) 根据最近的捐款额对捐赠者进行排序。

(3) 选取指定数量的捐赠者。

(4) 为捐赠者生成邀请函的问候语。

无论是要给捐赠者发邀请函，还是需要和他们进行其他形式的交流，过滤、排序、选取和生成这四个步骤都是必须完成的。模板方法模式旨在解决的问题，其实是第24章介绍的策略模式和第25章讲解的访问者模式所解决的问题的变体，即如何在不修改类的情况下扩展其行为。

在本章例子中，使用的算法的各个步骤都是定义明确的，修改它们的实现即可产生不同的结果，比如修改DonorDatabase类中生成问候语的算法。如果需要在允许修改部分步骤的情况下，确保其他步骤不变，那么使用模板方法模式会更加合适。比如，你可以保持排序和选取步骤的实现方式不变，只需改变过滤和生成问候语的步骤，即可将上述代码用于为不同类型的交流活动生成邀请函。

26.3   模板方法模式

模板方法模式适用于只有部分步骤需要保持不变的算法。算法中变化的部分可由调用组件提供，以实现完整的算法并生成相应的结果，如图26-1所示。

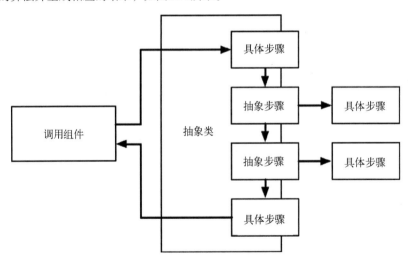

图26-1   模板方法模式

26.4   实现模板方法模式

在其他编程语言中，模板方法模式的实现方式一般是定义一个基类，并要求子类完善算法，为缺失的步骤提供实现。Swift不支持抽象类，不过它支持将函数当作对象，因此还是可以使用它实现模板方法模式。

　　实现此模式的第一步是将通用的固定的步骤归纳到一个类中，而允许改变的步骤则需要定义成可以通过属性进行配置的函数。按照这个要求对Donors.swift进行修改，修改之后的内容如代码清单26-3所示。

代码清单26-3　在文件Donors.swift中重新定义算法

```
struct Donor {
    let title:String;
    let firstName:String;
    let familyName:String;
    let lastDonation:Float;

    init (_ title:String, _ first:String, _ family:String, _ last:Float) {
        self.title = title;
        self.firstName = first;
        self.familyName = family;
        self.lastDonation = last;
    }
}

class DonorDatabase {
    private var donors:[Donor];
    var filter: ([Donor] -> [Donor])?;
    var generate: ([Donor] -> [String])?;

    init() {
        donors = [
            Donor("Ms", "Anne", "Jones", 0),
            Donor("Mr", "Bob", "Smith", 100),
            Donor("Dr", "Alice", "Doe", 200),
            Donor("Prof", "Joe", "Davis", 320)];
    }

    func generate(maxNumber:Int) -> [String] {

        // step 1 - filter out non-donors
        var targetDonors:[Donor] = filter?(donors)
            ?? donors.filter({$0.lastDonation > 0});

        // step 2 - order donors by last donation
        targetDonors.sort({ $0.lastDonation > $1.lastDonation});

        // step 3 - limit the number of invitees
        if (targetDonors.count > maxNumber) {
            targetDonors = Array(targetDonors[0..<maxNumber]);
        }

        // step 4 - generate the invitations
        return generate?(targetDonors) ?? targetDonors.map({ donor in
            return "Dear \(donor.title). \(donor.familyName)";
        })
    }
}
```

上述算法中定义了filter和generate两个属性用于表示过滤和生成问候语的步骤，外界可以自定义新的实现以覆盖默认实现。代码清单26-4还将实现该算法的方法的名称改成了generate。如果外界没有提供相应的实现，该方法将使用默认的实现。

接下来，需要对DonorDatabase类和算法的实现做一些修改，代码清单26-4列出了修改之后的main.swift的内容。

代码清单26-4　在文件ain.swift中使用模板方法模式

```
let donorDb = DonorDatabase();

let galaInvitations = donorDb.generate(2);
for invite in galaInvitations {
    println(invite);
}

donorDb.filter = { $0.filter({$0.lastDonation == 0})};
donorDb.generate = { $0.map({ "Hi \($0.firstName)"})};

let newDonors = donorDb.generate(Int.max);
for invite in newDonors {
    println(invite);
}
```

上述代码首先使用标准的实现去生成问候语。然后，重新使用闭包定义了filter和generate属性，以选取出尚未捐赠的人员并生成更加亲切的问候语。此时运行应用将输出以下内容：

```
Dear Prof. Davis
Dear Dr. Doe
Hi Anne
```

26.5　模板方法模式之变体

事实上，你可以以一种更加传统的方式实现模板方法模式，即在基类中实现算法的每个步骤，并允许子类重写这些步骤，如代码清单26-5所示。

代码清单26-5　在Donors.swift中使用方法定义算法中的步骤

```
...
class DonorDatabase {
    private var donors:[Donor];

    init() {
        donors = [
            Donor("Ms", "Anne", "Jones", 0),
            Donor("Mr", "Bob", "Smith", 100),
            Donor("Dr", "Alice", "Doe", 200),
            Donor("Prof", "Joe", "Davis", 320)];
    }

    func filter(donors:[Donor]) -> [Donor] {
        return donors.filter({$0.lastDonation > 0});
    }
}
```

```
func generate(donors:[Donor]) -> [String] {
    return donors.map({ donor in
        return "Dear \(donor.title). \(donor.familyName)";
    })
}

func generate(maxNumber:Int) -> [String] {

    // step 1 - filter out non-donors
    var targetDonors = filter(self.donors);

    // step 2 - order donors by last donation
    targetDonors.sort({ $0.lastDonation > $1.lastDonation});

    // step 3 - limit the number of invitees
    if (targetDonors.count > maxNumber) {
        targetDonors = Array(targetDonors[0..<maxNumber]);
    }

    // step 4 - generate the invitations
    return generate(targetDonors);
}
}
...
```

上述代码单独定义了一个filter方法和generate方法，子类可以重写这两个方法，如代码清单26-6所示。

代码清单26-6　在文件main.swift中创建子类

```
let donorDb = DonorDatabase();

let galaInvitations = donorDb.generate(2);
for invite in galaInvitations {
    println(invite);
}

class NewDonors : DonorDatabase {

    override func filter(donors: [Donor]) -> [Donor] {
        return donors.filter({ $0.lastDonation == 0});
    }
    override func generate(donors: [Donor]) -> [String] {

        return donors.map({ "Hi \($0.firstName)"});
    }
}

let newDonor = NewDonors();
for invite in newDonor.generate(Int.max) {
    println(invite);
}
```

我个人更倾向于使用基于闭包的方式，不过这只是个人偏好，因此你应该选择符合你个人编码风格的方式。

26

26.6 模板方法模式的陷阱

与模板方法模式相关的陷阱基本没有，因为此模式实现起来相当简单，而且很好测试。如果选择实现26.5节介绍的变体，则应该只将允许改变的步骤单独定义成方法，其他不允许改变的步骤不应这么做。

26.7 Cocoa 中使用模板方法模式的实例

模板方法模式在Cocoa框架中广泛使用，尤其是在UI组件中。在SportsStore应用中，你就可以看到一个例子。该应用的ViewController类是继承自UIViewController类的，它在实现中重写了父类的viewDidLoad方法，此方法将在用户界面创建完成时被调用，如下所示：

```
...
override func viewDidLoad() {
    super.viewDidLoad();
    displayStockTotal();
    let bridge = EventBridge(callback: updateStockLevel);
    productStore.callback = bridge.inputCallback;
}
...
```

也许你并不会将用户界面的初始化的过程看成一种算法，但它确实是，而且你在所有的iOS项目中都会以某种形式用到这个算法。模板方法模式让苹果可以定义一组固定类，并在其中定义一些默认的行为，第三方开发者可以根据需要对其进行重写。

26.8 在 SportsStore 应用中使用模板方法模式

正如上一节所述，SportsStore应用已经在使用模板方法模式了。

26.9 总结

本章我们学习了模板方法模式，解析了使用此模式让算法的部分步骤可变的方法，即使用闭包定义新的函数，或者创建子类。本书的下一部分将把重点转移到另一个最重要，也是被误解最多的模式，即MVC模式。

Part 5

MVC 模式

本部分内容

第 27 章

MVC模式

最近几年，MVC模式已经变得越来越流行，并支撑了很多现代软件的开发，其中包括iOS应用项目。在这一章中，我们将学习MVC模式的来龙去脉，解释为什么它这么重要，并说明它与本书讲解的其他设计模式的关系。表27-1列出了MVC模式的相关信息。

表27-1　MVC模式的相关信息

问　题	答　案
是什么	MVC有助于整个应用的结构化，而不仅仅是单个组件的结构化
有什么优点	使用此模式可以让应用的各个部分更加容易开发、测试和维护
何时使用此模式	任何复杂的项目皆可使用此模式
何时应避免使用此模式	实现此模式需要做大量的计划和进行一些基础开发，故此模式不适合短期项目和简单的项目
如何确定是否正确实现了此模式	实现MVC模式涉及很多权衡和个人偏好的表达，也就是说，很难确切说明是否正确实现了此模式。总的来说，应用的每个部分，即模型、视图和控制器应该处于松耦合的状态，且易于扩展和独立测试。同时，还应可以在不修改其他部分的情况下，对其中一个部分进行修改
有哪些常见陷阱	唯一的陷阱就是在实现MVC模式时，将某个功能放到了错误的地方。正确地区分哪个功能属于哪个部分，需要一定的经验作为支持。同时这也是个人偏好的体现，绝对错误或者绝对正确的决定并不多
有哪些相关的模式	MVC模式的实现常常依赖本书介绍的其他模式

27.1　准备示例项目

为了演示本章知识，这里需要创建一个名为MVC的Xcode OS X命令行工具项目，除此之外无需其他准备。

27.2　此模式旨在解决的问题

MVC模式通过结构化项目的方式，简化了应用的开发、测试和维护。与其他模式不同，MVC模式针对的不是特定类或者对象之间的关系，而是整个应用程序。

27.3　MVC 模式

如果你有时间和兴趣做一个实验，可以找两三个开发者，让他们讲讲MVC模式。在交谈的过程中，可以问一些细节问题，相信你很快就可以发现关于MVC模式的两个重要事实。第一个事实是，每个开发者对MVC模式的理解都不一样。第二个事实是，大多数开发者对MVC模式的理解，都是由一组模糊的概念组成的，且这些概念基本都是围绕"关注点分离"（separation of concerns）展开的。

　　不同的框架和平台实现MVC模式的方式也存在着非常大的差别。使用微软的MVC框架开发Web应用的开发者，与使用苹果UIKit框架开发iOS应用的开发者，对于MVC模式的理解也会不一样。这两个框架都使用了MVC模式，但是两者对如何安排组件才能构成一个设计优良的应用的观点是不同的。此外，构建Web应用所需的组件，与开发iOS用到的组件也是不一样的，这就进一步拉大了它们之间的差别。MVC模式的表现方式这么多样化，同时还有许多不同的变体，因此不同的开发者对此模式有不同的见解也就不足为奇了。

注意　当开发者不想写代码时，其首选活动是与其他开发者争论MVC模式的实现与应用。如果你常常这么做的话，一不小心就可能变成了架构师，在极端情况下，甚至可能让你成为企业级的架构师。作为一个曾经在世界最大的几个公司中领导过企业架构的过来人，我想说的是写代码远比花费整天的时间讨论如何写有趣得多。

　　MVC模式的核心理念是关注点分离，这也是开发者在谈论此模式时常常提及这一点的原因。关注点分离是指让应用的各个部分分离开来，这么做是为了让应用的各个部分的开发、维护和测试工作变得更加简单。

　　此时你应该已经对关注点分离这个概念比较熟悉了，因为本书介绍的许多设计模式都遵循了这个理念。在MVC模式中，应用程序被划分成了四个部分。

- ❑ 模型（Model），即MVC中的M。模型用于表示应用的数据。
- ❑ 视图（View），即MVC中的V。视图负责根据模型中的数据生成输出并展示给用户。
- ❑ 控制器（Controller），即MVC中的C。控制器负责响应用户交互，同时还要负责更新模型和视图以反映应用的状态变化。
- ❑ 交叉部分（Cross-cutting）。到后面你就会发现，并不是所有的东西都可以归类到模型、视图和控制器这三个部分中，而交叉部分就是指那些横跨两个或者更多部分的东西。

　　学习到后面你就会发现，上面对MVC模式中各个部分简明扼要的介绍，在将MVC应用到实际项目中时，会变得更加模糊。不过，记住这些简明扼要的介绍将对你理解应用各部分之间的交互起到重要作用。MVC模式各部分之间的关系如图27-1所示。

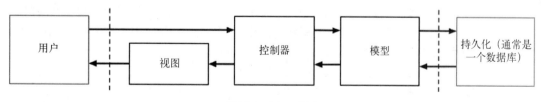

图27-1　MVC模式

27

　　用户与应用交互时触发的事件是由控制器接收的，控制器中包含了更新模型数据以反应交互效果的逻辑。应用状态更新之后，控制器会将新的状态信息传给视图，视图再生成对应的表现形式展示给用户，以反映交互的效果。

举个例子，设想一下现在有一款展示名单的应用，用户首先需要发出列出名字的指令，这个过程是这样的。

(1) 控制器接收到用户的指令。

(2) 控制器向模型索要所有名字数据。

(3) 模型从其数据存储机制获取到控制器请求的数据，并返回给控制器。

(4) 控制器将名单传给视图，并要求它将名字展示给用户。

(5) 视图生成名单并展示，同时附带一组可以操作这些名字的命令的细节信息。

每次交互都会执行上述操作序列。假设现在用户想删除名单上的一个名字，其操作序列是这样的。

(1) 控制器接收到用户的指令，其中附带了待删除的名字的信息。

(2) 控制器根据指令在模型中删除指定的名字。

(3) 模型从其存储机制中删除指定名字，并将修改之后的名单返回给控制器。

(4) 控制器将修改之后的名单传给视图，并要求其将名单展示给用户。

(5) 视图生成名单并展示，同时附带一组可以操作这些名字的命令的细节信息。

关注点分离是指应用的每个部分都有一个特定的角色，并与其他部分关系明确。每个部分都需要与其他部分合作完成自己的角色任务，但是同时又不会对其他部分的实现产生依赖。也就是说，修改某一个部分的实现，不需要在其他部分做相应的改变。最典型的例子是模型将应用数据持久化的机制。在实现这种机制时，通常会使用关系型数据库，但是具体使用哪个数据库以及数据如何表示，则由模型负责实现，控制器和视图部分对此并不知情。关系型数据库可以替换成另一种完全不同的存储方案，但控制器无需做任何修改。控制器只与数据对象打交道，至于数据是如何存储的它并不关心，视图更是根本不直接与模型打交道。

MVC 应用中的各个部分

刚开始使用MVC模式时，你可能会觉得实现过程相当复杂，但是如果你能够铭记使用MVC模式的目的的话，就会发现其实没那么复杂。MVC模式的目标，与本书介绍的其他设计模式一样，都是希望帮助我们简化代码，让代码更容易修改和维护。因此，这也是在实现MVC模式时唯一需要达成的目标。实现MVC模式并不是为了遵循某个人定义的MVC。至于应用中的各个元素，分别应该被归类到模型、视图或者控制器中的哪一个，也没有明确的规则，有的也只是一些指导原则，具体怎么做还得由你自己根据实际情况做出合理的判断。

与本书介绍的其他模式一样，为了有效地使用MVC模式，需要对现有的项目做一些灵活的调整。应用中的一些部分会比较容易处理，很容易就确定它属于哪个部分。不过，任何一个项目都有一些功能或者特性，无论是放在应用的哪个部分都可以给出合理的理由。

提示   如果无法立刻理解接下来的几个小节的内容，也不必担心。理解MVC模式的结构需要花点时间。27.4节中创建的示例应用，为一些概念提供了上下文，也许可以帮助理解MVC模式。

---

1. 模型

模型负责管理用户使用的数据。模型大致上可以分为两类：第一类是领域模型（domain model），这类模型包含了应用的数据与相应的操作，即包含了转换、创建、存储和操作数据的规则，这些通常被称为模型逻辑。图27-1描绘的即为这种模型，而且人们通常所说的模型就是指这类模型。

许多刚接触MVC模式的开发者常常会对在数据模型中加入逻辑的做法感到困惑，因为他们认为MVC模式的目标就是分离数据与逻辑。这其实是一种误解，MVC框架的目标是将应用分成三个功能部分，每个部分都包含数据和逻辑。MVC的目标不是将逻辑从模型中分离出来。相反，使用MVC模式是为了确保模型只包含与创建和管理模型数据相关的逻辑。在使用MVC模式的应用中，领域模型应该包含以下内容。

- ❑ 领域数据。
- ❑ 创建、管理和修改领域数据的逻辑（可以通过Web服务执行远程逻辑）。
- ❑ 提供清晰的，可访问和操作模型数据的API。

领域模型不应包含以下内容。

- ❑ 暴露模型数据的获取方式或者管理方式（即数据存储机制的细节，或者远程Web服务不应暴露给控制器和视图）。
- ❑ 根据用户操作修改模型的逻辑（这是控制器的职责）。
- ❑ 将数据展示给用户的逻辑（这是视图的职责）。

领域模型与控制器和视图分离开来的好处是，测试相关逻辑时会更加简单，从而让增强和维护应用变得更加简单。

关于犯错

许多开发者在决定是否使用MVC模式时总是犹犹豫豫，因为他们害怕犯错，所谓的犯错其实就是将某个功能放错了位置。换句话说，就是把应该放在控制器中的代码放到了视图中。

我个人的建议是不必担心，尽快尝试使用MVC，该犯错就犯错。如果想对MVC模式有深刻的理解，那就要在具体的应用中去权衡，作决定的过程就是学习的过程，之后就会发现自己的独到之处。

代码是易变的，有延展性的，在大多数项目中，都需要对应用进行重构。这个过程可能比较单调乏味，但是也没到世界末日的程度，而且还能在这个过程中学到不少知识。如果没有时间去重构也不必担心，因为这类修改的影响一般都比较小，而且大多数情况下所谓的"错误"决定，其实都只是违背了你随着时间的推移而发展的个人经验和偏好而已。

第二类模型是视图模型（view model）。视图模型表示的是从控制器传递到视图的数据，视图将这类数据展示给用户。通常情况下，视图模型表示的数据只是领域模型中的数据的一个子集，比如某个查询返回的数据。不过，视图模型也可能包含其他信息，那些信息可能是视图需要的但并不属于领域模型，比如当前用户的会话（session）信息。

2. 控制器

控制器是MVC应用中的连接器，它负责响应用户交互，同时扮演着模型与视图之间的桥梁的角色。

27

使用MVC构建的应用的控制器应该包含以下内容。

- ❑ 初始化模型的逻辑。
- ❑ 视图展示模型中的数据的逻辑或行为。
- ❑ 根据用户操作更新模型的逻辑或行为。

控制器不应包含以下内容。

- ❑ 向用户展示数据的逻辑（这是视图的职责）。
- ❑ 处理数据持久化的逻辑（这是模型的职责）。
- ❑ 操作自己领域之外的数据。

控制器负责实现应用的逻辑，这类逻辑通常被称为领域逻辑或者业务逻辑。这些逻辑由一些用户可以触发的操作或者命令组成，它们的职责是操作模型并将效果以视图的方式展现给用户。

3. 理解视图

视图的职责是将视图模型展示给用户。这个职责具体的实现方式有很多种，根据应用的不同可以是生成HTML页面，也可以是创建或者更新一组UIKit组件。

视图通常使用框架创建，比如使用UIKit，因为创建用于展示数据的基础设施的过程非常复杂，且没有必要为每个应用重新开发一遍。视图应该负责以下内容。

- ❑ 将数据呈现给用户的逻辑或者标记。

视图不应包含以下内容。

- ❑ 复杂的逻辑（这个最好放到控制器中）。
- ❑ 创建、存储和操作模型的逻辑。

视图可以包含逻辑，但只能包含少量简单的逻辑。在视图中加入过于复杂的逻辑，会让应用变得难以测试和维护。

4. 交叉关注点

交叉关注点是指应用中不适合放到MVC中的某个部分的元素。最典型的例子是，日志功能和授权功能，这两个功能是整个应用都需要用到的。为每个部分创建一个日志功能和授权功能是毫无意义的。因此，多个部分共享同一个实现即可，比如当用户完成授权登录时，用户的身份信息应该传播给其他部分，不应再次进行验证。

在处理交叉关注点时也要保持谨慎。如果将本来属于模型、视图或者控制器的代码被当作交叉关注点放到了通用部分，将会破坏应用的结构，导致应用职责分离不清晰。

一款应用中真正属于交叉关注点的东西并不会太多。也就是说，除了日志记录功能和安全验证功能，在将其他功能当作交叉关注点时都应该保持怀疑的态度，看看能不能将它们放到模型、视图或者控制器中。

27.4 实现 MVC 模式

学习MVC模式的最佳方式是动手实现它。实现关注点分离是一项熟能生巧的工作，经验越丰富就越能准确地区分哪些代码属于模型，哪些属于视图和控制器。在接下来的几个小节中，我们将使用MVC模式创建一款简单的命令行应用。正如本章前文所述，MVC给个人偏好和风格留了很大的发挥空间，因此这里的实现将无可避免的受到我对软件和开发的理解，以及我的开发经验的影响。你也不必完全按照我的实现去做。相反，你应该遵循自己的想法，并根据自己的项目和开发环境的实际情况去作决策，以获得最佳的效果。

这里将开发一款名单管理应用，负责记录相关人员的名字和他们居住的城市。就其功能而言，这款应用并没有什么实际用处，但就演示MVC模式的实现而言，其复杂度刚刚好。

27.4.1　实现通用的代码

任何项目都有整个项目通用的代码，通用的代码与交叉关注点并不完全相同。按照惯例，通用代码是指为了避免代码重复而定义的函数和静态方法。在应用的不同部分具有相同的状态的通用功能则属于交叉关注点。

首先，需要定义几个extension，用于将字符串转换成数组，移除数组中重复的对象，找出数组中符合某个条件的第一个匹配对象。为此需要在项目中创建一个名为Extensions.swift的文件，其内容如代码清单27-1所示。

代码清单27-1　文件Extensions.swift的内容

```
import Foundation

extension String {

    func split() -> [String] {
        return self.componentsSeparatedByCharactersInSet(
            NSCharacterSet.whitespaceAndNewlineCharacterSet())
            .filter({$0 != ""});
    }
}

extension Array {

    func unique<T: Equatable>() -> [T] {
        var uniqueValues = [T]();

        for value in self {
            if !contains(uniqueValues, value as T) {
                uniqueValues.append(value as T);
            }
        }
        return uniqueValues;
    }

    func first<T>(test:T -> Bool) -> T? {
        for value in self {
            if test(value as T) {
                return value as? T;
            }
        }
        return nil;
    }
}
```

这些extension与MVC模式的结构并没有什么关系，定义这些extension的目的是为了避免在项目中出现重复的代码。

27.4.2　定义一个框架

模型、视图和控制器并不是独立存在的，它们需要一种框架将这几个部分连接起来，以协同处理用户的操作，并将相应的内容展示给用户。没有这些框架，每一款应用都要重复创建一套底层函数，而这是极其单调乏味的。对于一名Swift开发者而言，最常使用的框架是UIKit和AppKit，这两个框架包含了所有的底层功能，比如将鼠标点击转换成事件，在屏幕上绘制复杂的用户界面组件等。

对于命令行工具项目而言，并没有非常合适的MVC框架，因此需要自己创建一个框架。在真实的项目中不太适合这么做，但是书本中的例子代码的特点就是简单，而且创建一个基本的框架对于演示MVC各个部分间的协作方式而言也是一种不错的方法。

示例应用需要从Xcode控制台读取用户输入的命令，同时也会在Xcode控制台将应用的处理结果展现给用户。首先定义一组应用能够处理的命令，为此需要在项目中创建一个名为Commands.swift的文件，其内容如代码清单27-2所示。

代码清单27-2　文件Commands.swift的内容

```
import Foundation

enum Command : String {
    case LIST_PEOPLE = "L: List People";
    case ADD_PERSON = "A: Add Person";
    case DELETE_PERSON = "D: Delete Person";
    case UPDATE_PERSON = "U: Update Person";
    case SEARCH = "S: Search";

    static let ALL = [Command.LIST_PEOPLE, Command.ADD_PERSON,
        Command.DELETE_PERSON, Command.UPDATE_PERSON, Command.SEARCH];

    static func getFromInput(input:String) -> Command? {
        switch (input.lowercaseString) {
        case "l":
            return Command.LIST_PEOPLE;
        case "a":
            return Command.ADD_PERSON;
        case "d":
            return Command.DELETE_PERSON;
        case "u":
            return Command.UPDATE_PERSON;
        case "s":
            return Command.SEARCH;
        default:
            return nil;
        }
    }
}
```

上述代码中的Command枚举定义了一组应用支持的命令，包括列出应用中保存的所有名字、删除名字、修改人员信息，以及进行简单的检索。

列出Swift枚举的所有值并不容易，因此上述代码定义了一个名为ALL的静态常量，其值为一个保存了所有枚举值的数组。此外，代码清单27-2还定义了一个名为getFromInput的方法，其功能是将一个字符串映射成对应的枚举值。此应用将根据用户在命令行输入的值，使用getFromInput方法选取对应的命令。

27.4.3　创建模型

上述代码已经创建了一个足够完善的基础，可以基于此开始实现MVC中的各个部分了。在实现MVC模式时，可以最先从模型下手，因为模型是整个应用都要用到的。在应用中创建一个名为Model.swift文件，其内容如代码清单27-3所示。

代码清单27-3　文件Model.swift的内容

```
import Foundation

func == (lhs:Person, rhs:Person) -> Bool {
    return lhs.name == rhs.name && lhs.city == rhs.city;
}

class Person : Equatable, Printable {
    var name:String;
    var city:String;

    init(_ name:String, _ city:String) {
        self.name = name;
        self.city = city;
    }

    var description: String {
        return "Name: \(self.name), City: \(self.city)";
    }
}
```

在真实项目中，为了表示应用处理的各种不同的数据对象，会有很多种类型的模型。就这个示例项目而言，Person类是此应用唯一需要的模型类。Person类定义了两个存储属性，分别用于表示人名和他们居住的城市。

实现资源库模式

在开发MVC应用时，我通常喜欢实现资源库（Repository Pattern）模式。使用资源库模式可以将数据类型的定义与其存储和读取机制（也被称为模型资源库）分离开来。这也是Person类的实现这么简单的原因，它只需保存数据，而不用关心这些值是如何获取或者持久化的。

资源库模式的优势在于，使用它可以让应用在不修改模型类的情况下，变更数据存储机制。这对测试应用而言非常实用，因为你可以方便地在预定义的测试数据和真实数据资源库之间随意切换。在开发一款新的MVC应用之前，我通常会创建一个保存在内存中资源库，在应用的核心功能都开发完成之后，才会将其替换成可以持久化数据的数据库实现。

设计一个良好的资源库的关键在于定义一个好的协议。应用的其他组件可以通过协议来执行数据操作，代码清单27-4即为示例应用中使用的Repository协议。

代码清单27-4　在文件Model.swift中定义Repository协议

```
import Foundation

func == (lhs:Person, rhs:Person) -> Bool {
    return lhs.name == rhs.name && lhs.city == rhs.city;
}
```

27

```
class Person : Equatable, Printable {
    var name:String;
    var city:String;

    init(_ name:String, _ city:String) {
        self.name = name;
        self.city = city;
    }

    var description: String {
        return "Name: \(self.name), City: \(self.city)";
    }
}

protocol Repository {

    var People:[Person] { get };

    func addPerson(person:Person);
    func removePerson(name:String);
    func updatePerson(name:String, newCity:String);
}
```

提示   代码清单27-4中定义的Person类实现了Equatable协议和Printable协议。Equatable协议与==函
数配合可以实现Person对象相等性的判断。在使用println函数打印对象时将使用Printable协
议将对象的description属性的值打印出来。

Repository协议定义了一个只读的People属性，访问它将返回资源库中保存的Person对象。此外，
Repository协议还定义了添加（add）、移除（remove）和修改（modify）对象的方法。

提示   使用数组将所有模型对象的集合暴露给外界，可以让应用的某个部分更方便地使用其他部分
的数据。不过，这个做法是建立在一个假设前提之上的，即获取数据的效率比较高。只有在
应用中的数据量比较小，或者数据存储机制只有在数据集合被访问之后才能分发内容的情况
下，才可使用这个方案。

这一章只实现一个非持久化的内存资源库，这样可以保持例子简单，并在应用重启时重置到一个
可知的状态。资源库实现类的代码如代码清单27-5所示。

代码清单27-5   在文件Model.swift中定义资源库实现类

```
...
protocol Repository {

    var People:[Person] { get };

    func addPerson(person:Person);
    func removePerson(name:String);
    func updatePerson(name:String, newCity:String);
}
```

```
class MemoryRepository : Repository {
    private var peopleArray:[Person];

    init() {
        peopleArray = [
            Person("Bob", "New York"),
            Person("Alice", "London"),
            Person("Joe", "Paris")];
    }

    var People:[Person] {
        return self.peopleArray;
    }

    func addPerson(person: Person) {
        self.peopleArray.append(person);
    }

    func removePerson(name: String) {
        let nameLower = name.lowercaseString;
        self.peopleArray = peopleArray .filter({$0.name.lowercaseString != nameLower});
    }

    func updatePerson(name: String, newCity: String) {
        let nameLower = name.lowercaseString;
        let test:Person -> Bool = {p in return p.name.lowercaseString == nameLower};
        if let person = peopleArray.first(test) {
            person.city = newCity;
        }
    }
}
...
```

这里的资源库使用标准的Swift数组保存其模型对象，其初始化器用几个样例对象填充了数组。正如第5章所解释的那样，Swift数组属于值类型，也就是说，当调用组件将People属性返回的数组赋值给局部变量或者常量时会创建一份副本。鉴于此，上述代码单独实现了添加（adding）、移除（removing）和修改（modifying）对象的方法，因为调用组件操作的数组是另一个数组。

注释　本书的各个章节，基本都对并发保护的重要性有所提及。本章的例子是为数不多的不需要并发保护的项目。此应用需要从命令行读取并执行指令，因此同一时刻只有一个线程使用它。然而，在真实的项目中，必须确保资源库是线程安全的，可以使用GCD实现并发保护或者使用线程安全的存储机制。

27.4.4　实现视图

视图的功能是将数据展示给用户，并为用户提供交互控件或者命令，比如按钮和文本输入框。视图负责展示控件是可以理解的，因为允许用户执行哪些操作是由视图展示的数据决定的。一个用于收集创建模型对象所需的数据的视图就可能会展示一个创建按钮和取消按钮，而展示一组数据对象的视图则可能会有重新加载数据的按钮。

27

在示例应用中，采取了另一种方式，即其视图只负责向用户展示数据。因为用户可以使用一组相同的指令来操作应用，当然这也只有在像示例应用这样简单的项目中才有可能这么做。首先需要定义一个应用中的所有视图都会遵循的协议，如代码清单27-6所示。

代码清单27-6 文件Views.swift的内容

```
protocol View {

    func execute();
}
```

View协议只定义了一个名为execute的方法，视图在向用户展示内容时会调用此方法。一个项目通常会包含多种以不同的方式展示数据的视图，控制器会根据用户的操作选择合适的视图，看完27.4.5节你就会理解了。

目前只需要一个视图，用于展示一列Person对象，此视图的定义如代码清单27-7所示。

代码清单27-7 在Views.swift中定义View类

```
protocol View {

    func execute();
}

class PersonListView : View {
    private let people:[Person];

    init(data:[Person]) {
        self.people = data;
    }

    func execute() {
        for person in people {
            println(person);
        }
    }
}
```

PersonListView类非常简单，其初始化器的参数为Person对象数组，execute方法的功能是使用全局函数println将数组中的对象依次打印出来（Person遵循了Printable协议，也就是说打印Person对象将在控制台输出其description属性返回的字符串）。

注意这里视图并没有直接与资源库交互，其对Person对象的唯一了解也只是来自其初始化器的参数。这正好反映了关注点分离原则，即同一个类可以用来展示不同的数据集，具体可参见下一节实现控制器时的做法。

27.4.5 定义控制器

至此，还有最后一个MVC元素需要实现，即控制器。在现实中，我一般会同时开发视图和控制器，并在两者之间来回切换以实现我想要的效果。在书本里面无法描述这种开发过程，因此会让人觉得示例项目的开发过程是线性的。不过，个人觉得实现MVC模式最简单的方法是，先实现模型，然后同时实现其他部分。但是在只能线性的描述的书本中，只能一个一个部分来。首先，需要定义一个控制器基类，为此这里创建了一个名为Controllers.swift的文件，如代码清单27-8所示。

代码清单27-8 文件Controllers.swift的内容

```
class ControllerBase {
    private let repository:Repository;
    private let nextController:ControllerBase?;

    init(repo:Repository, nextController:ControllerBase?) {
        self.repository = repo;
        self.nextController = nextController;
    }

    func handleCommand(command:Command, data:[String]) -> View? {
        return nextController?.handleCommand(command, data:data);
    }
}
```

这里使用基类而不是协议，是为了使用责任链模式（参见第19章）来选择可以处理用户所选的命令的控制器。上述基类的初始化器接收两个参数：一个是为控制器提供模型数据的Repository对象，另一个是责任链中的下一个控制器。

当用户选择一个命令之后，handleCommand方法将会被调用。控制器可以选择处理命令，或者将其传递给责任链的下一个控制器。如果责任链中没有控制器能够处理该命令，基类的handleCommand方法将返回nil。如果有控制器可以处理命令，handleCommand将返回一个视图，这也是控制器扮演模型和视图之间的桥梁的方式。框架会调用控制器选择的视图对象的execute方法，具体将在27.4.6节实现。

> **提示**　应用的类型不同，其框架选择控制器的机制也会有所不同。在Web应用中通常会有一套预先定义好的URL到控制器的映射，而原生GUI应用则通常将命令发送给与当前展示的视图关系最为密切的控制器。

在实现完控制器的基本功能之后，就可以开始创建一个可以响应Command枚举中的命令的具体的控制器了。首先创建一个可以处理所有命令的控制器，在27.4.6节将会为增加控制器作准备，并添加一个与27.4.8节使用的模式相同的控制器。代码清单27-9列出了控制器的代码。

代码清单27-9 在Controllers.swift文件中定义一个具体的控制器

```
class ControllerBase {
    private let repository:Repository;
    private let nextController:ControllerBase?;

    init(repo:Repository, nextController:ControllerBase?) {
        self.repository = repo;
        self.nextController = nextController;
    }

    func handleCommand(command:Command, data:[String]) -> View? {
        return nextController?.handleCommand(command, data:data);
    }
}

class PersonController : ControllerBase {
```

27

```swift
override func handleCommand(command: Command, data:[String]) -> View? {
    switch command {
        case .LIST_PEOPLE:
            return listAll();
        case .ADD_PERSON:
            return addPerson(data[0], city: data[1]);
        case .DELETE_PERSON:
            return deletePerson(data[0]);
        case .UPDATE_PERSON:
            return updatePerson(data[0], newCity:data[1]);
        case .SEARCH:
            return search(data[0]);
        default:
            return super.handleCommand(command, data: data);
    }
}

private func listAll() -> View {
    return PersonListView(data:repository.People);
}

private func addPerson(name:String, city:String) -> View {
    repository.addPerson(Person(name, city));
    return listAll();
}

private func deletePerson(name:String) -> View {
    repository.removePerson(name);
    return listAll();
}

private func updatePerson(name:String, newCity:String) -> View {
    repository.updatePerson(name, newCity: newCity);
    return listAll();
}

private func search(term:String) -> View {
    let termLower = term.lowercaseString;
    let matches = repository.People.filter({ person in
        return person.name.lowercaseString.rangeOfString(termLower) != nil
            || person.city.lowercaseString.rangeOfString(termLower) != nil});
    return PersonListView(data: matches);
}
}
```

　　PersonController类派生自ControllerBase，且handleCommand方法的实现包含了一个switch语句，以根据用户输入从Command枚举中选择对应的命令，并根据命令选择对应的私有方法。

　　上述定义的私有方法的基本模式都是相同的，其功能都是处理模型，选择相应的数据并使用PersonListView视图展示。addPerson、deletePerson和updatePerson这三个方法都需要展示所有模型数据，因此上述代码定义了一个listAll方法。此方法将使用资源库的People属性的返回值初始化一个PersonListView对象。search方法比较复杂一点，其功能是从资源库中过滤出名字或者居住城市包含检索关键字的Person对象。

27.4.6 完善框架

目前已经完成了模型，一个控制器和一个视图的开发。接下来，需要完善框架以实现收集用户输入的命令，选择控制器以处理命令，以及执行控制器选择的视图的execute方法。这些代码都将放到文件main.swift中，如代码清单27-10所示。

代码清单27-10 在文件main.swift中完善框架

```swift
import Foundation

let repository = MemoryRepository();
let controllerChain = PersonController(repo: repository, nextController: nil);

var stdIn = NSFileHandle.fileHandleWithStandardInput();
var command = Command.LIST_PEOPLE;
var data = [String]();

while (true) {

    if let view = controllerChain.handleCommand(command, data:data) {
        view.execute();
        println("--Commands--");
        for command in Command.ALL {
            println(command.rawValue);
        }
    } else {
        fatalError("No view");
    }

    let input:String = NSString(data: stdIn.availableData,
        encoding: NSUTF8StringEncoding) ?? "";

    let inputArray:[String] = input.split();

    if (inputArray.count > 0) {
        command = Command.getFromInput(inputArray.first!) ?? Command.LIST_PEOPLE;
        if (inputArray.count > 1) {
            data = Array(inputArray[1...inputArray.count - 1]);
        } else {
            data = [];
        }
    }
    println("Command \(command.rawValue) Data \(data)");
}
```

上述代码从标准输入读取一个字符串，并将其拆分成命令（会被转换成Command枚举中的值）和数据值。命令和数据值都将会被传递给责任链中的第一个控制器，尽管当前责任链中只有一个控制器。

用户输入命令，应用选取控制器和选择视图这一循环是MVC模式的核心。只是由于很少有应用需要为了容纳MVC组件专门创建一个框架，因此这种循环并不常见。

27.4.7 运行应用

此时运行应用，首先将在Xcode控制台展示模型中的数据对象和可以使用的命令，如下所示：

27

```
Name: Bob, City: New York
Name: Alice, City: London
Name: Joe, City: Paris
--Commands--
L: List People
A: Add Person
D: Delete Person
U: Update Person
S: Search
```

如需输入命令，可以先在Xcode控制台区域点击一下，然后输入前面列出的命令对应的字母。表27-2对应用支持的命令的使用方式作了说明。

表27-2 示例应用支持的命令

命 令	示 例	描 述
L	L	打印出模型中所有的Person对象
A \<name\> \<city\>	A Anne Berlin	使用用户指定的名字和城市创建一个新的Person对象并添加到模型中
D \<name\>	D Joe	删除指定名字对应的Person对象
U \<name\> \<city\>	U Joe Paris	更新指定名字对应的Person对象的城市属性的值
S \<term\>	S ari	检索名字或者居住城市名包含指定关键字的Person对象

因为我们无法清除XCode控制台展示的文本，所以各个命令的输出将会依次附加在前一个命令的输出后面。下面展示的是使用搜索命令时应用台的输出：

```
s n
Command S: Search Data [n]
Name: Bob, City: New York
Name: Alice, City: London
--Commands--
L: List People
A: Add Person
D: Delete Person
U: Update Person
S: Search
```

这里输入s n并按回车键，表示检索字母N。检索结果显示Bob和Alice这两个对象符合条件，因为他们的city属性的值包含字母N。

27.4.8 扩展应用

使用MVC模式的目的是开发出易于测试和维护的应用。本书不会涉及高效测试的细节，但是会演示如何扩展示例应用，让其使用多个控制器和视图。这里定义的新功能是与Person对象的city相关的。

1. 定义新的命令
第一步是扩展应用支持的命令，如代码清单27-11所示。

代码清单27-11 在文件Commands.swift中定义新的命令

```
import Foundation
```

```swift
enum Command : String {
    case LIST_PEOPLE = "L: List People";
    case ADD_PERSON = "A: Add Person";
    case DELETE_PERSON = "D: Delete Person";
    case UPDATE_PERSON = "U: Update Person";
    case SEARCH = "S: Search";
    case LIST_CITIES = "LC: List Cities";
    case SEARCH_CITIES = "SC: Search Cities";
    case DELETE_CITY = "DC: Delete City";

    static let ALL = [Command.LIST_PEOPLE, Command.ADD_PERSON,
        Command.DELETE_PERSON, Command.UPDATE_PERSON, Command.SEARCH,
        Command.LIST_CITIES, Command.SEARCH_CITIES, Command.DELETE_CITY];

    static func getFromInput(input:String) -> Command? {
        switch (input.lowercaseString) {
        case "l":
            return Command.LIST_PEOPLE;
        case "a":
            return Command.ADD_PERSON;
        case "d":
            return Command.DELETE_PERSON;
        case "u":
            return Command.UPDATE_PERSON;
        case "s":
            return Command.SEARCH;
        case "lc":
            return Command.LIST_CITIES;
        case "sc":
            return Command.SEARCH_CITIES;
        case "dc":
            return Command.DELETE_CITY;
        default:
            return nil;
        }
    }
}
```

上述代码添加了三个命令，分别是搜索城市，删除某个城市的Person对象，以及列出模型中所有的独一无二的城市值。

2. 定义新的视图

新的视图将接收一组Person对象，然后在其execute方法被调用时输出一组城市名，如代码清单27-12所示。

代码清单27-12 在文件Views.swift中添加新的视图

```swift
protocol View {

    func execute();
}

class PersonListView : View {
    private let people:[Person];

    init(data:[Person]) {
        self.people = data;
    }
```

27

```
        func execute() {
            for person in people {
                println(person);
            }
        }
    }

class CityListView : View {
    private let cities:[String];

    init(data:[String]) {
        self.cities = data;
    }

    func execute() {
        for city in self.cities {
            println("City: \(city)");
        }
    }
}
```

3. 定义新的控制器

上一节创建的视图可以展示城市信息，但是还需要定义一个处理新定义的命令的控制器，其定义如代码清单27-13所示。

代码清单27-13　在Controllers.swift文件中定义新的控制器

```
class ControllerBase {
    private let repository:Repository;
    private let nextController:ControllerBase?;

    init(repo:Repository, nextController:ControllerBase?) {
        self.repository = repo;
        self.nextController = nextController;
    }

    func handleCommand(command:Command, data:[String]) -> View? {
        return nextController?.handleCommand(command, data:data);
    }
}

class PersonController : ControllerBase {

    // ...statements omitted for brevity...
}

class CityController : ControllerBase {

    override func handleCommand(command: Command, data: [String]) -> View? {
        switch command {
            case .LIST_CITIES:
                return listAll();
            case .SEARCH_CITIES:
                return search(data[0]);
            case .DELETE_CITY:
                return delete(data[0]);
            default:
                return super.handleCommand(command, data: data);
```

```
        }
    }

    private func listAll() -> View {
        return CityListView(data: repository.People.map({$0.city}).unique());
    }

    private func search(city:String) -> View {
        let cityLower = city.lowercaseString;
        let matches:[Person] = repository.People
            .filter({ $0.city.lowercaseString == cityLower });
        return PersonListView(data: matches);
    }

    private func delete(city:String) -> View {
        let cityLower = city.lowercaseString;
        let toDelete = repository.People .filter({ $0.city.lowercaseString == cityLower });
        for person in toDelete {
            repository.removePerson(person.name);
        }
        return PersonListView(data: repository.People);
    }
}
```

CityController类的模式与现有的控制器一样，都是使用handleCommand方法选择命令对应的私有方法，而私有方法则会通过资源库操作模型并选择一个视图。

只有新定义的视图使用了listAll方法，而search和delete方法依然使用原来定义的Person-ListView类。视图和控制器之间并无关联，而且在大多数MVC应用中，控制器可以选择使用任意能够展示相关数据的视图。

4. 更新框架

最后一步是给main.swift文件中的框架维护的责任链添加一个新的控制器，以让CityController有机会处理相关的命令，如代码清单27-14所示。

代码清单27-14　在main.swift文件中扩展责任链

```
...
let repository = MemoryRepository();

let controllerChain = PersonController(repo: repository, nextController:
    CityController(repo: repository, nextController: nil));

var stdIn = NSFileHandle.fileHandleWithStandardInput();
var command = Command.LIST_PEOPLE;
var data = [String]();
...
```

5. 测试修改效果

运行应用便可测试修改的效果，运行应用之后可在Xcode控制台输入命令。下面是搜索城市时返回的内容：

```
sc london
Command SC: Search Cities Data [london]
Name: Alice, City: London
--Commands--
```

27

```
L: List People
A: Add Person
D: Delete Person
U: Update Person
S: Search
LC: List Cities
SC: Search Cities
DC: Delete City
```

从上述输出可见，可以在不修改现有的模型、视图或者控制器的代码的情况下，扩展示例应用的功能。前面定义了一组新的命令，并添加了处理这些命令和展示其生成的数据的代码。应用中的每个组件只负责一小部分任务，并不对其他组件形成紧耦合，有助于我们隔离组件以单独对其进行测试、添加或者修改相关功能。

27.5　MVC 模式之变体

实现MVC模式的方式有很多种，此模式本身的变体也非常多。唯一与Swift开发者有关的变体就是使用预定义的MVC框架，而最为常用的框架就是UIKit和AppKit。创建一个自己的MVC框架是一个不错的实验，且有助于我们学习此模式的各个不同的部分是如何协作的。然而，对于一个真实的应用而言，使用苹果提供的框架是最好的选择，因为它们功能完善且经过了彻底的测试。

27.6　MVC 模式的陷阱

最常见的一个陷阱就是将属于一个部分的代码放到了另一个部分。正如本章开头所言，分清哪些内容应该放到哪个部分有时并不容易，避开这个陷阱最好的方式就是凭经验。若想成功地实现MVC模式，就需要对自己的开发流程比较了解，而且越是频繁地使用MVC模式，对于此模式哪些东西适合你的项目，哪些不适合的判断就越是准确。在实际使用此模式时，不必着急，慢慢思考，给自己足够的尝试空间，并准备好在未来进行重构。

27.7　Cocoa 中使用 MVC 模式的实例

AppKit和UIKit这两个框架是最明显的两个例子，这两个框架强制使用MVC模式以优化UI应用的结构。

27.8　总结

这一章介绍了MVC模式，并解释了如何使用它来优化应用结构。本章还详细介绍了MVC模式各个组成部分，并创建了一个示例应用和框架来演示MVC的使用。

到此为止，本书希望介绍的关于设计模式的知识就全部讲完了。本书详细讲解了最重要的几个可以应用到Swift项目中的设计模式。在使用这些模式时，你可以将本书的实现作为基础，并根据实际需要、偏好和编码风格进行修改。祝愿你所有的Swift项目都能取得成功，但愿你阅读本书的过程与我撰写本书的过程一样愉快。

站在巨人的肩上
Standing on Shoulders of Giants

TURING
图灵教育

iTuring.cn

站在巨人的肩上
Standing on Shoulders of Giants

iTuring.cn